《半导体科学与技术丛书》编委会

半导体科学与技术丛书

微电子机械微波通讯信号检测集成系统

廖小平　张志强　易真翔　闫　浩　著

科学出版社

北　京

内 容 简 介

本书共分为 12 章，从第 1 章共性的设计理论和实现方法出发，对 MEMS 微波器件进行了一系列设计、实验和系统级 S 参数模型的研究。这些器件包括：第 2 章的一分为二微波功分器，第 3 章的间接加热热电式功率传感器，第 4 章的直接加热热电式功率传感器，第 5 章的电容式功率传感器，第 6 章的电容式和热电式级联功率传感器，以及集成 MEMS 系统，第 7 章的在线电容耦合式微波功率检测器，第 8 章的在线定向耦合式毫米波功率检测器，第 9 章微波相位检测器和第 10 章微波频率检测器，第 11 章分别对微波功率、相位和频率检测器进行了封装研究；最后，第 12 章进行了总结和展望。由于集成的 MEMS 相位检测器和集成的 MEMS 频率检测器研究都是基于 MEMS 微波功率传感器技术，因此，本书用较大篇幅来诠释 MEMS 微波功率传感器及其集成的微波功率检测器的研究。

本书所涵盖的学术成果在本专业国际上的重要权威学术期刊，以及国际重要学术会议上已发表，同时，书中所提出的结构新颖，创新性突出，已获得中华人民共和国国家发明专利授权，应用价值高。本书适合高校电子、通讯和仪器专业的研究生和本科生作为教材和参考书，同时，也可作为相关专业的科研人员和工程技术人员的参考书。

图书在版编目(CIP)数据

微电子机械微波通讯信号检测集成系统/廖小平等著. —北京：科学出版社, 2016

(半导体科学与技术丛书)

ISBN 978-7-03-051330-4

Ⅰ. ①微… Ⅱ. ①廖… Ⅲ. ①微电子元件-信号检测 Ⅳ. ①TN4

中国版本图书馆 CIP 数据核字 (2016) 第 322713 号

责任编辑：鲁永芳 赵彦超／责任校对：邹慧卿
责任印制：张 伟／封面设计：陈 敬

科学出版社出版
北京东黄城根北街 16 号
邮政编码：100717
http://www.sciencep.com

北京京华虎彩印刷有限公司 印刷

科学出版社发行 各地新华书店经销
*
2016 年 11 月第 一 版 开本: 720 × 1000 1/16
2018 年 3 月第二次印刷 印张: 19 1/2
字数: 390 000

定价: 128.00 元

(如有印装质量问题，我社负责调换)

《半导体科学与技术丛书》出版说明

半导体科学与技术在20世纪科学技术的突破性发展中起着关键的作用，它带动了新材料、新器件、新技术和新的交叉学科的发展创新，并在许多技术领域引起了革命性变革和进步，从而产生了现代的计算机产业、通信产业和IT技术。而目前发展迅速的半导体微/纳电子器件、光电子器件和量子信息又将推动21世纪的技术发展和产业革命。半导体科学技术已成为与国家经济发展、社会进步以及国防安全密切相关的重要的科学技术。

新中国成立以后，在国际上对中国禁运封锁的条件下，我国的科技工作者在老一辈科学家的带领下，自力更生，艰苦奋斗，从无到有，在我国半导体的发展历史上取得了许多“第一个”的成果，为我国半导体科学技术事业的发展，为国防建设和国民经济的发展做出过有重要历史影响的贡献。目前，在改革开放的大好形势下，我国新一代的半导体科技工作者继承老一辈科学家的优良传统，正在为发展我国的半导体事业、加快提高我国科技自主创新能力、推动我们国家在微电子和光电子产业中自主知识产权的发展而顽强拼搏。出版这套《半导体科学与技术丛书》的目的是总结我们自己的工作成果，发展我国的半导体事业，使我国成为世界上半导体科学技术的强国。

出版《半导体科学与技术丛书》是想请从事探索性和应用性研究的半导体工作者总结和介绍国际和中国科学家在半导体前沿领域，包括半导体物理、材料、器件、电路等方面的进展和所开展的工作，总结自己的研究经验，吸引更多的年轻人投入和献身到半导体研究的事业中来，为他们提供一套有用的参考书或教材，使他们尽快地进入这一领域中进行创新性的学习和研究，为发展我国的半导体事业做出自己的贡献。

《半导体科学与技术丛书》将致力于反映半导体学科各个领域的基本内容和最新进展，力求覆盖较广阔的前沿领域，展望该专题的发展前景。丛书中的每一册将尽可能讲清一个专题，而不求面面俱到。在写作风格上，希望作者们能做到以大学高年级学生的水平为出发点，深入浅出，图文并茂，文献丰富，突出物理内容，避免冗长公式推导。我们欢迎广大从事半导体科学技术研究的工作者加入到丛书的编写中来。

愿这套丛书的出版既能为国内半导体领域的学者提供一个机会，将他们的累累硕果奉献给广大读者，又能对半导体科学和技术的教学和研究起到促进和推动作用。

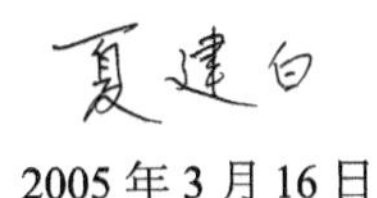

2005年3月16日

前　言

在微波通讯中，功率、相位和频率是用来表征微波信号的三大参数。例如，作为电子对抗、目标探测和信息采集的关键信息装备的雷达，在微波通讯中占有重要的地位，在雷达整机中，微波信号的产生、发射、传输、接收和处理等各个环节，都必须进行微波信号的检测。相控阵雷达的每一面阵中都有非常多的微波功率放大处理电路单元，每个单元都需要进行微波功率的检测，如何精确地进行检测一直是重要的课题；而随着微波频率的增加，信号的波长与电路中各种元器件尺寸越来越接近，电磁波通过微波器件时，除了会发生衰减，造成功率的变化外，同时还发生相移，引起相位的变化，检测并控制信号相位的变化有着非常重要的意义；同时，微波信号的频率同样已成为重要的检测参数，频率的标准及其计量方法具有最高的精度，其测量决定着其他相关参数的准确度。

低直流功耗、高抗烧毁水平、高灵敏度、高线性度、大动态范围、易集成、小体积和低成本的微波通讯信号检测集成系统已成为军用和民用微波通讯技术发展的重要装备之一，针对军用和民用微波通讯装备的以上需求，应用 RF MEMS（射频微电子机械系统）技术，东南大学 MEMS 教育部重点实验室 RF MEMS 课题组从 2003 年开始了微电子机械微波信号检测集成系统的研究。相对应微波信号的功率、相位和频率的检测，作为 RF MEMS 课题组负责人，我已经主持完成了三个国家自然科学基金面上项目：“在线式 MEMS 微波功率传感器的设计理论和实现方法的研究”（批准号：60676043，起止时间：2007 年 1 月～2009 年 12 月），“基于 MEMS 功率传感技术的单片微波相位集成检测系统的设计理论和实现方法”（批准号：60976094，起止时间：2010 年 1 月～2012 年 12 月），“基于 MEMS 微波功率传感器的无线接收式微波频率检测集成系统的设计理论和实现方法”（批准号：61076108，起止时间：2011 年 1 月～2013 年 12 月）。另外，已经主持完成了一项国家 863 计划（国家高技术研究发展计划）项目：“在线式 MEMS 微波功率传感器及其集成检测系统研究（批准号：2007AA04Z328，起止时间：2007 年 10 月～2010 年 5 月）。通过以上科研，基于 GaAs MMIC 兼容工艺，课题组研制了 MEMS 集成的在线式微波功率检测器和 MEMS 集成的微波相位检测器，以及 MEMS 集成的微波频率检测器，其创新性表现为：全是由无源器件集成，实现零直流功耗；采用 MEMS 电容式和热电式两种微波功率传感器级联结构，不仅扩展了测量动态范围，而且提高了灵敏度和抗烧毁水平；同时，具有高线性度、易集成、小体积和低成本等 MEMS 的鲜明特点。

课题组深入地进行了模拟、设计、制备、测试和封装等工作，最终建立了一整套微电子机械微波通讯信号检测集成系统的设计理论和实现方法，包括：①MEMS 热电堆、MEMS 固支梁和悬臂梁、功率分配器和功率合成器、耦合器和移相器等的微波集成设计，以及 MEMS 微波功率传感器、相位和频率检测器的电–热–电转换模型和电–力–电转换模型建立的设计理论研究；②应用理论研究成果指导微波通讯信号检测集成系统的设计，与 GaAs MMIC 工艺兼容的 MEMS 工艺进行的单片系统集成、测试和封装；③实验结果验证微电子机械微波通讯信号检测集成系统设计理论和实现方法的有效性。

课题组在微电子机械微波信号检测集成系统方面已获得中华人民共和国国家发明专利授权 60 余项，同时，在*IEEE TED\EDL\MWCL\JMEMS*国际重要专业期刊和*IEEE Sensor\JMM\SENSORS AND ACTUATORS A-PHYSICAL*等权威专业期刊已发表 50 多篇学术论文，在重要国际学术会议上也发表了 10 多篇学术论文，具有较好的国际影响力。我们一直活跃在国际上本专业的研究前沿，引起了国内外同行的广泛关注。

课题组在微电子机械微波信号检测集成系统的理论和技术方面已经进行和正在进行充分的国际上的展示，现在到了回报国家自然科学基金委和国家 863 计划，以及感谢国内专家和同行十来年支持的时候，我和我的三个学生（现留在东南大学 MEMS 教育部重点实验室任教的张志强博士 (zqzhang@seu.edu.cn) 和易真翔博士 (xp@seu.edu.cn)，以及还正在攻读博士学位的闫浩博士生 (yanhao@seu.edu.cn))，基于以上科研和学术成果，齐心协力，通力合作，各尽其能，付出相同的工作量，完成了这本微电子机械微波信号检测集成系统的专著，以奉献给国内的同行和高校学子。

在此感谢国家自然科学基金和国家 863 计划的资助！感谢中国电子科技集团第 55 研究所陈堂胜研究员和第 29 研究所赵满高工分别在 MMIC 工艺加工和微波封装方面的大力支持！感谢清华大学尤政院士、北京邮电大学的邓中亮教授和东南大学洪伟教授在科研中所提出的宝贵建议！感谢东南大学 MEMS 教育部重点实验室和电子科学与工程学院，以及其他各有关院系和机关领导及同事的支持！黄庆安教授一直在科研方向、仪器设备和国际学术交流等方面非常支持 RF MEMS 课题组的发展，李伟华教授在本书的写作方面给予了许多有益的建议。

感谢科学出版社和责任编辑鲁永芳老师和责任校对邹慧卿老师的大力支持！感谢江苏高校品牌专业建设工程资助项目在出版经费方面的资助！

感谢过去和现在的东南大学 MEMS 教育部重点实验室 RF MEMS 课题组的研究生！我们不但拥有这个共同的名字，而且也拥有这个共同的科研和学术经历。过去的十来年，RF MEMS 理论和技术在我们师生眼前呈现了一个多学科交叉的、可充分发挥想象力和聪明才智的研究平台，赋予了我们突破传统微波通讯信号检测集成系统研究瓶颈的信心和能力；科研中我们提出了许多创新性的器件结构，学术上我们建立了许多有自己思想和见解的理论模型，最终形成了这一整套微电子机械微波通讯信号检测集成系统的设计理论和实现方法。课题组将继续从事这个我们一直认为非常有趣，也非常有学术发展潜力和实际应用价值的微电子机械微波信号检测集成系统的研究工作。最后，感谢我们的家人的支持和帮助！

RF MEMS 领域内容广泛，日新月异，微电子机械微波通讯信号检测集成系统的设计理论和实现方法的发展将越来越迅速。由于作者学识和水平有限，书中的疏漏和不足之处，敬请读者批评指正。

廖小平 (xpliao@seu.eud.cn)
东南大学 MEMS 教育部重点实验室，南京
2016 年 9 月 28 日

目　录

第 1 章　设计理论和实现方法

本章介绍微电子机械（MEMS）微波通讯信号检测集成系统中微波器件及其集成的检测器的结构模拟和设计、模型建立、与 GaAs MMIC 兼容的 MEMS 工艺、测试平台和系统级散射（S）参数模型，以及在微波通讯中应用方向的一个从具体到普适的设计理论和实现方法的流程，各个环节紧密联系，从设计到实验前向的研究完成了设计功能的实现，而从实验到设计逆向的研究有助于分析和验证设计的有效性。

本书各章节将针对具体的 MEMS 微波器件及其集成的微波信号功率、相位和频率检测器进行详细的设计理论和实现方法的研究。本章只是从设计、模型、工艺、测试、系统级建模和应用方向几个方面，总结在微电子机械微波信号检测集成系统的研究中提炼出的共性设计理论和实现方法，完成一个从具体到普适的升华。

1.1　共面波导的设计理论和实现方法

MEMS 微波信号检测集成系统均采用共面波导（CPW）传输线作为微波输入和输出端口。CPW 是由三个在同一面的导体构成，其中中间导体为 CPW 信号线，两边导体为 CPW 地线，其设计灵活，制备简单，不需要过孔，方便连接，辐射损耗小，隔离度好[1]。CPW 的特征阻抗主要取决于信号线的宽度，以及信号线和地线之间的间距，可根据具体情况调整这些尺寸以实现相同的特征阻抗值，因而 CPW 尺寸的缩小没有绝对的限制。

图 1-1 为 CPW 传输线和 MEMS 固支梁的示意图，对于 MEMS 微波器件的设计，可利用 MEMS 固支梁实现被分隔传输线（如地线）的连接。MEMS 固支梁悬浮在衬底之上，在其下方可设计其他元件，而不会造成各元件之间相连或者较大的寄生电容，从而实现了跨线连接，片上 MEMS 固支梁与传统的片外键合线相比具有更高的集成度。在下面各章节中，将依次具体介绍各种不同的 MEMS 微波器件性能和所构成器件整体性能的设计。

在软件方面，采用 HFSS 电磁仿真软件设计 MEMS 微波器件及其集成检测器的微波性能，采用 ANSYS 有限元软件分析其热学分布，利用 ADS 电路仿真软件模拟其等效电路结构。在设计时，各软件之间相互交错使用，以快速地达到设计

图 1-1　CPW 传输线和 MEMS 固支梁的示意图

(a) CPW; (b) MEMS 固支梁

目标。例如，对于一个特征阻抗为 50Ω 的 CPW 设计而言，先采用 ADS 软件附带 lineCal 工具计算出 CPW 信号线宽度、信号线和地线之间的间距等结构参数。图 1-2 为在 ADS 软件中 lineCal 模块计算得到的 CPW 尺寸，当一个 2.3μm 厚的 CPW 被制作在 100μm 厚的 GaAs 衬底时，在 10GHz 时 CPW 特征阻抗设置为 50Ω，可得 CPW 信号线的宽度为 100μm，以及信号线和地线之间间距为 58μm；接着，再由 HFSS 软件对计算出的 CPW 结构参数进行优化；最终得出精确的 CPW 结构尺寸，图 1-3 为 HFSS 模拟的 CPW 端口特征阻抗和 S 参数。

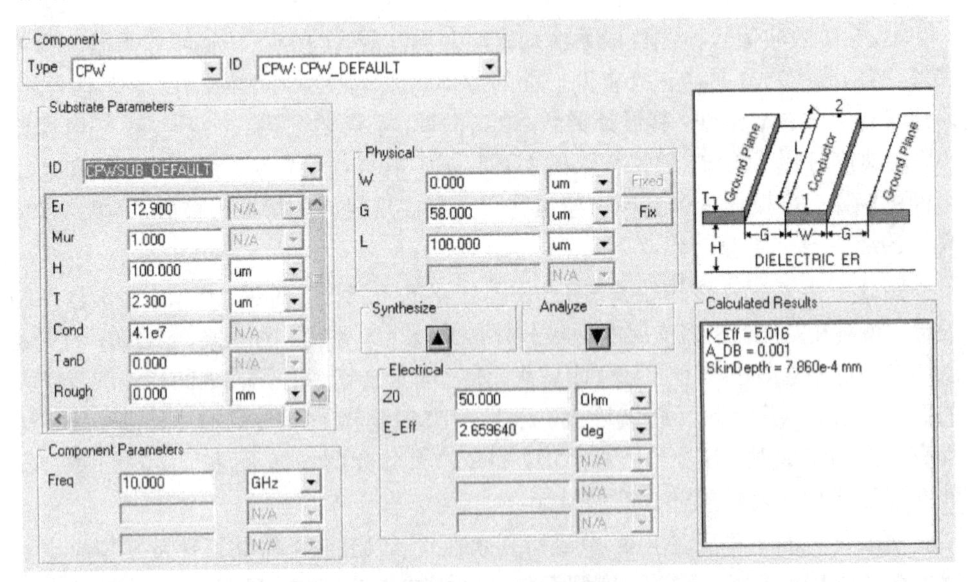

图 1-2　在 ADS 软件中 lineCal 模块计算得到的 CPW 尺寸

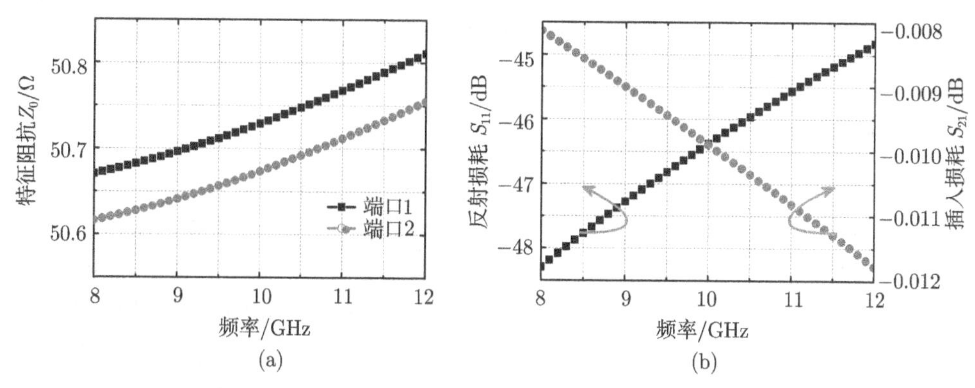

图 1-3 HFSS 模拟的 CPW 端口特征阻抗和 S 参数

(a) 特征阻抗；(b) 反射损耗 S_{11} 和插入损耗 S_{21}

1.2 模型的建立方法

1.2.1 微波集总模型

MEMS 微波器件均可看作二端口微波网络，建立其微波模型的主要步骤包括：首先，对 MEMS 微波器件建立二端口集总等效电路模型；接着，将建立的等效电路模型划分成多个基本的二端口等效电路单元；然后，将多个单元网络进行级联分析；最后，根据各网络参量之间的相互转换关系，得到 MEMS 微波器件的微波模型，即散射（S）参数。其中，在第一步中，MEMS 微波器件的集总等效电路模型的建立是至关重要的，一个好的集总电路模型是指能够反映器件的各个部分的微波特性，从而由模型计算的结果能够最大程度地接近实际结果；在第二步中，采用常见的二端口等效电路单元[2]，有利于简化计算；在第三步中，在阻抗（$[Z]$）、导纳（$[Y]$）和转移（$[A]$）三个反映网络参考面上电压与电流关系的参量中，采用转移参量矩阵分析级联网络，转移参量矩阵能够用来建立网络输出端口的电流和电压与输入端口的电流和电压关系。对于 N 级非归一化或归一化转移参量矩阵，分别为 $[A]_1,[A]_2,\cdots,[A]_N$，则它们的级联网络的非归一化或归一化转移参量矩阵为

$$[A]_{总}=[A]_1[A]_2\cdots[A]_N \tag{1-1}$$

在第四步中，根据转移和散射参量的转换关系，可得 MEMS 微波器件的反射损耗 S_{11} 和插入损耗 S_{21}，其分别表示为

$$\begin{cases} S_{11}=\dfrac{A+B-C-D}{A+B+C+D} \\ S_{21}=\dfrac{2}{A+B+C+D} \end{cases} \tag{1-2}$$

其中，S_{11} 为当端口 2 连接匹配负载时在端口 1 处的反射损耗；S_{21} 为从端口 1 到端口 2 的插入损耗。

1.2.2　微波–热–电转换模型

所设计的 MEMS 热电式微波功率传感器需要考虑微波–热转换模型和热–电转换模型，对于微波–热转换模型，输入的微波功率完全被终端负载电阻吸收而转化为热量。图 1-4 为一个终端连接负载电阻的传输线示意图，假设不考虑传输线上的损耗，当该传输线连接的负载 $Z_0 \neq R_L$ 时，负载上的电压和电流之比则为 R_L，此时大部分功率被负载吸收而转化为热量，但由于传输线和负载电阻之间的不匹配产生了一部分的反射功率；而当该传输线连接的负载 $Z_0 = R_L$ 时，传输线与负载电阻之间匹配，此时全部功率被负载电阻吸收而转化为热量，反射损耗 S_{11} 为零。当输入微波功率为 P_{in}，可得在终端负载上的热功率 P_{th} 表示为

$$P_{th} = P_{in} \cdot S_{21} \tag{1-3}$$

值得注意的是，在式（1-3）中包括了插入损耗 S_{21}，表示从输入端传输到负载上的功率比。对于热–电转换模型，将终端电阻产生的热量转化为直流电压。可采用热电堆元件，基于 Seebeck 效应[3] 将热能转化为直流热电势，热电堆是由一系列热电偶串联连接构成的，其输出热电势 V_{th} 表示为

$$V_{th} = \alpha \sum_{i}^{N_{th}} (T_h - T_c) \tag{1-4}$$

其中，α 为 Seebeck 系数，T_h 和 T_c 分别为热电堆的热端和冷端的温度，N_{th} 为热电偶的数量。根据稳态热传导方程，可建立热功率（P_{th}）与温差（$T_h - T_c$）之间的一维解析方程。

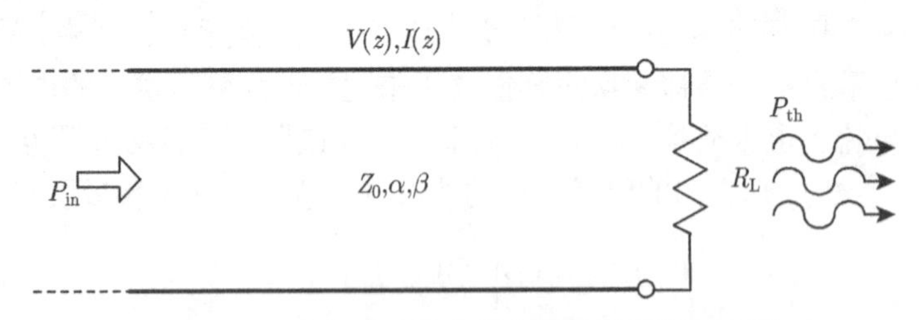

图 1-4　一个终端连接负载电阻的传输线示意图

因此，由式（1-2），实现了 MEMS 微波器件的微波集总模型；而由式（1-2）～式（1-4），实现了 MEMS 集成微波检测器的微波集总模型以及微波–热–电转换模型。在下面各章节中，将分别建立 MEMS 微波器件的微波集总模型，并给出相应的分析和讨论，最后通过模拟和实验验证模型的正确性。

1.2.3　微波–力–电转换模型

所设计的 MEMS 电容式微波功率传感器需要对微波–力转换模型和力–电转换模型进行研究，对于微波–力转换模型，输入的微波功率被部分耦合到 MEMS 可动梁而转化为梁的机械能[4]。当输入微波功率为 P，微波入射电压为

$$V^+ = V_{\mathrm{pk}}\sin(\omega t) = \sqrt{2PZ_0}\sin(\omega t) \tag{1-5}$$

其中，V_{pk} 为微波电压的峰值，Z_0 为传感器的特征阻抗。当传感器特征阻抗匹配时大部分功率被耦合到 MEMS 梁上，此时反射信号 V^- 很小，驻波电压 $V_{\mathrm{sw}} = V^+ + V^- \approx V^+$。可得在 MEMS 梁上的等效静电力 F_{e} 表示为

$$F_{\mathrm{e}} = -\frac{1}{2}\frac{\varepsilon_0 A}{g^2}V_{\mathrm{sw}}^2 = -\frac{1}{2}\frac{\varepsilon_0 A}{g^2}\left(\frac{1}{2}V_{\mathrm{pk}}^2[1+\sin(2\omega t)]\right) \approx -\frac{1}{2}\frac{\varepsilon_0 A}{g^2}V_{\mathrm{dc\_eq}}^2 \tag{1-6}$$

其中，$V_{\mathrm{dc\_eq}}$ 为输入微波功率所产生的等效直流电压。由于 $\sin(2\omega t)$ 高频分量远大于 MEMS 梁的机械谐振频率，所以 MEMS 梁只会对微波功率的等效直流电压部分响应，并产生等效静电力 F_{e}。当忽略 MEMS 梁的惯性力与其下方的空气阻力时，静电力 F_{e} 与 MEMS 梁的机械回复力达到力学平衡，从而使 MEMS 梁产生位移。对于力–电转换模型，MEMS 梁的位移导致电容的变化表示为

$$C = \frac{\varepsilon A}{d-x} \tag{1-7}$$

其中，ε 为电介质层的介电常数，A 为 MEMS 梁与下方测试极板的有效作用面积，d 为 MEMS 梁与下方测试极板的初始位移，x 为 MEMS 梁在等效静电力 F_{e} 的作用下产生的位移。图 1-5 为电容式微波功率传感器工作原理示意图，在微波功率的等效直流电压 $V_{\mathrm{dc\_eq}}$ 作用下，MEMS 梁产生的位移 x 转换为 MEMS 梁与下方测试极板电容的变化。因此，由式（1-5）～式（1-7），实现了 MEMS 微波传感器的微波–力–电转换模型。

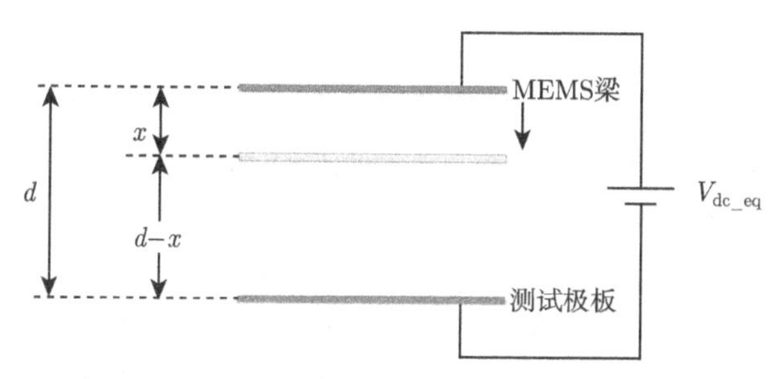

图 1-5　电容式功率传感器工作原理示意图

1.3　与 GaAs MMIC 兼容的 MEMS 工艺

Si 基的 MEMS 工艺已经得到了比较成熟的发展，被广泛地应用于集成 MEMS 微传感器和微执行器[5-7]，而 GaAs 材料为直接带隙跃迁，电子迁移率高，在微波通信系统中，基于 GaAs 工艺的微波器件占主体地位，因此，为了在今后能够与微波电路实现单片集成，本书提出的 MEMS 微波器件及其集成的微波信号功率、相位和频率检测器均采用中国电子科技集团第 55 研究所标准 GaAs 工艺制作，与 GaAs MMIC 兼容的 MEMS 工艺的材料选择如下：

(1) 选择 GaAs 材料作为衬底，与 Si 相比，GaAs 除了具有高的电子迁移率和电阻率外，还具有高 Seebeck 系数、耐高温，以及可实现体加工等特征[8]。

(2) 选择聚酰亚胺材料作为牺牲层，聚酰亚胺作为牺牲层已被广泛研究，与光刻胶相比，其显著特点为：在高温固化之后，聚酰亚胺可通过专门的显影液去除。

(3) 选择 Au 材料作为结构层，它具有较大的电导率，可有效降低微波信号在传输中的损耗。

(4) 选择 Si_3N_4 材料作为介质层，由于其优良的电绝缘性能，可作为绝缘层，同时，由于其在制作中各向同性的性质，也可作为保护层。

(5) 选择 TaN 材料作为薄膜电阻层，TaN 电阻具有良好的微波性能、温度系数小、在高温下具有长期稳定性和准确性，还具有较好的防潮性能。

(6) 选择源漏金属 AuGeNi/Au 和 n^+ GaAs 两种材料作为热电偶两臂，掺杂的 n^+ GaAs 具有较高的 Seebeck 系数，并且 AuGeNi/Au 在 GaAs 衬底上表现出好的黏附性，需要注意的是，在 AuGeNi/Au 和 n^+ GaAs 的接触区域需要重掺杂 n^+ GaAs，从而形成欧姆接触。

1.4　微波、热电势和力的测试平台

MEMS 微波器件及其集成的微波信号功率、相位和频率检测器的测试方法是基于东南大学 MEMS 教育部重点实验室拥有的仪器设备平台，通过设计有效的实验方案，达到验证设计理论和实现方法的有效性。

在微波性能测试方面，主要采用 Cascade Microtech GSG 微波探针台、Agilent 8719ES 网络分析仪（50MHz～13.51 GHz）和 Agilent N5224A 网络分析仪（10MHz～43.5GHz）设备测试和分析 S 参数；采用 Agilent E4447A PSA 频谱分析仪（3Hz～42.98GHz）、两台 Agilent E8257D PSG 模拟信号发生器（250kHz～20GHz 和 250kHz～40GHz）、Agilent 11667C 功率分配器、Agilent N1913A EPM 功率计（9kHz～

110GHz）和 Agilent E4413A 功率传感器（50MHz~26.5GHz）等设备测试和分析互调失真和相位噪声等性能，图 1-6 为 Agilent 仪器的照片。

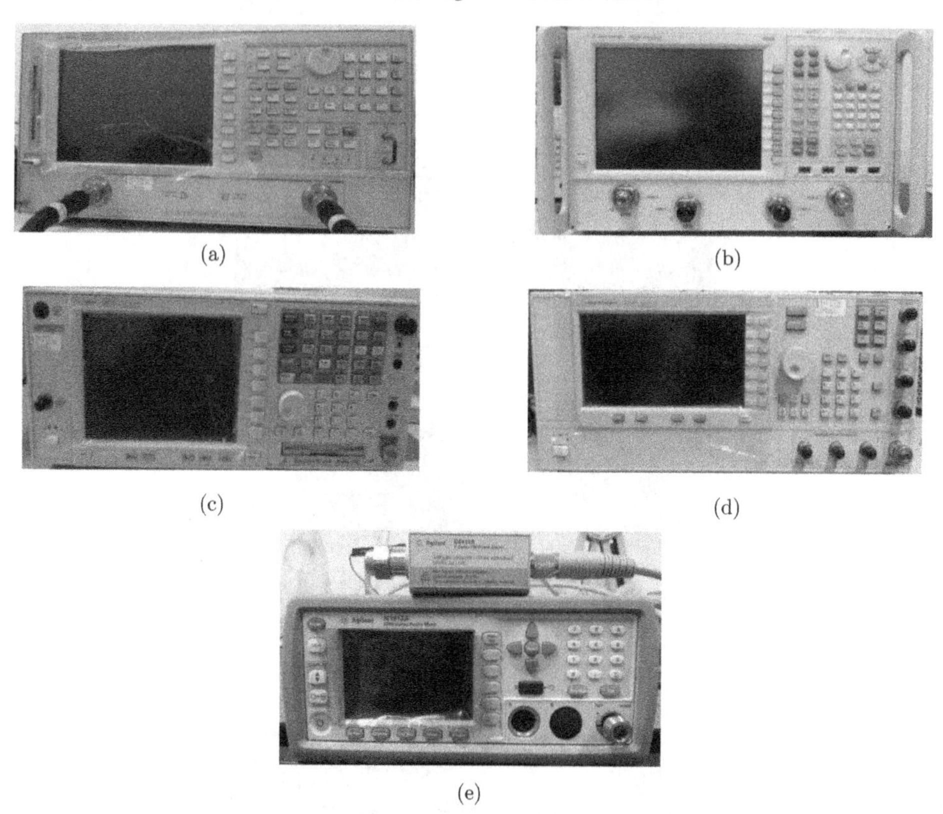

(a) (b) (c) (d) (e)

图 1-6 Agilent 仪器的照片

(a) Agilent 8719ES 网络分析仪；(b) Agilent N5224A 网络分析仪；(c) Agilent E4447A PSA 频谱分析仪；(d) Agilent E8257D PSG 模拟信号发生器；(e) Agilent N1913A EPM 功率计和 Agilent E4413A 功率传感器

在热电势性能测试方面，主要采用 Fluke 8808A 数字万用表、Keithley 4200-SCS 半导体参数分析仪、Tektronix DPO4032 数字示波器等设备测试和分析输出热电势和响应时间等性能；并采用 OMEGA 205 温湿度箱来测试和分析温湿度效应对热电势的影响。为了避免外界对输出热电势信号的干扰，需要在屏蔽房进行测试。

在力学性能测试方面，采用了 Polytech MSV-400-M2 激光多普勒测振仪设备测试和分析 MEMS 梁的机械谐振频率和振动模态，图 1-7 为多普勒测振仪的照片。

在电容测试方面，如图 1-8 所示，采用了 AD7747 电容数字转换器测试接地的电容结构，其中 GND 端口接电容结构接地极板，CIN^{1+} 接电容结构的测试极板，并利用如图 1-9 所示采集软件的实时采集功能就可以完成对电容变化的测试。

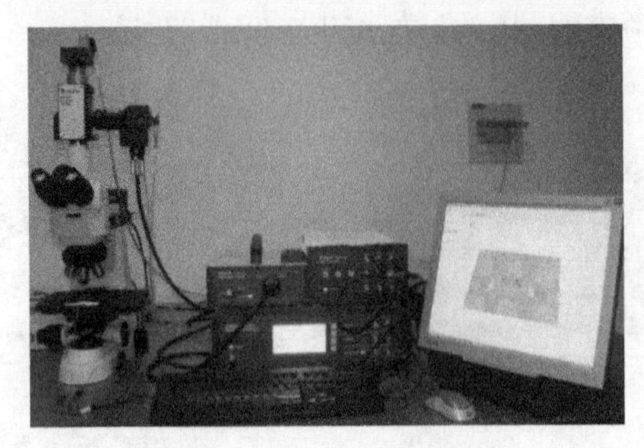

图 1-7　多普勒测振仪的照片

图 1-8　AD7747 电容数字转换器

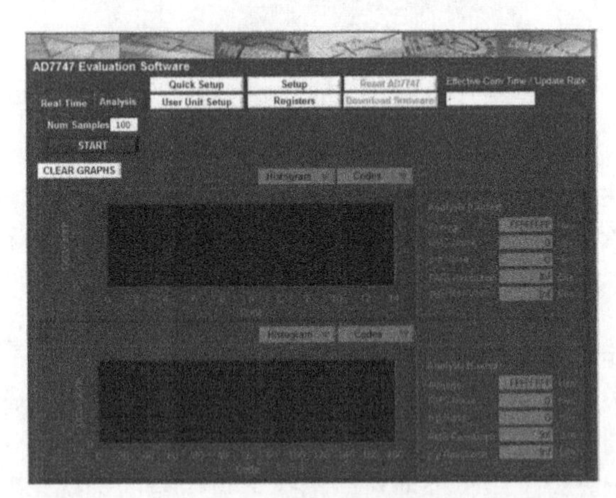

图 1-9　AD7747 电容数字转换器采集软件界面

在下面各章中，将具体研究 MEMS 微波器件及其集成的微波信号功率、相位和频率检测器的性能测试方法。

1.5 系统级 S 参数模型

图 1-10 为微电子机械微波通讯信号检测器在电子对抗等微波通讯中应用时典型的微波信号检测与分析系统框图，其中电磁兼容的设计是一个非常关键的问题。电磁兼容设计的要求主要包括两个方面：①正在运行的部件对所在系统的干扰不能超过一定的限值；②该部件对所在系统中其他部件的电磁干扰具有一定的抗扰度。为了研究 MEMS 微波器件及其集成的微波信号功率、相位和频率检测器对图 1-10 所示的微波信号检测与分析系统中其他部件的干扰，以实现该微波信号检测与分析系统的电磁兼容的第①方面的设计，本书将利用微波网络理论，推导并计算 MEMS 微波器件及其集成的微波信号功率、相位和频率检测器的系统级 S 参数模型，通过分析和研究其系统级 S 参数，降低回波损耗（S_{11}）以抑制其电压驻波，较好地解决该微波信号检测与分析系统中电磁兼容第①方面的设计问题。

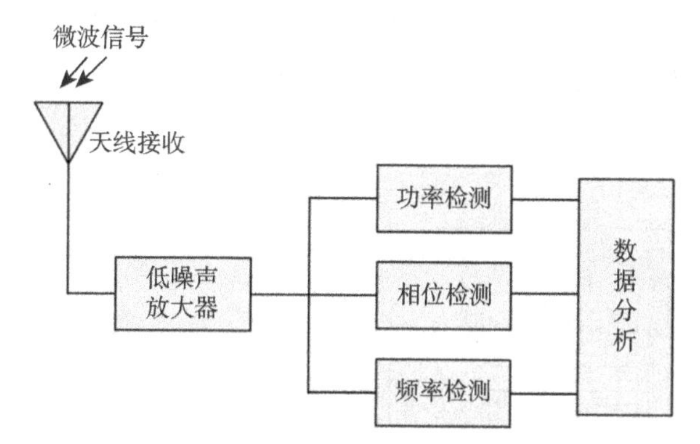

图 1-10 微波信号（功率、相位和频率）检测与分析系统框图

1.6 MEMS 集成的微波功率检测器在微波接收机前端的应用

微波收发组件广泛地应用在军用和民用通讯领域，目前，应用在微波接收中的低噪声放大器 LNA 主要是基于自动增益控制（AGC）技术，即通过系统中 LNA 输出信号的负反馈来改变 LNA 的直流偏置点以控制 LNA 的增益，实现接收机前端输出值的恒定。廖小平和张志强基于 MEMS 集成的微波功率检测器[9]，进一步提出了可重构微波接收机前端[10]，采用 MEMS 在线功率检测器的自检测技术替代传统的 AGC 技术和采用 MEMS 微波滤波器替换有源滤波器的方法，从而获得接收机前端稳定的幅度输出。张志强、廖小平和武锐提出了基于 GaAs MMIC 技术的防塌陷型和防涡流型 MEMS 微波平面螺旋电感及其无源带通滤波器，并对

滤波器建立了微波集总模型[11−13]。如图 1-11 所示，该接收机前端的工作原理为：①MEMS 在线式微波功率检测器通过 MEMS 膜，按一定比例把由微波天线接收的、并经 MEMS 微波滤波器选频后的微波信号功率耦合出很小的一部分，绝大部分的微波信号直接传输到微波均衡器；②被耦合出来的微波功率被终端电阻吸收而转化为热量，靠近该终端电阻的热电堆吸收到这种热量，引起热电堆的冷热两端存在温差，根据 Seebeck 效应，从而在热电堆上产生直流电压的输出，实现接收机内部微波功率的自检测；③在整个系统不存在负反馈链的情况下，该直流电压在线控制微波均衡器以保持 LNA 输入端的信号幅度恒定，当 LNA 的直流偏置点不变时，可实现 LNA 的增益保持固定不变，从而提高了 LNA 的线性度；④微波信号经高线性度的 LNA 放大后，与本地振荡 VCO（电压控制振荡器）信号进行混频，最后经中频滤波器滤波，保证了该微波接收组件前端系统的中频输出信号的恒定；⑤与此同时，如果微波天线突发性接收到过大的微波信号，该系统中的 MEMS 在线式微波功率检测器通过自检测功能起到限幅的作用，有效保护 LNA，避免其因过载而烧毁。因此，基于 MEMS 集成的微波功率检测器和滤波器的可重构微波接收机前端系统具有较高的线性度、扩大了微波接收机的动态范围和提高了抗烧毁水平。

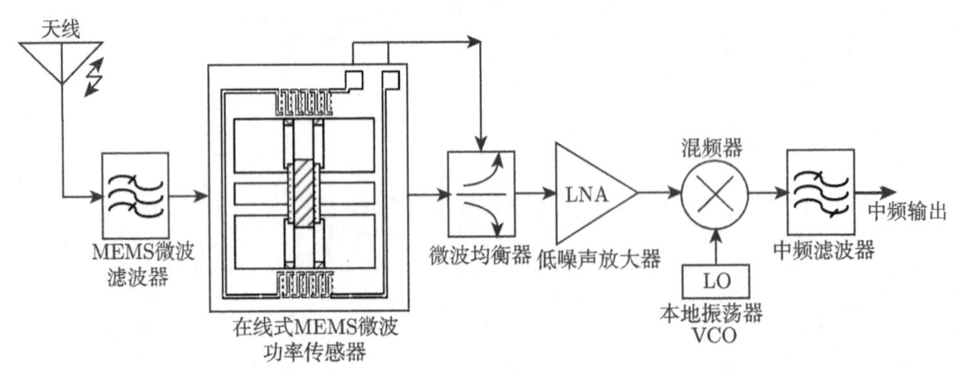

图 1-11　基于 MEMS 集成的微波功率检测器和滤波器的微波接收机前端的结构框图

1.7　MEMS 集成的微波相位检测器在锁相环中的应用

在微波通讯中，频率与相位一直都是紧密联系在一起的，随着卫星定位、导航、航空航天和雷达等领域的不断发展，对频率源的频率稳定度、频谱纯度、频率范围和输出频率个数的要求越来越高。锁相式频率合成器中核心的单元是锁相环，如图 1-12 (a) 所示，传统的锁相环包含三个基本部分：相位检测器、低通滤波器和压控振荡器。其中低通滤波器是必不可少的组成部分，但是由于低通滤波器包含了大量的电阻、电容和有源器件，势必会引起芯片面积和功耗的增大；廖小平和焦永昌提出了 MEMS 集成的微波相位检测器[14]，进一步，廖小平和杨国将 MEMS 集成的微波相位检测器应用在锁相环系统中，以实现无滤波器的锁相环[15]。图 1-12（b）为集成的 MEMS 微波相位检测器的结构图，通过微波功率合成器对待测信号和参考信号进行功率合成，其合成微波功率被热电式微波功率传感器转换为直流的热电势电压；如图 1-12（c）所示，当 MEMS 集成的微波相位检测器应用在锁相环中时，该输出的直流电压可以直接作为压控振荡器的直流控制电压，不需要滤波器，基于 MEMS 微波相位检测器的锁相环节省了芯片面积，降低了功耗。

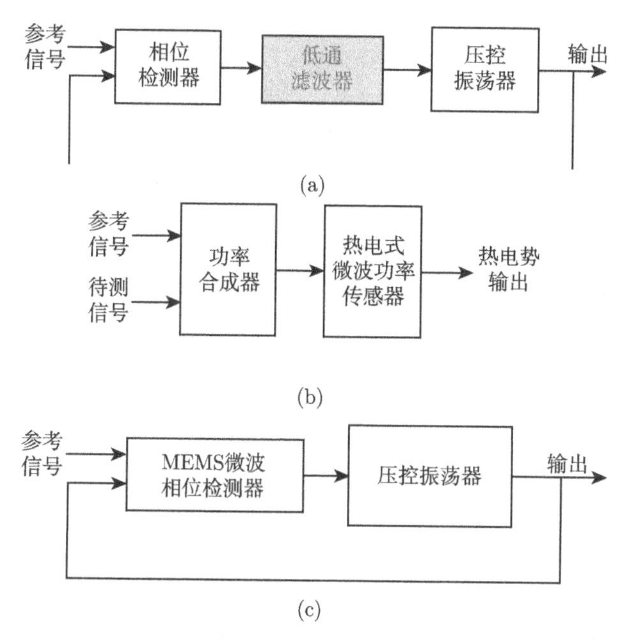

图 1-12 传统锁相环结构框图（a）；集成的 MEMS 微波相位检测器结构框图（b）；基于 MEMS 集成微波相位检测器的锁相环结构框图（c）

1.8 MEMS 集成的微波频率检测器在微波接收检测中的应用

微波信号接收及其检测系统广泛地应用在军用和民用微波通讯领域，具有功耗低、重量轻、成本小，以及频率可重构等特性的微波信号接收及其检测系统已成为军用和民用微波通讯技术发展的重要装备之一。在非常拥挤的微波频段的背景中，能对微波频率和微波功率进行同时检测，并且具有频率可重构能力，以及微波功率检测中能实现频率补偿的微波信号接收及其检测系统在电子对抗装备中是非常关键的。

廖小平、易真翔和吴昊提出了如图 1-13 所示的基于 RF MEMS 器件可重构微波信号接收及其检测单片集成系统结构[16]，其特点为：集成 MEMS 微波天线和 MEMS 可调微波滤波器实现了工作频率可重构和扩展频宽；集成 MEMS 在线式微波频率检测器和 MEMS 频率补偿式微波功率传感器实现了微波信号频率和功率的同时检测，以及功率检测中的频率补偿。

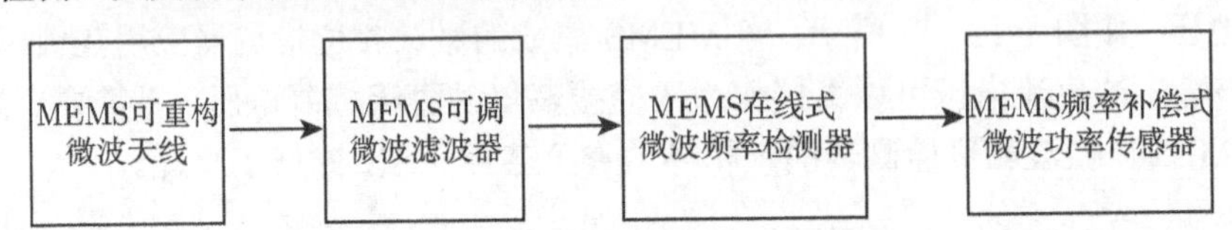

图 1-13　基于 RF MEMS 器件可重构微波信号接收及其检测单片集成系统结构框图

实现基于 RF MEMS 器件可重构微波信号接收及其检测单片集成系统结构的方案如图 1-14 所示，其工作原理为：由 MEMS 可重构微波天线接收的微波信号，经过 MEMS 可调微波滤波器之后，实现了微波信号的频率在线检测，最后传输到位于 CPW 传输线末端的 MEMS 频率补偿式微波功率传感器，检测出微波信号的功率，并实现微波功率检测中的频率补偿；同时改变 MEMS 可重构天线和 MEMS 可调滤波器的驱动电极上的电压，从而同步调节 MEMS 可重构天线和 MEMS 可调滤波器的中心频率，以实现某一特定频率情况下的微波信号的频率和功率的同时检测。

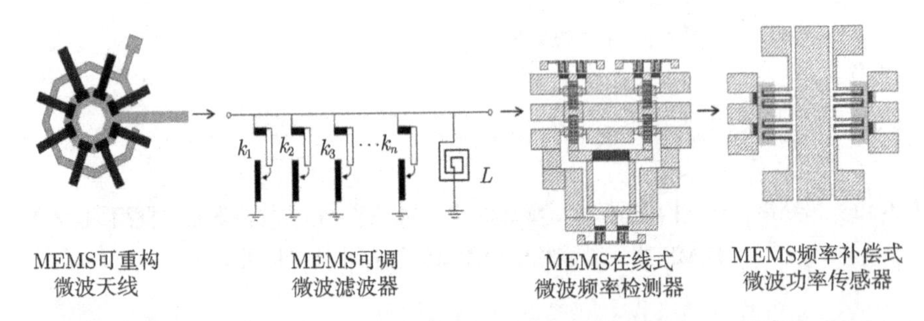

图 1-14　基于 RF MEMS 器件可重构微波信号接收及其检测单片集成系统研究方案

具体实施方法如下：

图 1-14 中的 MEMS 微波天线可基于廖小平和王德波提出的如图 1-15 所示的采用 GaAs MMIC 工艺的可重构 MEMS 微波天线基本结构[17] 而进行设计，该基本结构采用八个相同的 MEMS 悬臂梁结构，通过对悬臂梁下拉电极施加直流偏置电压，产生等效的静电力下拉 MEMS 悬臂梁使其变形，从而实现 MEMS 微波天线工作频率的可重构。由于在八个方向采用了相同的 MEMS 悬臂梁结构，从而可以有效地实现微波天线工作频率的变换。

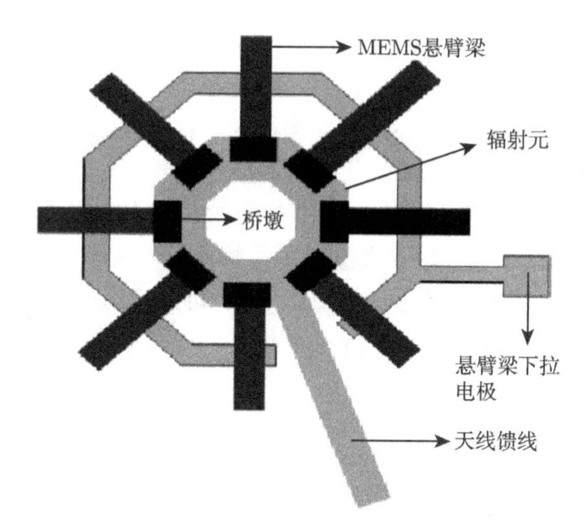

图 1-15 采用 GaAs MMIC 工艺的 MEMS 微波天线结构

图 1-14 中的 MEMS 可调微波滤波器可基于廖小平和武锐提出的如图 1-16 所示的采用 GaAs MMIC 工艺的 MEMS 可调带通滤波器基本结构[18] 而进行设计，其特征在于该基本结构包括一组 MEMS 电容式串联开关（$k_1 \sim k_n$）和与其并联的电感（L），通过控制 MEMS 电容式串联开关（k_n）的通断能够调节接入滤波网络的电容的大小，从而调节滤波器的中心频率点，其工作原理为：施加驱动电压使任意一个 MEMS 开关（如 k_1）导通，此时该开关等效为一电容 C_1，可调 LC 带通滤波器中心频率由 L 和 C_1 的乘积决定；如果任意两个 MEMS 开关（如 k_1 和 k_2）导通，整个网络的电容值为（C_1+C_2），可调 LC 带通滤波器中心频率由 L 和（C_1+C_2）的乘积决定，以此类推。

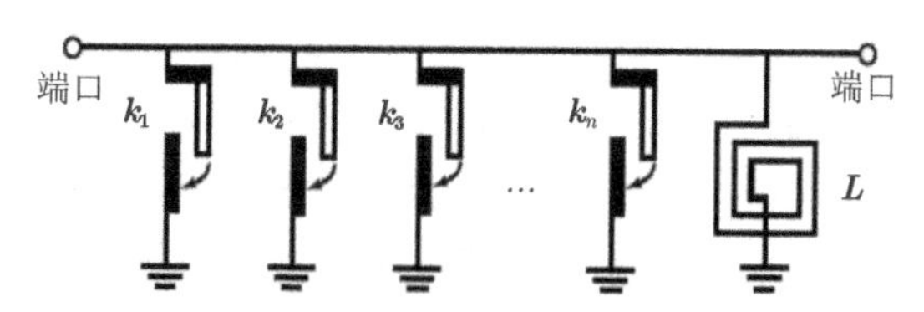

图 1-16 MEMS 可调带通滤波器的原理图

廖小平和焦永昌提出了采用 GaAs MMIC 工艺的微电子机械微波频率检测器[19]，图 1-14 中的 MEMS 在线式微波频率检测器可基于如图 1-17 所示的廖小平、易真翔和杨国进一步提出的 MEMS 在线式微波频率检测器[20] 基本结构而进行设计，其特征在于有四个完全相同结构的 MEMS 悬臂梁耦合器和三个完全相同结构的 MEMS 间接加热热电式微波功率传感器。四个结构完全相同的 MEMS 悬臂梁耦合器处于 CPW 信号线上面的介质层的上方。当待测微波信号经过 CPW 传输线时，相隔一定距离的两个悬臂梁耦合出两支幅度相同，但存在一个与频率成正比的相位差的微波信号，经功率合成器合成后，由 MEMS 间接加热热电式微波功率传感器所检测出的合成信号的功率与相位差存在余弦函数关系；为了测量出由悬臂梁所耦合出的微波信号功率的大小，在信号线的另一侧对称地设计了两个结构完全相同的悬臂梁耦合器，其后分别接有 MEMS 间接加热热电式微波功率传感器。三个 MEMS 间接加热热电式微波功率传感器所输出的直流电压 V_1、V_2 和 V_3 与各自所检测的微波功率成正比，并构成一个稳定的三角形结构，V_1 和 V_2 的夹角表示了前面所述的与微波频率成正比的相位差，从而由该相位差可推算出待测信号的频率。

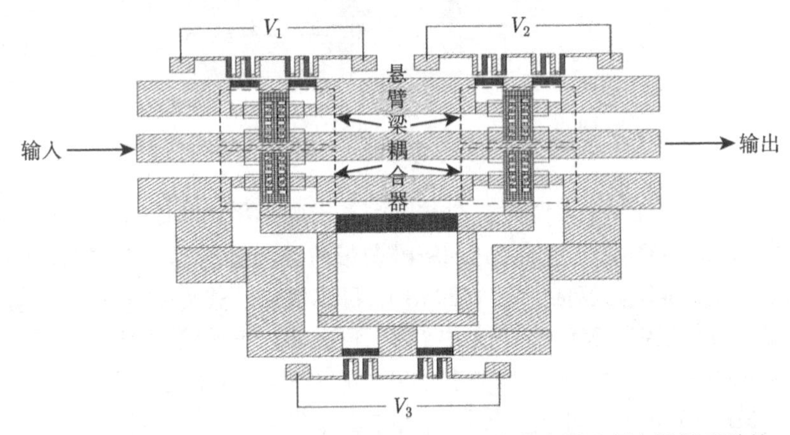

图 1-17　采用 GaAs MMIC 工艺的 MEMS 在线式微波频率检测器结构

廖小平、田涛提出了采用 GaAs MMIC 工艺的双热电堆平衡式微电子机械微波功率传感器[21]，图 1-14 中的 MEMS 频率补偿式微波功率传感器可基于如图 1-18 所示的廖小平和王德波进一步提出的 MEMS 补偿式微波功率传感器[22] 基本结构而进行设计，其特征在于这种结构在右端设计了与左端完全相同的共面波导、终端电阻和热电堆结构，中间设计了金属隔离块以保持热电堆的冷端温度与衬底温度相同，金属隔离块还可以减小左右两端之间的温度串扰。MEMS 频率式微波功率传感器有两种工作方式，①普通模式：左端终端电阻将待测微波功率转化为热，基于热电堆的 Seebeck 效应，左端压焊块输出直流电压，以实现微波功率检测；②频率补偿模式：在普通模式的基础上，右端输入中心频率下的微波功率以实现频率补偿，调整右端中心频率下的功率大小，使左右两端压焊块输出的直流电压相同，就可以得到不同微波频率的频率补偿因子，以实现微波功率检测中的频率补偿，该结构基于差分工作原理实现了频率补偿式的微波功率检测，同时消除了各种热损耗所带来的测量误差，提高了微波功率测量的精度。由于结构的对称性，该传感器还具有：性能参数对结构参数不敏感，热性能与微波性能相互影响减小，频率补偿模式可直接得到微波功率的大小而无需通过检测输出直流电压后再进行推算等优点。

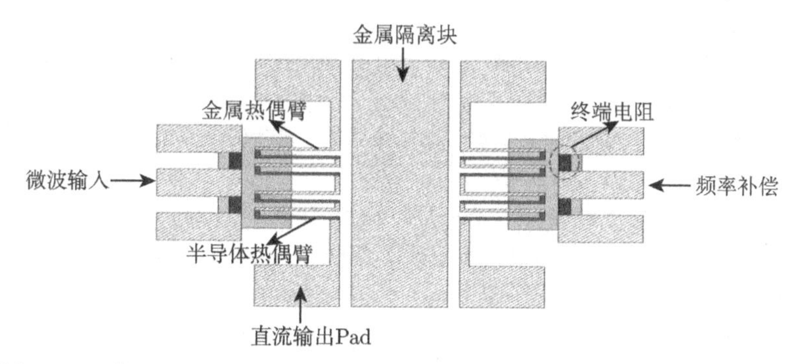

图 1-18 采用 GaAs MMIC 工艺的 MEMS 频率补偿式微波功率传感器结构

1.9 小 结

本章从 MEMS 微波器件和集成检测器的模拟和设计、模型建立、与 GaAs MMIC 兼容的 MEMS 工艺、测试平台和系统级 S 参数模型，以及在微波通讯中的应用方向几个方面，总结了本书关于微电子机械微波通讯信号检测集成系统的共性设计理论和实现方法，所具有的普适性可应用到其他 MEMS 微波器件和系统的研究中，为推动微波 MEMS 器件和系统的研究和应用奠定了理论和实验基础。

参 考 文 献

[1] Simons R N. Coplanar Waveguide Circuits, Components, and Systems. New York: John Wiley & Sons, 2001

[2] Pozar D M. 微波工程. 3 版. 张肇仪, 等, 译. 北京：电子工业出版社，2006

[3] 刘恩科, 朱秉升, 罗晋生. 半导体物理学. 北京：电子工业出版社，2011

[4] Rebeiz G M. RF MEMS 理论 · 设计 · 技术. 黄庆安，廖小平, 译. 南京：东南大学出版社，2005

[5] Jaeggi D, Baltes H, Moser D. Thermoelectric AC power sensor by CMOS technology. IEEE Electron Device Letters, 1992, 13(7): 366-368

[6] Milanovic V, Gaitan M, Bowen E D, et al. Thermoelectric power sensor for microwave applications by commercial CMOS fabrication. IEEE Electron Device Letters, 1997, 18(9): 450-452

[7] Wu Z, Gu L, Li X. Post-CMOS compatible micromachining technique for on-chip passive RF filter circuits. IEEE Transactions on Components and Packaging Technology, 2009,

32(4): 759-765

[8] Leondes C T. MEMS/NEMS handbook—Techniques and Applications. New York: Springer, 2006

[9] 廖小平，张志强. MEMS 固支梁式在线微波功率传感器及其制备方法. 中国发明专利，ZL201010223810.5，2012-5-23

[10] 廖小平，张志强. 基于微电子机械微波功率传感器可重构的微波接收机前端. 中国发明专利，ZL201110002997.0，2013-10-30

[11] Zhang Z Q, Liao X P. Micromachined GaAs MMIC-based spiral inductors with metal shores and patterned ground shields. IEEE Sensors Journal, 2012, 12(6): 1853-1860

[12] Zhang Z Q, Liao X P, Wu R. RF on-chip LC passive bandpass filter based on GaAs MMIC technology. Electronics Letters, 2010, 46(3): 269-270

[13] Zhang Z Q, Liao X P. Micromachined passive bandpass filters based on GaAs Monolithic-Microwave-Integrated-Circuit technology. IEEE Transactions on Electron Devices, 2013, 60(1): 221-228

[14] 廖小平，焦永昌. 微电子机械微波信号相位检测器及其制备方法. 中国发明专利，ZL200710132692.5，2009-7-8

[15] 廖小平，杨国. 一种基于微机械间接热电式功率传感器的锁相环及制法. 中国发明专利，ZL201310244091.9，2015-7-29

[16] 廖小平，易真翔，吴昊. 微电子机械微波频率和功率检测系统及其检测方法. 中国发明专利，ZL201310027731.0，2015-6-10

[17] 廖小平，王德波. 微电子机械微波天线及其制备方法. 中国发明专利，ZL201110009440.X，2014-4-16

[18] 廖小平，武锐. 微电子机械可调带通滤波器及制备方法. 中国发明专利，ZL200710133892.2，2010-2-3

[19] 廖小平，焦永昌. 微电子机械微波频率检测器及其制备方法. 中国发明专利，ZL200710022426.7，2009-2-25

[20] 廖小平，易真翔，杨国. 微电子机械在线式微波频率检测器及其检测方法. 中国发明专利，ZL201310028143.9，2015-9-30

[21] 廖小平，田涛. 双热电堆平衡式微电子机械微波功率传感器及其制备方法. 中国发明专利，ZL200710021764.9，2009-3-25

[22] 廖小平，王德波. 微电子机械微波频率响应补偿式微波功率检测装置. 中国发明专利，ZL200910232144.9，2011-6-29

第 2 章　微波功率分配器

2.1　引　　言

作为微电子机械微波信号检测集成系统的重要部件，功率分配器（简称功分器）的微波性能将会直接影响相位、频率检测器的测试精度和测试范围。因此，本章将首先介绍功分器的原理，采用引入电容负载的方法减小其芯片面积，并利用 ADS 软件和 HFSS 软件对其微波性能进行仿真和模拟，最后对制备的功分器结构进行实验验证，并对标准结构和紧凑型结构的性能进行比较和分析。

2.2　微波功率分配器的模拟和设计

1960 年，Wilkinson 提出了一种传统的 N 端口功分器结构，它可以实现如下特性：当输出端口都匹配时，输出端口可以等分输入信号的功率，具有无耗的特性[1]。Wilkinson 功分器可以制成任意功率分配比，最简单的是二端口输出结构，其结构示意图如图 2-1 所示。信号从端口 1 输入，从端口 2 和端口 3 输出，此时结构实现功分器的功能；信号从端口 2 和端口 3 输入，从端口 1 输出，此时结构实现功合器的功能。一般地，为了输入输出的阻抗匹配，三个端口的匹配电阻都统一采用 Z_0。连接端口 1 和端口 2、端口 1 和端口 3 的传输线长度为 $\lambda/4$，其中，λ 为功分器的中心频率点对应的电磁波波长，其阻抗值为 $\sqrt{2}Z_0$，并在端口 2、端口 3 之间引入隔离电阻，阻值为 $2Z_0$。

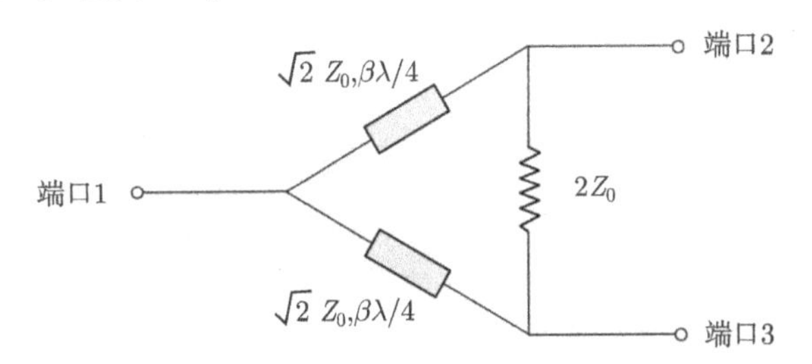

图 2-1　Wilkinson 功分器的示意图

在本设计中，端口 1、端口 2 和端口 3 采用共面波导传输线结构，阻抗均为 50Ω，四分之一波长线采用的非对称共面带线（ACPS）传输线结构，阻抗为 $50\sqrt{2}\Omega$，电长度在对应中心频率下为 90 度，端口 2 和端口 3 之间的隔离电阻的阻值为 100Ω。

一般情况下，Wilkinson 功分器的面积通常由四分之一波长线的长度决定，在 10GHz 时，它的长度高达 3000μm 左右，这就使得功分器的芯片面积非常巨大。因此，为了减小芯片面积，采用电容负载缩短四分之一波长线的方法[2]，如图 2-2 所示，其中，C_1，C_2 和 C_3 是负载电容。通过奇偶模分析[3]，可以得到以下关系

$$C_1 = \frac{2\cos(\beta l)}{\sqrt{2}\omega Z_0} \tag{2-1}$$

$$C_2 = C_3 = \frac{\cos(\beta l)}{\sqrt{2}\omega Z_0} \tag{2-2}$$

$$Z = \frac{1}{\omega C_2 \tan(\beta l)} \tag{2-3}$$

$$R = 2Z_0 \tag{2-4}$$

其中，β 是 ACPS 传输线的相位常数，l 是缩短的连接端口 1 与端口 2、端口 3 之间的传输线长度，ω 是角频率，Z 是缩短的传输线的阻抗，R 是端口 2 和端口 3 之间的隔离电阻，Z_0 是三个端口的特征阻抗。

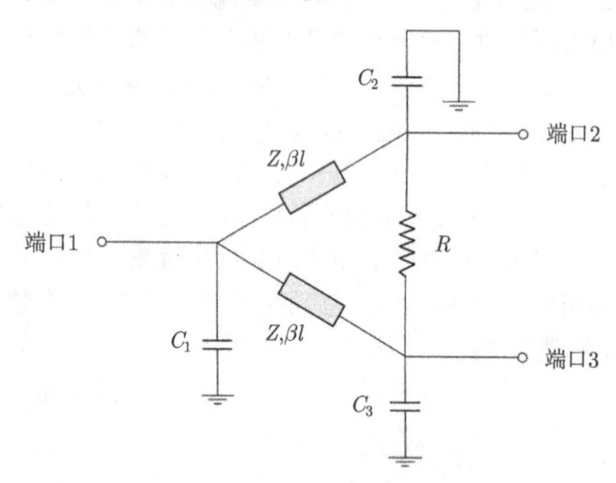

图 2-2　紧凑型功分器的示意图

对于标准的 Wilkinson 功分器，连接端口 1 与端口 2、端口 3 之间的传输线长度为 $\lambda/4$，无需负载电容，整个器件在中心频率处是匹配的；当传输线的长度缩短时，需增加负载电容并改变传输线的阻抗，以达到功分器在中心频率处的阻抗匹配，实现最优的微波性能。根据式 (2-2) 和式 (2-3)，图 2-3 和图 2-4 分别给出了负载电容和传输线的阻抗与传输线长度的关系。可以看出，当传输线的长度变为标准功分器的一半（即传输线的长度从 $\lambda/4$ 缩短为 $\lambda/8$）时，负载电容 C_1 约为

0.32pF，C_2 约为 0.16pF，传输线的阻抗约为 100Ω，才能实现功分器在中心频率处的阻抗匹配，从而使得紧凑型功分器具有良好的微波性能。

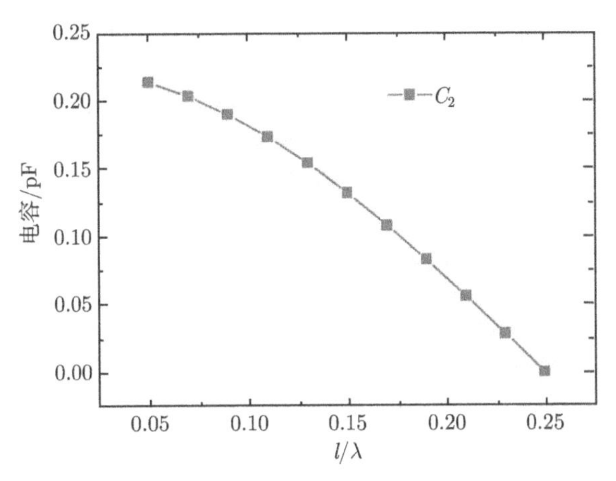

图 2-3 紧凑型功分器的负载电容与传输线长度的关系

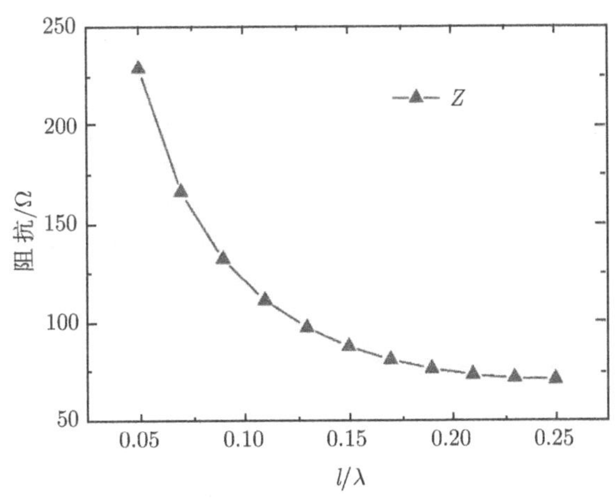

图 2-4 紧凑型功分器传输线的阻抗与传输线长度的关系

如图 2-5 所示，缩短连接端口 1 和端口 2、端口 3 之间传输线的长度虽然可以有效减小功分器芯片的面积，但同时也会导致功分器的有效带宽变窄。对于标准的 Wilkinson 功分器，它的有效带宽（以回波损耗小于 −20dB 为标准）约为 4GHz，但是，随着芯片面积的缩小，其有效带宽也在逐渐减小，当端口 1 与端口 2、端口 3 之间的连接线从 $\lambda/4$ 缩短为 $\lambda/8$ 时，功分器的有效带宽只有 2GHz，约为原来的一半。表 2-1 给出了计算的归一化带宽与芯片面积之间的关系。

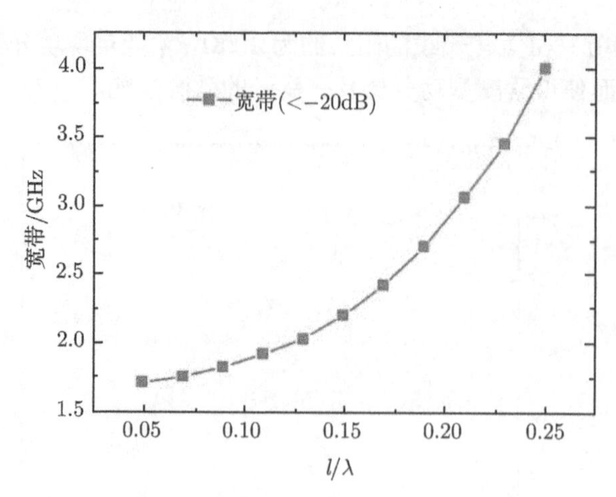

图 2-5　紧凑型功分器的带宽与传输线长度的关系

表 2-1　计算的归一化带宽与芯片面积

归一化芯片面积	归一化带宽（$S_{11} < -20\text{dB}$）
20%	43%
36%	46%
52%	51%
68%	61%
84%	77%
100%	100%

图 2-6 给出了利用 ADS 软件计算的 Wilkinson 功分器的回波损耗和插入损耗。在 8~12GHz 的频带上，回波损耗均小于 −20dB，且在中心频率处完全匹配，插入损耗接近于 3.01dB。图 2-7 给出了利用 ADS 软件计算的紧凑型功分器（端口 1 与端口 2、端口 3 之间的连接线长度缩短一半，即 $\lambda/8$）的微波性能，可以看出，在中心频率 10GHz 处，回波损耗为 −55dB，插入损耗为 3.02dB，可是，在频带边缘，它的插入损耗明显高于标准的 Wilkinson 功分器。这是由于为了减小芯片面积所做的电容补偿，都是在中心频率 10GHz 处完成的。在 10GHz 附近时，插入损耗的指标与标准的 Wilkinson 功分器接近，可是，当频率偏离中心频率 10GHz 一定距离后，阻抗失配就会变得严重，从而导致紧凑型功分器的微波性能急剧下降。

为了得到准确的尺寸，采用 HFSS 软件对功分器结构的微波性能进行模拟，其中，CPW 传输线和 ACPS 传输线的剖面如图 2-8 所示。图 2-9 给出了标准 Wilkinson 功分器结构的回波损耗和插入损耗的模拟结果。可以看出，在 8~12GHz 频带上，回波损耗在中心频率 10GHz 处约为 −45dB，在频带边缘 8GHz 和 12GHz 处约为 −19dB，插入损耗接近于 3.3dB。明显地，模拟结果与计算结果相比较差，原因是在 HFSS 软件中，由 CPW 和 ACPS 传输线的尺寸所决定的阻抗并不是绝对的 50Ω

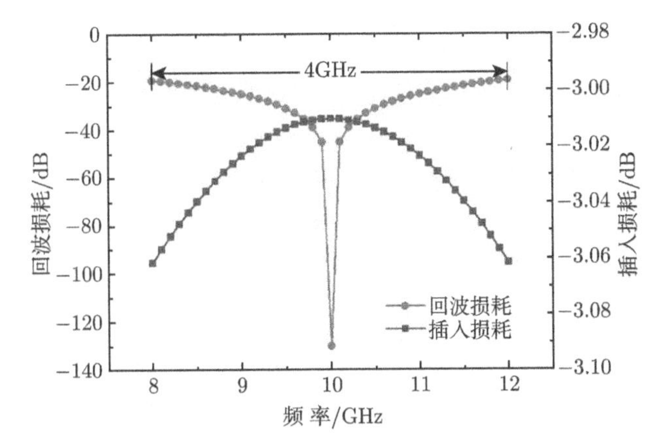

图 2-6 利用 ADS 软件计算的 Wilkinson 功分器的微波性能

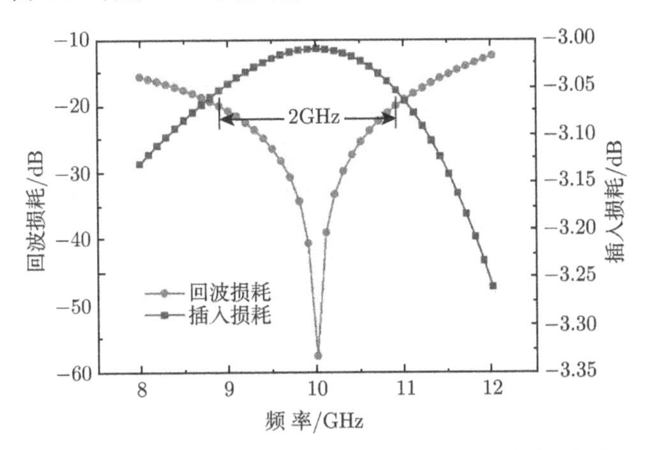

图 2-7 利用 ADS 软件计算的紧凑型功分器的微波性能

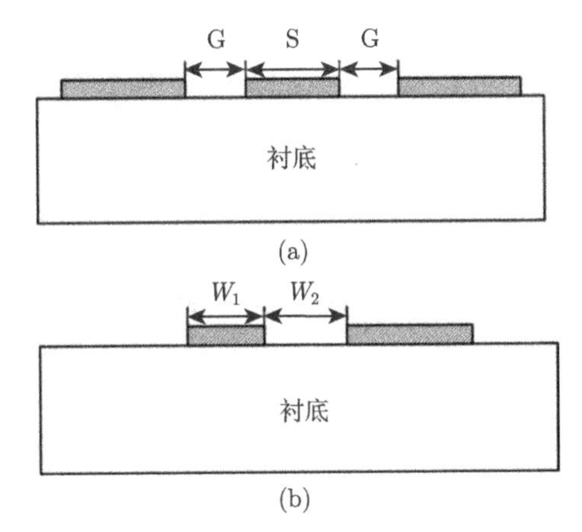

图 2-8 CPW 传输线的剖面图（a）和 ACPS 传输线的剖面图（b）

和 70.7Ω。这就导致了整个 Wilkinson 功分器的匹配性能并不是最理想的情况。图 2-10 给出了紧凑型功分器的微波性能的模拟结果，可以看出，在中心频率 10GHz 处，回波损耗约为 −45dB，插入损耗为 3.3dB。而在 12GHz 处，插入损耗迅速增加至 3.8dB，大于标准 Wilkinson 功分器的 3.4dB。

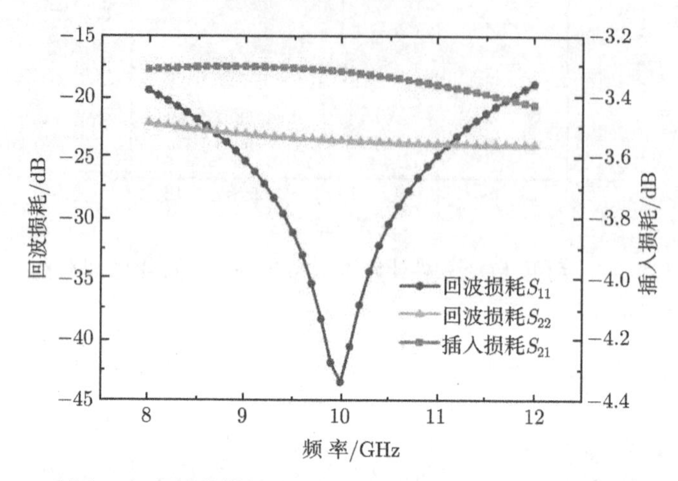

图 2-9　利用 HFSS 软件模拟的 Wilkinson 功分器的回波损耗和插入损耗

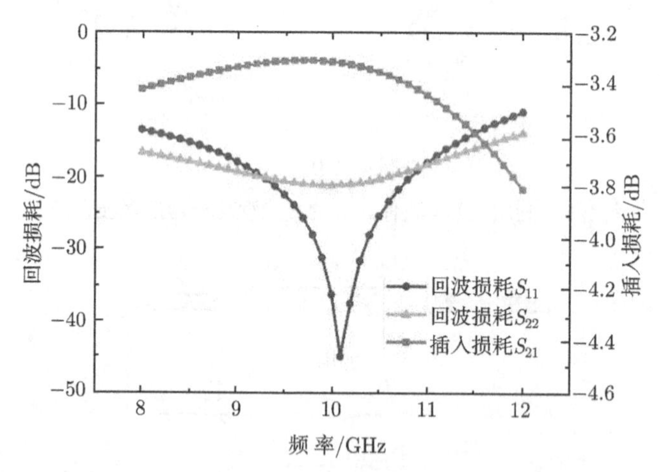

图 2-10　利用 HFSS 软件模拟的紧凑型功分器的回波损耗和插入损耗

2.3　微波功率分配器的性能测试

标准的 Wilkinson 功分器制备的工艺与 GaAs MMIC 工艺完全兼容。图 2-11 分别给出了制备的标准 Wilkinson 功分器和它的空气桥的 SEM 照片[4]。

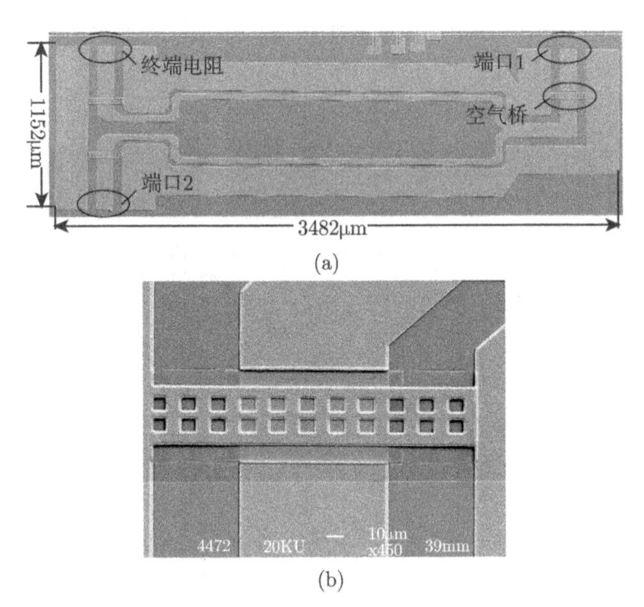

(a)

(b)

图 2-11 制备的 Wilkinson 功分器的 SEM 图

由于功分器的尺寸较大，SEM 图中的传输线出现了弯曲，这是由拍摄设备造成的

由于采用电容负载结构，紧凑型功分器需制备 MIM 电容，图 2-12 给出了制备的紧凑型功分器和电容负载的 SEM 照片[5,6]。

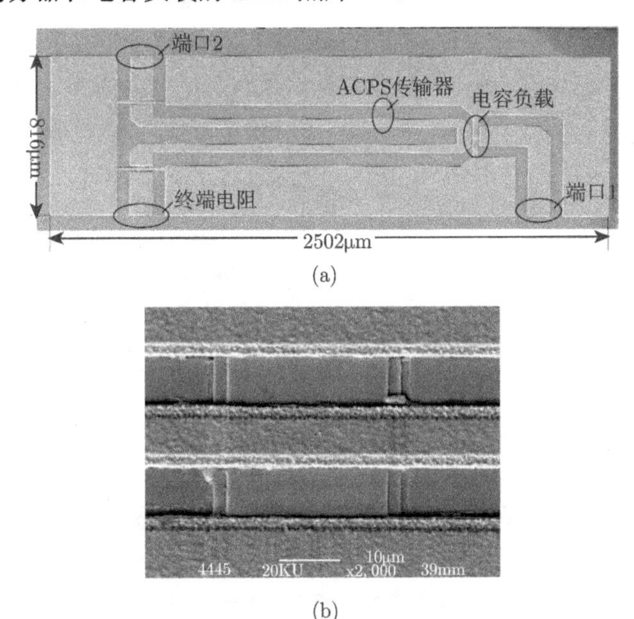

(a)

(b)

图 2-12 制备的紧凑型功分器的 SEM 图

如图 2-13 所示，在 8~12GHz 的频带上，端口 1 的回波损耗均小于 −15dB，且中心频率由原来设计的 10GHz 向下偏移到 9GHz，此时的回波损耗为 −32dB。端口 2 的回波损耗约为 −20dB。端口 2 与端口 1 之间的插入损耗在整个频带上接近于 3.3dB，测量的损耗比模拟损耗大，主要原因是 HFSS 软件模拟时没有包括衬底的损耗以及电磁耦合的损耗。

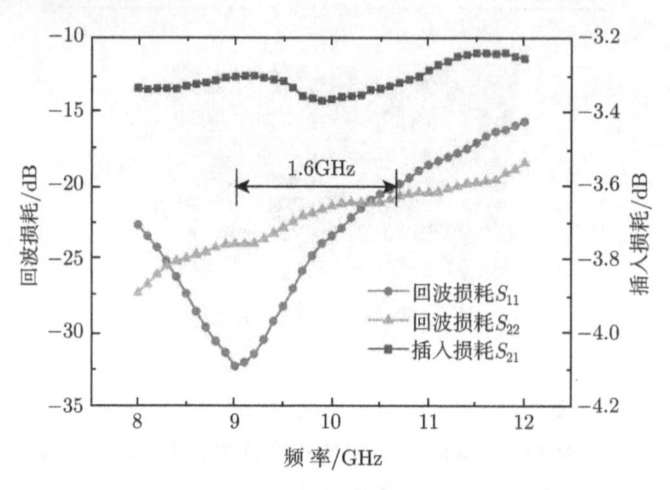

图 2-13 Wilkinson 功分器微波性能的测试结果

图 2-14 给出了紧凑型功分器微波性能的测试结果。中心频率由设计的 10GHz 上移至 11GHz，端口 1 在中心频率处的回波损耗约为 −23dB，在 8GHz 处约为 −13dB，插入损耗约为 3.4dB。端口 2 的回波损耗在整个 X 波段上均小于 −16dB。

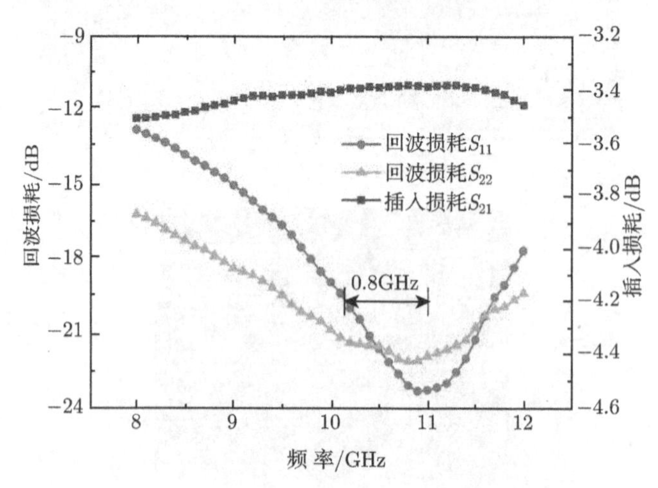

图 2-14 紧凑型功分器微波性能的测试结果

此外，标准的 Wilkinson 功分器的面积约为 3482μm×1152μm，而紧凑型功分器的面积为 2502μm×816μm。实验表明标准 Wilkinson 功分器的带宽约为 3.2GHz，而紧凑型功分器的带宽只有 1.6GHz。很明显，一分二功分器芯片面积减小了将近一半，而有效带宽也随之减小一半，因此，芯片面积的缩小是以带宽的减小为代价的。其原因主要是紧凑型功分器的匹配是在中心频率 10GHz 处完成的，一旦频率偏移中心频率，阻抗失配更加严重，微波性能也随之急剧恶化。因此，对于不同的设计需求，应采用不同类型的功分器结构。

2.4 微波功率分配器的系统级 S 参数模型

图 2-15 给出了一分二功分器的示意图，其结构已详细描述，本节主要分析并推导其系统级 S 参数模型。

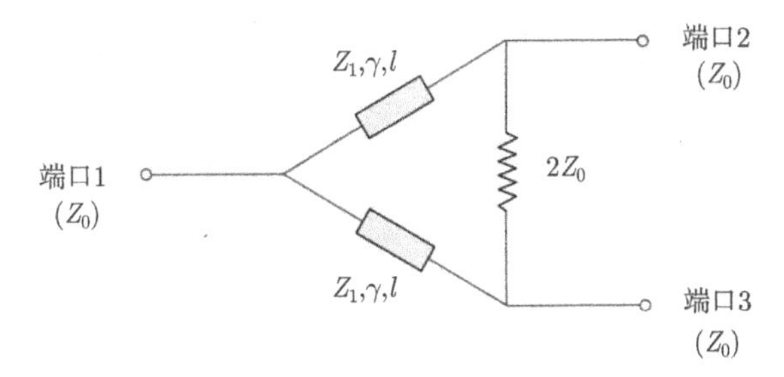

图 2-15　一分二功分器的示意图

对于一个微波器件，它可以被归为某种网络，其中，V_n^+ 是入射到第 n 端口的电压波振幅，V_n^- 是自第 n 端口反射的电压波振幅。散射参数可以由一个 N 阶的方阵来表示，散射矩阵或 $[S]$ 矩阵由这些入射和反射电压波之间的联系确定[7]：

$$\left[V^-\right] = [S]\left[V^+\right] \tag{2-5}$$

$[S]$ 矩阵中各元素的值可以表示为

$$S_{ij} = \left.\frac{V_i^-}{V_j^+}\right|_{V_k^+=0,k\neq j} \tag{2-6}$$

根据奇偶模分析的方法，功分器可以剖为两部分：奇模激励和偶模激励，分别如图 2-16（a）和（b）所示。对于偶模激励的情况，端口 1 和端口 2 的回波损耗 S_{11}^{e} 和 S_{22}^{e} 可分别表示为

$$S_{11}^{\mathrm{e}} = \varGamma_1^{\mathrm{e}}(\gamma l) = \frac{Z_{\mathrm{in1}}^{\mathrm{e}}(\gamma l) - 2Z_0}{Z_{\mathrm{in1}}^{\mathrm{e}}(\gamma l) + 2Z_0} \tag{2-7}$$

$$S_{22}^{\mathrm{e}}=\Gamma_2^{\mathrm{e}}(\gamma l)=\frac{Z_{\mathrm{in2}}^{\mathrm{e}}(\gamma l)-Z_0}{Z_{\mathrm{in2}}^{\mathrm{e}}(\gamma l)+Z_0} \tag{2-8}$$

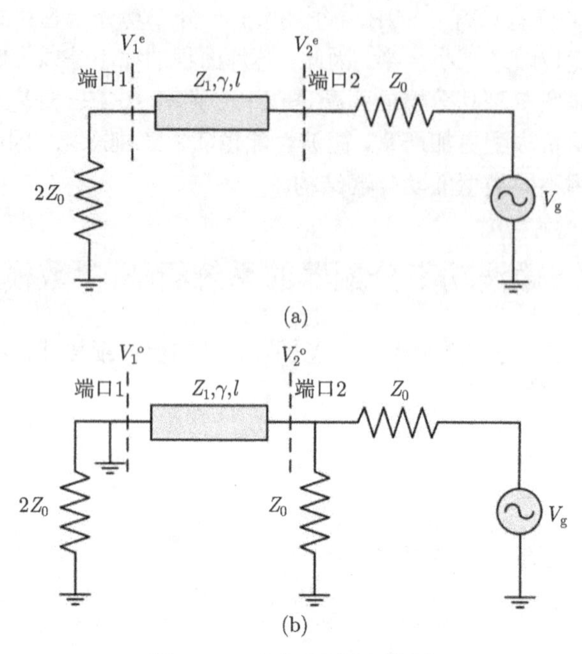

图 2-16　功分器剖为两部分

(a) 偶模激励；(b) 奇模激励

其中，Z_0 是端口 1 和端口 2 的特征阻抗，$Z_{\mathrm{in1}}^{\mathrm{e}}$（$\gamma l$）和 $Z_{\mathrm{in2}}^{\mathrm{e}}$（$\gamma l$）分别为偶模下从端口 1 和端口 2 往里看的输入阻抗，根据传输线理论，它们的值可以分别表示为

$$Z_{\mathrm{in1}}^{\mathrm{e}}(\gamma l)=Z_1\frac{Z_0+Z_1\tanh(\gamma l)}{Z_1+Z_0\tanh(\gamma l)} \tag{2-9}$$

$$Z_{\mathrm{in2}}^{\mathrm{e}}(\gamma l)=Z_1\frac{2Z_0+Z_1\tanh(\gamma l)}{Z_1+2Z_0\tanh(\gamma l)} \tag{2-10}$$

其中，Z_1 是连接端口 1 和端口 2 之间传输线的阻抗，γ 是其传播系数，l 是其长度。将式（2-9）和（2-10）分别代入式（2-7）和（2-8），可得出偶模激励下一分二功分器的 S_{11}^{e} 和 S_{22}^{e}，

$$S_{11}^{\mathrm{e}}=\frac{Z_1^2\tanh(\gamma l)-Z_0Z_1-2Z_0^2\tanh(\gamma l)}{Z_1^2\tanh(\gamma l)+3Z_0Z_1+2Z_0^2\tanh(\gamma l)} \tag{2-11}$$

$$S_{22}^{\mathrm{e}}=\frac{Z_1^2\tanh(\gamma l)+Z_0Z_1-2Z_0^2\tanh(\gamma l)}{Z_1^2\tanh(\gamma l)+3Z_0Z_1+2Z_0^2\tanh(\gamma l)} \tag{2-12}$$

奇模激励时，功分器电路结构如图 2-16（b）所示，端口 1 接地，端口 2 的回波损耗为

$$S_{22}^{\text{o}} = \varGamma_2^{\text{o}}(\gamma l) = \frac{Z_{\text{in2}}^{\text{o}}(\gamma l) - Z_0}{Z_{\text{in2}}^{\text{o}}(\gamma l) + Z_0} \tag{2-13}$$

其中，$Z_{\text{in2}}^{\text{o}}(\gamma l)$ 是从端口 2 看进去的输入阻抗，它由输入阻抗为 Z_1，长度为 l 的传输线与电阻 $r/2$ 并联构成，因此，端口 2 的输入阻抗可以表示为

$$Z_{\text{in2}}^{\text{o}}(\gamma l) = \frac{Z_1\tanh(\gamma l) \times \dfrac{r}{2}}{Z_1\tanh(\gamma l) + \dfrac{r}{2}} \tag{2-14}$$

将式（2-14）代入式（2-13），可得奇模激励下一分二功分器的 S_{22}^{o}，

$$S_{22}^{\text{o}} = \frac{-Z_0^2}{2Z_0Z_1\tanh(\gamma l) + Z_0^2} \tag{2-15}$$

下面求解端口 1 和端口 2 之间的插入损耗 S_{21}，它可以表示为端口 1 处奇模电压、偶模电压之和与端口 2 处奇模电压、偶模电压之和的比值[7]，即

$$S_{21} = \frac{V_1^{\text{e}} + V_1^{\text{o}}}{V_2^{\text{e}} + V_2^{\text{o}}} \tag{2-16}$$

偶模时，若令端口 2 在 $x=0$ 处，端口 1 处在 $x=-l$ 处，则传输线上的电压可表示为

$$V(x) = V\left[\mathrm{e}^{-\mathrm{j}\gamma^{\text{e}}x} + \varGamma\mathrm{e}^{\mathrm{j}\gamma^{\text{e}}x}\right] \tag{2-17}$$

其中，反射系数 $\varGamma$ 可以表示为

$$\varGamma = \frac{Z_0 - Z_1}{Z_0 + Z_1} \tag{2-18}$$

当 $x=-l$ 时，端口 2 处的电压 V_2^{e} 可以表示为

$$V_2^{\text{e}} = V(-l) = V\left[\mathrm{e}^{\mathrm{j}\gamma^{\text{e}}l} + \varGamma\mathrm{e}^{-\mathrm{j}\gamma^{\text{e}}l}\right] \tag{2-19}$$

而此时，端口 2 处的电压还可以表示为

$$V_2^{\text{e}} = V_{\text{g}}\frac{Z_{\text{in2}}^{\text{e}}}{Z_{\text{in2}}^{\text{e}} + Z_0} \tag{2-20}$$

通过式（2-19）和（2-20），联立方程，可以求出 V 的值

$$V = V_{\text{g}}\frac{Z_{\text{in2}}^{\text{e}}}{Z_{\text{in2}}^{\text{e}} + Z_0}\frac{1}{\mathrm{e}^{\gamma l} + \varGamma\mathrm{e}^{-\gamma l}} \tag{2-21}$$

因此，偶模时，端口 1 处的电压可以表示为

$$V_1^{\mathrm{e}} = V_{\mathrm{g}} \frac{Z_{\mathrm{in2}}^{\mathrm{e}}}{Z_{\mathrm{in2}}^{\mathrm{e}} + Z_0} \frac{1+\Gamma}{\mathrm{e}^{\gamma l} + \Gamma \mathrm{e}^{-\gamma l}} \tag{2-22}$$

将 $Z_{\mathrm{in2}}^{\mathrm{e}}$ 和Γ的值代入，可分别得到 V_1^{e} 和 V_2^{e} 的值

$$V_1^{\mathrm{e}} = \frac{Z_1^2 \tanh(\gamma l) + 2Z_1 Z_0}{Z_1^2 \tanh(\gamma l) + 3Z_1 Z_0 + 2Z_0^2 \tanh(\gamma l)} \times \frac{2Z_0}{2Z_0 \cosh(\gamma l) + Z_1 \sinh(\gamma l)} \tag{2-23}$$

$$V_2^{\mathrm{e}} = \frac{Z_1^2 \tanh(\gamma l) + 2Z_1 Z_0}{Z_1^2 \tanh(\gamma l) + 3Z_1 Z_0 + 2Z_0^2 \tanh(\gamma l)} \tag{2-24}$$

奇模时，功分器的电路图如图 2-16（b）所示，很明显，端口 1 接地，因此电压等于零，即

$$V_1^{\mathrm{o}} = 0 \tag{2-25}$$

从端口 2 看进去，输入阻抗为 Z_1，长度为 l 的传输线与电阻 $r/2$ 并联，所以，端口 2 的输入阻抗为

$$Z_{\mathrm{in2}}^{\mathrm{o}} = \frac{Z_1 \tanh(\gamma l) \times \dfrac{r}{2}}{Z_1 \tanh(\gamma l) + \dfrac{r}{2}} \tag{2-26}$$

根据电路知识，端口 2 处的电压可以表示为

$$V_2^{\mathrm{o}} = V_{\mathrm{g}} \frac{Z_{\mathrm{in2}}^{\mathrm{o}}}{Z_{\mathrm{in2}}^{\mathrm{o}} + Z_0} \tag{2-27}$$

将式（2-26）代入式（2-27），可得奇模时 V_2^{o} 的值

$$V_2^{\mathrm{o}} = \frac{Z_1 \tanh(\gamma l) r}{Z_1 \tanh(\gamma l) r + Z_0 [2Z_1 \tanh(\gamma l) + r]} \tag{2-28}$$

结合式（2-23）～（2-25）和（2-28），并简化，可得一分二功分器端口 1 和端口 2 之间的插入损耗 S_{12} 的值，即

$$\begin{aligned} S_{12} =& [(2Z_0^3 + 3Z_0^2 Z_1 \tanh(\gamma l) + Z_0 Z_1^2 \tanh^2(\gamma l)]r + 4Z_0^3 Z_1 \tanh(\gamma l) \\ &+ 2Z_0^2 Z_1^2 \tanh^2(\gamma l))/\{[2Z_0^3 \sinh(\gamma l)\tanh(\gamma l) + 2Z_0^3 \cosh(\gamma l) \\ &+ Z_0^2 Z_1 \sinh(\gamma l)\tanh^2(\gamma l) + 7Z_0^2 Z_1 \sinh(\gamma l) + 2Z_0 Z_1^2 \sinh(\gamma l)\tanh(\gamma l) \\ &+ 3Z_0 Z_1^2 \sinh(\gamma l)\tanh(\gamma l) + Z_1^3 \sinh(\gamma l)\tanh^2(\gamma l)]r + 4Z_0^3 Z_1 \sinh(\gamma l) \\ &+ 4Z_0^2 Z_1^2 \sinh(\gamma l)\tanh(\gamma l) + Z_0 Z_1^3 \sinh(\gamma l)\tanh^2(\gamma l)\} \end{aligned} \tag{2-29}$$

因此，综上所述，功分器总的 S 参数矩阵可以表示为

$$S = \begin{bmatrix} S_{11} & S_{12} & S_{13} \\ S_{21} & S_{22} & S_{23} \\ S_{31} & S_{32} & S_{33} \end{bmatrix} \tag{2-30}$$

其中，各参数分别表示为

$$S_{11} = S_{11}^{\mathrm{e}} \tag{2-31}$$

$$S_{21} = S_{31} = S_{13} = S_{12} \tag{2-32}$$

$$S_{22} = S_{33} = \frac{S_{22}^{\mathrm{e}} + S_{22}^{\mathrm{o}}}{2} \tag{2-33}$$

以上的奇偶模分析方法无法直接推导出隔离度 S_{23} 和 S_{32}，可以通过下式导出

$$S_{23} = S_{32} = \frac{S_{22}^{\mathrm{e}} - S_{22}^{\mathrm{o}}}{2} \tag{2-34}$$

根据上述的理论推导，可以看出，ACPS 传输线的阻抗 Z_1 和长度 l 对一分二功分器的微波性能有着重要的影响。图 2-17 和图 2-18 分别给出了 ACPS 传输线的阻抗为 70.7Ω、72Ω 和 74Ω 时，功分器的回波损耗和插入损耗的变化情况。不难看出，当 ACPS 的阻抗变大时，它与端口 1 和端口 2 之间的匹配性能变差，从而导致插入损耗和回波损耗的值变大。

图 2-19 和图 2-20 分别给出了 ACPS 传输线的长度分别为 $0.9l$，l 和 $1.1l$ 时，功分器的回波损耗和插入损耗随着频率变化的关系。当 ACPS 传输线的长度增加时，端口 1 和端口 2 之间的相移量大于 90°，从而导致功分器的中心频率下移；当 ACPS 传输线的长度减小时，端口 1 和端口 2 之间的相移量小于 90°，因此，功分器的中心频率上移。

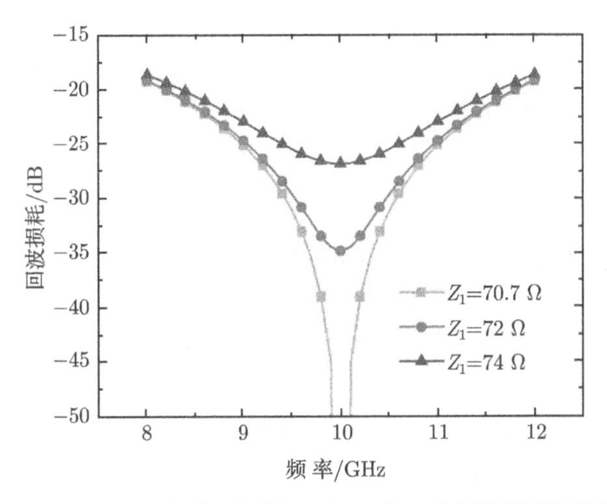

图 2-17　ACPS 阻抗不同情况下，一分二功分器的回波损耗

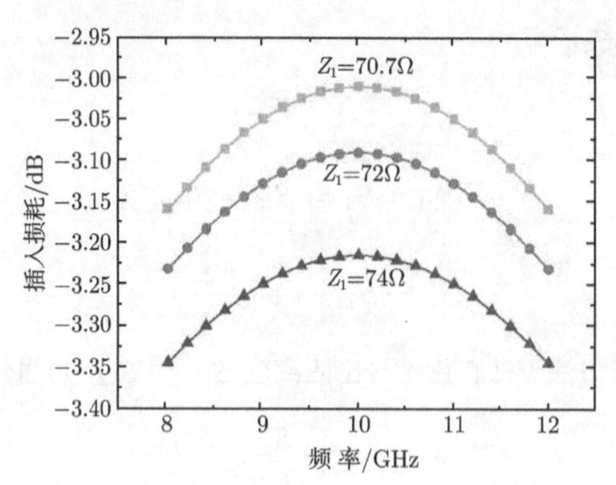

图 2-18　ACPS 阻抗不同情况下，一分二功分器的插入损耗

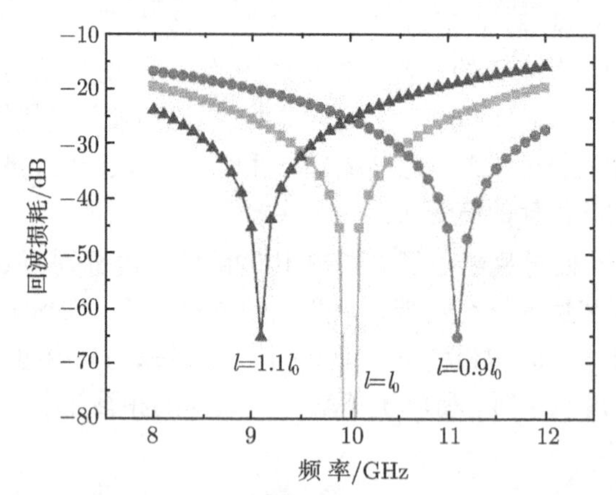

图 2-19　ACPS 长度不同时，一分二功分器的回波损耗

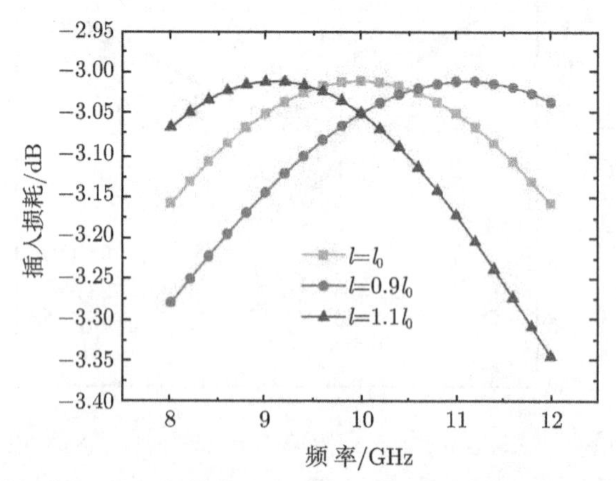

图 2-20　ACPS 长度不同时，一分二功分器的插入损耗

2.5 小　　结

本章首先介绍了微波一分二功分器的工作原理，并分别利用 ADS 软件和 HFSS 软件对普通型一分二功分器结构和紧凑型一分二功分器结构进行了模拟和设计，接着对制备的标准的一分二功分器和紧凑型一分二功分器进行性能测试，最后，建立了相应的系统级 S 参数模型。作为微波频率检测器的重要部件，微波一分二功分器对后续的 MEMS 微波相位检测器和 MEMS 微波频率检测器具有重要意义。

参 考 文 献

[1] Wilkinson E J. An N-way hybrid power divider. IEEE Transaction on Microwave Theory and Techniques, 1960, 8(1): 114-116

[2] Scardelletti M C, Ponchak G E, Weller T M. Miniaturized wilkinson power dividers utilizing capacitive loading. IEEE Microwave and Wireless Components letters, 2002, 12(1): 6-8

[3] Reed J, Wheeler G J. A method of analysis of a symmetrical four-port network. IEEE Transaction on Microwave Theory and Techniques, 1956, 4(4): 246-252

[4] Yi Z X, Liao X P. An X-band Wilkinson power divider and comparison with its miniaturization based on GaAs MMIC process. Microwave and Optical Technology Letters, 2014, 56(3): 700-705

[5] Hua D, Liao X P. X-band coplanar Wilkinson power divider based on GaAs MMIC technology. Electronics Letters, 2011, 47(13): 758-759

[6] Hua D, Liao X P, Liu H C. A micro compact coplanar power divider at X-band with Finite-width ground plane based on GaAs MMIC technology. Microsystem Technologies, 2013, 19(12): 1973-1980

[7] Pozar D M. Microwave Engineering. 张肇仪, 周乐柱, 吴德明, 等, 译. 北京: 电子工业出版社, 2008

第3章 MEMS 间接加热热电式微波功率传感器

3.1 引 言

在微波技术研究中，微波功率是表征微波信号特征的一个重要参数。在微波信号的产生、传输及处理等各个环节的研究中，微波功率的测量是必不可少的，它已成为电磁测量的重要组成部分。MEMS 热电式微波功率传感器由于具有插入损耗较低、线性度良好等优点，国际上已对其进行了广泛的研究。1992 年，D. Jaeggi 等提出了一种基于产业 CMOS IC 技术和后处理 MEMS 技术制作的间接加热型热电交流功率传感器[1]；1996 年，A. Dehe 等提出了一种基于 GaAs MMIC 工艺的间接加热微波功率传感器[2]。本章主要针对 MEMS 间接加热热电式微波功率传感器、频率补偿型微波功率传感器、无线接收型微波功率传感器以及三通道型微波功率传感器进行研究。

3.2 MEMS 间接加热热电式微波功率传感器

3.2.1 MEMS 间接加热热电式微波功率传感器的模拟和设计

王德波和廖小平报道了 MEMS 间接加热热电式微波功率传感器[3]，该传感器由共面波导传输线、负载电阻、热电堆、输出端和衬底减薄结构五个部分组成，如图 3-1 所示。该微波功率传感器是基于电–热–电转换的方法，实现微波功率测量，其基本原理是利用匹配电阻把共面波导上传输的微波信号功率完全转化为焦耳热，该热量使得靠近负载电阻的热电堆热端的温度升高，从而与热电堆冷端产生温度差，基于 Seebeck 效应，得到了热电压，其大小与输入的微波功率成正比，所以热电压的大小反映了所测的微波功率的大小。

当负载电阻传输微波功率后，由于焦耳热效应，自身的温度升高，这是一个非稳态导热过程。负载电阻温度由初始的环境温度上升到稳态温度值有一个过程。如果不考虑各种热损失（热传导到热偶和衬底，热对流、热辐射到环境），负载电阻传输的热量存储起来表现为自身温度的升高。

根据能量守恒原理[4]，输入微波功率为 P_{in} 的条件下有（一维近似）

$$\eta P_{\mathrm{in}} = \rho c V \frac{\mathrm{d}T}{\mathrm{d}t} \tag{3-1}$$

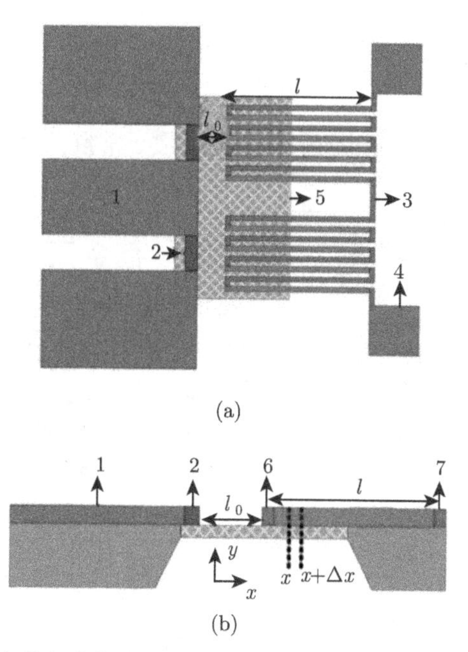

图 3-1 MEMS 间接加热热电式微波功率传感器的结构图（a）和截面图（b）

1. CPW；2. 负载电阻；3. 热电堆；4. 输出端；5. 衬底减薄结构；6. 热电堆的热端；7. 热电堆的冷端

式中，η 为负载电阻的能量传输效率，这里等价为共面波导的能量传输效率；ρ、c、V 分别为负载电阻的密度、热容、体积。解此方程并代入初始温度（T_0=300K）得负载电阻的温度

$$T(t)=\frac{\eta P_{\mathrm{in}}}{\rho cV}t+300 \tag{3-2}$$

当不考虑负载电阻其他热传递时，负载电阻的温度随着输入功率 P_{in} 的增大而线性升高，随着时间的增加，温度会持续升高。然而负载电阻由于传输微波能量以后温度升高，从而与周围环境产生温差，有温差就会发生各种传热现象。考虑各种传热机制，与式（3-1）对应的能量守恒方程变为

$$\eta P_{\mathrm{in}}=\rho cV\frac{\mathrm{d}T(t)}{\mathrm{d}t}+\frac{T(t)-T_0}{R_{\mathrm{th}}} \tag{3-3}$$

在以上所研究的传热解析模型中，传感器热阻 R_{th} 是一个特别关键的参数，对于 R_{th}，运用传热学知识对它所包括的三个分量进行计算，其中热对流热阻为

$$R_{\mathrm{th1}}=\frac{1}{hA} \tag{3-4}$$

式中，h 为对流换热系数 (W/(m^2 • K))，$A=wl$ 为电阻的上表面面积。

热辐射热阻为

$$R_{\mathrm{th2}} \approx \frac{1}{4\varepsilon\sigma_{\mathrm{b}}AT_0^3} \tag{3-5}$$

式中，σ_{b} 为 Stefan-Boltzman（斯特藩–玻尔兹曼）常量，ε 为电阻材料的黑度。

$$R_{\mathrm{th3}} = \frac{1}{\dfrac{1}{R_{\mathrm{th3s}}}+\dfrac{1}{R_{\mathrm{th3c}}}+\dfrac{1}{R_{\mathrm{th3m}}}} = \frac{1}{\dfrac{\lambda_{\mathrm{s}}A}{l_{\mathrm{s}}}+\dfrac{\lambda_0 A_0}{l_0}+\dfrac{\lambda_{\mathrm{m}}A_{\mathrm{m}}}{2l_{\mathrm{m}}}} \tag{3-6}$$

式中，R_{th3s}、R_{th3c} 和 R_{th3m} 分别为 R 与砷化镓衬底、R 与热电堆左端填充物氮化硅以及 R 与共面波导传输线之间的热阻。l_{s} 是电阻 R 底面下方减薄后的衬底厚度，A 为电阻的上表面面积；l_0 是填充物氮化硅的长度，A_0 是电阻 R 与氮化硅接触的侧面面积；l_{m} 是传输线长度，A_{m} 是电阻 R 与共面波导的接触面积。

在传感器实际工作时，上述三种传热机制形成的热阻是并联关系，则总热阻为

$$R_{\mathrm{th}} = \frac{1}{\dfrac{1}{R_{\mathrm{th1}}}+\dfrac{1}{R_{\mathrm{th2}}}+\dfrac{1}{R_{\mathrm{th3}}}} \tag{3-7}$$

式中，热阻 R_{th} 包括各种导热机制产生的热阻。根据表 3-1 提供的参数值，计算得到热阻值为 402.599，单位是 K/W。解此方程并代入初始条件 T（$t=0$）$=T_0=$ 300 K，得到考虑负载电阻周围各种传热时的温度为

$$T(t) = R_{\mathrm{th}}\eta P_{\mathrm{in}}\left(1-\mathrm{e}^{-\frac{t}{R_{\mathrm{th}}\rho cV}}\right)+300 \tag{3-8}$$

表 3-1　热阻计算的参数值

名称	参数值
热导率（Au）λ_{m}	315W/(m·K)
热导率（GaAs）λ_0	45W/(m·K)
热导率（GaAs 衬底）λ_{s}	46W/(m·K)
辐射系数（GaAs）ε	0.3
Stefan-Boltzman 常量 σ_{b}	5.67×10^{-8}W/(m^2·K^4)
热对流系数 h	1W/(m^2·K)
电阻的上表面积 A	58×14.5μm^2
电阻的侧面积 A_0	58×2μm^2
电阻与 CPW 的接触面积 A_{m}	14.5×2μm^2
电阻下的衬底厚度 l_{s}	20μm
氮化硅的长度 l_0	10μm
传输线的长度 l_{m}	160μm
环境温度 T_0	300K

由此可知，当 t 较大时，温度 T（t）与输入的微波功率 P_{in} 成正比；当输入功率 P_{in} 一定时，T（t）是一个常量，与时间 t 无关。从能量转换与守恒的角度来看，开

始时负载电阻传输微波功率并转化为热量，此热量的绝大部分储存起来使自身温度升高，一小部分热传导到与之邻近的热电堆、衬底以及周围环境中；随着时间的积累，负载电阻储存的热量越来越多，温度也越来越高，传到外部的热量也逐步增大；当时间足够长时，负载电阻温度达到最大值而把传输到的微波功率（转化为热量）全部传给外界环境，从而达到平衡状态。在微波频率为 5GHz、10GHz、15GHz 和 20GHz 下输入微波功率 50mW 和 100mW，负载电阻的温度达到平衡的过程如图 3-2 所示。

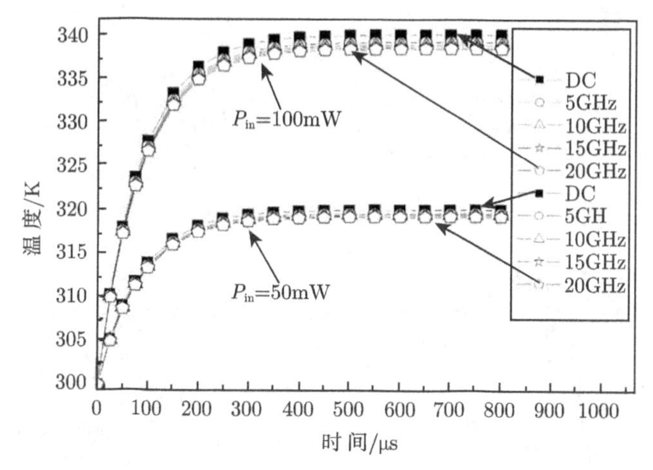

图 3-2 负载电阻的温度变化曲线

当 $\eta=1$，即直流达到平衡时

$$T(t) \approx T_0 + P_{\rm in}R_{\rm th} \tag{3-9}$$

当 f=10GHz 时，$\eta=0.97$，即有

$$T(t) \approx T_0 + 0.97P_{\rm in}R_{\rm th} \tag{3-10}$$

在 10GHz 微波频率下采用 ANSYS 仿真了输入微波功率为 50mW 和 100mW 下温度的分布情况，如图 3-3（a）和（b）所示。输入微波功率 50mW 时，负载电阻的温度计算值为 320.15K，ANSYS 仿真的温度为 317.259K；输入微波功率 100mW 时，负载电阻的温度计算值为 340.3K，ANSYS 仿真的温度为 334.784K。可见传热解析模型与 ANSYS 仿真温度的误差小于 1.6%，说明了传热解析模型对研究 MEMS 间接加热热电式微波功率传感器具有一定的参考价值。

MEMS 间接加热热电式微波功率传感器的输出电压 $V_{\rm out}$ 和灵敏度 $S_{\rm total}$ 分别表示如下

$$V_{\rm out} = \alpha\sum_{i}^{N}(T_{\rm h} - T_{\rm c}) \tag{3-11}$$

$$S_{\text{total}} = V_{\text{out}}/P_{\text{total}} \tag{3-12}$$

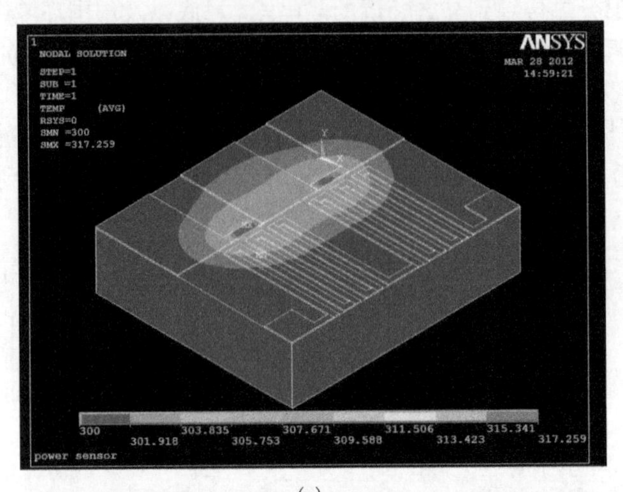

(a)

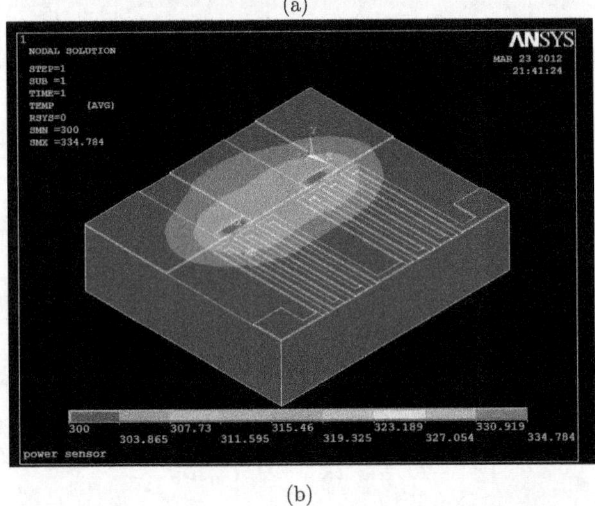

(b)

图 3-3　50mW 下的温度分布（a）和 100mW 下的温度分布（b）

其中，α 是 Seebeck 系数，N 是热电偶组数，T_{h} 和 T_{c} 分别是热电偶热结和冷结的温度，P_{total} 是共面波导线总的输入功率。为简化灵敏度模型，模型各部分结构的材料热学参数取等效平均值，例如，等效热导率 λ_{e} 定义如下所示[5]

$$\lambda_{\text{e}} = \frac{\lambda_3 d_3 + \lambda_2 \cdot \dfrac{d_2}{2}}{d_{\text{e}}} = \frac{\lambda_3 d_3 + \lambda_2 \cdot \dfrac{d_2}{2}}{d_3 + \dfrac{d_2}{2}} \tag{3-13}$$

$$\lambda_2 = \frac{\lambda_{\text{n}} + \lambda_{\text{p}}}{2} \tag{3-14}$$

$$d_{\mathrm{e}} = d_3 + \frac{d_2}{2} \tag{3-15}$$

其中，λ_2 为平均热导率，λ_{n} 和 λ_{p} 分别为热电偶正负两臂材料（GaAs 和 Au）的热导率，λ_3 为 GaAs 衬底的热导率。d_{e} 为传感器模型的等效厚度，如图 3-1（b）所示，d_2 和 d_3 分别为热电偶和 GaAs 衬底的厚度，该项中的 $d_2/2$，因为热电偶之间有等间距空隙，整个热电堆的面积为所在区域衬底面积的一半，因此系数为 1/2。

以热电偶热端为 x 轴起点建立直角坐标系，如图 3-1（b）所示，从 x 到 $x+\Delta x$ 之间的微分段，由于热传导导致的热变化 $Q_1(T)$ 可表示如下

$$q_x = -\lambda_{\mathrm{e}} \frac{\mathrm{d}T}{\mathrm{d}x} \tag{3-16}$$

$$Q_1(T) = \mathrm{d}Q_{\mathrm{out}} - \mathrm{d}Q_{\mathrm{in}} = A\frac{\partial q_x}{\partial x} \cdot \Delta x = -\lambda_{\mathrm{e}} w d_{\mathrm{e}} \frac{\mathrm{d}^2 T}{\mathrm{d}x^2} \cdot \Delta x \tag{3-17}$$

其中，Q 为热流量，A 为热电偶的截面积，$A = wd_{\mathrm{e}}$，w 为热电偶宽度，q_x 为热流密度，T 为热电偶的温度。由上下表面热对流导致的热变化 Q_2（T）和热辐射导致的热变化 Q_3（T）可分别表示如下

$$Q_2(T) = 2hw(T - T_0) \cdot \Delta x \tag{3-18}$$

$$Q_3(T) = w\sigma_{\mathrm{b}}(\varepsilon_{\mathrm{e}} + \varepsilon_{\mathrm{s}}) \cdot (T^4 - T_0^4) \cdot \Delta x \tag{3-19}$$

$$\varepsilon_{\mathrm{e}} = \frac{\varepsilon_{\mathrm{n}} + \varepsilon_{\mathrm{p}}}{2} \tag{3-20}$$

其中，ε_{e} 为平均黑度，ε_{n}、ε_{p} 和 ε_{s} 分别为 GaAs、Au 和衬底层的辐射系数，h 为对流系数，σ_{b} 为 Stefan-Boltzmann 常数，T_0 为环境温度。从热传导、热对流、热辐射的分析，由表达式（3-17）～（3-19），得出热电偶的傅里叶热稳态方程

$$-\lambda_{\mathrm{e}} d_{\mathrm{e}} \frac{\mathrm{d}^2 T}{\mathrm{d}x^2} + 2h(T - T_0) + \sigma_{\mathrm{b}}(\varepsilon_{\mathrm{e}} + \varepsilon_{\mathrm{s}}) \cdot (T^4 - T_0^4) = 0 \tag{3-21}$$

由于 $T_{\mathrm{h}} - T_0 \ll T_0$，$T^4 - T_0^4 = (T^2 + T_0^2)(T + T_0)(T - T_0) \approx 4T_0^3(T - T_0)$，方程（3-21）可以简化为

$$-\lambda_{\mathrm{e}} d_{\mathrm{e}} \frac{\mathrm{d}^2 T}{\mathrm{d}x^2} + H(T - T_0) = 0 \tag{3-22}$$

常数 H 为传感器表面等效总热损失系数

$$H = 2h + 4\sigma_{\mathrm{b}}(\varepsilon_{\mathrm{e}} + \varepsilon_{\mathrm{s}})T_0^3 \tag{3-23}$$

方程（3-21）的边界条件可表示如下

$$-\lambda_{\mathrm{e}} \frac{\mathrm{d}T}{\mathrm{d}x}|_{x=0} = q_{\mathrm{in}} \tag{3-24}$$

$$T|_{x=l}=T_0 \tag{3-25}$$

其中，q_{in} 为终端电阻流向热电堆的热流密度，由方程（3-22），（3-24）和（3-25）解得热电堆的等效温度平均分布为

$$T=T_0+\frac{q_{\text{in}}}{\lambda_{\text{e}}p}\frac{\sinh[p(l-x)]}{\cosh(pl)}\quad(0\leqslant x\leqslant l) \tag{3-26}$$

$$p=\sqrt{\frac{H}{\lambda_{\text{e}}d_{\text{e}}}} \tag{3-27}$$

因此热电偶的热结和冷结温度分别为

$$T_{\text{h}}=T_0+\frac{q_{\text{in}}}{\lambda_{\text{e}}p}\frac{\sinh(pl)}{\cosh(pl)}=T_0+\frac{q_{\text{in}}}{\lambda_{\text{e}}p}\tanh(pl) \tag{3-28}$$

$$T_{\text{c}}=T|_{x=l}=T_0 \tag{3-29}$$

由方程（3-10），（3-11）和（3-26）可推知，热电偶的灵敏度 S 为

$$S=\frac{V_{\text{out}}}{q_{\text{in}}}=(a_{\text{n}}-a_{\text{p}})\frac{N}{\lambda_{\text{e}}p}\tanh(pl) \tag{3-30}$$

其中，a_{n} 和 a_{p} 分别为 GaAs 和 Au 的 Seebeck 系数，l 为热电偶的长度。在方程（3-24）中，热流密度值 q_{in} 可以定义如下

$$q_{\text{in}}=\frac{1}{2}\frac{Q_{\text{total}}}{A'}=\frac{1}{2}\frac{\beta P_{\text{total}}}{A'}=\frac{1}{2}\frac{\beta P_{\text{total}}}{Wd'_{\text{e}}} \tag{3-31}$$

其中，Q_{total} 为总热流量，均匀分布在终端电阻周围，且流向热电偶热端热流占总热流量一半，$d'_{\text{e}}=d_1+d_3$ 为终端电阻的等效厚度，d_1 为终端电阻的厚度，β 为总的热电堆传输效率，A' 为热流量的等效横截面积，并假定热流量均匀分布。根据式（3-11），（3-30）和（3-31），功率传感器总的灵敏度和输出电压可表示如下

$$S_{\text{total}}=\frac{(a_{\text{n}}-a_{\text{p}})\beta N\tanh(pl)}{2\lambda_{\text{e}}pWd'_{\text{e}}}(\text{mV/mW}) \tag{3-32}$$

$$V_{\text{out}}=P_{\text{total}}S_{\text{total}} \tag{3-33}$$

功率传感器的正、负电导材料分别为 Au 和 GaAs。功率传感器的设计尺寸具体参数如表 3-2 所示。

MEMS 间接加热热电式微波功率传感器灵敏度与热电堆长度的关系如图 3-4 所示，S 与 l 是双曲正切的函数关系。当热电堆长度较小时，灵敏度随着热电堆长

表 3-2 功率传感器的设计尺寸参数

名称	参数值
热导率（Au）λ_{p}	315W/(m·K)
热导率（GaAs）λ_{n}	45W/(m·K)
热导率（GaAs 衬底）λ_3	46W/(m·K)
辐射系数（Au）ε_{p}	0.02
辐射系数（GaAs）ε_{n}	0.3
辐射系数（衬底）ε_{s}	0.3
Seebeck 系数（Au）a_{p}	1.7μV/K
Seebeck 系数（GaAs）a_{n}	173.42μV/K
终端电阻的厚度 d_1	2μm
热电偶的厚度 d_2	2μm
GaAs 衬底的厚度 d_3	20μm
热电偶组数 N	10
Stefan-Boltzman 常数 σ_{b}	5.67×10^{-8}W/(m^2·K^4)
热对流系数 h	1W/(m^2·K)
总系数效率 β	0.88
热流量 q_{in} 有效宽度 W	316μm
环境温度 T_0	300K

度增长而迅速增长，并且具有很好的线性度。当热电堆长度较大时，灵敏度呈非线性，随着长度继续增加，灵敏度增长速率减缓最终达到饱和。热电偶长度增加，传感器灵敏度值增大，但是响应速度变慢，噪声增大，同时器件尺寸增大。因此，需要在灵敏度、噪声、热时间常数和芯片尺寸之间进行一个很好的折中。

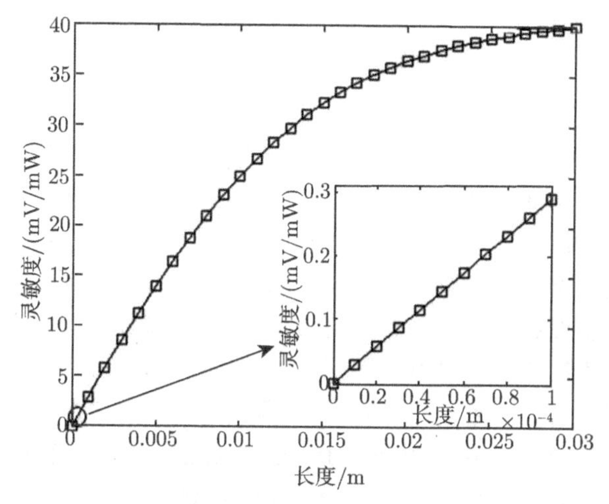

图 3-4 灵敏度与热电堆长度的关系

作为传感器的另一重要参数，负载电阻与热电堆间距的大小直接影响到功率传感器灵敏度大小和阻抗的匹配特性。本节在傅里叶热方程基础上，对不同间距 l_0 的传感器作进一步分析，以此优化传感器的阻抗匹配特性和灵敏度特性。

改变方程（3-21）的边界条件，考虑间距 l_0 的边界条件如下所示

$$-\lambda_e \frac{dT}{dx}|_{x=0} = q_{in}, \quad T|_{x=l_0+l_1} = T_0 \tag{3-34}$$

由方程（3-21）和（3-34）可解得热电偶的等效平均温度为

$$T = T_0 + \frac{q_{in}}{\lambda_e p} \frac{\sinh[p(l_0 + l_1 - x)]}{\cosh[p(l_0 + l_1)]} \quad (0 \leqslant x \leqslant l_0 + l_1) \tag{3-35}$$

因此，热电偶的热结、冷结和温度差分别为

$$T_h = T|_{x=l_0} = T_0 + \frac{q_{in}}{\lambda_e p} \cdot \frac{\sinh(pl)}{\cosh(p(l + l_0))} \tag{3-36}$$

$$T_c = T|_{x=l+l_0} = T_0 \tag{3-37}$$

$$\Delta T = T_h - T_c = \frac{q_{in}}{\lambda_e p} \cdot \frac{\sinh(pl)}{\cosh(p(l + l_0))} \tag{3-38}$$

由式（3-10）、（3-11）、（3-21）和（3-36）得到 MEMS 微波功率传感器的输出电压和灵敏度分别为

$$V_{out} = \frac{P_{in} \cdot (a_1 - a_2) \cdot N}{2\lambda_e p W d'_e} \cdot \frac{\sinh(pl)}{\cosh(p(l + l_0))} (\mathrm{mV}) \tag{3-39}$$

$$S_{total} = \frac{(a_n - a_p) \cdot N}{2\lambda_e p W d'_e} \cdot \frac{\sinh(pl)}{\cosh(p(l + l_0))} (\mathrm{mV/mW}) \tag{3-40}$$

MEMS 间接加热热电式微波功率传感器的灵敏度 S_{total} 与负载电阻与热电堆之间间距 l_0 的关系如图 3-5 所示，MEMS 微波功率传感器的灵敏度是随着负载电阻与热电堆之间间距的增加而减小的。灵敏度与间距及热电偶长度的关系图如图 3-6 所示，热电堆长度一定时，灵敏度随着间距的增大而逐渐减小；间距一定时，灵敏度值随着热电堆长度的增加而增大。因此，为了得到较高的灵敏度，应该设计适当大的热电堆长度和适当小的负载电阻和热电堆间距。

一般认为，负载电阻与热电堆之间的间距越小，MEMS 间接加热热电式微波功率传感器的灵敏度就会越高，但是，过短间距会影响 MEMS 微波功率传感器的匹配特性。如图 3-7 所示，由于负载电阻和热电堆之间存在着电磁耦合现象，因此，如果负载电阻和热电堆之间的间距太小，就会影响共面波导和负载电阻之间的匹配；如图 3-7（b）所示，电磁损耗主要集中在负载电阻和热电堆之间，因此如果间距过小，损耗就会增加，进而影响 MEMS 微波功率传感器的灵敏度特性。

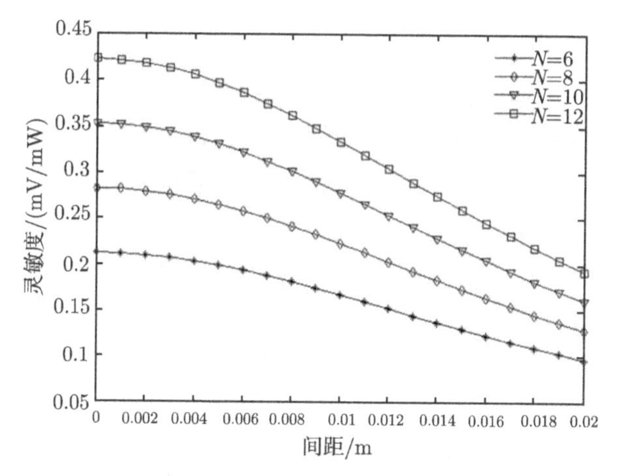

图 3-5 MEMS 微波功率传感器的灵敏度与间距的关系

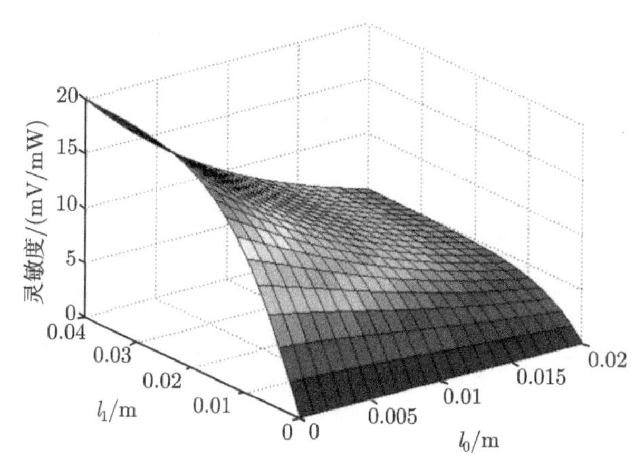

图 3-6 MEMS 微波功率传感器灵敏度与间距和长度的关系图

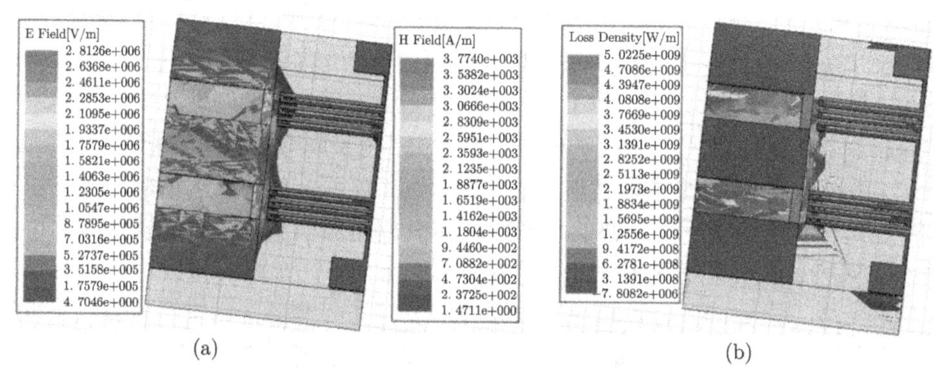

图 3-7 MEMS 微波功率传感器的微波特性

(a) 电磁场分布；(b) 损耗密度分布

3.2.2 MEMS 间接加热热电式微波功率传感器的性能测试

MEMS 间接加热热电式微波功率传感器的制备与 GaAs MMIC 工艺完全兼容，为了达到 50Ω 的特征阻抗，CPW 传输线的尺寸设计为 58μm/100μm/58μm，每个负载电阻的阻值为 100Ω。为了抑制热损耗，应减薄热电偶热端和负载电阻下方的衬底。

为了获得较大的灵敏度，同时减少芯片尺寸，设计了 50μm、100μm、200μm 和 400μm 四种不同长度的 MEMS 热电式微波功率传感器，四种器件的 SEM 图如图 3-8 所示[6]。

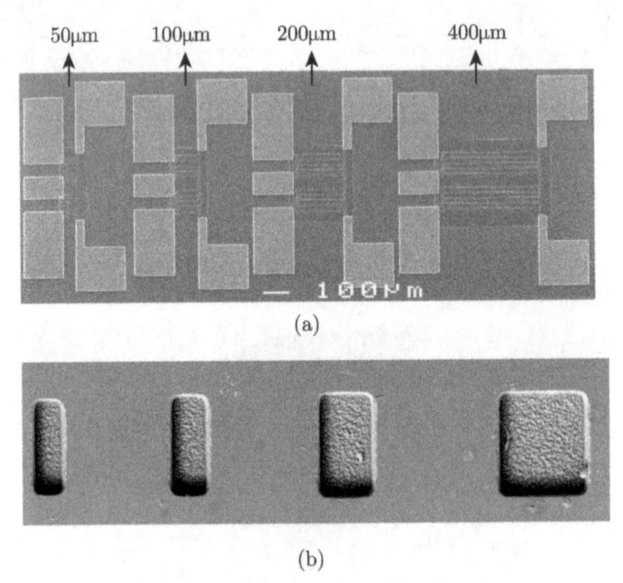

(a)

(b)

图 3-8 不同热电堆长度的微波功率传感器 SEM 图

(a) 正面结构；(b) 背面结构

为了验证 MEMS 热电式微波功率传感器的灵敏度与热电堆长度的关系，固定负载电阻与热电堆之间的距离为 10μm，对这四种不同长度的微波功率传感器进行了两种测试。首先测试了这四种不同长度的微波功率传感器的匹配特性，如图 3-9 所示。由图可见 MEMS 热电式微波功率传感器的匹配特性随频率的变化规律在不同的热电堆长度情况下是相似的，所以 MEMS 热电式微波功率传感器的匹配特性与热电堆的长度关系不是很大。然后测试了这四种不同长度的微波功率传感器的灵敏度特性，如图 3-10 所示。微波功率传感器的灵敏度随着热电堆的长度而不断地增加，测试结果表明：在长度小于 200μm 时，灵敏度随热电堆长度呈线性增加，当长度大于 200μm 时，灵敏度随热电堆长度的增加线性度变差，趋向于饱和状态。因此，为了获得好的灵敏度和减小芯片的面积，最合理的热电堆长度应该为 200μm。

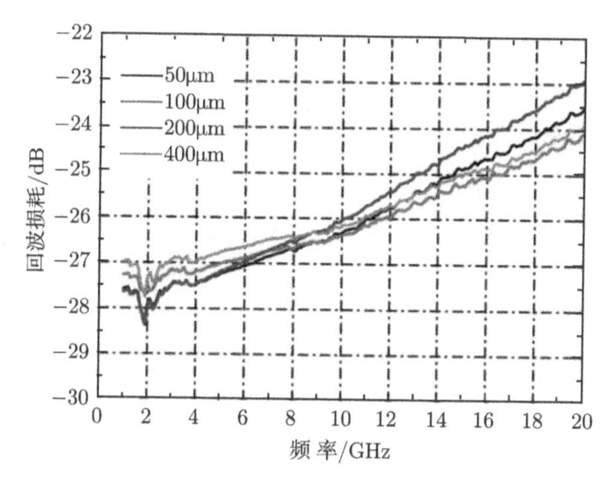

图 3-9 不同长度下的微波功率传感器的匹配特性

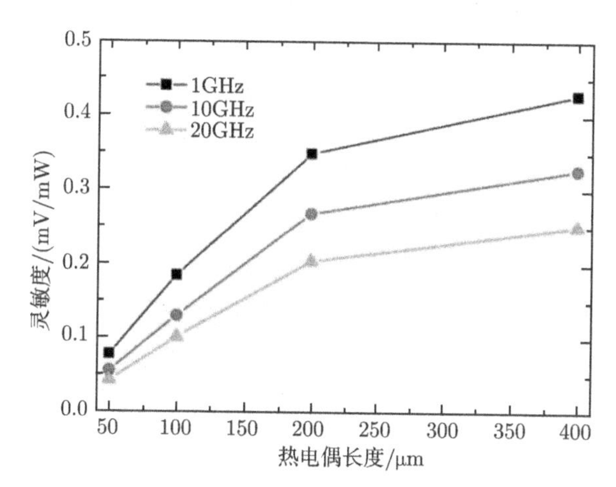

图 3-10 不同长度下的微波功率传感器的灵敏度特性

如图 3-11 所示，为了研究 MEMS 微波功率传感器与负载电阻和热电堆之间间距的关系，热电堆的长度固定在 100μm，设计了不同间距的 MEMS 微波功率传感器：5μm、10μm、15μm、20μm、30μm 和 40μm。不同间距下的 MEMS 微波功率传感器的匹配特性的测试结果如图 3-12 所示，负载电阻与热电堆之间的间距对 MEMS 微波功率传感器的匹配特性有重要的影响，尤其是间距为 5μm 时，原因是电磁耦合变得更严重。不同间距下的 MEMS 微波功率传感器的灵敏度特性如图 3-13 所示，测试结果发现间距为 5μm 的 MEMS 微波功率传感器的灵敏度要小于间距为 10μm 的 MEMS 微波功率传感器，当间距大于 10μm 时，MEMS 微波功率传感器的灵敏度会随着间距的增加而减小。原因是间距越大，热电堆传输负载电阻的热效率降低，用来做热–电转换的热量减小，灵敏度降低。但是当间距太小时，负载电阻和热电堆之间的电磁耦合变得很严重，负载电阻传输的微波功率降低，电–热转换效率降低，从而灵敏度也会降低。因此本节设计负载电阻和热电堆之间的间距为 10μm。

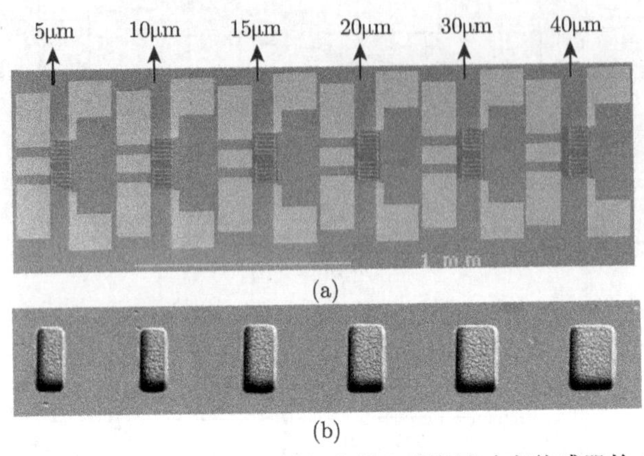

图 3-11　不同间距的 MEMS 间接加热热电式微波功率传感器的 SEM 图

(a) 正面结构；(b) 背面结构

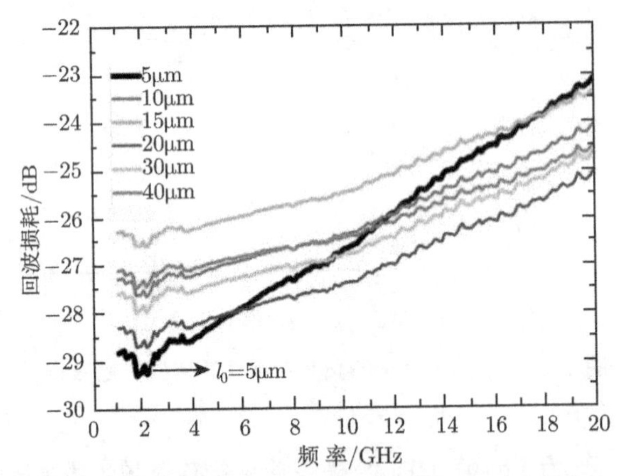

图 3-12　不同间距下 MEMS 微波功率传感器的匹配特性

因此，MEMS 间接加热热电式微波功率传感器的合理结构尺寸应该为：热电堆的长度为 200μm，负载电阻和热电堆之间的间距为 10μm。测试这种结构尺寸的 MEMS 微波功率传感器的输出电压如图 3-14(a) 所示，输出电压与待测的输入微波功率有非常好的线性度，功率为 100mW 时，在 1GHz、10GHz 和 20GHz 输出电压分别为 35.03mV、26.92mV 和 20.48mV，灵敏度分别为 0.35mV/mW、0.27mV/mW 和 0.20mV/mW。这种结构尺寸的 MEMS 微波功率传感器的响应时间为 6ms，如图 3-14(b) 所示。

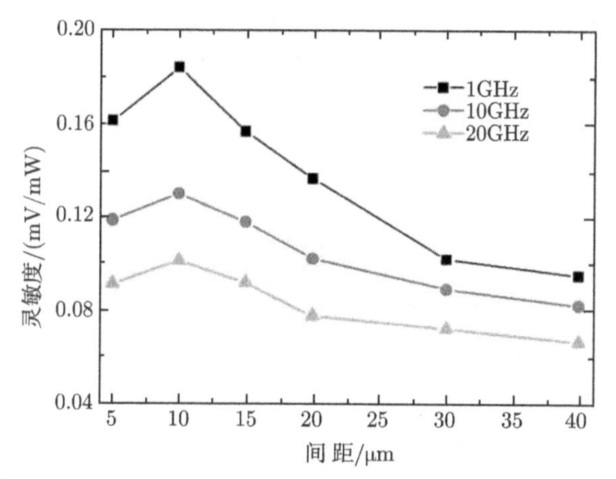

图 3-13 不同间距下 MEMS 微波功率传感器的灵敏度特性

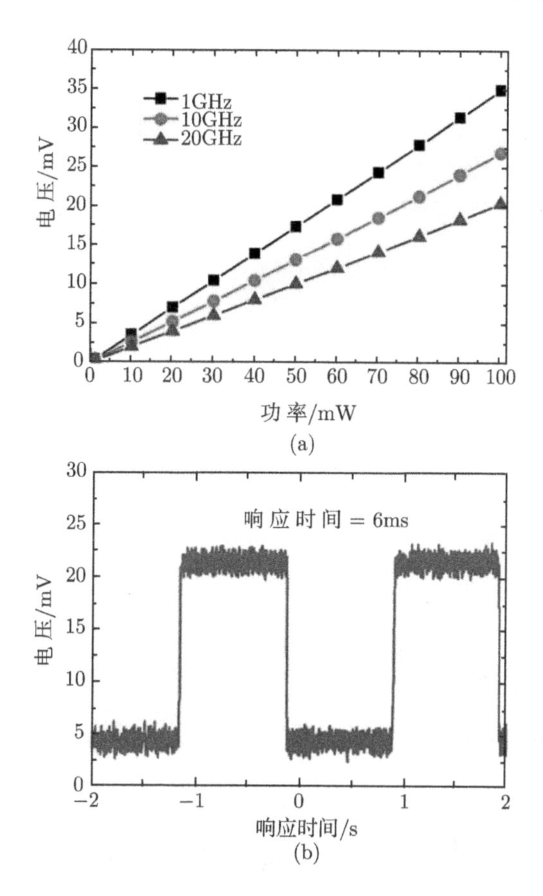

图 3-14 优化结构的 MEMS 微波功率传感器的输出电压 (a); 优化结构的 MEMS 微波功率传感器的响应时间 (b)

严嘉彬和廖小平进一步对不同参数的间接式微波功率传感器的响应时间进行测试，结果如图 3-15(a)~(d) 所示[7]。

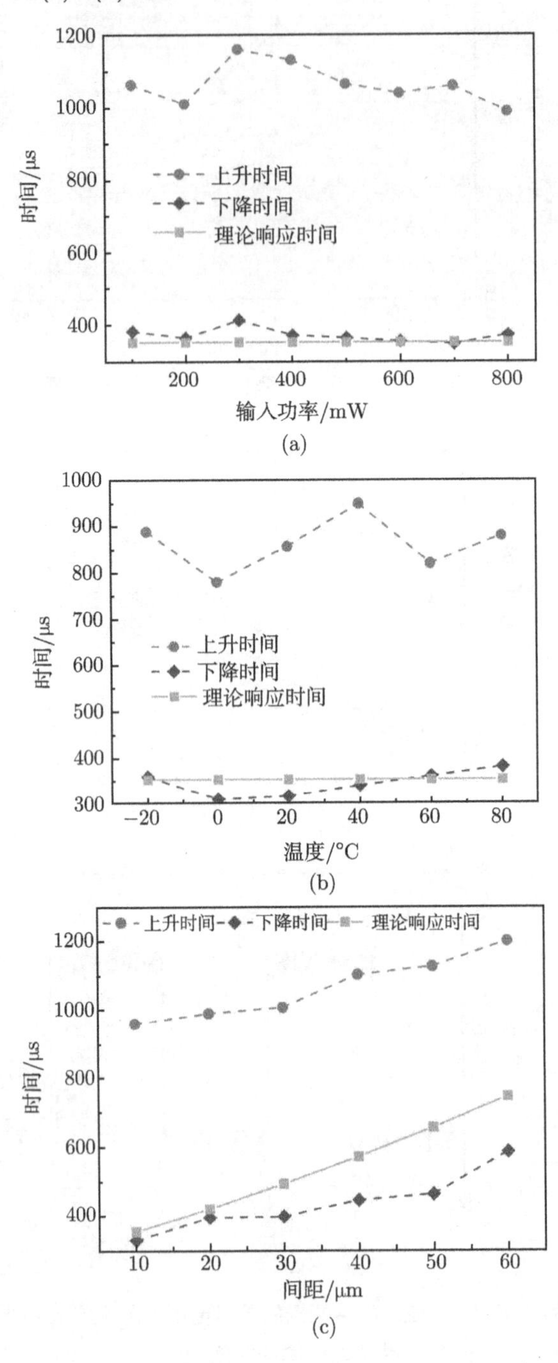

(a)

(b)

(c)

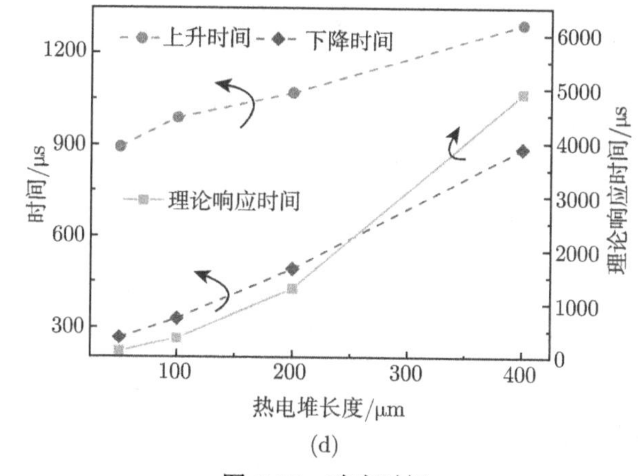

(d)

图 3-15 响应时间

(a) 不同输入功率; (b) 不同环境温度; (c) 不同终端电阻和热电堆间距; (d) 不同热电堆的长度

3.2.3 MEMS 间接加热热电式微波功率传感器的系统级 S 参数模型

理想情况下，由于终端电阻和传输线相互匹配，反射系数为零。而实际情况并不是这样，通常匹配特性会随着频率的升高而变差，主要有以下三个方面的原因：一是传输线存在着传输损耗；二是终端电阻的高频寄生效应；三是热电堆对传感器高频特性的影响。分析微波功率传感器的系统级 S 参数具有重要的意义，一是可以优化传感器结构来改善匹配特性；二是在系统集成中通过 S 参数分析能够解决系统的电磁兼容问题。严嘉彬和廖小平通过分析高频效应构建出等效集总电路模型，据此得出间接式微波功率传感器的 S 参数[8]。

间接加热热电式微波功率传感器采用 TaN 薄膜电阻作为终端电阻。频率较低时，终端电阻的阻值可以看作一个不变的实数。但是在微波应用领域，由于各种寄生效应的出现，终端电阻的阻值与理想产生一定的偏差，由趋肤效应引起的电阻值增大，引线自感以及寄生电容的影响尤为突出，下面逐一进行分析。

输入信号频率较高时，由于趋肤效应，终端电阻的阻值会受到频率的影响。通常情况下，趋肤效应会导致电流密度集中在电阻的表面，导致有效的传导截面积减小，从而有效阻值会增大。TaN 的趋肤深度可以近似表示为

$$\delta_{\mathrm{s}}=\sqrt{2/\omega\mu_{\mathrm{r}}\sigma} \tag{3-41}$$

其中，ω 是角频率，μ_{r} 是相对介电常数，σ 是 TaN 电阻的电导率。可以看出频率越大，趋肤深度越小，由公式计算得出 20GHz 时的趋肤深度为 17μm，大于终端电阻横截面的尺寸 14.5μm×1μm，故而在 1~20GHz 频带范围，高频趋肤效应可以忽略不计。

任何导体都存在着自感，特别是在高频时自感对电路性能会产生重要的影响。从电路功能的角度看，自感对高频电流存在着阻碍作用，是储存磁能的元件。对于终端电阻，可以等效为一个截面为矩形的线状导体，设截面的长和宽分别为 w、t，线条的长度为 l，其自感的大小为[9]

$$L_{\mathrm{s}} = 0.002l\left[\ln\frac{2l}{w+t}+\frac{1}{2}-\frac{0.2235(w+t)}{l}\right] \tag{3-42}$$

其中，长度单位为 cm，所得自感 L_{s} 的单位是μH。这里终端电阻的长度为 58μm，根据上面的公式，L_{s} 的数值为 2.91×10^{-11}H。

和自感一样，终端电阻不可避免地存在着寄生电容。从电路功能的角度看，电容是存储电能的元件。寄生电容的大小可以用平行板电容模型来近似等效计算。其中，终端电阻相当于平行板电容的一个极板，下方的芯片或者空气可以视为填充介质，芯片下方的探针台或者封装体结构可以视为电容器的另一个极板。故对于该平行板电容器模型，电容计算公式如下

$$C_{\mathrm{s}} = \frac{\varepsilon_0 S}{d_1/\varepsilon_{\mathrm{r}}+d_2} \tag{3-43}$$

其中，ε_0 是真空介电常数，数值约为 8.85×10^{-12}F/m；S 为终端电阻下表面的面积，d_1 为终端电阻下方 GaAs 薄膜的厚度，d_2 为薄膜下方空气的厚度。这里终端电阻下表面的尺寸是 14.5μm×58μm，下方 GaAs 薄膜的厚度为 20μm，薄膜下方空气的厚度为 80μm，计算得寄生电容的数值为 1.93×10^{-17}F。

一般情况下，由于终端电阻与热电堆相互隔开，认为不存在相互干扰。然而，在微波应用领域，热电堆与终端电阻之间存在着热场干扰、磁场耦合以及电场耦合，会对微波功率传感器的微波性能产生一定影响，下面分别论述。

在一定输入功率下，间接加热热电式微波功率传感器经过瞬态热交换过程达到热稳态，具有一定的温度分布。热电堆的冷热端存在着温度差，基于 Seebeck 效应输出热电势，其热电势的大小与温度差成正比。实际情况中，热电堆由于一定的质量和几何尺寸，会对传感器最终的稳态温度分布产生影响。为了研究热电堆的尺寸和分布对热场的影响，本节采用 ANSYS 模拟获得微波功率传感器的温度分布，得出不同参量下的终端电阻的温度变化。再根据 TaN 电阻的温度系数 −80ppm，得出不同输入功率、不同热电堆长度以及不同热电堆与终端电阻间距情况下，TaN 薄膜电阻的阻值变化。具体的数值如图 3-16 所示，这里终端电阻的温度变化用终端电阻中心点的温度变化来近似替代。

终端电阻的寄生电感和热电堆的寄生电感之间存在着磁场耦合，对微波功率传感器的微波特性产生影响。其耦合量的大小可以用互感系数来衡量，考虑到两个相互垂直的导线的互感系数为零，而热电阻冷端与终端电阻的距离较远，计算时只

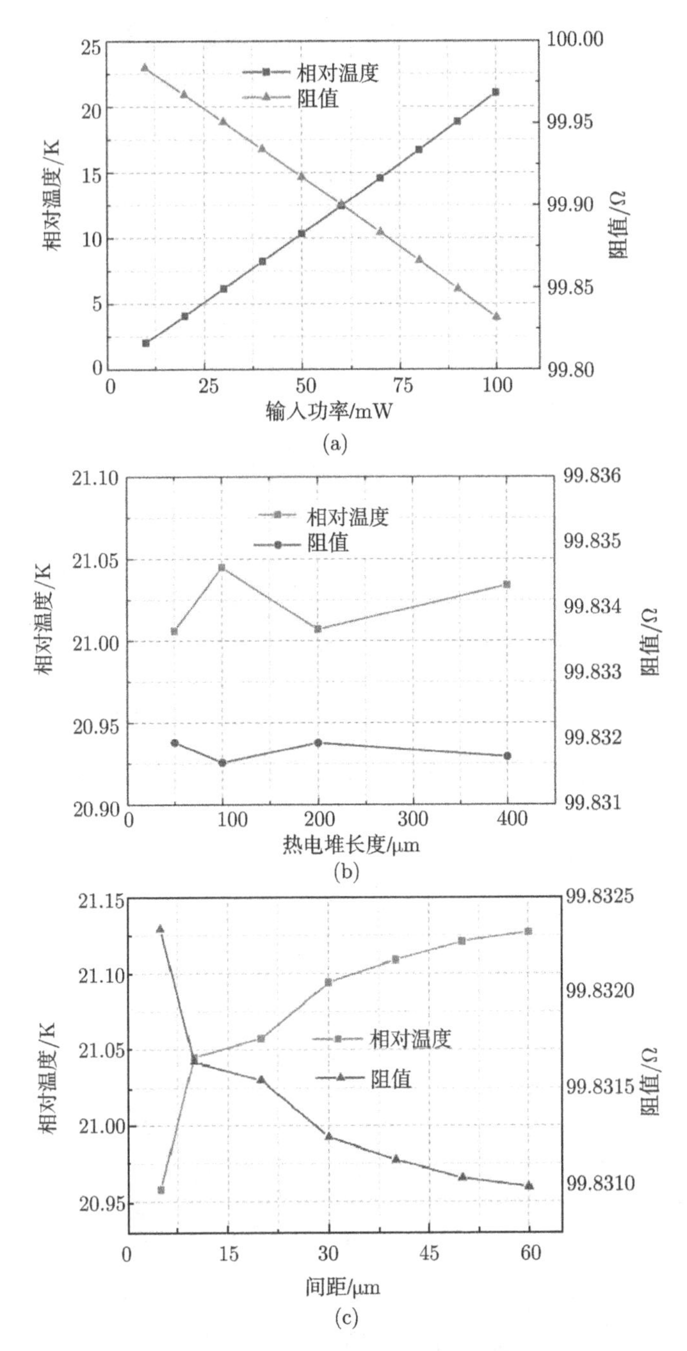

图 3-16 相对温度和阻值随输入功率的变化（a）；相对温度和阻值随热电堆长度的变化（b）；相对温度和阻值随终端电阻和热电堆间距的变化（c）

考虑热电堆热端与终端电阻的互感系数，其互感大小可以等效于两个截面为矩形的导体间的互感，互感系数随间距变化如图 3-17 所示。

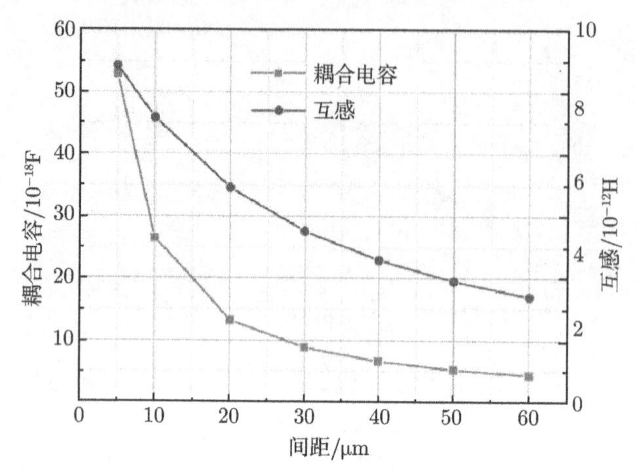

图 3-17　耦合电容和互感系数随终端电阻和热电堆间距的变化

终端电阻除了自身存在的寄生电容，在高频工作时其寄生电容与热电堆电容之间存在着电场耦合，耦合电容同样可以用平行板电容器来等效，热电堆热端和终端电阻的侧壁为平行板电容器的两个极板。与磁场耦合一样，电场耦合时的耦合电容大小同样与热电堆的长度无关。其随终端电阻和热电堆间距的变化如图 3-17 所示。

考虑到微波功率传感器的微波特性同时受到终端电阻自身的寄生参数和热电堆的影响，可以用集总电路模型来等效，如图 3-18 所示。其中，R、L、C 分别为

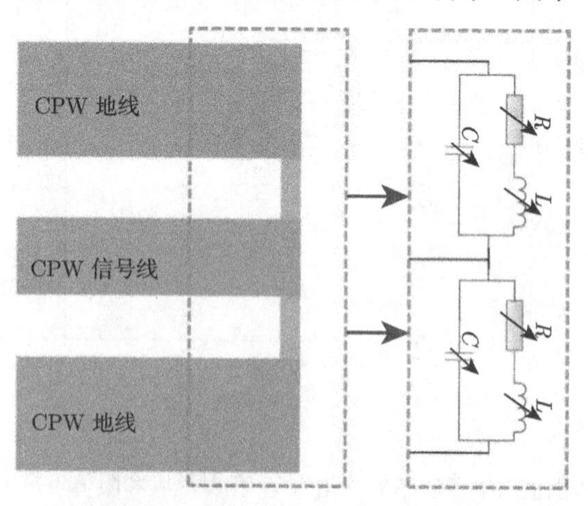

图 3-18　间接加热热电式微波功率传感器的等效集总电路模型

可变电阻、可变电感和可变电容。可变电阻的阻值主要受到输入功率和结构参数的影响，上面已经采用 ANSYS 模拟得出不同参数下的阻值。可变电感可视为寄生电感和由互感引起的等效电感的串联，这里为了方便计算，假设互感引起的等效电感的值等于互感系数。可变电容主要由微波功率传感器的结构参数决定，可视为图 3-19 所示结构的等效电容，其中 C_1 为终端电阻的寄生电容，C_2 为热电堆的寄生电容，C_{12} 为终端电阻和热电堆的耦合电容。

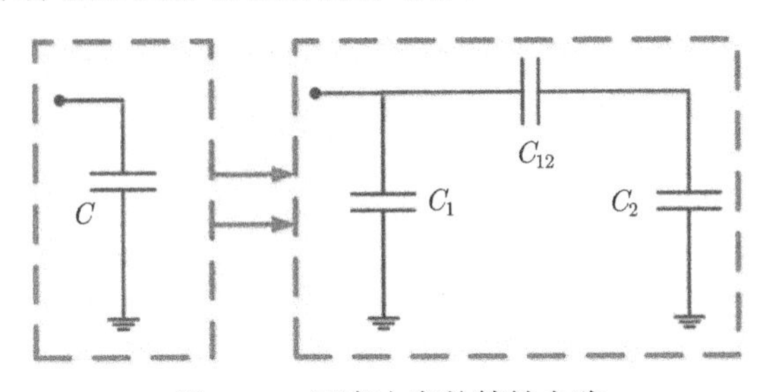

图 3-19　可变电容的等效电路

可变电容可以表示为

$$C = C_1 + \frac{C_2 C_{12}}{C_2 + C_{12}} \tag{3-44}$$

根据图 3-18 所示的等效集总电路模型，不考虑 CPW 传输线时其 S 参数可以表示为

$$S'_{11} = \frac{R + \mathrm{j}\omega L - 2Z_0(1 + \mathrm{j}\omega RC - \omega^2 LC)}{R + \mathrm{j}\omega L + 2Z_0(1 + \mathrm{j}\omega RC - \omega^2 LC)} \tag{3-45}$$

其中，ω 是输入信号的角频率。

将 CPW 传输线视为一个两端口网络，则长度为 l 的 CPW 传输线的 S 参数矩阵如下

$$S'' = \begin{pmatrix} S''_{11} & S''_{12} \\ S''_{21} & S''_{22} \end{pmatrix} = \begin{pmatrix} 0 & \mathrm{e}^{-\gamma l} \\ \mathrm{e}^{-\gamma l} & 0 \end{pmatrix} \tag{3-46}$$

其中，γ 是复传播常数, 可以表示为

$$\gamma = \alpha + \mathrm{j}\beta \tag{3-47}$$

$$\beta = 2\pi/\lambda \tag{3-48}$$

这里，α 和 β 分别是传输线的衰减常数和波数。

最后，考虑 CPW 传输线后，间接式微波功率传感器的 S 参数的表达式如下:

$$S_{11} = S''_{11} + \frac{S''_{12} S''_{21} S'_{11}}{1 - S''_{22} S'_{11}} = \mathrm{e}^{-2\gamma l} S'_{11} \tag{3-49}$$

根据推导的 S 参数模型，本节给出了输入功率、热电堆的长度以及终端电阻和热电堆间距对间接加热热电式微波功率传感器 S 参数的影响，分别如图 3-20~图 3-22 所示。可以看出，输入功率和热电堆的长度对间接加热热电式微波功率传感器的 S 参数基本没有影响，而热电堆的间距对间接加热热电式微波功率传感器的 S 参数有一定的影响，如图 3-22 所示。

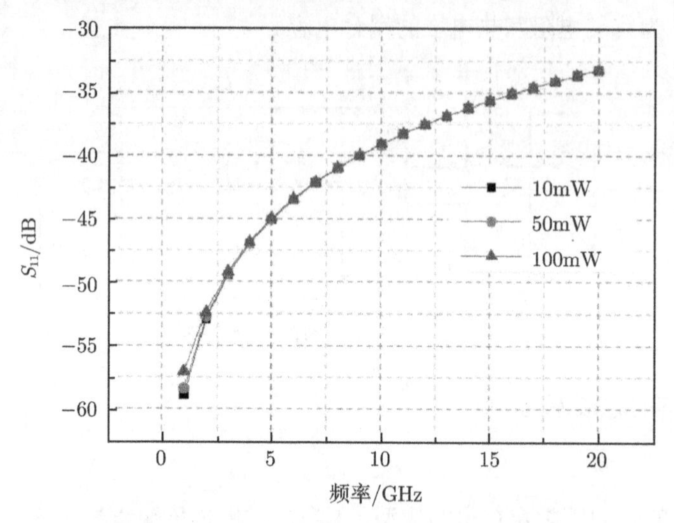

图 3-20　不同输入功率下的 S_{11} 曲线

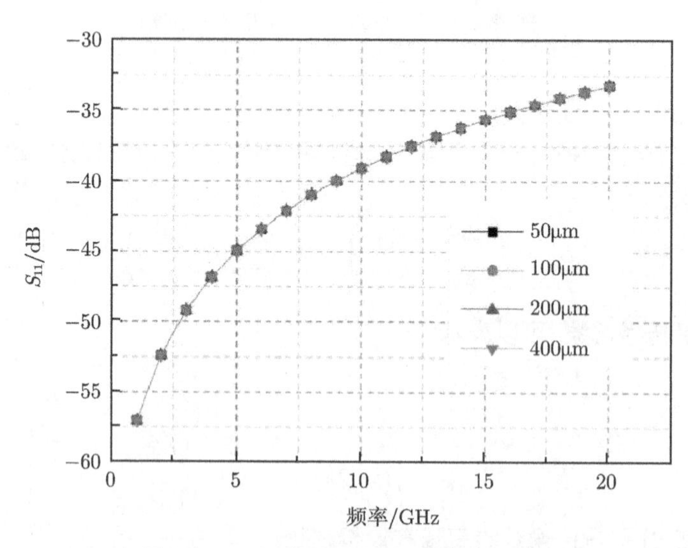

图 3-21　不同热电堆长度下的 S_{11} 曲线

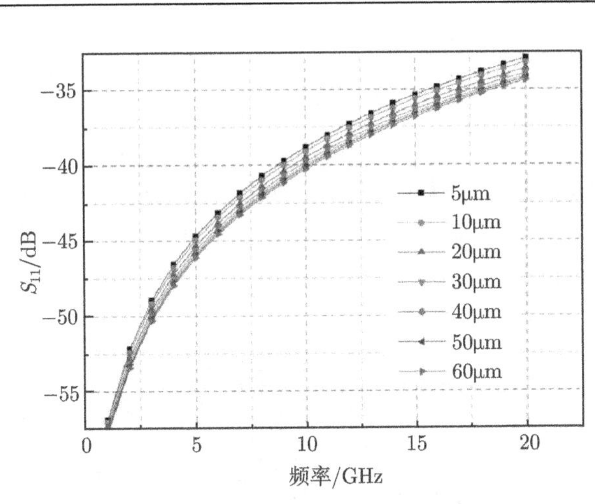

图 3-22 不同间距下的 S_{11} 曲线

3.3 频率补偿型 MEMS 间接加热热电式微波功率传感器

3.3.1 频率补偿型 MEMS 间接加热热电式微波功率传感器的模拟和设计

对于传统的间接加热热电式微波功率传感器来说，测量误差产生的原因除了由共面波导和负载电阻之间的不匹配造成的回波损耗之外，各种热损耗也是产生测量误差的主要原因之一。例如，衬底的热传导损耗，共面波导、负载电阻和热电堆产生的热对流和热辐射损耗等。为了减小这些热损耗带来的测量误差，采用了各种复杂的工艺形成了诸如悬臂梁式、衬底掏空式传感器结构来降低上述各种热损耗，这些措施在一定程度上提高了功率测量的准确度，但也增加了工艺的难度和成本。另外，MEMS 间接加热热电式微波功率传感器还有一个很重要的特点就是传感器的输出电压会随着微波频率的变化而变化，这严重地影响微波功率探测的准确度。为解决上述困难，王德波和廖小平提出了一种新型的频率补偿型 MEMS 间接加热热电式微波功率传感器[10,11]，如图 3-23 所示。

与传统微波功率传感器相比，这种结构在右端加入了与左端完全相同的共面波导、负载电阻和热电堆结构，中间设计了金属散热片以保持热电堆冷端的温度与衬底的温度相同。这种新型 MEMS 微波功率传感器的测量原理是：左端负载电阻将待测微波功率转化为热，由于 Seebeck 效应，热电压通过左端压焊块输出。右端输入中心频率下的微波功率，调整右端中心频率下的功率大小，使两端压焊块输出电势差相同，就可以得到由微波频率造成的补偿因子。该结构利用了差分思想，同时消除了各种热损耗所带来的测量误差，提高了微波功率测量的精度。由于自身结构的对称性，该传感器还具有性能参数对自身的结构参数不敏感、热性能与微波性能相互影响减小、加工工艺简单、封装简单、直接得到微波功率的大小而无需转换、多模式工作等一系列的显著特点，使得该传感器具有设计简单灵活、可靠性高、批量制造的一致性好、使用方便、成本低等突出的优点。用 ANSYS 软件仿真频率补偿型微波功率传感器的热分布，如图 3-24 所示。功率越大，温度就会越高，最高温度分布在负载电阻上，中间金属块的存在可以减小左右两端之间的温度串扰。

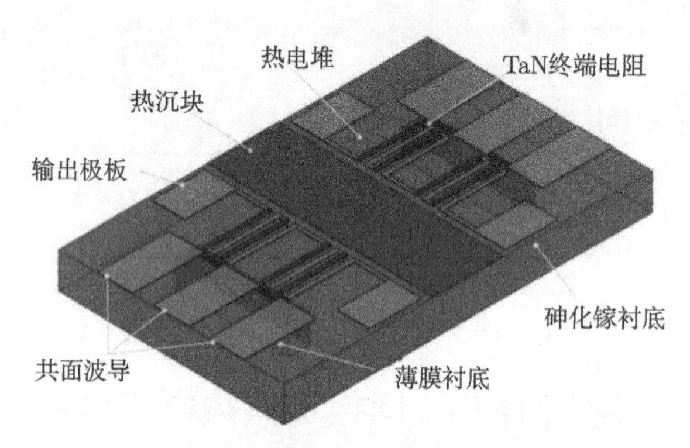

图 3-23 新型频率补偿型微波功率传感器结构

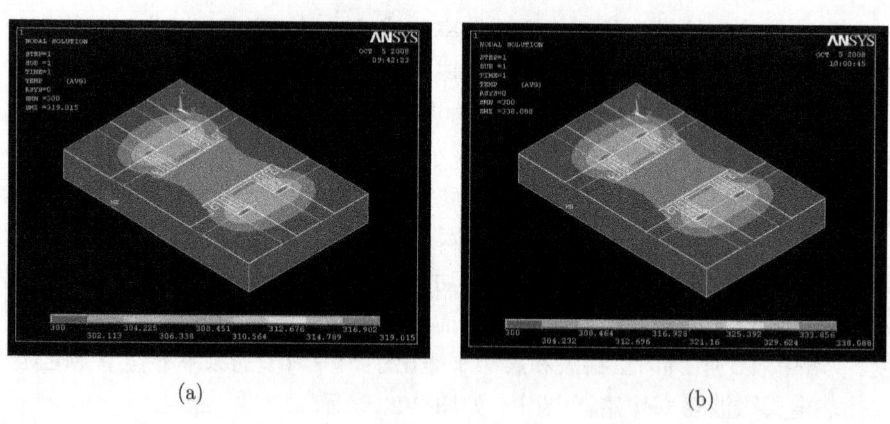

(a) (b)

图 3-24 频率补偿结构的 ANSYS 仿真图

(a) 50mW; (b) 100mW

频率补偿型 MEMS 微波功率传感器的具体工艺步骤与间接加热热电式微波功率传感器的具体工艺步骤相同，SEM 图如图 3-25 所示。背面结构采用的是干法刻蚀对衬底进行选择性的刻蚀，这样负载电阻和热电堆热端下方的衬底就会比芯片其他地方的衬底要薄，从而降低了负载电阻和热电堆热端下方衬底的热导率，提高了器件的灵敏度。

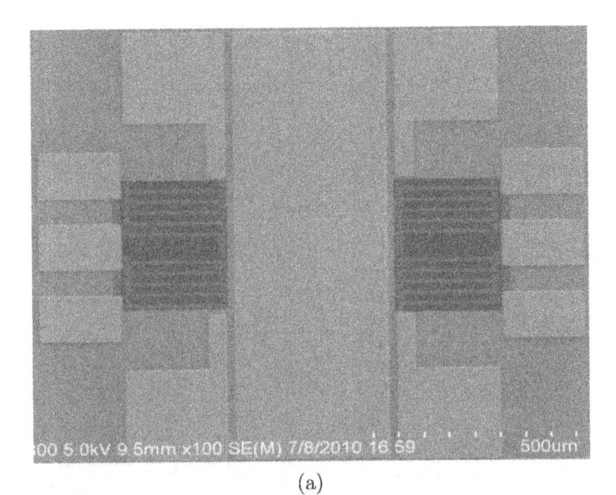

(a)

(b)

图 3-25 频率补偿型微波功率传感器的 SEM 图

(a) 正面结构; (b) 背面结构

3.3.2 频率补偿型 MEMS 间接加热热电式微波功率传感器的性能测试

频率补偿型 MEMS 间接加热热电式微波功率传感器的制备工艺完全与 GaAs MMIC 工艺兼容，对制作好的频率补偿型微波功率传感器的频率特性进行研究，频率补偿型微波传感器的左端在 8~12GHz 的微波频率，分别在 5dBm（3.16mW），10dBm（10mW）和 15dBm（31.62mW）的输入微波功率下，校正前的输出电压测试结果如图 3-26 所示。由于负载电阻存在寄生损耗、负载电阻和热电堆以及热电堆本身存在电容耦合损耗，负载电阻吸收的热功率小于输入的微波功率，所以输出电压存在着频率损耗现象。因此，为实现微波功率的精确测量，需要补偿在不同微波频率下的微波损耗。补偿因子的测试过程如下所示：首先，在传感器的右端输入 10GHz 频率下的 0dBm 功率，记录右端的输出电压，然后在不同的待测微波频率下调节微波功率，使左端的输出电压等于右端的输出电压，当两端的输出电压相等时，记录左端的微波功率，这个测试结果就是频率依靠的补偿因子。在不同微波频率下的补偿因子的测试结果如图 3-27 所示，因为是以 10GHz 中心频率为标准，所以中心频率的补偿因子为 0dBm。在 8GHz 和 12GHz 频率下的补偿因子分别是 −0.2dBm 和 0.18dBm。补偿后的测试结果如图 3-29 所示，输出电压相对更平滑一些，受到微波频率的影响得到较大程度地减小。

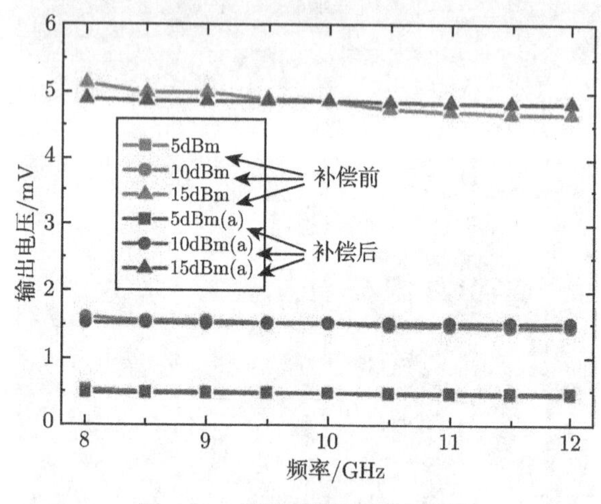

图 3-26 频率特性的测试结果

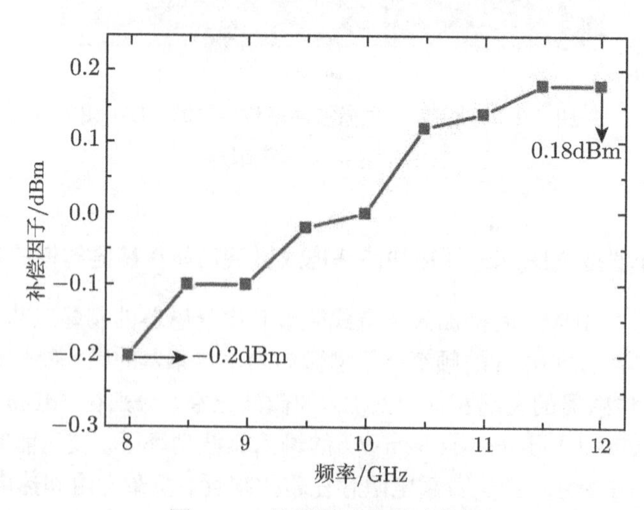

图 3-27 补偿因子的测试结果

在频率补偿型微波传感器的左端分别输入 8GHz、10GHz 和 12GHz 的微波频率下的 100mW 的微波功率，补偿前的输出电压测试结果如图 3-28 所示。输出电压随着微波功率的增加而增加，但是输出电压由于 MEMS 微波功率传感器的频率特性而随着微波频率的增加而减小，尤其是当微波功率较大时，由于频率特性造成的输出电压的差别就会更明显，补偿前的最大相对误差为 5.9%。因此，为了实现微波功率的精确测量，利用补偿因子对不同频率下的输出电压进行补偿，补偿后的输出电压和相对误差如图 3-29 所示。输出电压随着微波功率的增加而增加，并且仍然有很好的线性度，但是微波频率的影响已经很小了，最大相对误差也减小到 0.96%。

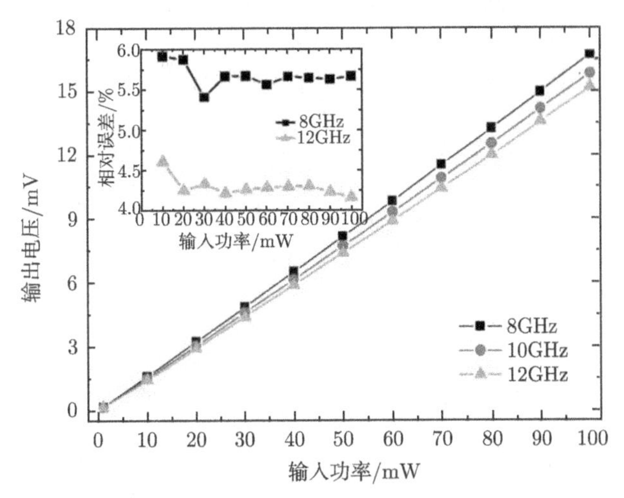

图 3-28　补偿前输出电压和相对误差的测试结果

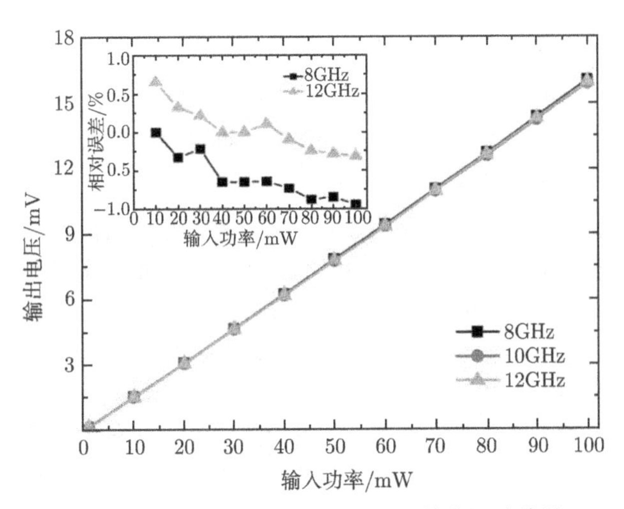

图 3-29　补偿后输出电压和相对误差的测试结果

因此，测试结果表明频率补偿型微波功率传感器受微波频率的影响大大降低，这对实现微波功率的精确测量是非常重要的。

易真翔和廖小平提出了一种新型的频率补偿型 MEMS 间接加热热电式微波功率传感器[12]。如图 3-30 所示，为了对不同频率下的输出热电势进行补偿，在原结构的上下方各设计了一个功率传感器，其中，上方的功率传感器反向连接，下方的传感器正向连接。当待测微波功率产生的热电势大于参考热电势时，从端口 2 输入补偿功率，减小输出热电势；当待测微波功率产生的热电势小于参考热电势时，从端口 3 输入补偿功率，增大输出热电势。

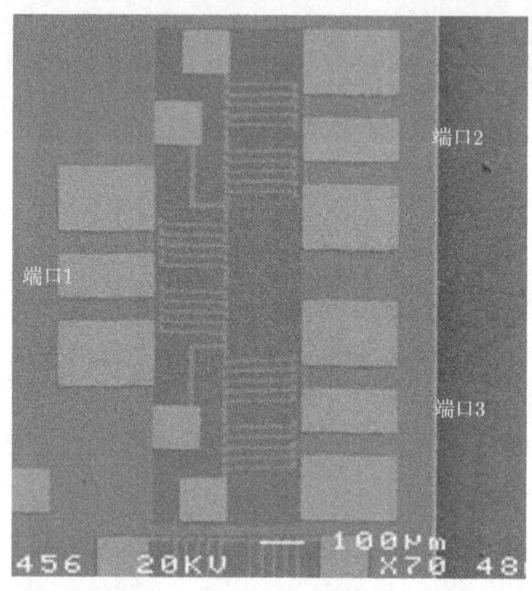

图 3-30　频率补偿型的 MEMS 热电式微波功率传感器 SEM 照片

采用矢量网络分析仪测量传感器各端口的回波损耗，从图 3-31 可以看出，在 1~20GHz 的频段上，端口 1、端口 2 和端口 3 的回波损耗均小于 −26dB，这说明整个功率传感器的匹配性能较好。

图 3-32 给出了 1GHz，10GHz 和 20GHz 时，输出热电势随着微波功率的变化关系，可以看出输出热电势随着微波功率线性增加，且灵敏度分别为 0.115mV/mW，0.111mV/mW 和 0.106mV/mW。图 3-33 给出了输入功率为 100mW，不同频率时传感器的输出热电势，明显地，热电势随着频率变化，抖动较大。因此，在端口 2 和端口 3 进行频率补偿，并将输出热电势均补偿至频率为 10GHz 时的输出热电势。图 3-33 中的 -●-线给出了补偿后传感器的输出热电势，不难看出，补偿后的输出结果比补偿前更为平坦。图 3-34 给出了输入功率为 100mW，频率从 1GHz 变化为 20GHz 时，端口 2 和端口 3 补偿功率的大小。

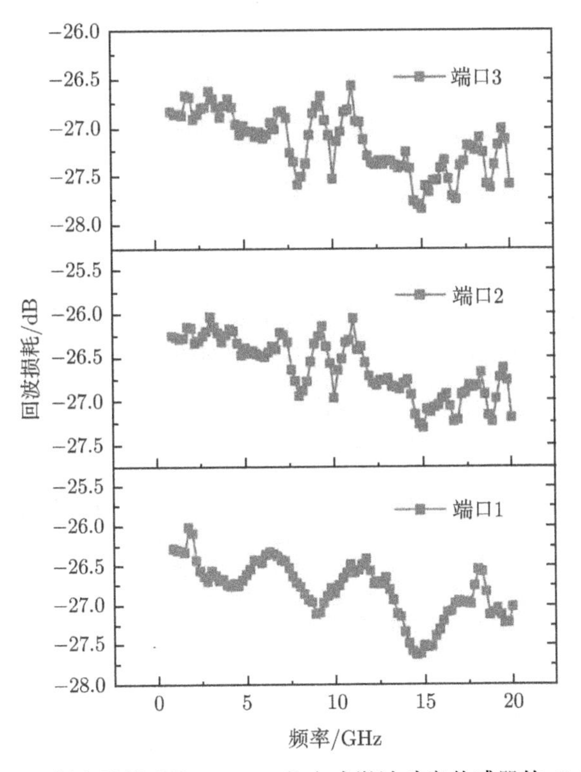

图 3-31 频率补偿型的 MEMS 热电式微波功率传感器的 S 参数

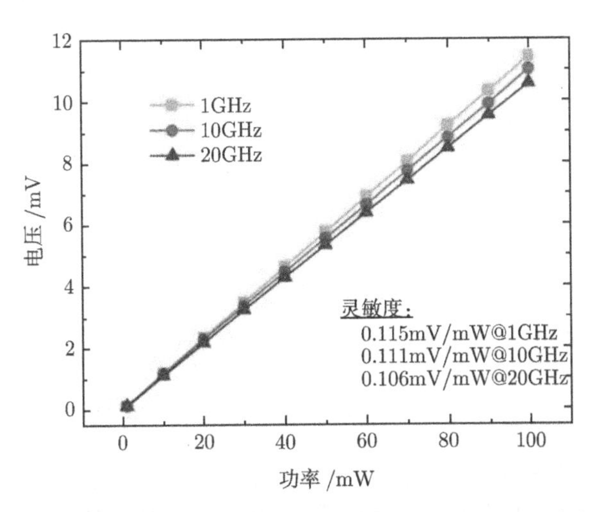

图 3-32 频率补偿型的 MEMS 热电式微波功率传感器的功率测试

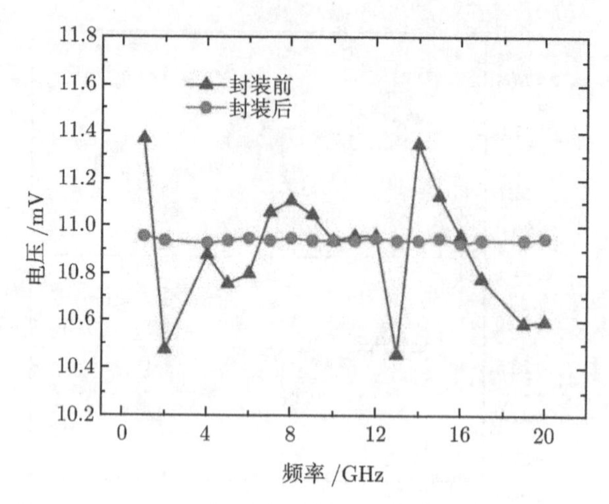

图 3-33　100mW 时，频率补偿前后传感器的输出热电势

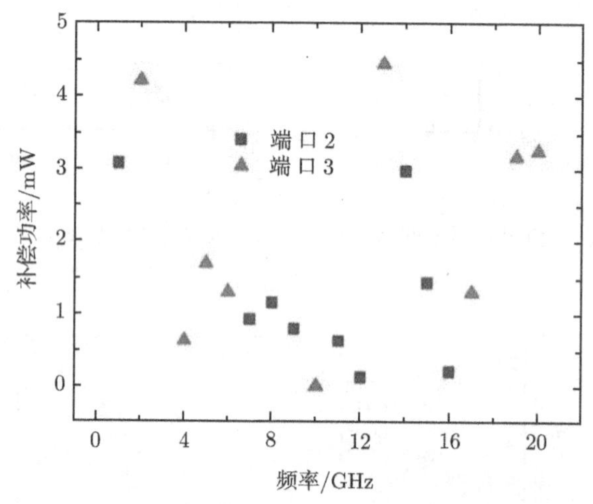

图 3-34　100mW 时，补偿功率与微波频率的关系

3.4　无线接收型 MEMS 间接加热热电式微波功率传感器

3.4.1　无线接收型 MEMS 间接加热热电式微波功率传感器的模拟和设计

为了实现 MEMS 间接加热热电式微波功率传感器从有线到无线的跨越，王德波和廖小平设计了一种共面波导馈线式的无线微波功率传感器[13]。如图 3-35 所示，它有三个组成部分：一、微波功率接收部分，即共面波导馈线天线。该共面波导馈线天线是由单层金属构成的，背面没有地结构，金属的厚度为 2μm。二、微波

功率探测部分，即传统的 MEMS 间接加热热电式微波功率传感器，由负载电阻、热电堆和输出端组成。负载电阻的设计尺寸为 25μm×100μm，热电堆的设计尺寸为 200μm×10μm，输出端的设计尺寸为 100μm×100μm。三、抗过载部分，是由 MEMS 悬臂梁和空气桥组成，MEMS 悬臂梁和空气桥的设计尺寸都为 200μm×50μm，间隙高度也都为 1.6μm，在 MEMS 悬臂梁和空气桥上都进行了开孔，开孔的尺寸为 10μm×10μm。开孔对 MEMS 悬臂梁有很重要的作用：一方面降低了 MEMS 悬臂梁结构的质量和杨氏模量，提高了梁的品质因数；另一方面在 MEMS 悬臂梁的制作中，容易释放牺牲层。当被探测的微波功率很大时，或者存在高的脉冲波时，MEMS 悬臂梁和共面波导馈线之间就会产生静电力，使 MEMS 悬臂梁下拉，从而保护热电式微波功率传感器以提高系统的抗过载能力。另外，在 MEMS 悬臂梁下面有一个下拉电极，它与输出 pad 9 相连，因此还可以通过测试 MEMS 悬臂梁和下拉电极之间的电容变化量来探测高微波功率，所以此系统还可以扩展微波功率的测量范围。

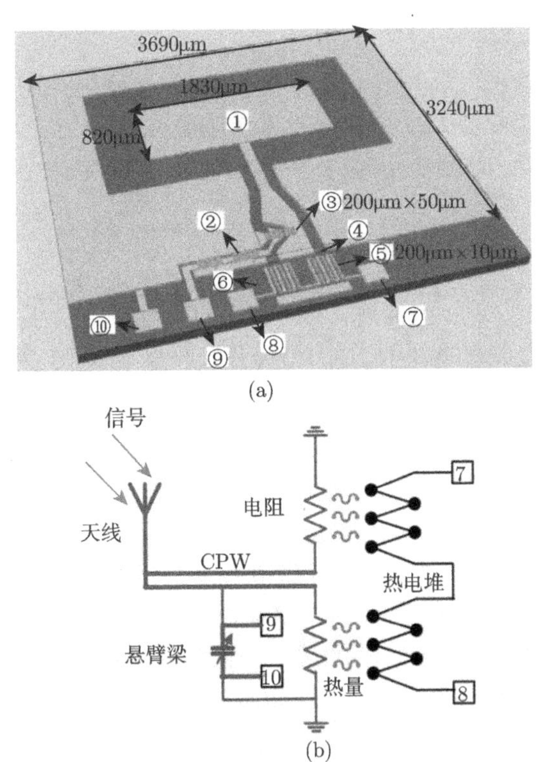

图 3-35　无线接收型 MEMS 微波功率传感器的结构示意图（a）和原理示意图（b）

①共面波导馈线天线；②空气桥；③MEMS 悬臂梁；④负载电阻；⑤热电堆；⑥薄膜结构；⑦～⑩输出端

当该系统探测低功率时，MEMS 悬臂梁与共面波导馈线之间的静电力很小，所以可以忽略 MEMS 悬臂梁的形变，微波功率由 MEMS 热电式微波功率传感器来探测；当探测高功率时，MEMS 悬臂梁与共面波导馈线之间的静电力较大，MEMS 悬臂梁会发生形变，此时 MEMS 悬臂梁相当于一个并联电容，所以可以通过测试 MEMS 悬臂梁与下拉电极之间电容的变化量来探测高微波功率。但是，由于无线接收型 MEMS 微波功率传感器的传输功率与信号源的发射功率之比是 0.0088，所以共面波导馈线天线传输的功率无法驱动 MEMS 悬臂梁下拉。

无线接收型 MEMS 微波功率传感器的性能主要由以下的参数来表征：

（1）工作频率范围。

工作频率范围是指输入功率为常数时，对于无线接收型 MEMS 微波功率传感器输出信号与频率的对应关系，其误差达到 ±5%或 ±10%时所对应的频率范围。

（2）功率测量范围。

功率测量范围是指无线接收型 MEMS 微波功率传感器所测量的最小与最大功率之间的范围。

（3）灵敏度。

灵敏度是无线接收型 MEMS 微波功率传感器输出端的信号与在输入端引起该信号的微波功率之比，这里表示为

$$S = \frac{V_{\mathrm{out}}}{P_{\mathrm{in}}} \tag{3-50}$$

式中，S 是无线接收型 MEMS 微波功率传感器的灵敏度，V_{out} 是无线接收型 MEMS 微波功率传感器输出端的热电势，P_{in} 是无线接收型 MEMS 微波功率传感器输入端的功率。

（4）烧毁功率。

无线接收型 MEMS 微波功率传感器的最大承受功率。

（5）线性度。

线性度是指工作频率为常数时，无线接收型 MEMS 微波功率传感器输出信号与输入功率的线性关系，定义为 $N\%=\Delta V_{\max}/(V_1-V_0)$，这里$\Delta V_{\max}$ 为功率传感器测量曲线与用最小二乘法原则拟合直线之间的最大误差，V_1 和 V_0 分别为功率传感器测量的最大功率和最小功率对应输出电压的大小。理想情况为输出电压与输入功率成正比关系。

3.4.2　无线接收型 MEMS 间接加热热电式微波功率传感器的性能测试

采用 GaAs MMIC 工艺制备无线接收型 MEMS 微波功率传感器，制备好的无线接收型 MEMS 微波功率的 SEM 图如图 3-36 所示。图 3-36（a）～（d）分别是无

线接收型 MEMS 微波功率传感器的正面结构、空气桥结构、悬臂梁结构和背面结构的 SEM 图。

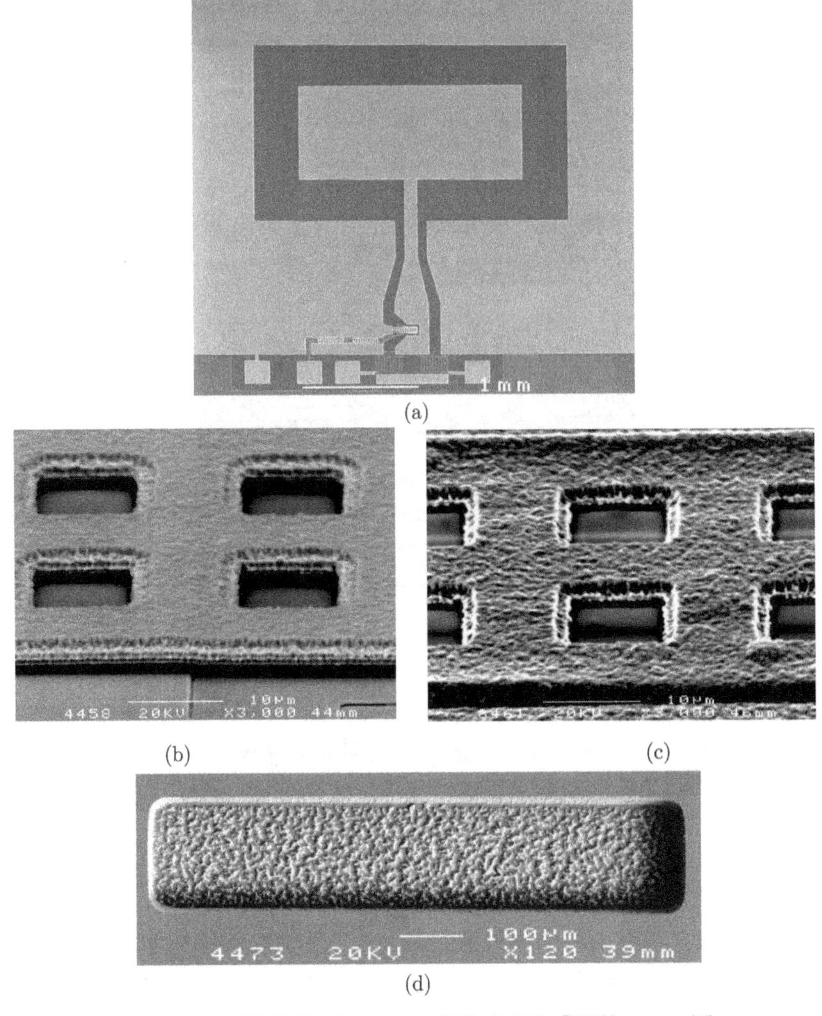

图 3-36 无线接收型 MEMS 微波功率传感器的 SEM 图

(a) 正面结构；(b) 空气桥结构；(c) MEMS 悬臂梁结构；(d) 背面结构

本测试的测量设备由 Agilent E8257D PSG 模拟信号发生器、标准增益喇叭天线和 FLUKE 45 万用表组成，测试平台如图 3-37 所示。为了测试无线接收型 MEMS 微波功率传感器的性能，利用标准增益喇叭天线作为测试系统的发射天线，将传感器的共面波导馈线天线作为测试系统的接收天线，组成一个微波功率的收发系统，来测试无线接收型 MEMS 微波功率传感器的性能。如图 3-37 所示，标准增益喇叭天线采用 SMA 接头作为输入端，孔径尺寸为 38.5mm×30mm，长度为 70mm。频率范围为 26.5~40GHz，在不同频率下的增益如表 3-3 所示，其他频率点的增益可以参照该天线的数据表。

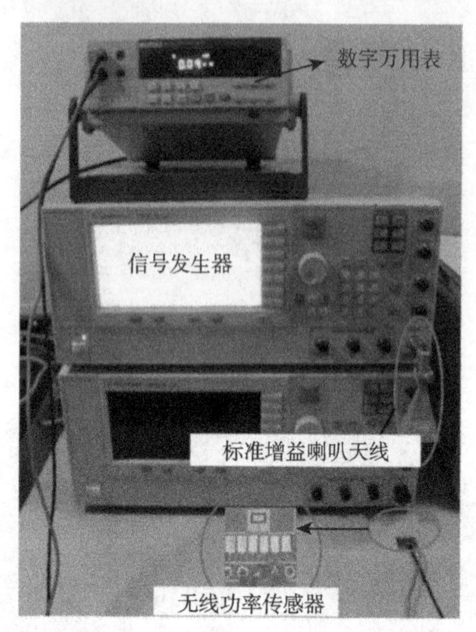

图 3-37 无线接收型 MEMS 微波功率传感器的测试平台

表 3-3 标准增益喇叭天线的增益

频率/GHz	26.5	27.85	29.2	30.55	31.9	33.25	34.6	35.95	37.3	38.65	40
增益/dBm	18.15	18.50	18.84	19.17	19.51	19.86	20.19	20.45	20.76	21.00	21.24

为了得到无线接收型 MEMS 微波功率传感器的输出信号，如图 3-38 所示，将无线接收型 MEMS 微波功率传感器进行划片后，用导电胶将其贴在设计好的 PCB 板上，采用金线绑定技术将无线接收型 MEMS 微波功率传感器的输出端互连到 PCB 板的 pad 上。

无线接收型 MEMS 微波功率传感器的测试分为三个部分：灵敏度特性测试、频率特性测试和方向性的测试。

1. 灵敏度特性测试

灵敏度的测试是表征无线接收型 MEMS 微波功率传感器的输出电压与输入功率之间的关系；频率特性的测试反映了无线接收型 MEMS 微波功率传感器的输出电压随频率的变化关系；方向性的测试反映了无线接收型 MEMS 微波功率传感器

探测微波功率的方向性。

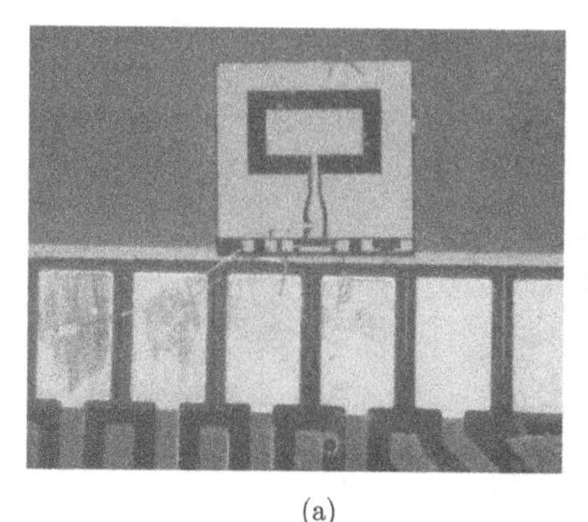

(a)

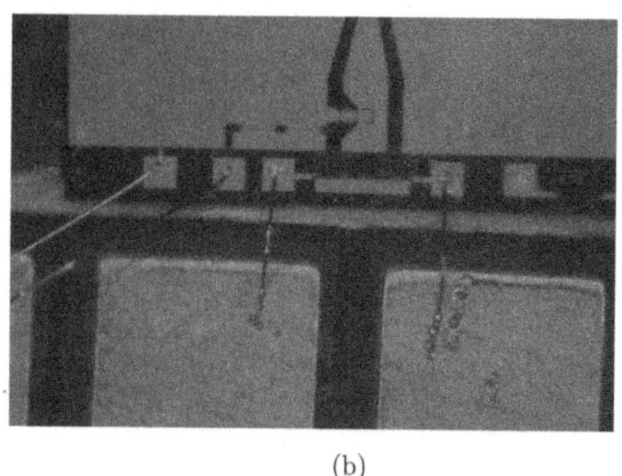

(b)

图 3-38 无线接收型 MEMS 微波功率传感器的测试结构

(a) 传感器芯片与 PCB 板; (b) 绑定金线

根据坡印亭矢量，可以得到共面波导馈线天线传输的功率密度，每平方米的功率流可以表示为

$$S = \frac{1}{2}\mathrm{Re}(E_0 \cdot H_0^*) = \frac{1}{2} \cdot \frac{|E_0|^2}{120 \cdot \pi} = \frac{D}{4 \cdot \pi \cdot R^2} \cdot P_{\mathrm{t}} \tag{3-51}$$

共面波导馈线天线的传输功率（P_{a}）可以表示为

$$P_{\mathrm{a}} = S \cdot A = \frac{D \cdot A}{4 \cdot \pi \cdot R^2} \cdot P_{\mathrm{t}} \tag{3-52}$$

其中，E_0 是电场强度，H_0^* 是磁场强度，P_t 是信号发生器的发射功率，D 是标准增益喇叭天线的增益，R 是标准增益喇叭天线与共面波导馈线天线之间的距离，A 是共面波导馈线天线的辐射传输面积。

结合 3.1 节中傅里叶等效模型，可以预测无线接收型 MEMS 微波功率传感器的输出电压为

$$V_{\mathrm{out}} = \frac{(a_1 - a_2) \cdot N}{2\lambda_{\mathrm{e}} p w' d'_{\mathrm{e}}} \cdot \frac{\sinh(pl)}{\cosh(p(l + l_0))} \cdot \frac{D \cdot A}{4 \cdot \pi \cdot R^2} \cdot P_{\mathrm{t}} \tag{3-53}$$

为了验证无线接收型 MEMS 微波功率传感器的探测能力，标准喇叭天线发射出频率为 35GHz，范围从 0.1mW 变化到 80mW 的功率，测试结果如图 3-39 所示。输出电压的测试值和理论预测值比较吻合，但是还是有一些差别。当发射功率较小时，输出电压的测试值要比理论预测值大，原因是测试系统存在着 0.021mV 的噪声。因此，噪声的影响需要被校正，校正后的输出电压的测试值要比理论预测值小，特别是在功率较大时，这是因为为了测试无线接收型 MEMS 微波功率传感器的探测能力，传感器芯片贴在一个 PCB 上，这样本来芯片是背面无地结构就变成了背面覆地结构，影响了器件的匹配性能，从而造成输出电压的测试值减小。

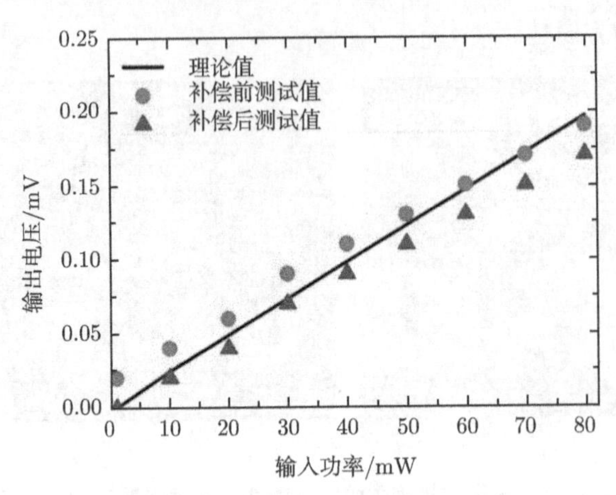

图 3-39 输出电压与发射功率的关系

根据式 (3-52) 和表 3-4 可以计算出无线接收型 MEMS 微波功率传感器的传输功率与信号源的发射功率之比是 0.0088，测试得到无线接收型 MEMS 微波功率传感器的灵敏度是 2.45μV/mW，但这只是反映了输出电压与信号源的发射功率之比，所以，如图 3-40 所示，无线接收型 MEMS 微波功率传感器的真正的灵敏度应该是输出电压与传输功率之比，因此无线接收型 MEMS 微波功率传感器真正的灵敏度应该为 0.246mV/mW，并且无线接收型 MEMS 微波功率传感器的输出电压与传输功率有很好的线性度，线性误差为 2%。

表 3-4 测试系统的参数值

符号	参数	值
D	喇叭天线的增益	106.41
A	共面波导馈线天线的吸收面积	$820\times1830\mu m^2$
R	共面波导馈线天线与喇叭天线之间的距离	0.12m

2. 频率特性测试

无线接收型 MEMS 微波功率传感器是用来探测 35GHz 功率的，因此无线接收型 MEMS 微波功率传感器的另一个重要性能是频率特性。为了测试无线接收型 MEMS 微波功率传感器的频率特性，标准增益喇叭天线发射 40mW，60mW 和 80mW 的微波功率，频率从 34GHz 变化到 36GHz，测试结果如图 3-41 所示。因为无线接收型 MEMS 微波功率传感器的功率探测部分是热电式微波功率传感器，是基于热电转换原理，所以热电式微波功率传感器的一个重要的优点就是频带宽，因此无线接收型 MEMS 微波功率传感器的频率特性是由共面波导馈线天线决定的。如图 3-41 所示，在 35GHz 输出电压最大，因此匹配特性最好，而且在不同的功率下，无线接收型 MEMS 微波功率传感器的频率特性是相同的，这都满足了无线接收型 MEMS 微波功率传感器的设计要求。

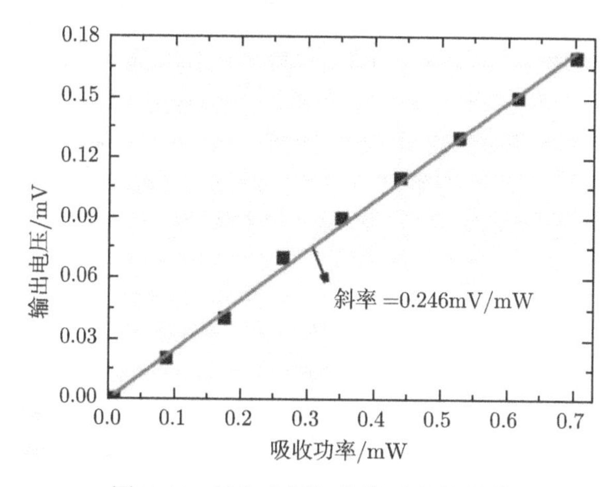

图 3-40 输出电压与传输功率的关系

如图 3-41 所示，以理论值为标准，34GHz 的回波损耗为 20log((0.19629−0.1)/0.19629)=−6.2dB，35GHz 的回波损耗为 20log((0.19629−0.17)/0.19629)= −17.5dB，36GHz 的回波损耗为 20log((0.19629−0.08)/0.19629)=−4.5dB。因此，34GHz 和 35GHz 之间的回波损耗差为 11.3dB，36GHz 和 35GHz 之间的回波损耗差为 13dB。尽管回波损耗的测试结果与理论预测值近似，但是测试结果表明无线接收型 MEMS 微波功率传感器的频带变窄了。20log(0.12035/0.17)=−3.0008dB，测试结果表明无线接收型 MEMS 微波功率传感器的带宽约为 700MHz。

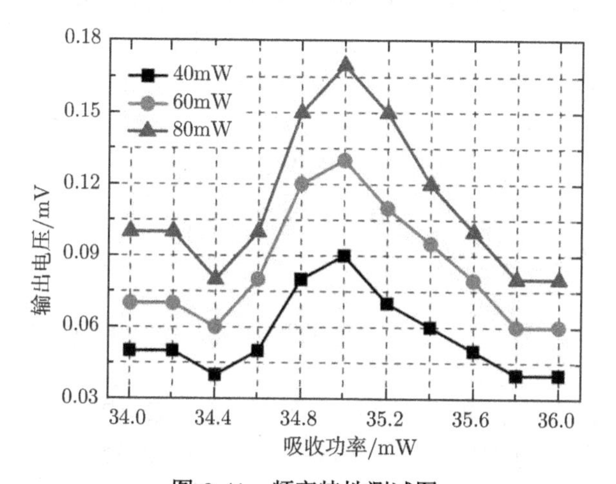

图 3-41 频率特性测试图

3. 方向性测试

无线接收型 MEMS 微波功率传感器还有一个很重要的特性就是探测微波功率的方向性。为了得到该传感器的方向性，将标准喇叭天线和共面波导馈线天线的对准角度分别设为 0°、30°、60° 和 90°，测试无线接收型 MEMS 微波功率传感器的输出电压，根据共面波导馈线的对称性，得到 −90°、−60° 和 −30° 的输出电压，测试结果如图 3-42 所示。在标准喇叭天线和共面波导馈线天线的对准角度为 0° 时，无线接收型 MEMS 微波功率传感器的输出电压最大；对准角度为 90° 时，输出电压最小。

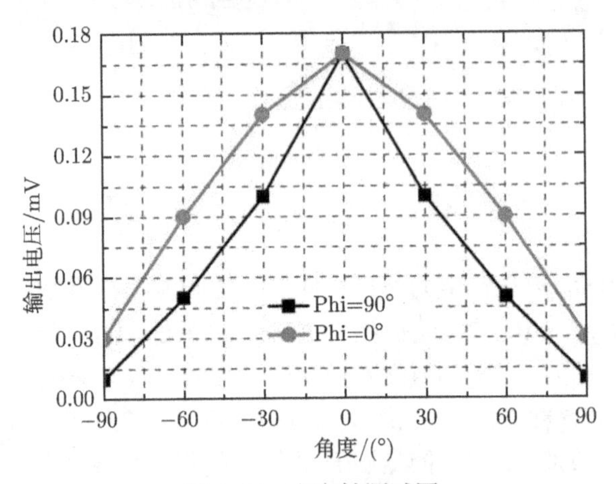

图 3-42　方向性测试图

模拟结果表明，共面波导馈线天线在 H 面和 E 面的 3dB 带宽分别为 124° 和 72°。如图 3-42 所示，无线接收型 MEMS 微波功率传感器在 H 面和 E 面的 3dB 探测角度宽度分别为 86° 和 42°，可探测的方向性明显变窄。由此可见，测试结果表明无线接收型 MEMS 微波功率传感器的带宽和方向性这两个重要的特性与理论性能相比变差了，这最重要的原因是传感器芯片贴在一个 PCB 上，这样本来芯片是背面无地结构就变成了背面覆地结构，影响了芯片的微波性能。即使这样，这些参数指标也都基本满足实际应用需求。

3.5　三通道型 MEMS 间接加热热电式微波功率传感器

为了实现三个输入微波信号功率的同时检测，张志强和廖小平提出了一种基于方形对称的三通道型 MEMS 间接加热热电式微波功率传感器，由于对称角度的考虑，其热电偶的数量按 4 的倍数增加[14]；为了降低串联热电偶的内阻引起的热噪声，张志强、廖小平和王小虎研究了热电偶的数量对 MEMS 间接加热热电式微波功率传感器的灵敏度和信噪比的影响[15]。这种三通道型 MEMS 间接加热热电式微波功率传感器解决了当集成测量三输入微波功率时需要三个分立传感器的问题，同时该设计方案可扩展到更多通道的微波功率测量。

3.5.1　三通道型 MEMS 间接加热热电式微波功率传感器的模拟和设计

1. 结构和原理

三通道型 MEMS 间接加热热电式微波功率传感器的基本结构是由三个 50Ω 的 CPW 传输线、六个 100Ω 的终端负载电阻、四个热电偶、一个金属块和两个输出压焊块组成的。图 3-43 为三通道型 MEMS 间接加热热电式微波功率传感器的示意图。该结构与 MEMS 间接加热热电式微波功率传感器的结构相似。CPW 用于传输微波信号和连接器件，其中三个 CPW 的输出端放置在一个正方形的三条边上，要求相邻的 CPW 具有共同的地线以减小芯片面积。终端电阻用于吸收传输的微波功率而产生热量，其中每两个终端电阻并联连接到一个 CPW 的输出端，从而在并联电阻和 CPW 之间实现阻抗匹配，它属于微波功率–热转换元件。热电偶基于 Seebeck 效应将终端电阻产生的热量转化为输出热电势，其中四个热电偶沿正方形的两条对角线（已用红线标出）对称放置并串联连接构成一个热电堆，它属于热–电转换元件。热电偶的热端靠近终端电阻，而其冷端靠近金属块；但受工艺条件的限制，它们的最小距离为 10μm，所以热电偶的热端对传感器的微波性能几乎没有产生影响。衬底膜结构用于实现电磁和热的隔离。金属块用于维持热电偶冷端的温度为环境温度（即热沉）。因而，在热电偶热端和终端电阻下方衬底的背面制作衬底膜结构以提高热阻以及在热电偶冷端附近放置一大面积的金属块维持冷端温度作为热沉，进而提高热冷两端之间的温差，从而可以提高该传感器的灵敏度。输出压焊用于测量在热电偶上的直流热电势。

三通道型 MEMS 间接加热热电式微波功率传感器的基本原理与 MEMS 间接加热热电式微波功率传感器的基本原理相同：①一个微波信号传输到一个 CPW 上；②在该 CPW 末端的两个终端负载电阻完全吸收微波功率而转化为热量；③在负载电阻附近的两个热电偶感知到这温度的变化，引起热电堆冷热两端产生温差，基于 Seebeck 效应将温差转化为热电势，从而实现微波功率的测量。三通道型 MEMS 间接加热热电式微波功率传感器具有三个 CPW 微波输入端，因而能够实现不超过三个输入微波功率的同时测量；更重要的是它只具有一个直流输出端口，具有较高的集成度。

由上述结构和原理分析可知，当三通道型 MEMS 间接加热热电式微波功率传感器工作时，三个输入端可同时输入三个微波信号，从而实现三通的微波功率测量。因而，在三个 CPW 的输入端口之间的隔离问题是设计该传感器的重点，以避免微波信号的串扰。由于该设计与 MEMS 间接加热热电式微波功率传感器相似，它们均采用两个终端电阻并联在 CPW 的输出端和在终端电阻附近放置热电堆，所以 CPW 与其相应并联终端电阻的匹配情况引起的微波性能（反射损耗）问题以及在终端电阻上热量向热电堆的热端的传热效率而引起的热性能（灵敏度）问题，关于这部分的优化和分析可参照间接加热热电式微波功率传感器，在这里只作简单介绍。下面将对三通道型 MEMS 间接加热热电式微波功率传感器的性能进行仿真和优化，并最终确定设计结构尺寸。

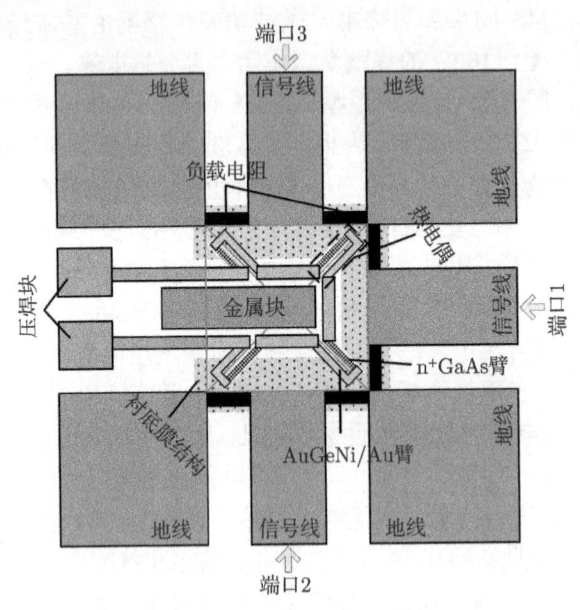

图 3-43　三通道型 MEMS 间接加热热电式微波功率传感器的示意图

2. 模拟和设计

三通道型 MEMS 间接加热热电式微波功率传感器的微波性能主要包括每个 CPW 微波输入端的反射损耗以及在三个 CPW 微波输入端之间的隔离度。每个 CPW 的特征阻抗设计为 50Ω，在 X 波段其对应的信号线宽度以及在信号线和地线之间的间距分别为 100μm 和 58μm。每个终端电阻设计为 100Ω，其对应的长度和宽度分别为 58μm 和 14.5μm。利用 HFSS 软件对三通道型 MEMS 间接加热热电式微波功率传感器的基本结构进行微波性能的仿真。图 3-44 为优化后三通道型 MEMS 间接加热热电式微波功率传感器的 HFSS 模拟结果。在模拟中，包括了衬底膜结构。

图 3-44(a) 为每个 CPW 微波输入端口的反射损耗，其中 S_{11}、S_{22} 和 S_{33} 分别为端口 1、端口 2 和端口 3 的反射损耗。在图 3-44(a)中，模拟的 S_{11}、S_{22} 和 S_{33} 在频率一直到 12 GHz 时均小于 -26.5dB；在 12GHz 时，其分别为 -26.70dB、-26.85dB

和 −27.25dB，它们具有较小的差别。它表明三通道型 MEMS 间接加热热电式微波功率传感器的三个微波输入端口均具有较小的反射损耗，从而三个输入端口分别和其相应的终端电阻之间实现了阻抗匹配。图 3-44（b）为在三个 CPW 微波输入端口之间的隔离度，其中 S_{21}、S_{31} 和 S_{32} 分别为在端口 1 和端口 2 之间、在端口 1 和端口 3 之间以及在端口 2 和端口 3 之间的隔离度。在图 3-44（b）中，模拟的 S_{21}、S_{31} 和 S_{32} 在频率一直到 12GHz 时均小于 −45dB；在 12GHz 时，S_{21} 和 S_{31} 比 S_{32} 约大于 −10dB，分别为 −45.16dB 和 −45.11dB，但是它们是很小的值，仅占总功率的 0.0032%。它表明三通道型 MEMS 间接加热热电式微波功率传感器在每个微波输入端口之间均具有很好的电磁隔离，从而三个输入端口之间不会产生串扰。

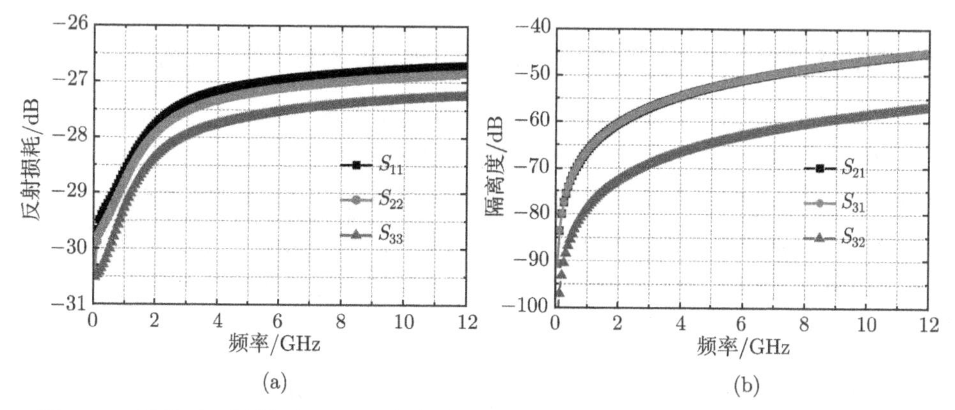

图 3-44 优化后三通道型 MEMS 间接加热热电式微波功率传感器的 HFSS 模拟结果

（a）反射损耗；（b）隔离度

三通道型 MEMS 间接加热热电式微波功率传感器的热性能主要表现为在终端电阻上热量向热电堆的热端的传热效率，其具体表现在热电堆的长度和悬浮长度、热电堆和终端电阻之间的间距以及衬底膜结构厚度的设计。这部分设计可参照 MEMS 间接加热热电式微波功率传感器的热性能设计。值得注意的是，每两个终端电阻有序排列在正方形的一条边上，四个热电偶沿正方形的两条对角线（已用红线标出）对称放置并串联连接构成一个热电堆。在终端电阻和邻近的热电偶之间具有相同的最小间距。它表明当终端电阻吸收微波功率产生热量时在热电偶上具有均匀的温度分布。从对称的角度考虑，热电偶的数量可按 4 的倍数选择；为了降低热电偶的内阻引起的热噪声，该设计采用了四个热电偶串联形成热电堆，从而提高了三通道型 MEMS 间接加热热电式微波功率传感器的信噪比。

最后，综合考虑微波性能和热性能的模拟与分析，得出优化后基于方形对称的三通道型 MEMS 间接加热热电式微波功率传感器的结构尺寸，如表 3-5 所示。

表 3-5　优化后三通道型 MEMS 间接加热热电式微波功率传感器的结构尺寸

结构参数	数值/μm
GaAs 衬底的厚度	120
GaAs 衬底膜结构的厚度	10
每个 CPW 传输线的厚度	2.52
每个 CPW 信号线的宽度	100
每个 CPW 信号线和地线的间距	58
每个 CPW 地线的宽度	200
每个终端电阻的长度	58
每个终端电阻的宽度	14.5
每个热电偶的长度	85
每个热电偶的悬浮长度	57
终端电阻和邻近热电堆的最小间距	10

3.5.2　三通道型 MEMS 间接加热热电式微波功率传感器的性能测试

三通道型 MEMS 间接加热热电式微波功率传感器的测试分为两部分：微波性能的测试和灵敏度的测试。微波性能的测试表征了每个 CPW 的微波特性、每个 CPW 和其相应的两个并联终端负载电阻之间的阻抗匹配，以及在三个 CPW 之间的隔离特性；灵敏度的测试表征了在一定微波频率下输出热电势和输入微波功率之间的关系。图 3-45 为三通道型 MEMS 间接加热热电式微波功率传感器的 SEM 照片。

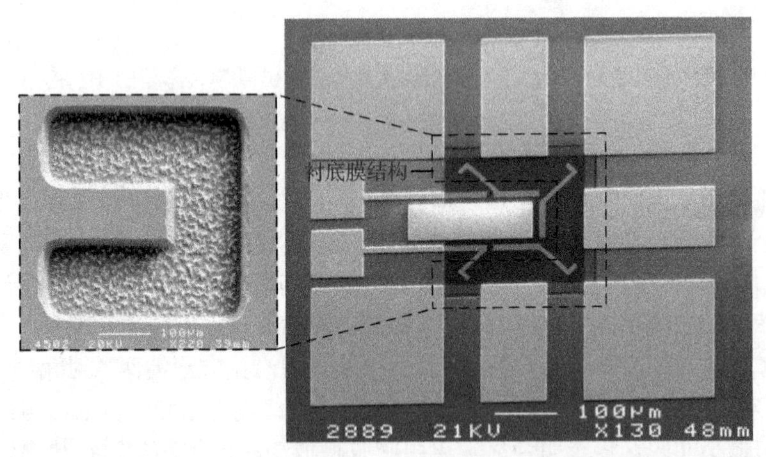

图 3-45　三通道型 MEMS 间接加热热电式微波功率传感器的 SEM 照片

1. 微波性能的测试

三通道型 MEMS 间接加热热电式微波功率传感器的微波性能采用 Agilent 8719ES 网络分析仪和 Cascade Microtech GSG 微波探针台测试，其测量的参数

为反射损耗 S_{11}、S_{22} 和 S_{33}，测量的频率为 X 波段。为了实现精确的微波测量，采用全端口 (full port) 技术校准网络分析仪。

图 3-46 为三通道型 MEMS 间接加热热电式微波功率传感器的每个微波输入端口的反射损耗测试结果。在微波频率高达 12GHz 时，测量的三个 CPW 输入端的反射损耗 S_{11}、S_{22} 和 S_{33} 分别小于 −21.5dB、−25.1dB 和 −25.7dB，其占总功率的比例分别为 0.70%、0.31%和 0.27%。它表明在三个 CPW 端口之间具有好的输入对称性，和每个 CPW 输入端口均具有小的反射损耗。因而，三通道型 MEMS 间接加热热电式微波功率传感器对于三个输入端均具有好的阻抗匹配。通过比较，测量和模拟 (图 3-44(a)) 的 S_{11}、S_{22} 和 S_{33} 之间表现出一些差别，但对于应用而言是可以接受的。然而，在图 3-46 中，测量的 S_{11} 比 S_{22} 和 S_{33} 大，其主要是由于在工艺加工过程中引起的 TaN 薄膜负载电阻的变化以及在 TaN 电阻和 CPW 之间不同的接触电阻造成的。但是，由于探针台上 GSG 微波探针的不足和没有三端口的网络分析仪，所以无法测量在三个端口之间的隔离度，但是通过前面结构的设计和 HFSS 模拟结果能够验证三通道型 MEMS 间接加热热电式微波功率传感器在端口之间具有好的电磁隔离。

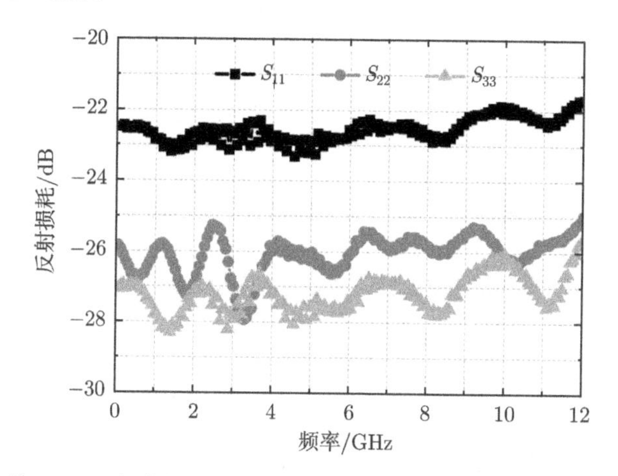

图 3-46 三通道型 MEMS 间接加热热电式微波功率传感器的每个微波输入端口的反射损耗测试结果

2. 灵敏度的测试

三通道型 MEMS 间接加热热电式微波功率传感器的灵敏度采用 Cascade Microtech GSG 微波探针台、Agilent E8257D PSG 模拟信号发生器和 Fluke 8808A 数字万用表测试。信号发生器用于产生 X 波段的微波信号；数字万用表用于记录输出热电势的大小。一根 1.5 米长的同轴电缆作为信号发生器和微波探针台的连接线。

图 3-47 为对于三个不同的输入端，在频率分别为 8GHz、10GHz 和 12GHz 时，三通道型 MEMS 间接加热热电式微波功率传感器的输出热电势随输入微波功率变化的测试结果。实验表明对于不同的输入端，在这些频率处测量的输出热电势与输入微波功率之间均呈现出好的线性度。但是，由于探针台上 GSG 微波探针和信号发生器的不足，所以仅能对三通道型传感器的每个输入端分开进行灵敏度的测试。然而，由于在三通道型传感器中热电偶的对称设计，单输入端口的灵敏度测试能够验证对于两个端口输入微波功率时和对于三个端口都输入微波功率时灵敏度测试的可行性。表 3-6 为对于三个不同的输入端口，在频率分别为 8GHz、10GHz 和 12GHz 时，三通道型 MEMS 间接加热热电式微波功率传感器的功率从 0.1~100mW 的平均灵敏度。在表 3-6 中，在 12GHz 时，输入端口 1、端口 2 和端口 3 的灵敏度分别为 53.1μV/mW、56.3μV/mW 和 58.9μV/mW；与端口 1 相比，端口 2 和端口

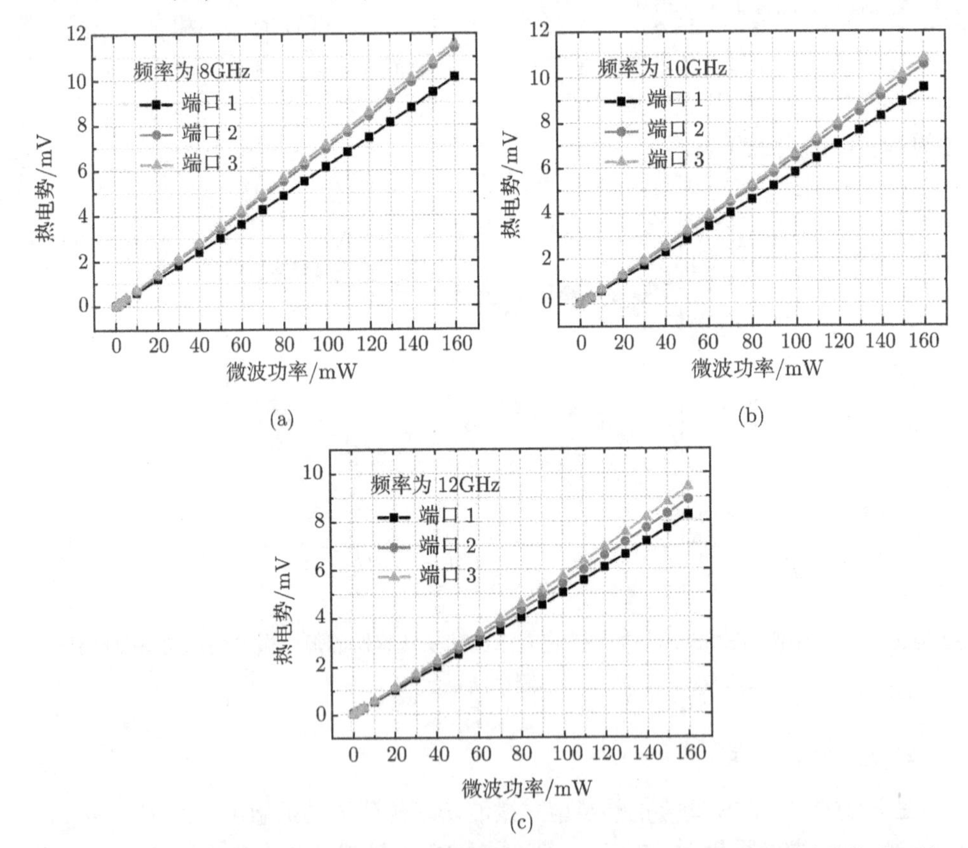

图 3-47　对于三个不同的输入端，三通道型 MEMS 间接加热热电式微波功率传感器的输出热电势随输入微波功率变化的测试结果

(a) 频率为 8 GHz；(b) 频率为 10 GHz；(c) 频率为 12 GHz

3 分别引起 6.0%和 10.9%的相对误差。通过观察图 3-47 和表 3-6 发现，在三个端口之间的热电势和平均灵敏度具有较小的误差，这意味着三通道型 MEMS 间接加热热电式微波功率传感器在热–电转换过程中具有可接受的热隔离。在相同的输入频率下，三个输入端口的灵敏度是不一致的，这主要是由以下原因造成的：① 在热电偶热端和终端负载电阻下方的 GaAs 衬底膜结构是由通孔干法刻蚀技术制作的，刻蚀的深度由时间控制，为了从 120μm 厚的 GaAs 衬底实现 10μm 厚的膜结构，需要几十分钟的刻蚀时间，这对于一个大尺寸的背面腐蚀腔而言很难保证膜结构在任何地方的厚度是相同的，所以导致了不同的灵敏度；② 由反射损耗的测量可知，三个微波输入端具有不同的失配误差，以及由工艺加工引起的热电偶参数的离散性，这些也会导致在不同输入端口的灵敏度差别。在相同的输入端口下，其灵敏度随输入微波频率的增大而减小，这主要是由于 CPW 电磁损耗、终端负载电阻的寄生损耗以及测试电缆和片上微波探针的损耗引起的。对于多端口的实际应用，可通过直流功率校准该类型传感器，以获得在三个端口之间相同的灵敏度。由于在每个终端电阻附近仅有一个热电偶，导致热–电转换效率不高，造成该三通道型传感器的灵敏度较小；与此同时，因串联的热电偶个数仅为四个，所以热电堆的电阻较小，其测量的电阻值约为 90kΩ，表明该热电微波功率传感器具有较小的热噪声；对于在 12GHz 时三个端口的测量灵敏度，可得其相应的信噪比分别约为 $1.38\times10^6\text{W}^{-1}$、$1.46\times10^6\text{W}^{-1}$ 和 $1.53\times10^6\text{W}^{-1}$。

表 3-6　对于三个不同的输入端口，在频率分别为 8GHz、10GHz 和 12GHz 时，三通道型 MEMS 间接加热热电式微波功率传感器的功率 0.1~100mW 的平均灵敏度

灵敏度/（μV/mW）	频率		
	8 GHz	10 GHz	12 GHz
端口 1	63.0	60.0	53.1
端口 2	69.7 (10.6%)	65.5 (9.2%)	56.3 (6.0%)
端口 3	71.9 (14.1%)	66.9 (11.5%)	58.9 (10.9%)

3.6 小　结

本章首先介绍基本型 MEMS 间接加热热电式微波功率传感器的工作原理，并利用 ANSYS 软件对传感器结构进行了模拟和设计，建立了其热传导模型。同时，在分析其灵敏度与热电堆长度的关系，以及与负载电阻和热电堆之间间距的关系的基础上，对制备的基本型 MEMS 间接加热热电式微波功率传感器进行性能测试，并建立了相应的系统级 S 参数模型；接着，基于基本型 MEMS 间接加热热电式微波功率传感器的研究成果，分别对频率补偿型 MEMS 间接加热热电式微波功率传感器、无线接收型 MEMS 间接加热热电式微波功率传感器以及三通道型 MEMS 间接加热热电式微波功率传感器进行了模拟、设计和制备后的性能测试的研究。作为在线式 MEMS 微波功率传感器的重要部件，基本型 MEMS 间接加热热电式微波功率传感器对后续的 MEMS 在线式微波功率检测器、微波相位以及频率检测器具有重要意义。

参考文献

[1] Jaeggi D, Baltes H, Moser D. Thermoelectric AC power sensor by CMOS technology. IEEE Electron Device Letters, 1992, 13(7): 366-368

[2] Dehe A, Krozer V, Chen B, et al. High sensitivity microwave power sensor for GaAs-MMIC implementation. Electronics Letters, 1996, 32(23): 2149-2150

[3] Wang D B, Liao X P. A terminating-type MEMS microwave power sensor and its amplification system. J. Micromech. Microeng, 2010, 20(7): 075021

[4] 赵镇南. 传热学. 北京：高等教育出版社，2002

[5] Xu Y L, Liao X P. Design and fabrication of a terminating type MEMS microwave power sensor. Chinese Journal of Semiconductors, 2009, 30(4): 044010-4

[6] Wang D B, Liao X P, Liu T. Optimization of indirectly-heated type microwave power sensors based on GaAs micromachining. IEEE Sensors of Journal, 2012, 12(5): 1349-1355

[7] Yan J, Liao X. research on the response time of indirect-heating microwave power sensor. IEEE Sensors Journal, 2016, 16(13): 5270-5276.

[8] Yan J B, Liao X P. Equivalent lumped circuit model and S-parameter of indirect-heating thermoelectric power sensor. Sensors and Actuators A: Physical, 2016, 240: 110-117

[9] Rosa E B, Grover F W. Formulas and tables for the calculation of mutual and self-inductance. US Dept. of Commerce and Labor, Bureau of Standards, 1912

[10] Wang D B, Liao X P. A novel symmetrical microwave power sensor based on MEMS technology. Journal of Semiconductors, 2009, 30(5): 054006-5

[11] Wang D B, Liao X P. A novel symmetrical microwave power sensor based on GaAs technology. Journal of Micromechanics and Microengineering，2009, 19(12): 125012-8

[12] Yi Z X, Liao X P. A frequency-compensation type microwave power sensor fabricated by GaAs MMIC process. IEEE Sensors Journal, 2014, 14(9): 2936-2937

[13] Wang D B, Liao X P. A 35GHz wireless millimeter-wave power sensor based on GaAs micromachining technology. Journal of Micromechanics and Microengineering, 2012, 22(6): 728-730

[14] Zhang Z Q, Liao X P. A three-channel thermoelectric RF MEMS power sensor for GaAs MMIC applications. Sensors and Actuators A: Physical, 2012, 182: 68-71

[15] Zhang Z Q, Liao X P, Wang X H. Research on thermocouple distribution for microwave power sensor based on GaAs MMIC process. IEEE Sensors Journal, 2015, 15(8): 4178-4180

第 4 章 MEMS 直接加热热电式微波功率传感器

4.1 引 言

在第 3 章中，已经介绍了 MEMS 间接加热热电式微波功率传感器。在 MEMS 间接加热热电式传感器结构中，终端负载电阻作为微波功率–热转换元件，而热电堆作为热–电转换元件。然而，在本章中，MEMS 直接加热热电式传感器结构中，两个热电偶既作为微波功率–热转换元件又作为热–电转换元件，其内阻与 CPW 端口阻抗匹配，同样不需要消耗额外的直流功率。所以说，MEMS 间接加热热电式微波功率传感器是 MEMS 直接加热热电式微波功率传感器的研究基础，而 MEMS 直接加热热电式微波功率传感器又促进了新型 MEMS 传感器的发展，并且提供了更加优异的性能。国际上，基于 Si 工艺，MEMS 直接加热热电式微波功率传感器已得到了广泛发展，1974 年 W. H. Jackson 首次报道了一种基于薄膜/半导体技术的热电偶自加热型微波功率传感器 [1]；1992 年 L. A. Christel 等开发了一种可批量制造 Si MEMS 自加热型微波功率传感器的工艺 [2]；1998 年 V. Milanovic 等研制了一种基于商用 CMOS 集成工艺的 MEMS 热电偶自加热型微波功率传感器 [3]。本章将进行基于 GaAs MMIC 工艺的 MEMS 直接加热热电式微波功率传感器的研究。

4.2 MEMS 直接加热热电式微波功率传感器的模拟和设计

4.2.1 结构和原理

为了实现更高频段的应用，张志强和廖小平提出了基于 GaAs MMIC 工艺的 MEMS 直接加热热电式微波功率传感器 [4]。MEMS 直接加热热电式微波功率传感器的基本结构是由一个 CPW、两个热电偶、一个隔直流的电容、一个衬底的膜结构和两个输出压焊块组成。图 4-1 为 MEMS 直接加热热电式微波功率传感器的示意图，CPW 用于传输微波信号，其特征阻抗在 X 波段被设计为 50Ω。为了满足微波功率的测量，在 CPW 输入端，CPW 信号线的宽度以及信号线和地线之间的间距分别为 100μm 和 58μm；在 CPW 输出端，为了使得热电偶的冷端温度接近或为环境温度 (即冷端作为热沉)，通过加宽 CPW 信号线来增大热电偶冷端的面积，CPW 信号线的宽度以及信号线和地线之间的间距分别为 400μm 和 105μm。两个热电偶中心对称放置，分别与 CPW 信号线和地线相连接。每个热电偶在 GaAs MMIC 工艺中采用 TaN(方块电阻为 25Ω/□) 和 n^+ GaAs(其掺杂浓度为 $10^{18}\ cm^{-3}$) 两种材料构成两臂，并且每个热电偶的电阻值被设计为 100Ω；从 CPW 输入端口看去，两个热电偶以并联方式相连，其总电阻值为 50Ω，从而在 CPW 和热电偶之间实现阻抗匹配，此时热电偶属于微波功率–热转换元件。在热电偶的 n^+ GaAs 臂和由 Au 制作的 CPW 传输线的接触区域采用溅射的 AuGeNi/Au 实现互连。热电偶的中间为热端而其两边为冷端，如果冷热两端存在温差，它将使热能转为直流热电势，此时热电偶又属于热–电转换元件。为了使得热量集中在热电偶的热端上，热电偶的热端被设计成锥形结构。衬底的膜结构制作在热电偶的热端下方，通过磨片减薄衬底和干法通孔刻蚀技术两步骤在衬底的背面刻蚀掉一部分衬底形成膜结构，以通过增大该区域的热阻来减小衬底的热损耗，进而提高热电偶冷热两端的温差，从而提高该 MEMS 直接加热热电式微波功率传感器的灵敏度。两个输出压焊块分别与 CPW 两条地线相连接，用于测量两个热电偶输出的直流热电势。隔直电容是由金属 (Au)—绝缘层 (Si_3N_4)—金属 (Au) 构成的平行板电容。它位于一条 CPW 地线上而被嵌入到热电势的输出环路中，以防止当该传感器工作时两个输出压焊块的短路。

MEMS 直接加热热电式微波功率传感器的基本工作原理为：在 CPW 上传输的微波功率被两个热电偶完全吸收而转化为热量，该热量主要集中在 TaN 臂上，引起热电偶周围温度的升高，进而在热电偶冷热两端产生温差，基于 Seebeck 效应将温差转化为热电势，在输出压焊块上测量出热电势的大小，从而实现微波功率的测量。

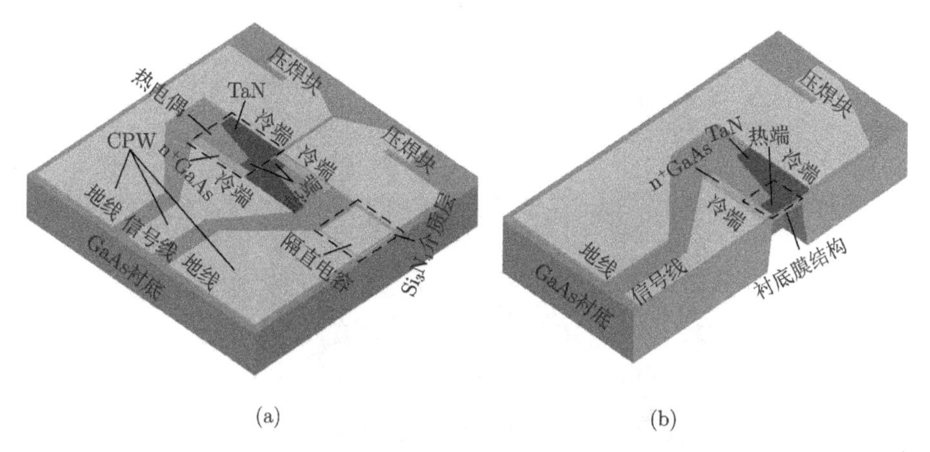

(a) (b)

图 4-1 MEMS 直接加热热电式微波功率传感器的示意图

(a) 结构图; (b) 剖面图

4.2.2 模拟和设计

MEMS 直接加热热电式微波功率传感器由上述结构和原理分析可知，在工作时，两个热电偶一方面作为终端匹配电阻完全吸收 CPW 上传输的微波功率而产生热，而另一方面作为热–电转换元件基于 Seebeck 效应将产生的温差转换为热电势的输出。因此，CPW 的特征阻抗与热电偶的匹配情况而引起的微波性能问题，以及在热电偶冷热两端的温差而引起的热性能问题，是设计该传感器反射损耗和灵敏度的关键点。特别是，热电偶的热端为了提高温度被设计成锥形结构，当电流经过该区域时并不是完全流向所有的区域而是通过走最短路径使电流集中，引起该区域电阻的增大，可造成 CPW 和热电偶之间阻抗失配。下面将较详细地介绍自加热型 MEMS 热电微波功率传感器的微波性能和热性能的仿真和优化，并最终确定设计结构尺寸。

首先，利用 HFSS 软件对 MEMS 直接加热热电式微波功率传感器进行微波性能的优化，在仿真中，衬底膜结构的长度为 130μm (两边距坐标原点分别为 10μm 和 140μm)、宽度为 160μm (以坐标 X 轴为对称轴) 和厚度为 10μm。图 4-2 为当初始相位为 0 度时，MEMS 直接加热热电式微波功率传感器在衬底膜结构刻蚀之后的表面微波电流分布。在图 4-2 中，微波电流从左端输入并分布在 CPW 上，其中大部分微波电流消耗在热电偶构成的电阻负载上。同时，在热电偶的 TaN 电阻负载的拐角处存在电流拥挤现象，会引起热电偶的电阻增大，从而影响了 MEMS 直接加热热电式微波功率传感器的阻抗匹配，因此，在设计时需要重点对负载电

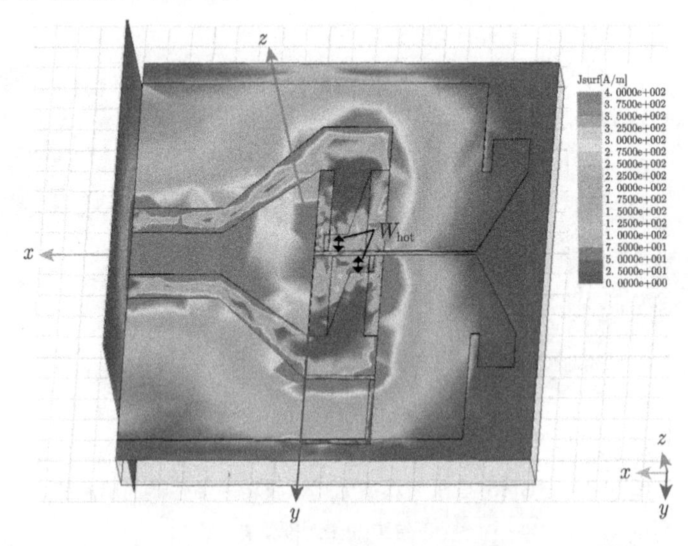

图 4-2　当初始相位为 0 度时，MEMS 直接加热热电式微波功率传感器在衬底膜结构刻蚀之后的表面微波电流分布

阻进行优化。图 4-3 为当热电偶热端的宽度 (W_{hot}) 分别为 35μm、40μm 和 45μm 时，MEMS 直接加热热电式微波功率传感器在衬底膜结构刻蚀前后的 HFSS 模拟结果，其中，热电偶热端的宽度 (W_{hot}) 直接影响着 TaN 电阻的大小，其位置已标注在图 4-2 中。在图 4-3 中，对于一定的热电偶热端的宽度，反射损耗在衬底膜结构刻蚀前后均表现出很小的变化，表明在 X 波段不刻蚀和刻蚀衬底膜结构两种情况对反射损耗产生了可忽略的影响；在刻蚀衬底膜结构之后，当热电偶热端的宽度分别为 35μm、40μm 和 45μm，反射损耗在 10GHz 时分别为 −23.00dB、−33.39dB 和 −31.47dB，而相比之下当热电偶热端宽度为 40μm 时，反射损耗在整个 X 波段均具有较小值，表明在 X 波段，在刻蚀衬底膜结构之后，对于热电偶热端的宽度为 40μm 时 MEMS 直接加热热电式微波功率传感器在 CPW 和热电偶的电阻负载之间具有更好的阻抗匹配。

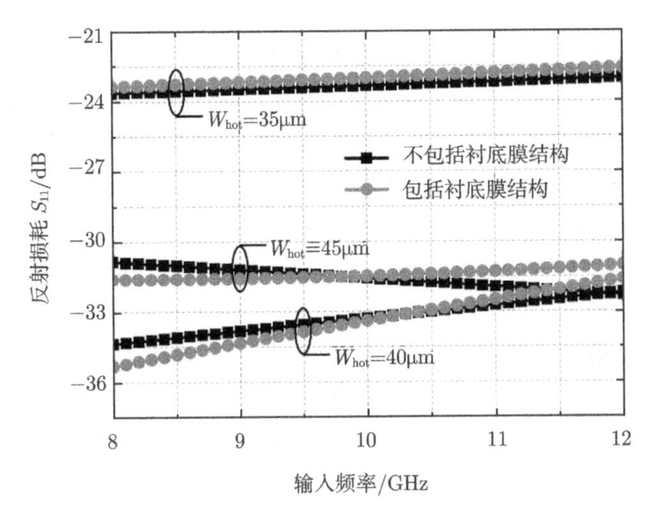

图 4-3 当热电偶热端的宽度 (W_{hot}) 分别为 35μm、40μm 和 45μm 时，MEMS 直接加热热电式微波功率传感器在衬底膜结构刻蚀前后的 HFSS 模拟结果

其次，利用 ANSYS 软件对 MEMS 直接加热热电式微波功率传感器进行热性能的优化，由于热电偶的热冷两端的温差与其输出热电势成正比关系，所以下面分析其物理结构对热电偶两端的温差的影响。图 4-4 为 MEMS 直接加热热电式微波功率传感器的网格划分，采用自由划分方式。为了降低仿真设备的要求和缩短计算时间进行了粗分和细分网格的处理，其中作为微波–热和热–电转换元件的热电偶的网格尺寸为 1μm，CPW 和输出压焊块的网格尺寸均为 4μm，在热电偶下方衬底膜结构的网格尺寸为 4μm，而其他衬底部分为 40μm。在热性能仿真中隔直电容不起作用，因而，为了进一步简化计算隔直电容被省略。

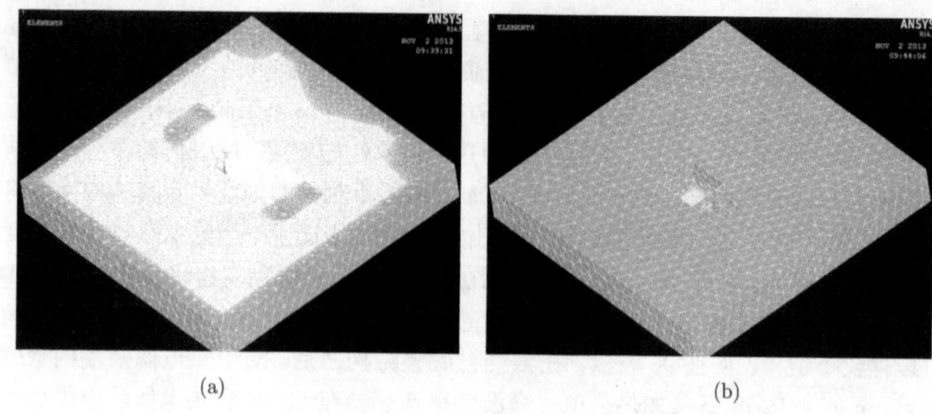

(a)　　(b)

图 4-4　MEMS 直接加热热电式微波功率传感器的网格划分

(a) 正面；(b) 背面

图 4-5 为 MEMS 直接加热热电式微波功率传感器的 ANSYS 模拟结果。在模拟中，GaAs 衬底的下表面施加温度约束为 300K；在 CPW 信号线和地线之间施加直流电压约束为 2.236V，对于 50Ω 的并联热电偶的电阻其相应的直流功率为 100mW；由于工艺限制，两个热电偶之间间距为 10μm；衬底膜结构的长度为 130μm(两边距坐标原点分别为 10μm 和 140μm)、宽度为 160μm(以坐标 X 轴为对称轴) 和厚度为 10μm。在这里，Au 和 AuGeNi/Au 的热导率均设置为 315W/(m·K)，TaN 的热导率设置为 200W/(m·K)，GaAs 和 $\mathrm{n^+}$ GaAs 的热导率均设置为 55W/(m·K)。在图 4-5(a) 中，热电偶通过自身内阻将施加的直流电压转化为热量，其热量主要集中在 TaN 臂的锥形结构上 (即热电偶的热端) 并向四周扩散，在其中间点具有最高的温度，其值为 314.27K。图 4-5(b) 为从热电偶下方衬底膜结构的背面观察到的温度分布，其热量积累在膜结构上。图 4-5(c) 为在上和下热电偶热端的中间水平线上的温度，都是先从热电偶的冷端增大到热端，再减小至另一冷端；对于上热电偶，在其水平位置为 55μm 处为热端温度最大点，热冷两端的最大温差分别为 8.37K 和 10.5K；而对于下热电偶，在其水平位置为 95μm 处为热端温度最大点，热冷两端的最大温差分别为 10.5K 和 8.35K；在上下热电偶的水平位置分别为 15μm 和 135μm 处出现陡峭的温度变化，其主要是由 TaN 臂向 $\mathrm{n^+}$ GaAs 臂内部伸入引起的，以确保在 TaN 臂和掺杂浓度为 $10^{18}\mathrm{cm^{-3}}$ 的 $\mathrm{n^+}$ GaAs 臂之间实现良好的接触。它们表明该设计在热电偶热冷两端具有较大的温度变化，并且能够使 TaN 臂锥形结构成为热量集中区域，而使热电偶的左右两边尽量维持为环境温度，该设计方案使得 MEMS 直接加热热电式微波功率传感器能够实现较高的输出热电势和灵敏度。

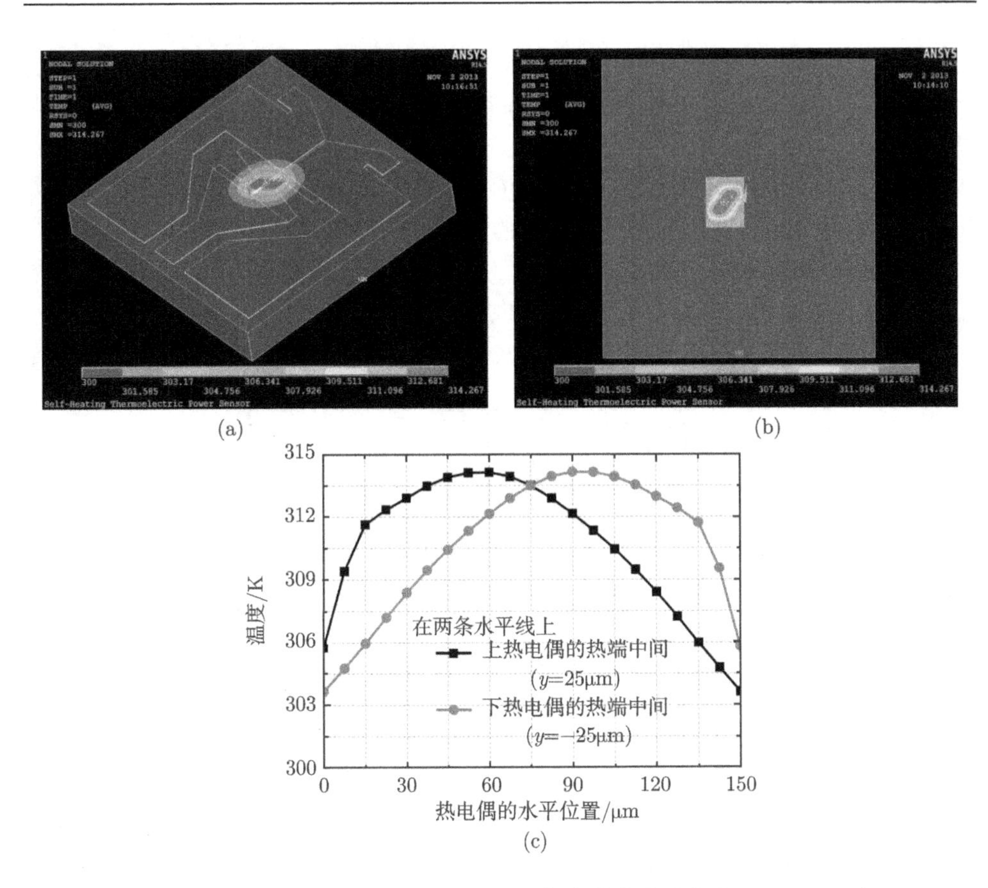

图 4-5 在施加输入直流电压为 2.236 V(相应的直流功率为 100 mW) 时，MEMS 直接加热热电式微波功率传感器的 ANSYS 模拟结果

(a) 正面温度分布；(b) 背面温度分布；(c) 在热电偶上的温度

图 4-6 为当衬底膜结构的长度为 130μm (两边距坐标原点分别为 10μm 和 140μm)、宽度为 160μm(以坐标 X 轴为对称轴) 和厚度为 10μm 时，MEMS 直接加热热电式微波功率传感器的热电偶热冷两端的温差与输入直流电压和功率的关系，其中，直流功率等于直流电压的平方与两个 100Ω 并联热电偶电阻的比。如图 4-6 所示，热电偶热冷两端的温差随直流电压的增大呈半抛物线增大的关系，而随直流功率的增大呈线性增大的关系，其线性斜率约为 1.309×10^{-4}K/mW。它表明 MEMS 直接加热热电式微波功率传感器的输出热电势也与输入微波功率呈线性比例，其灵敏度就等于热电偶的 Seebeck 系数与由微波功率引起的温差线性斜率的乘积。图 4-7 为在施加输入直流电压为 2.236V(相应的直流功率为 100mW) 时，MEMS 直接加热热电式微波功率传感器的热电偶热冷两端的温差与不同衬底膜结构尺寸的关系。如图 4-7 所示，当衬底膜结构的长度和宽度一定时，热电偶热冷两端的温差随

衬底膜结构的厚度的增大而显著减小；当衬底膜结构的长度和宽度都增大时，对于一定厚度的衬底膜结构，热电偶热冷两端的温差得到改善，但这种改善随着膜结构厚度的增大而逐渐变小。对于衬底膜结构的长度为 130μm (两边距坐标原点分别为 10μm 和 140μm) 和宽度为 160μm (以坐标 X 轴为对称轴)，在衬底膜结构厚度为 1μm、10μm 和 30μm 时热电偶热冷两端的温差分别为 37.515K、9.435K 和 4.485K；对于衬底膜结构的长度为 210μm(两边距坐标原点分别为 −30μm 和 180μm) 和宽度为 240μm(以坐标 X 轴为对称轴)，在衬底膜结构厚度为 1μm、10μm 和 30μm 时热电偶热冷两端的温差分别为 49.225K、11.04K 和 5.475K，其相应改善分别为

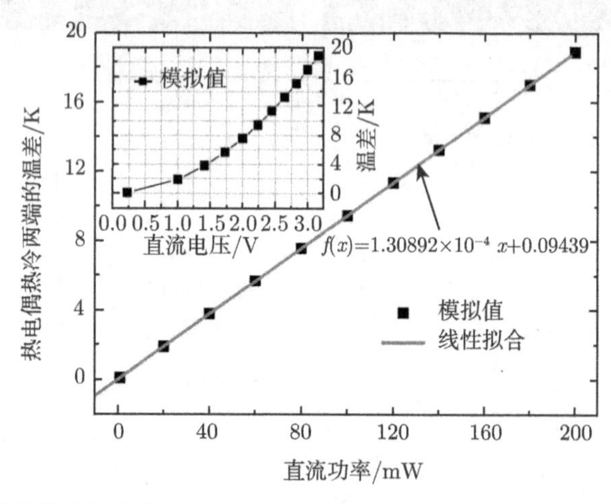

图 4-6 当衬底膜结构的长度为 130μm(两边距坐标原点分别为 10μm 和 140μm)、宽度为 160μm(以坐标 X 轴为对称轴) 和厚度为 10μm 时，MEMS 直接加热热电式微波功率传感器的热电偶热冷两端的温差与输入直流电压和功率的关系

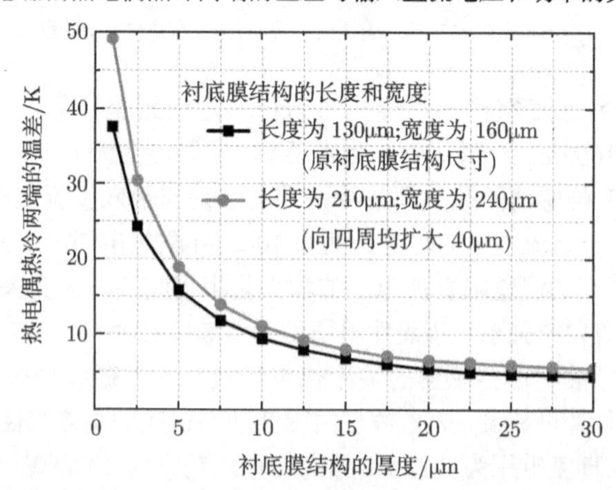

图 4-7 在施加输入直流电压为 2.236V(相应的直流功率为 100mW) 时，MEMS 直接加热热电式微波功率传感器的热电偶热冷两端的温差与不同衬底膜结构尺寸的关系

11.71K、1.605K 和 0.99K，表明在热电偶下方的衬底膜结构有利于实现热隔离，从而提高热电式微波功率传感器的灵敏度。然而，为了实现与 GaAs MMIC 工艺完全兼容，衬底膜结构是由通孔刻蚀技术制作的，其结构尺寸 (包括长度、宽度和厚度) 会受加工条件的限制而不能达到最理想的情况。在图 4-6 和图 4-7 中，热电偶的冷端温度为单个热电偶左右两边冷端温度的平均值。

最后，综合考虑微波性能和热性能的模拟结果，以及加工工艺的限制，得出优化后自加热型 MEMS 热电微波功率传感器的结构尺寸，如表 4-1 所示。

表 4-1 优化后 MEMS 直接加热热电式微波功率传感器的结构尺寸

结构参数	数值/μm
GaAs 衬底的厚度	120
GaAs 衬底膜结构的厚度	10
GaAs 衬底膜结构的长度	130
GaAs 衬底膜结构的宽度	160
CPW 传输线的厚度	2.52
CPW 输入端信号线的宽度	100
CPW 输入端信号线和地线的间距	58
CPW 输出端信号线的宽度	400
CPW 输出端信号线和地线的间距	105
热电偶的 n^+ GaAs 臂的长度	30
热电偶的 n^+ GaAs 臂的宽度	195
热电偶的 TaN 臂的长度	120
热电偶的 TaN 臂热端的宽度	40
热电偶的 TaN 臂冷端的宽度	195
两个热电偶之间的间距	10
隔直电容的长度	130
隔直电容的宽度	145
Si_3N_4 介质层的厚度	0.1

4.3 MEMS 直接加热热电式微波功率传感器的测试

MEMS 直接加热热电式微波功率传感器采用中国电子科技集团公司第五十五研究所的 GaAs MMIC 工艺制备，图 4-8 为 MEMS 直接加热热电式微波功率传感器的 SEM 照片。它的测试分为三部分：微波性能的测试、灵敏度的测试和响应时间的测试。微波性能的测试表征了 CPW 的微波特性以及 CPW 和热电偶作为负载电阻之间的阻抗匹配；灵敏度的测试表征了在一定微波频率下输出热电势和输入微波功率之间的关系；响应时间的测试表征了在一定的阶跃输入功率下输出热电势和时间之间的关系。

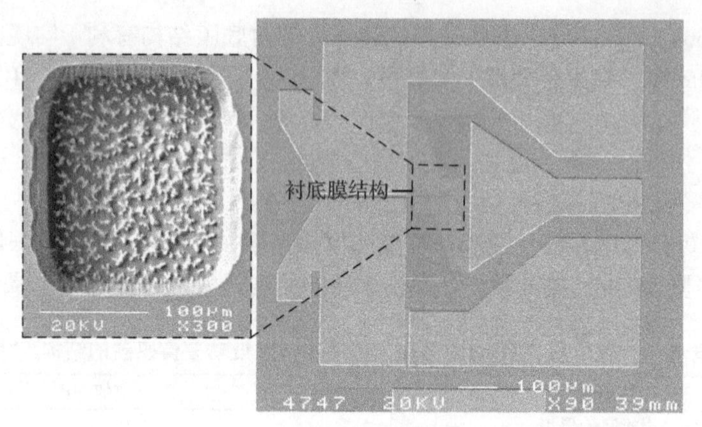

图 4-8　MEMS 直接加热热电式微波功率传感器的 SEM 照片

4.3.1　微波性能的测试

MEMS 直接加热热电式微波功率传感器的微波性能采用 Agilent 8719ES 网络分析仪和 Cascade Microtech GSG 微波探针台测试，其测量的参数为反射损耗 S_{11}，测量的频率为 X 波段。为了实现精确的微波测量，采用全端口 (full port) 技术校准网络分析仪。

图 4-9 为 MEMS 直接加热热电式微波功率传感器的反射损耗测试结果。在 X 波段，测量的反射损耗 S_{11} 小于 −15.5dB，与 HFSS 模拟结果 (图 4-3) 相比，测量的 S_{11} 的结果有所偏差。造成它们之间差别的主要原因是在热电偶上产生了势垒和锥形状 TaN 臂的电阻变化，这使得两个并联热电偶的总电阻值变大，最终导致热电偶和 CPW 之间阻抗失配。但是，测量的 S_{11} 小于总功率的 3%，这对 RF ICs

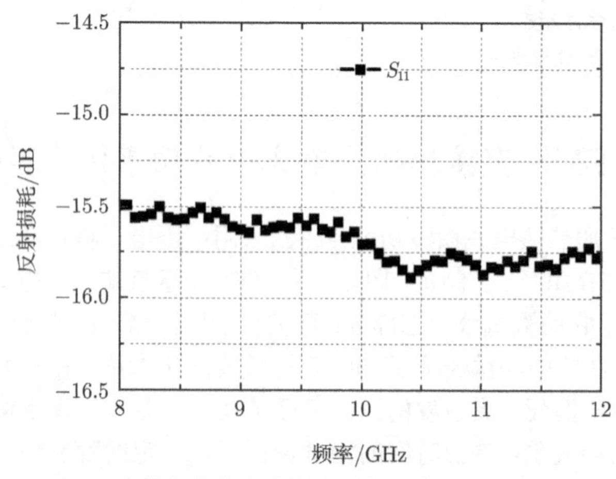

图 4-9　MEMS 直接加热热电式微波功率传感器的反射损耗测试结果

而言满足其应用的要求，从而验证了 MEMS 直接加热热电式微波功率传感器的微波性能设计的有效性。

4.3.2 灵敏度的测试

MEMS 直接加热热电式微波功率传感器的灵敏度采用 Cascade Microtech GSG 微波探针台、Agilent E8257D PSG 模拟信号发生器和 Keithley 半导体参数系统测试。信号发生器用于产生 X 波段的微波信号；利用半导体参数系统的 *I-V* 模块连续记录输出热电势的大小，其采样点的个数为 50。一根 1.5 米长的同轴电缆作为信号发生器和微波探针台的连接线。

图 4-10 为在 X 波段 MEMS 直接加热热电式微波功率传感器的输出热电势随输入微波功率变化的测试结果，结果表明在 X 波段测量的输出热电势与输入微波功率之间呈现出好的线性度。在图中，每个热电势均为测量 50 个采样热电势的平均值；当输入微波功率为 100mW 时，在 8GHz、9GHz、10GHz、11GHz 和 12GHz，其热电势分别约为 340.37mV、286.54mV、250.78mV、230.82mV 和 197.08mV。图 4-11 为在 10GHz 时输出热电势随输入微波功率变化的测试误差和线性拟合结果。在图 4-11 中，一些热电势的测试误差被放大，它们的标准误差为 ±0.05mV，表明 MEMS 直接加热热电式微波功率传感器具有较小的测量误差，并且测量结果和线性拟合结果表现出很好的一致性。图 4-12 为在 X 波段 MEMS 直接加热热电式微波功率传感器的灵敏度随输入微波功率变化的测试结果，在 8GHz、9GHz、10GHz、11GHz 和 12GHz，其平均灵敏度分别约为 3.39mV/mW、2.87mV/mW、2.52mV/mW、2.32mV/mW 和 1.99mV/mW。如图 4-12 所示，该传感器的灵敏度随输入微波频率

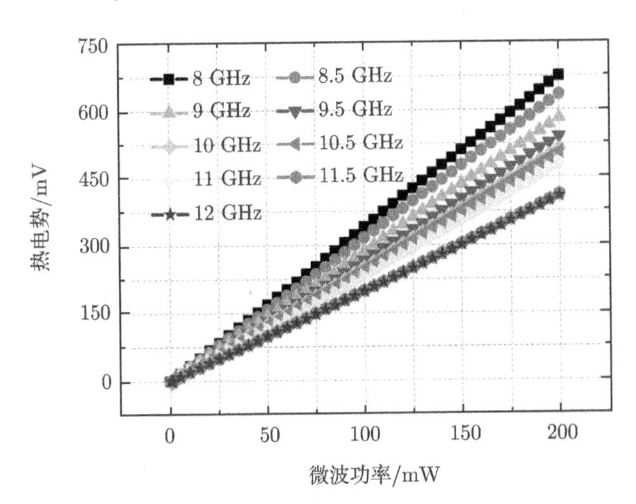

图 4-10 在 X 波段，MEMS 直接加热热电式微波功率传感器的输出热电势随输入微波功率变化的测试结果

的增大而降低，这很可能是由于 CPW 的电磁损耗、热电偶的寄生损耗以及同轴电缆和 RF 探针的损耗等引起的。MEMS 直接加热热电式微波功率传感器的分辨率主要由热电偶的热噪声限制；而待测最大输入微波功率是由 CPW 传输线的电流处理能力和作为负载电阻的热电偶的烧毁水平决定的。

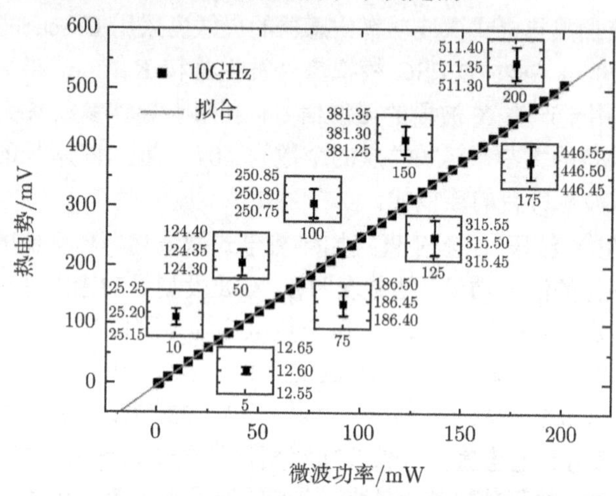

图 4-11　在 10 GHz 时，MEMS 直接加热热电式微波功率传感器的输出热电势随输入微波功率变化的测试误差和线性拟合结果

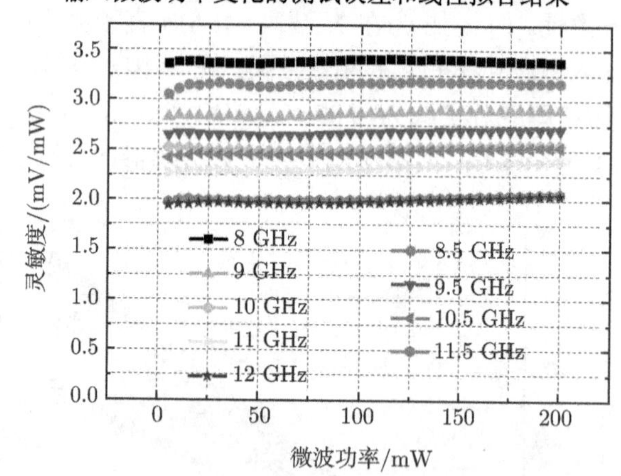

图 4-12　在 X 波段，MEMS 直接加热热电式微波功率传感器的灵敏度随输入微波功率变化的测试结果

4.3.3　响应时间的测试

MEMS 直接加热热电式微波功率传感器的响应时间采用 Cascade Microtech GSG 微波探针台、Agilent E8257D PSG 模拟信号发生器和 Tektronix DPO4032 数字示波器测试。信号发生器用于产生一个阶跃的微波信号，其时间间隔为 200ms；

示波器用于显示微波功率传感器的输出热电势。在这里，上升 (下降) 时间是指输出热电势从 10%(90%) 变到最终稳定值 90%(10%) 的时间。

图 4-13 为对于一个 10GHz 和 1~100mW 的阶跃微波信号，MEMS 直接加热热电式微波功率传感器的响应时间测试结果，测量的上升和下降响应时间分别约为 2ms 和 36ms。表 4-2 为当阶跃信号的频率固定为 10GHz 而功率分别为从 1mW 到不同输入水平跳变和当阶跃信号的功率固定为从 1mW 到 100mW 跳变而频率为 X 波段时，测量的 MEMS 直接加热热电式微波功率传感器的响应时间。在表 4-2 中，测量的上升响应时间在频率固定为 10GHz 时随输入微波功率的增大而显著减小，而在功率固定为从 1mW 到 100mW 跳变时随输入微波频率的增大而缓慢增大。在 X 波段和这些阶跃功率下，测量的下降响应时间均约为 36ms。相比之下，下降响应时间远比上升响应时间长，这主要是由于隔直电容的放电过程对热电偶的影响、在热电偶热端上锥形结构引起慢的散热以及与微波输出端相连接的热电偶冷端的不稳定温度造成的，该 MEMS 直接加热热电式微波功率传感器可测量高达 27 Hz 频率间隔的时变信号。

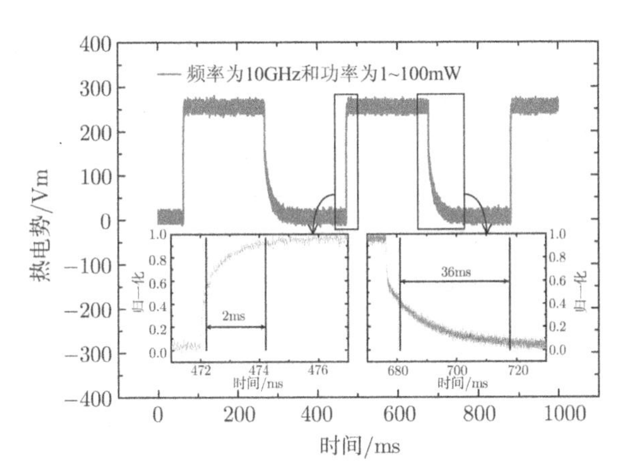

图 4-13 对于一个 10GHz 和 1~100 mW 的阶跃微波信号，MEMS 直接加热热电式微波功率传感器的响应时间测试结果

表 4-2 当阶跃信号的频率固定为 10GHz 而功率分别为从 1mW 到不同输入水平跳变和当阶跃信号的功率固定为从 1mW 到 100mW 跳变而频率为 X 波段时，测量的 MEMS 直接加热热电式微波功率传感器的响应时间

阶跃信号 / 响应时间	功率/mW					频率/GHz				
	10	50	100	150	200	8	9	10	11	12
上升/ms	17.2	6.4	2	0.9	0.5	1.5	1.8	2	2.3	2.7
下降/ms	36									

4.4　MEMS 直接加热热电式微波功率传感器的系统级 *S* 参数模型

图 4-14 为基于 GaAs MMIC 工艺的 MEMS 直接加热热电式微波功率传感器的集总等效电路模型，其中，Z_0 为 CPW 的特征阻抗；R_{TaN} 和 $R_{\mathrm{n^+GaAs}}$ 分别为热电偶 TaN 和 $\mathrm{n^+}$ GaAs 两臂的电阻；C_{b} 为隔直电容。为了便于分析 MEMS 直接加热热电式微波功率传感器的微波性能，该电路图被 *L*-*L* 分割为两部分。

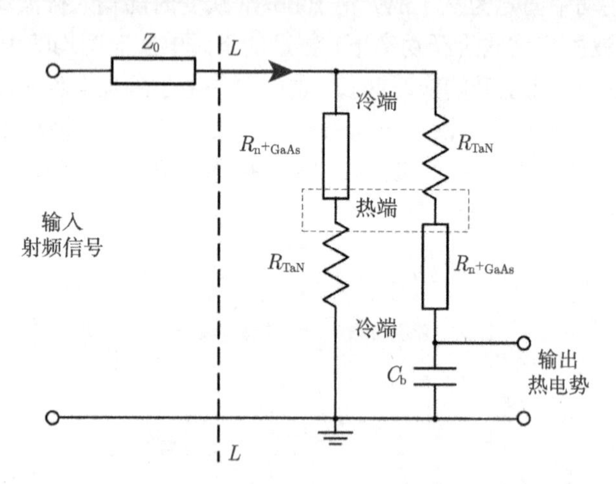

图 4-14　基于 GaAs MMIC 工艺的 MEMS 直接加热热电式微波功率传感器的集总等效电路模型

4.4.1　系统级 *S* 参数模型的建立

由图 4-14 可知，MEMS 直接加热热电式微波功率传感器的单个热电偶的电阻 (R_{self}) 表示为

$$R_{\mathrm{self}} = R_{\mathrm{TaN}} + R_{\mathrm{n^+GaAs}} \tag{4-1}$$

一个热电偶的电阻 (R_{self}) 和隔直电容 (C_{b}) 的串联阻抗 ($Z_{R_{\mathrm{self}}+C_{\mathrm{b}}}$)，可表示为

$$Z_{R_{\mathrm{self}}+C_{\mathrm{b}}} = R_{\mathrm{self}} + \frac{1}{(\mathrm{j}\omega C_{\mathrm{b}})} \tag{4-2}$$

式中，$\omega = 2\pi f$ 为角频率，f 为输入射频信号的频率；其中，C_{b} 可写为

$$C_{\mathrm{b}} = \frac{\varepsilon_0 \varepsilon_{\mathrm{r}} L_{\mathrm{b}} W_{\mathrm{b}}}{t_{\mathrm{b}}} \tag{4-3}$$

其中，$L_{\rm b}$ 和 $W_{\rm b}$ 为隔离电容的长度和宽度，$t_{\rm b}$ 为 $\rm Si_3N_4$ 介质层的厚度，以及 ε_0 和 $\varepsilon_{\rm r}$ 分别为真空介电常数和 $\rm Si_3N_4$ 介质层的相对介电常数。

从 L-L 端口向热电偶方向看去，则 L-L 端口的负载阻抗 $(Z_{L\text{-}L})$ 为

$$Z_{L\text{-}L}=\frac{1}{\dfrac{1}{R_{\rm self}}+\dfrac{1}{Z_{R_{\rm self}}+C_{\rm b}}}=\frac{1}{\dfrac{1}{R_{\rm self}}+\dfrac{1}{R_{\rm self}+1/({\rm j}\omega C_{\rm b})}} \tag{4-4}$$

从输入射频信号端向热电偶方向看去，则输入端的电压反射系数为

$$\varGamma=\frac{Z_{L\text{-}L}-Z_0}{Z_{L\text{-}L}+Z_0} \tag{4-5}$$

根据电压反射损耗的定义，将式 (4-1) 和式 (4-2) 代入，可得

$$\begin{aligned}S_{11}&=-20\lg|\varGamma|\\&=-20\lg\left|\frac{\omega C_{\rm b}R_{\rm self}(R_{\rm self}-2Z_0)+{\rm j}(Z_0-R_{\rm self})}{\omega C_{\rm b}R_{\rm self}(R_{\rm self}+2Z_0)-{\rm j}(Z_0+R_{\rm self})}\right|\end{aligned} \tag{4-6}$$

其中，S_{11} 为 MEMS 直接加热热电式微波功率传感器的反射损耗，其单位为 dB。请注意，因为在该传感器中 CPW 传输线的长度较短，并且 CPW 是由良好导体 Au 材料制作在高电阻率的半绝缘 GaAs 衬底上，因而，CPW 的导体和介质损耗可以被忽略，所以，式 (4-6) 中的 S_{11} 不包括 CPW 的导体和介质损耗。

4.4.2 微波频率、隔直电容和热电堆的电阻对模型的影响

如果把理想阻抗匹配条件 $\varGamma=0$，代入式 (4-6) 中，令实部等于零可得 $R_{\rm self}=2Z_0$，而令虚部等于零得到 $R_{\rm self}=Z_0$，可以发现由实部和虚部计算的结果相矛盾，也就是说不能同时满足实部和虚部都等于零，表明自加热型微波功率传感器的理想阻抗匹配并不存在，因而只能通过设计反射损耗 S_{11} 具有极小值来实现良好的阻抗匹配。为了实现与通用测量仪器的端口阻抗匹配，CPW 的特征阻抗被设计为 50Ω。根据式 (4-6)，利用 MATLAB 软件可计算出 MEMS 直接加热热电式微波功率传感器的反射损耗和各参量 (输入微波频率、单个热电偶的电阻和隔直电容) 之间的关系。图 4-15 为在输入微波频率 (f) 和隔直电容 $(C_{\rm b})$ 一定时 MEMS 直接加热热电式微波功率传感器的反射损耗 (S_{11}) 与单个热电偶的电阻值 $(R_{\rm self})$ 之间的关系。图 4-16 为在输入射频频率 (f) 和单个热电偶的电阻值 $(R_{\rm self})$ 一定时，MEMS 直接加热热电式微波功率传感器的反射损耗 (S_{11}) 与隔直电容 $(C_{\rm b})$ 之间的关系。

如图 4-15(a) 所示，对于 10GHz 的输入微波频率，当隔直电容为 0.1pF 时，在单个热电偶的电阻为 54Ω(即两个并联热电偶的总负载电阻为 27Ω) 处反射损耗具有极小值，其值为 −17.18dB；而当隔直电容为 1pF 和 10pF 时，在单个热电偶的

电阻为 100Ω (即两个并联热电偶的总负载电阻为 50Ω) 处反射损耗均具有极小值，其值分别为 −28.07dB 和 −48.01dB。如图 4-15(b) 所示，对于隔直电容为 1pF，当输入微波频率为 1GHz 时，在单个热电偶的电阻为 54Ω(即两个并联热电偶的总负载电阻为 27Ω) 时反射损耗具有极小值，其值为 −17.18dB；而当输入微波频率为 5GHz 和 10GHz，在单个热电偶的电阻分别为 99Ω 和 100Ω(即两个并联热电偶的总负载电阻分别为 49.5Ω 和 50Ω) 处反射损耗均具有极小值，其值分别为 −22.26dB 和 −28.07dB。它们表明当输入频率较高和隔直电容较大时，即电容引起的容抗较小，传感器的反射损耗在两个并联热电偶的总负载电阻为 50Ω 处具有极小值点，并且反射损耗随容抗的减小而降低，此时 MEMS 直接加热热电式微波功率传感器实现了阻抗匹配；反之，当输入频率较低或隔直电容较小时，即电容引起的容抗较大，MEMS 直接加热热电式微波功率传感器的匹配阻抗在低于 50Ω 的并联热电偶的总负载电阻处具有极小值点。

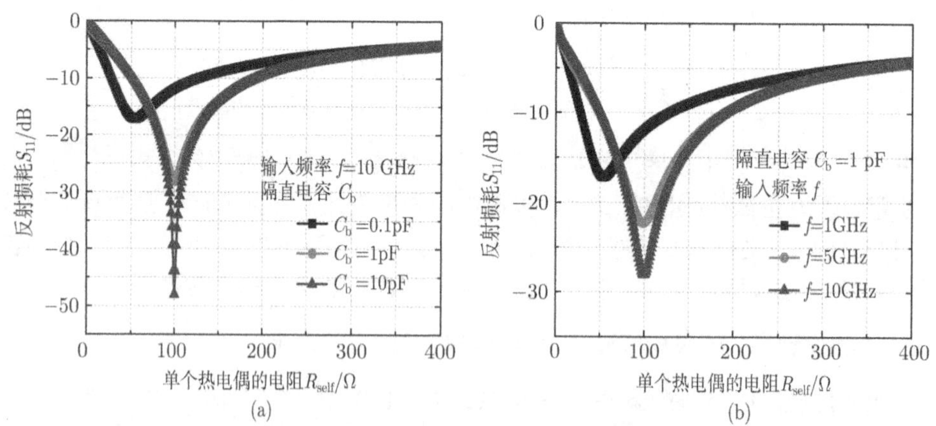

图 4-15 MEMS 直接加热热电式微波功率传感器的反射损耗 (S_{11}) 与单个热电偶的电阻值 (R_{self}) 之间的关系

(a) 输入频率 f 为 10GHz，隔直电容 C_b 分别为 0.1pF、1pF 和 10pF；(b) 隔直电容 C_b 为 1pF，输入频率 f 分别为 1GHz、5GHz 和 10GHz

如图 4-16(a) 所示，对于 10GHz 的输入微波频率，当单个热电偶的电阻分别为 50Ω 和 150Ω(即两个并联热电偶的总负载电阻分别为 25Ω 和 75Ω) 时，反射损耗几乎不随大于 1pF 的隔直电容的变化而变化，分别约为 −10dB 和 −14dB；当单个热电偶的电阻为 100Ω (即两个并联热电偶的总负载电阻为 50Ω) 时，反射损耗随隔直电容的变大而显著降低，其在 10pF 的隔直电容处为 −48dB。如图 4-16(b) 所示，当单个热电偶的电阻为 100Ω (即两个并联热电偶的总负载电阻为 50Ω)，输入微波频率分别为 1GHz、5GHz 和 10GHz 时，反射损耗均随隔直电容的变大而显著降低，并且输入频率越高，反射损耗越低。它们表明当输入频率较高时，在两个并联热电偶的总负载电阻为 50Ω 的匹配处，隔直电容越大，反射损耗越低。

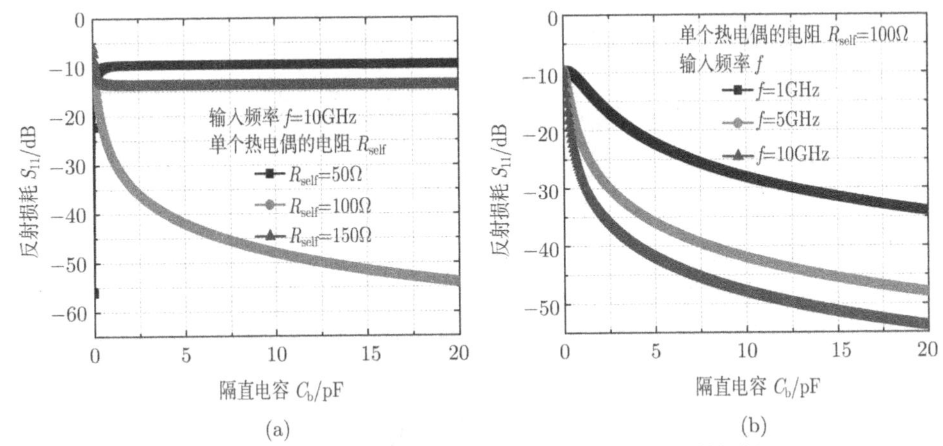

图 4-16 MEMS 直接加热热电式微波功率传感器的反射损耗 (S_{11}) 与隔直电容(C_b) 之间的关系

(a) 输入频率 f 为 10GHz，单个热电偶的电阻值 R_{self} 分别为 50Ω、100Ω 和 150Ω；(b) 单个热电偶的电阻值 R_{self} 为 100Ω，输入频率 f 分别为 1GHz、5GHz 和 10GHz

图 4-17 为在输入频率 f 为 10 GHz 时 MEMS 直接加热热电式微波功率传感器的反射损耗 (S_{11}) 与单个热电偶的电阻值 (R_{self}) 和隔直电容 (C_b) 之间的关系，在输入微波频率一定时，隔直电容较大，反射损耗在电阻为 100Ω 的热电偶处呈现极小值；而隔直电容较小，反射损耗在低于电阻为 100Ω 的热电偶处呈现极小值。这是因为当电容的容抗 $\left(\dfrac{1}{\omega C_b}\right)$ 较小时，由式 (4-2) 可知热电偶的电阻和隔直电容的串联阻抗的模 $\left|Z_{R_{self}}+C_b\right| \approx R_{self}$，此时电容的容抗对由热电偶构成的电阻负载的影响很小而被忽略，从而特征阻抗为 50Ω 的 CPW 与两个并联的 100Ω 的热电偶实现了阻抗匹配，因而 S_{11} 在电阻为 100Ω 的热电偶处在具有极小值；当电容容抗 $\dfrac{1}{\omega C_b}$ 较大时，由式 (4-2) 可知热电偶的电阻和隔直电容的串联阻抗的模为 $\left|Z_{R_{self}}+C_b\right| = \sqrt{(R_{self})^2+\left(\dfrac{1}{\omega C_b}\right)^2}$，此时电容容抗增大了由热电偶构成的电阻负载，从而对于特征阻抗为 50Ω 的 CPW，需要减小单个热电偶的电阻才能实现阻抗匹配，因而 S_{11} 在低于电阻为 100Ω 的热电偶处具有极小值。换言之，在热电偶的电阻和隔直电容都一定时，该隔直电容能够通过几乎全部的较高频率的输入信号，使得该高频输入信号以热损耗的形式消耗在热电偶上，而阻碍了大部分的较低频率的输入信号，使得某一小部分低频的输入信号以热损耗的形式消耗在热电偶上而大部分信号由于大的容抗造成在 CPW 和热电偶之间阻抗失配而被反射回输入端，特性类似一个高通滤波器。

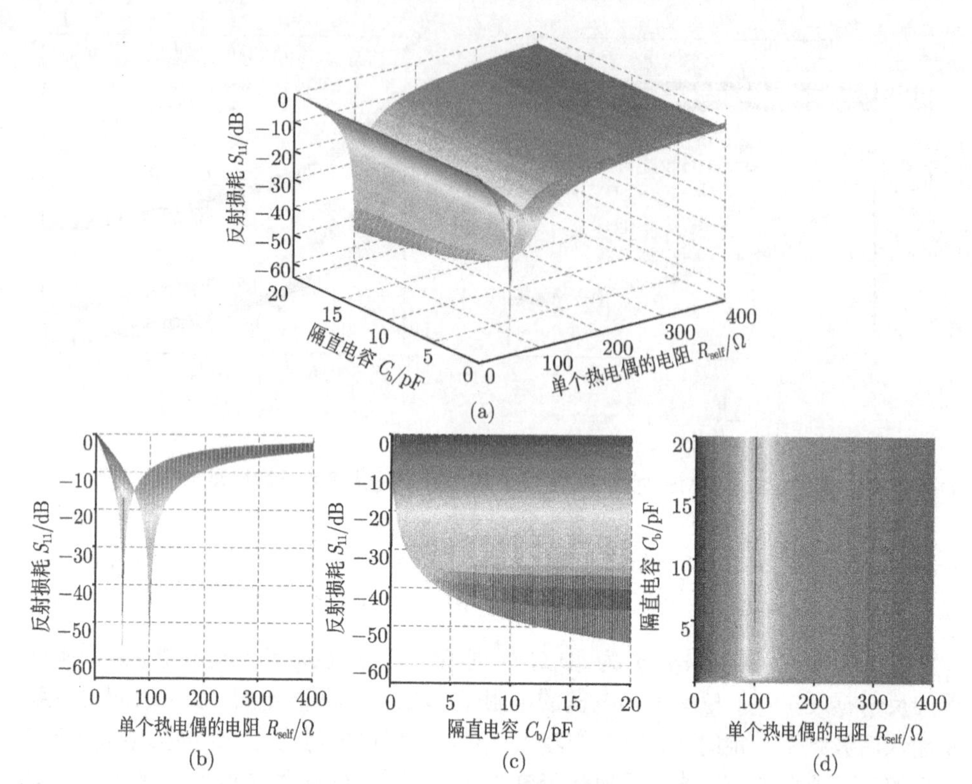

图 4-17　在输入频率 f 为 10 GHz 时，MEMS 直接加热热电式微波功率传感器的反射损耗 (S_{11}) 与单个热电偶的电阻值 (R_{self}) 和隔直电容 (C_{b}) 之间的关系, 其中，X 为单个热电偶的电阻值、Y 为隔直电容和 Z 为反射损耗

(a) 三维视图；(b) Z-X 平面视图；(c) Z-Y 平面视图；(d) X-Y 平面视图

由等效电路图 4-14 可知，当输入微波功率时，由热电偶产生的热电势在压焊块上输出，同时对隔直电容进行充电；然而，当不输入微波信号时，隔直电容和两个热电偶构成闭合回路，此时隔直电容进行放电，电容越大，放电时间越长，从而影响了传感器的下降时间。因此，在设计隔直电容值时需要根据不同的工作频段折中考虑 MEMS 直接加热热电式微波功率传感器的阻抗匹配和响应时间的问题，如果电容值设计太小会引起传感器的阻抗失配，造成高的反射损耗和低的灵敏度，而如果电容值设计太大又会增大传感器的响应时间。在设计中，该 MEMS 直接加热热电式微波功率传感器的工作频段为 X 波段、CPW 特征阻抗 (Z_0) 为 50Ω、单个热电偶的电阻 (R_{self}) 为 100Ω 和隔直电容值 (C_{b}) 为 11.68 pF(相应的长度和宽度分别为 130μm 和 145μm)，由式 (4-18) 计算可得其反射损耗和输入频率的关系，如图 4-18 所示。在图 4-18 中，传感器的反射损耗在 X 波段均小于 −50.94 dB，表明该设计实现了在 CPW 和热电偶之间的阻抗匹配，即隔直电容对阻抗匹配的影响可以被忽略。

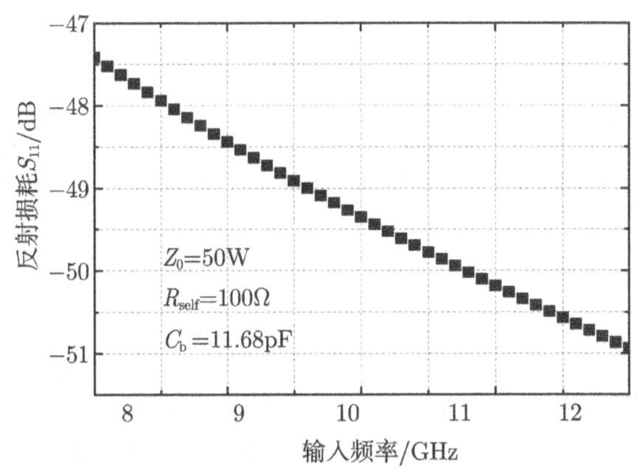

图 4-18 在 X 波段，MEMS 直接加热热电式微波功率传感器的反射损耗与输入频率的关系，其中，CPW 特征阻抗 (Z_0) 为 50Ω、单个热电偶的电阻 (R_{self}) 为 100Ω 和隔直电容值 (C_b) 为 11.68pF

4.5 小 结

本章首先介绍了 MEMS 直接加热热电式微波功率传感器的基本结构和工作原理，并利用 HFSS 和 ANSYS 软件对该传感器结构进行了模拟和设计；接着，对制备的 MEMS 直接加热热电式微波功率传感器的进行性能测试；最后，建立了 MEMS 直接加热热电式微波功率传感器的系统级 S 参数模型。作为 MEMS 间接加热热电式微波功率传感器的补充和扩展，MEMS 直接加热热电式微波功率传感器呈现了其性能的优越性，将成为未来提高微电子机械微波通讯信号检测集成系统的关键部件。

参考文献

[1] Jackson W H. A thin-film/semiconductor thermocouple for microwave power measurements. Hewlett-Packard Journal, 1974, 26(1): 16-18

[2] Christel L A, Petersen K. A miniature microwave detector using advanced micromachining. Technical Digest—IEEE Solid-State Sensor and Actuator Workshop, 1992: 144-147

[3] Milanovic V, Gaitan M, Zaghloul M E. Micromachined thermocouple microwave detector by commercial CMOS fabrication. IEEE Transactions on Microwave Theory and Techniques, 1998, 46(5): 550-553

[4] Zhang Z Q, Liao X P. A thermocouple-based self-heating RF power sensor with GaAs MMIC-compatible micromachining technology. IEEE Electron Device Letters, 2012, 33(4): 606-608

第 5 章 MEMS 电容式微波功率传感器

5.1 引　　言

第 3 章和第 4 章介绍的 MEMS 间接加热热电式微波功率传感器和直接加热热电式微波功率传感器的原理都是将全部微波功率由终端负载转换成热量，从而导致待测的微波信号无法继续被传输、处理和分析。为了解决这一问题，Fernandez L J 等提出一种 MEMS 固支梁电容式微波功率传感器 [1]，该传感器制备在玻璃衬底上，采用金属铝作为传输线和 MEMS 固支梁的材料，该传感器通过检测 MEMS 梁与信号线之间的等效静电力可以反推出微波功率的大小，功率检测过程几乎不会对微波信号传输产生影响。本章主要对 MEMS 固支梁电容式微波功率传感器和 MEMS 悬臂梁电容式微波功率传感器进行研究，并建立相应的系统级 S 参数模型。

5.2 MEMS 固支梁电容式微波功率传感器

5.2.1 MEMS 固支梁电容式微波功率传感器的模拟和设计

如图 5-1 所示，MEMS 固支梁电容式微波功率传感器由 CPW 传输线、悬于信号线上方的 MEMS 固支梁、测试电极和输出块组成。它利用等效静电力驱动极板产生位移，进而改变电容值的原理实现微波功率的测量。当在 CPW 上传输微波信号时，会对 MEMS 固支梁产生等效静电力，引起固支梁产生向下的位移，进而改变固支梁与测试电极间的电容值。通过一个测电容电路就可以推算得到 CPW 上传输的微波功率的大小 [1]。

在静电激励的作用下，MEMS 固支梁的横向小位移可以通过自由振动经典方程表示 [2]

$$D\nabla^4 W(x,y) - \rho h\omega^2 W(x,y) = 0 \tag{5-1}$$

其中，∇^4 是双调和微分算子，定义为

$$\nabla^4 = \frac{\partial^4}{\partial x^4} + \frac{\partial^4}{\partial y^4} + \frac{\partial^4}{\partial z^4} \tag{5-2}$$

其中，ρ 是固支梁单位体积的质量密度，h 是固支梁厚度，D 是抗弯刚度，ω 是角频率，$W(x,y)$ 是固支梁的振型。由于涉及四阶偏微分，方程 (5-1) 的严格应用是非

常困难的，因此下面将分析应用 Rayleigh-Ritz 法 [2]。

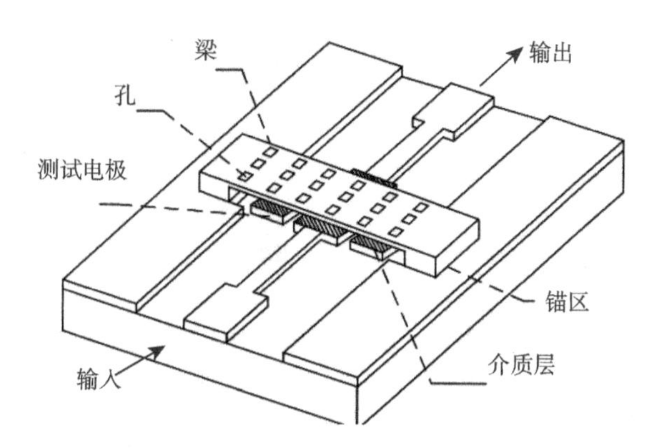

图 5-1 MEMS 固支梁电容式微波功率传感器结构示意图

首先，采用一个通用的表达式 $W_n(x,y)$ 表征固支梁任意模态下的振型

$$W_i(x,y)=\psi_m(x)\varphi_n(y) \tag{5-3}$$

其中，$m, n=0$，1，2，3，$\cdots$。

$$\begin{aligned}\psi_m(x)=&\cosh\left(\frac{2m+1}{2a}\pi x\right)-\cos\left(\frac{2m+1}{2a}\pi x\right)\\&-\frac{\sinh\left(\frac{2m+1}{2}\pi\right)+\sin\left(\frac{2m+1}{2}\pi\right)}{\cosh\left(\frac{2m+1}{2a}\pi\right)-\cos\left(\frac{2m+1}{2a}\pi\right)}\sinh\left(\frac{2m+1}{2a}\pi x\right)+\sin\left(\frac{2m+1}{2a}\pi x\right)\end{aligned} \tag{5-4}$$

$$\begin{aligned}\varphi_n(y)=&\mathrm{sgn}\left[\cos\left(\frac{n+1}{2b}\pi y\right)\right]\left\{1.2+\cosh\left(\frac{2n+1}{2b}\pi y\right)+\cos\left(\frac{2n+1}{2b}\pi y\right)\right\}\\&-\frac{\sinh\left(\frac{2m+1}{2}\pi\right)+\sin\left(\frac{2n+1}{2}\pi\right)}{\cosh\left(\frac{2n+1}{2b}\pi\right)-\cos\left(\frac{2n+1}{2b}\pi\right)}\left[\sinh\left(\frac{2n+1}{2b}\pi y\right)+\sin\left(\frac{2n+1}{2b}\pi y\right)\right]\end{aligned} \tag{5-5}$$

另外

$$\psi_0(x)=\varphi_0(y)=1 \tag{5-6}$$

在式 (5-4) 和 (5-5) 中，a 和 b 分别代表固支梁沿 x 轴的长度 [2] 以及沿 y 轴的宽度。$\psi_m(x)$ 和 $\varphi_n(y)$ 分别满足固支梁振动的边界条件。其中 x 方向的固定端边界

条件为

$$\psi_m(x)|0,\quad a = \left.\frac{\mathrm{d}\psi_m(x)}{\mathrm{d}x}\right|0,\quad a = 0 \tag{5-7}$$

y 方向的自由边缘端的边界条件为

$$\left.\frac{\mathrm{d}^2\varphi_n(y)}{\mathrm{d}y^2}\right|0,\quad b = \left.\frac{\mathrm{d}^3\varphi_n(y)}{\mathrm{d}y^3}\right|0,\quad b = 0 \tag{5-8}$$

通过叠加前 5 种模态振型，可以得到整个固支梁相对完整的模态，也就是

$$W_0(x,y) = \sum_{i=1} C_i W_i(x,y) \tag{5-9}$$

其中，$C_1 \sim C_5$ 是待定系数，另外

$$W_1(x,y) = \psi_1(x)\varphi_0(y) \tag{5-10}$$

$$W_2(x,y) = \psi_1(x)\varphi_1(y) \tag{5-11}$$

$$W_3(x,y) = \psi_2(x)\varphi_0(y) \tag{5-12}$$

$$W_4(x,y) = \psi_2(x)\varphi_1(y) \tag{5-13}$$

$$W_5(x,y) = \psi_1(x)\varphi_3(y) \tag{5-14}$$

在对应的具体设计中，模态 1、2 和 4 的振动形式分别在图 5-2 中给出。对于模态 1，振动主要沿 x 轴方向传播，对于模态 2 和 4，振动波及 x 轴和 y 轴方向。

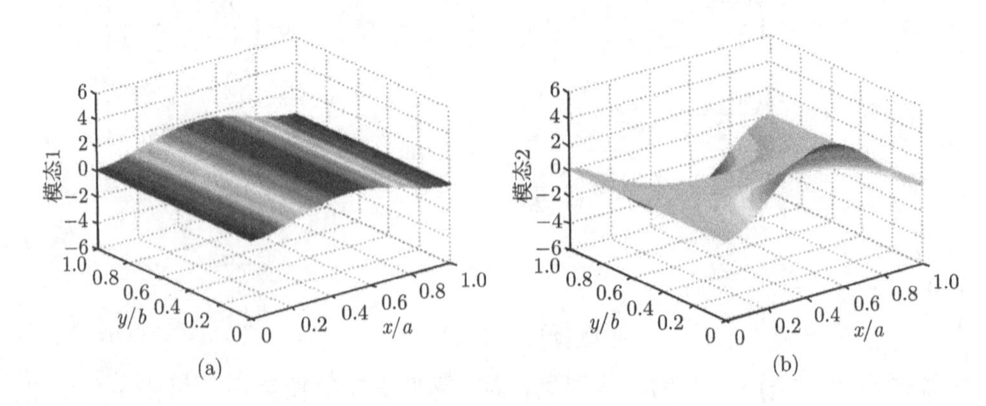

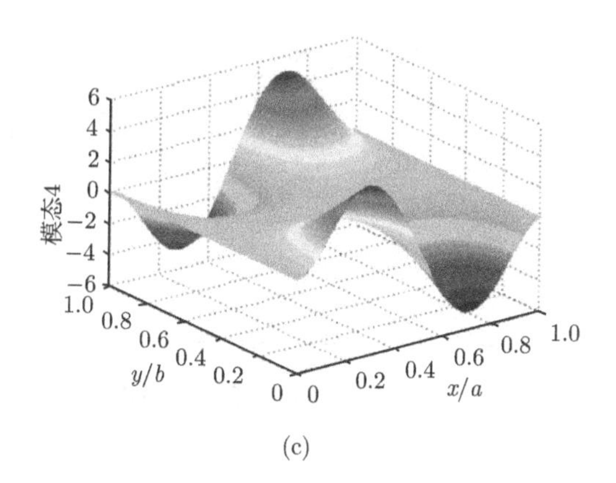

(c)

图 5-2 模态 1(a)，模态 2(b) 和模态 4(c) 的振型

根据相关文献的研究 [2]，梁振动的势能和动能的最大值可以通过下列公式表达

$$\mathrm{PE}_{\max}=\frac{1}{2}\iint_A D\left\{(\nabla^2 W_0)^2-2(1-\nu)\times\left[\frac{\partial^2 W_0}{\partial x^2}\frac{\partial^2 W_0}{\partial y^2}-\left(\frac{\partial^2 W_0}{\partial x\partial y}\right)^2\right]\right\}\mathrm{d}x\mathrm{d}y \tag{5-15}$$

$$\mathrm{KE}_{\max}=\frac{\omega^2}{2}\iint_A \rho h W_0^2\mathrm{d}x\mathrm{d}y \tag{5-16}$$

其中，A 是固支梁的轴中面。

将势能和动能作差值，可以发现差值在每一个模态附近均出现最小值。所以对于前 5 个模态，固支梁的固有振动频率可以通过以下公式求得

$$\frac{\partial}{\partial C_i}(\mathrm{PE}_{\max}-\mathrm{KE}_{\max})=0 \tag{5-17}$$

其中，$i=1,2,\cdots,5$。由于 5 种模态下均存在非零解，所以方程 (5-17) 的系数行列式为 0，由此便可以得到固支梁在这些模态下的固有频率，如表 5-1 所示，ANSYS 有限元仿真结果也在表中给出。计算中所需的参数均在表 5-2 中列出。

表 5-1 不同模态下的固有振动频率

频率	模型	ANSYS
f_1	24.287	23.582
f_2	68.621	40.980
f_3	72.628	64.998
f_4	105.93	91.840
f_5	333.24	118.3

表 5-2　结构参数

参数	符号	数值
固支梁尺寸	$a \times b \times h$	400μm×200μm× 2μm
孔带系数	无	0.5
固支梁质量密度	ρ	$14.475 \times 10^3\mathrm{kg/m^3}$
泊松比	ν	0.11
杨氏模量	E	48.36GPa
单位面积的黏滞阻尼	c	$2.45 \times 10^3\mathrm{N{\cdot}s/m^3}$

在式 (5-1) 中引入黏滞阻尼 [2]，荷载 q 下的固支梁强迫振动方程可以改写为

$$D\nabla^4\omega(x,y,t)+c\frac{\partial\omega(x,y,t)}{\partial t}+\rho h\frac{\partial^2\omega(x,y,t)}{\partial t^2}=q \tag{5-18}$$

假定固支梁的横向位移 W 可以表示为

$$\partial\omega(x,y,t)=\sum_{i=0}^{5}W_n(x,y)\eta_n(t) \tag{5-19}$$

其中，模态振型依然满足式 (5-10)。根据特征函数的正交性，式 (5-18) 可以表示为

$$M_n\frac{\partial^2\eta(t)}{\partial t^2}+C_n\frac{\partial\eta(t)}{\partial t}+K_n\eta_n(t)=f_n(t) \tag{5-20}$$

在初始位移，初始速度均为 0 的条件下，广义坐标的解为

$$\eta_n(t)=\frac{1}{M_n\omega_n}\int^{0}-\mathrm{e}^{\zeta_n\omega_n(t-\tau)}\sin\omega_{dn}(t-\tau)f_n(\tau)\mathrm{d}\tau \tag{5-21}$$

其中

$$M_n=\iint_A\rho hW_n(x,y)\mathrm{d}x\mathrm{d}y \tag{5-22}$$

表示和模态有关的广义质量；

$$C_n=c\iint_A W_n^2(x,y)\mathrm{d}x\mathrm{d}y \tag{5-23}$$

表示和模态有关的黏滞阻尼，其中 c 是单位面积的黏滞阻尼常量；

$$K_n=\omega_nM_n \tag{5-24}$$

表示和模态有关的广义刚度；

$$\varsigma_n=\frac{C_n}{2M_nn_\omega} \tag{5-25}$$

表示和模态有关的模态阻尼率；

$$\omega_{dn} = \omega_n\sqrt{1-\varsigma_n^2} \tag{5-26}$$

表示和模态有关的阻尼振动的固有频率；

$$f_n(t) = \iint_A \rho W_n(x,y)\mathrm{d}x\mathrm{d}y \tag{5-27}$$

表示和模态有关的广义负载。

在采用静电驱动的激励下，广义坐标可以通过式 (5-27) 求得。根据式 (5-29) 的假设，当入射电压为 [3]

$$V^+ = V_{\mathrm{pk}}\cos\omega t = 2\sqrt{PZ_0}\cos\omega t \tag{5-28}$$

$$\omega(x,y,z) \ll g_0 + \frac{t_{\mathrm{d}}}{\varepsilon_{\mathrm{r}}} \tag{5-29}$$

固支梁上单位面积上的静电力可以表示为

$$F_{\mathrm{e}}(x,y,z) \approx \frac{\varepsilon_0 P_{\mathrm{m}} Z_0 \cos^2\omega t}{g_0 + \dfrac{t_{\mathrm{d}}}{\varepsilon_{\mathrm{r}}}} \tag{5-30}$$

其中，P_{m} 和 V_{pk} 分别表示微波信号的功率和振幅。所以，式 (5-21) 可以表示为

$$\eta_n(t) \approx \frac{\varepsilon_0 P_{\mathrm{m}} Z_0 \displaystyle\iint_A W_n(x,y)\mathrm{d}x\mathrm{d}y}{M_n\omega_{dn}\left(g_0 + \dfrac{t_{\mathrm{d}}}{\varepsilon_{\mathrm{r}}}\right)^2} \cdot I_n(t) \tag{5-31}$$

其中

$$\begin{aligned} I_n(t) =& \frac{1}{2\left[(\varsigma_n\omega_n)^2 + (\omega_{dn})^2\right]}\left[\omega_{dn} - \mathrm{e}^{-\varsigma_n\omega_n t}(\varsigma_n\omega_n\sin\omega_{dn}t - \omega_{dn}\cos n\omega_{dn}t\right] \\ & - \frac{1}{2\left[(\varsigma_n\omega_n)^2 + (4\pi f - \omega_{dn})^2\right]} - \mathrm{e}^{-\varsigma_n\omega_n t}\varsigma_n\omega_n\sin\omega_{dn}t \end{aligned} \tag{5-32}$$

式 (5-32) 表明，在微波信号的作用下，固支梁将发生一系列非常复杂、高度非线性的位移。在 100mW 的微波功率下，广义坐标与时间的关系曲线如图 5-3 所示。通过这些曲线可以发现，固支梁在初始阶段随时间不停振动，但是随着时间的推移，最终稳定在一个固定的位置。

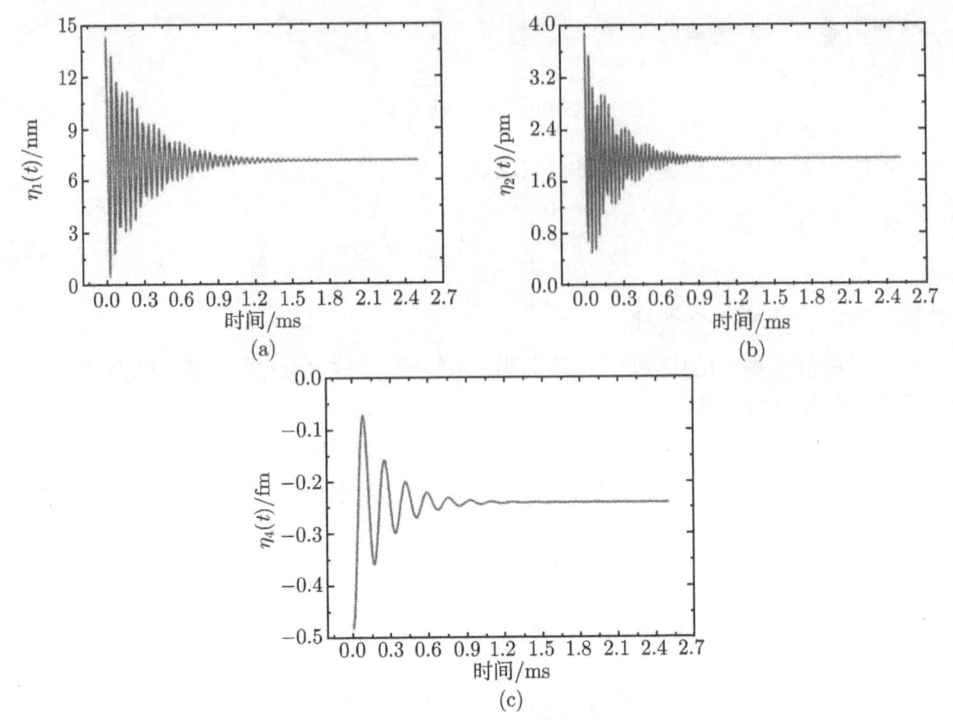

图 5-3　广义坐标与时间的关系曲线

对于具有可动结构的 MEMS 器件，黏滞阻尼可能对它们的动态特性产生显著的影响。考虑到固支梁穿孔的影响 [4]，还需要对表 5.2 中的材料系数进行进一步的修正。式 (5-32) 可以化简为

$$I_n(t) \approx \frac{1}{2\omega_{dn}} \tag{5-33}$$

实际上，通过这种化简，可以粗略地得到固支梁振动的最终位置。

在静电激励的作用下，固支梁产生位移，梁与测试电极之间的电容发生变化，电容变化量可以通过微分的方式表达

$$\mathrm{d}C(t) = \frac{\varepsilon_0 \mathrm{d}x\mathrm{d}y}{g_0 + \dfrac{t_\mathrm{d}}{\varepsilon_\mathrm{r}} - \omega(x,y,t)} \tag{5-34}$$

通过对式 (5-34) 的积分，电容的瞬时值，以及相对于初始值的变化量可以表示为

$$C(t) = 2\int_w^{w+a} \mathrm{d}x \int_0^b \frac{\varepsilon_0 \mathrm{d}y}{g_0 + \dfrac{t_\mathrm{d}}{\varepsilon_\mathrm{r}} - \omega(x,y,t)} \tag{5-35}$$

$$C'(t) = 2\int_{w}^{w+a} \mathrm{d}x \int_{0}^{b} \varepsilon_0 \left(\frac{1}{g_0 + \dfrac{t_\mathrm{d}}{\varepsilon_\mathrm{r}} - \omega(x,y,t)} - \frac{1}{g_0 + \dfrac{t_\mathrm{d}}{\varepsilon_\mathrm{r}}} \right) \mathrm{d}y \tag{5-36}$$

如图 5-4 所示，通过式 (5-36)，便可得到不同功率下电容的变化趋势，一维大信号非线性模型的模拟结果也在图中给出，通过比较，可以发现两种结果下的电容值差异明显，最大相对误差高达 231%。但是通过图 5-5 的位移曲线可以发现，两种模型的结果较为接近，最大相对误差仅为 7.8%，这表明，一维模型在模拟梁下电容上有更好的适用性。

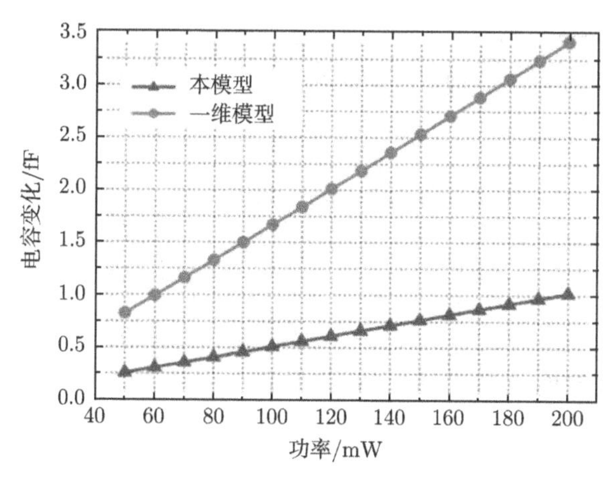

图 5-4 电容值与功率的关系曲线

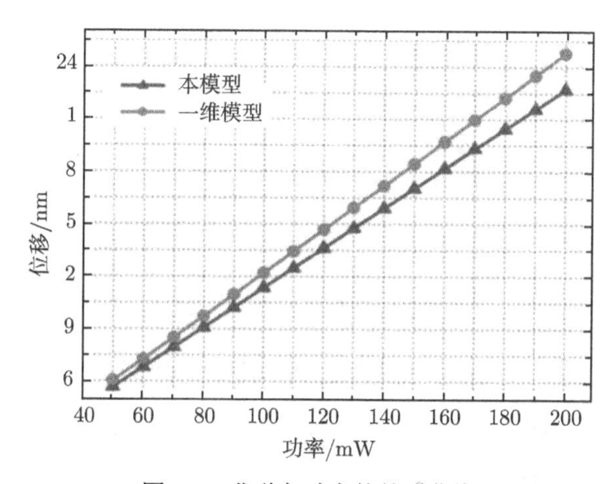

图 5-5 位移与功率的关系曲线

通过对式 (5-36) 求关于 P_{m} 的偏导数，可以得到 MEMS 固支梁电容式功率传感器的灵敏度。

$$
\begin{aligned}
S_{\mathrm{p}} &= \frac{\partial C'}{\partial P_{\mathrm{m}}} = 2\varepsilon_0 \int_0^b \mathrm{d}y \int_w^{w+a} \frac{\partial}{\partial P_m} \frac{\mathrm{d}x}{g_0 + \dfrac{t_{\mathrm{d}}}{\varepsilon_{\mathrm{r}}} - W_1(x,y)\eta_1(t)} \\
&= 2b\varepsilon_0 \int_w^{w+a} \frac{W_1(x,y)\eta_1(t)\mathrm{d}x}{P_{\mathrm{m}}\left(g_0 + \dfrac{t_{\mathrm{d}}}{\varepsilon_{\mathrm{r}}} - W_1(x,y)\eta_1(t)\right)^2}
\end{aligned} \tag{5-37}
$$

根据式 (5-29) 中的假设，灵敏度的运算结果为如下复杂的形式

$$
\begin{aligned}
S_{\mathrm{p}} = \frac{\partial C'}{\partial P_{\mathrm{m}}} = & \frac{4ab\varepsilon_0\eta_1(t)}{3\pi P_{\mathrm{m}}\left(g_0+\dfrac{t_{\mathrm{d}}}{\varepsilon_{\mathrm{r}}}\right)^2}\left\{\sinh\frac{3}{2}\pi(w+a) - \sinh\frac{3}{2}\pi w - \sin\frac{3}{2}\pi(w+a) + \sin\frac{3}{2}\pi\right. \\
& \left. - \frac{\sinh\frac{3}{2}\pi - \sinh\frac{3}{2}\pi}{\cosh\frac{3}{2}\pi - \cos\frac{3}{2}\pi}\left[\cosh\frac{3}{2}\pi(w+a) - \cosh\frac{3}{2}\pi w - \cos\frac{3}{2}\pi(w+a) + \cos\frac{3}{2}\pi\right]\right\}
\end{aligned} \tag{5-38}
$$

式 (5-38) 中，不同功率下的灵敏度是恒定的。图 5-6 所示为灵敏度随时间的变化曲线，可以看到，灵敏度最终稳定在 5.06fF/W。

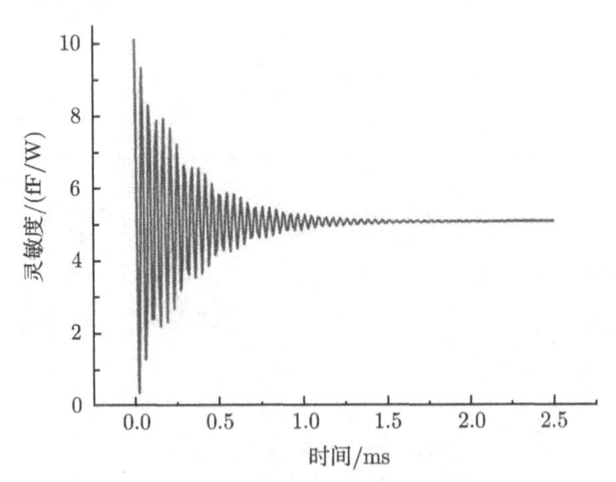

图 5-6　灵敏度与时间的关系曲线

类似地，可以得到灵敏度随频率的变化关系

$$
S_{\mathrm{f}} = \frac{\partial C'}{\partial f} = \frac{4ab\varepsilon_0\eta_1(t)}{3\pi\left(g_0+\dfrac{t_{\mathrm{d}}}{\varepsilon_{\mathrm{r}}}\right)^2}\frac{\partial I(t)}{\partial f}\left\{\sinh\frac{3}{2}\pi(w+a) - \sinh\frac{3}{2}\pi w - \sin\frac{3}{2}\pi(w+a) + \sin\frac{3}{2}\pi\right.
$$

$$-\frac{\sinh\frac{3}{2}\pi-\sinh\frac{3}{2}\pi}{\cosh\frac{3}{2}\pi-\cos\frac{3}{2}\pi}\left[\cosh\frac{3}{2}\pi(w+a)-\cosh\frac{3}{2}\pi w-\cos\frac{3}{2}\pi(w+a)+\cos\frac{3}{2}\pi\right]\Bigg\}$$

(5-39)

其中

$$\frac{\partial I(t)}{\partial f}=\frac{4\pi(4\pi f-\omega_{d1})}{[(\varsigma_n\omega_n)^2+(4\pi f-\omega_{dn})^2]^2}(-\mathrm{e}^{-\varsigma_n\omega_n t})\varsigma_1\omega_1\sin\omega_{d1}t \tag{5-40}$$

如图 5-7 所示，经过计算，在 X 波段范围内，灵敏度从 0.805 变化到 2.718×20^{-18}fF/GHz。

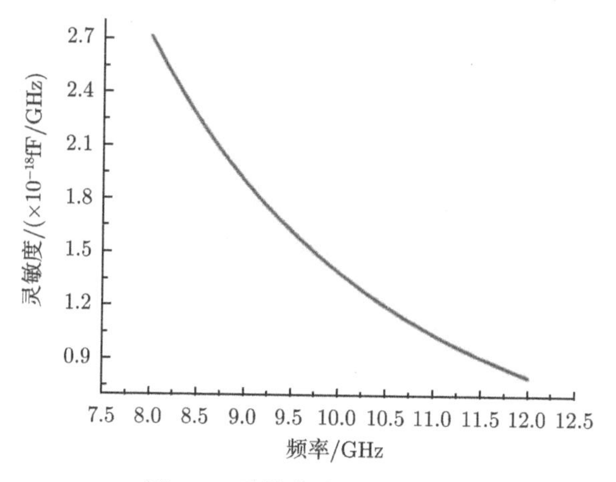

图 5-7 灵敏度随频率的变化

如图 5-8 所示，在实际的设计中，固支梁的引入会带来阻抗不连续性 [1]，所以需要对 CPW 传输线的尺寸进行优化设计，以实现频带内的阻抗匹配 [1]。

基于 CPW 的特征阻抗的计算，图 5-8 中 z 轴方向上的阻抗变化趋势在图 5-9 中给出。根据小反射理论 [5]，在 $z=0$ 的位置，总体反射系数为

$$\Gamma=\frac{1}{2}\int_0^L \mathrm{e}^{-2\mathrm{j}\beta z}\frac{\mathrm{d}}{\mathrm{d}z}\ln\left(\frac{Z}{Z_0}\right)\mathrm{d}z \tag{5-41}$$

其中，L 是 CPW 的长度，Z_0 是端口处的特征阻抗。

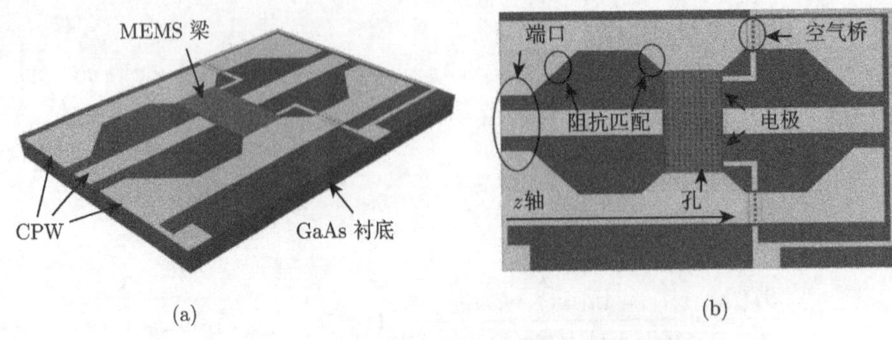

图 5-8　MEMS 固支梁电容式功率传感器示意图

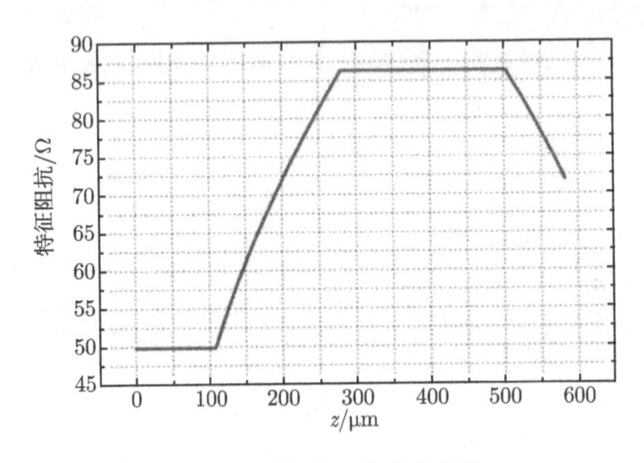

图 5-9　阻抗沿 x 方向的变化

通过仿真软件 HFSS 也可以得到端口的反射系数，如图 5-10 所示，反射系数总体上小于 0.75。

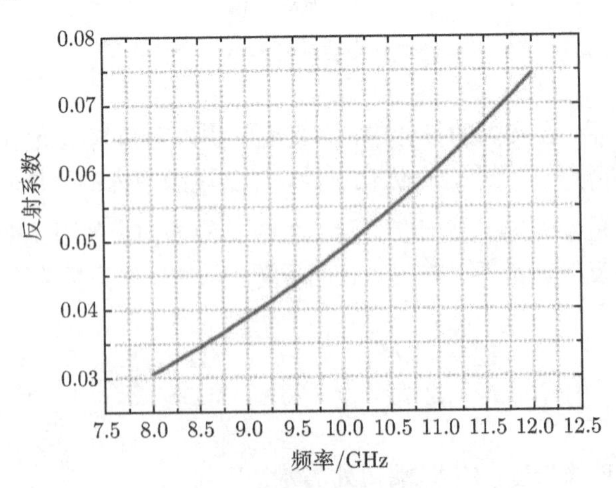

图 5-10　反射系数随频率的变化

如图 5-11 所示，回波损耗在 12GHz 处依然保持低于 −22.63dB，插入损耗保持小于 0.052dB 的水平。

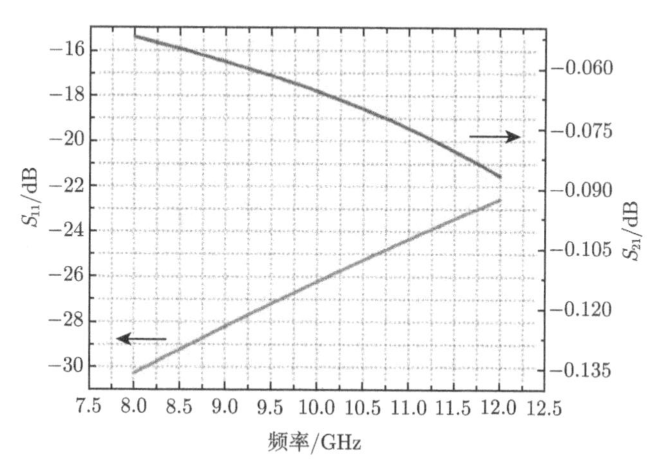

图 5-11 回波损耗和插入损耗计算结果曲线

5.2.2 MEMS 固支梁电容式微波功率传感器的性能测试

MEMS 固支梁电容式功率传感器的加工工艺与 GaAs MMIC 技术兼容，图 5-12 所示为该电容式功率传感器的 SEM 图 [6,7]。

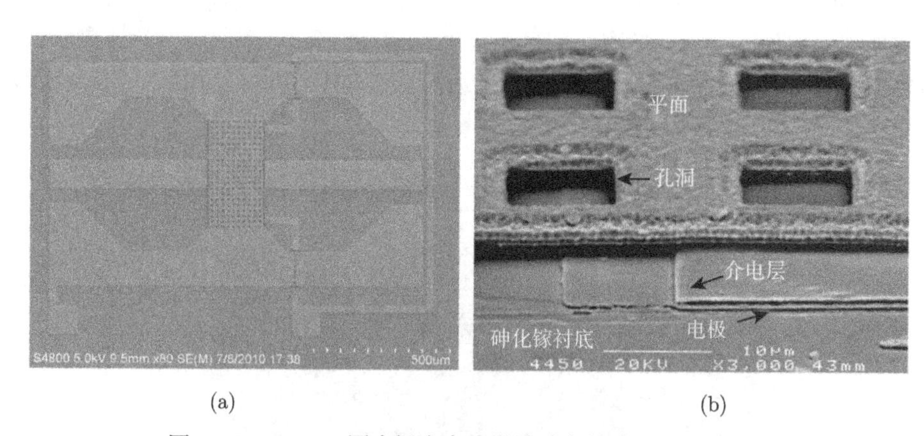

(a) (b)

图 5-12 MEMS 固支梁电容式微波功率传感器的 SEM 图

对于 MEMS 固支梁电容式功率传感器的测量，需要的仪器有探针台、负载电阻、AD7747 开发板、网络分析仪以及信号发生器。为了评估该传感器的阻抗匹配和功率传输性能，首先对它的回波损耗和插入损耗分别进行了测试；其次，为了得到传感器的功率测试灵敏度，对电容值随功率的变化进行了测试。

测试的回波损耗和插入损耗如图 5-13 所示，在测试范围，8~2GHz 内，回波损耗和插入损耗分别小于 −22.16dB 和 −0.25dB，表明该传感器在 X 波段能够保持良好的阻抗匹配特性。

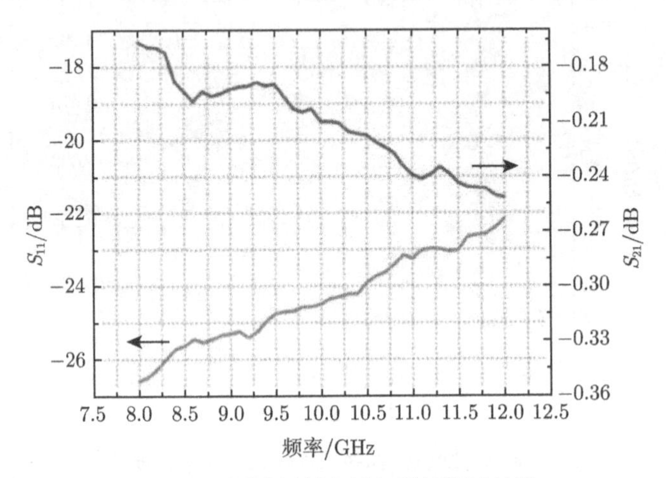

图 5-13 回波损耗和插入损耗测试结果

测试平台如图 5-14 所示，通过施加 50~200mW 的微波功率，并测试对应电容的变化，便可以得到功率的测试灵敏度。以 11GHz、150mW 下的电容相应为例，如图 5-15 所示，当施加微波功率时，电容值有明显的增大，当撤掉该功率后，电容值又恢复到原来的水平。灵敏度的测试结果如图 5-16 所示，测试曲线的傅里叶拟合结果也在图中给出，平均测试灵敏度为 7.2fF/W，而式 (5-38) 给出的计算模拟灵敏度为 5.06fF/W，说明模型具有一定的参考价值。

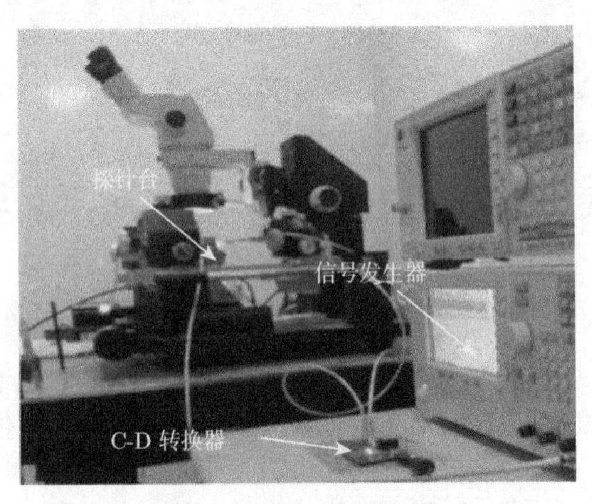

图 5-14 灵敏度测试平台

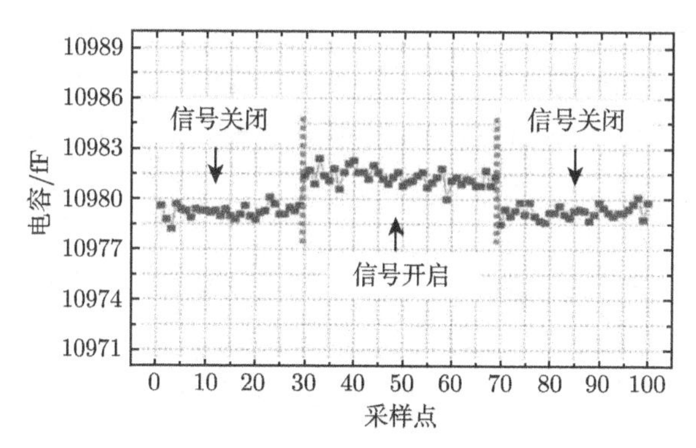

图 5-15 电容变化趋势

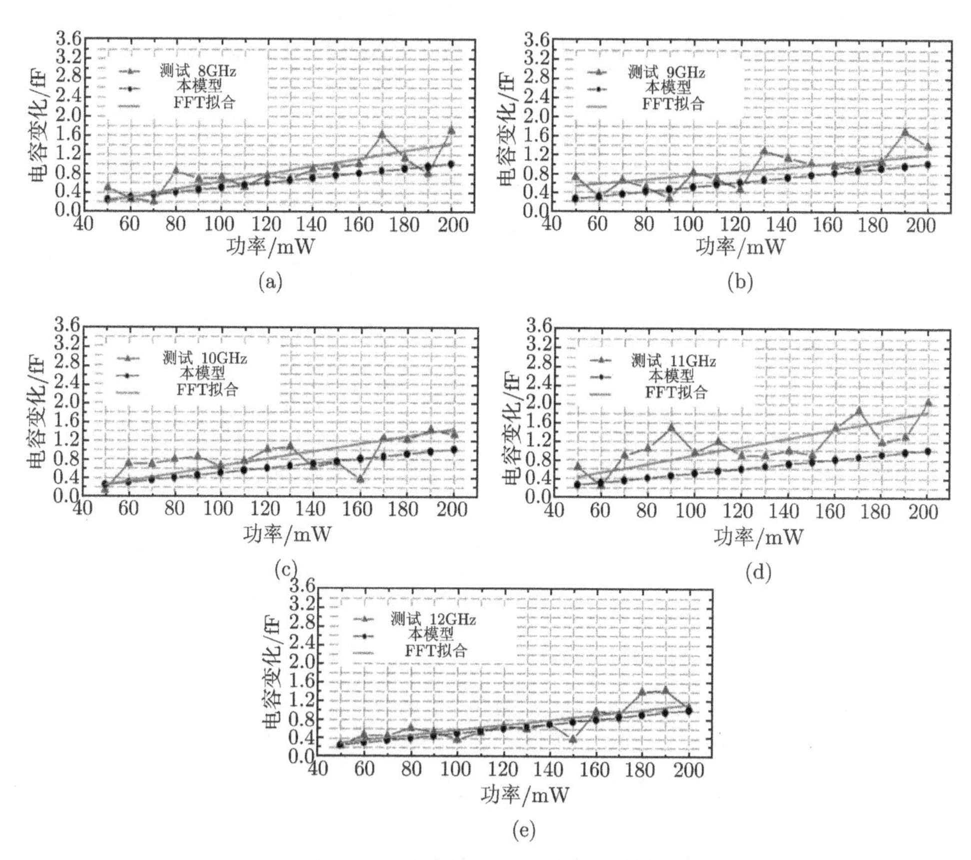

图 5-16 不同频率下的测试灵敏度

由于结构中电容是与地连接的，所以测试几乎不受噪声的影响。模型计算结果与测试结果较为接近，说明了模型的有效性。另外，由于模型中忽略了一部分边缘电容，模拟结果与测试结果相比较要小一些。

进一步，闫浩和廖小平对电容式功率传感器在高功率下的特性进行了研究[8,9]，其 SEM 照片如图 5-17 所示。如图 5-18 所示，测试结果表明，电容式功率传感器在高功率下，由于电容变化所导致器件的阻抗失配效应无法忽略；电容式功率传感

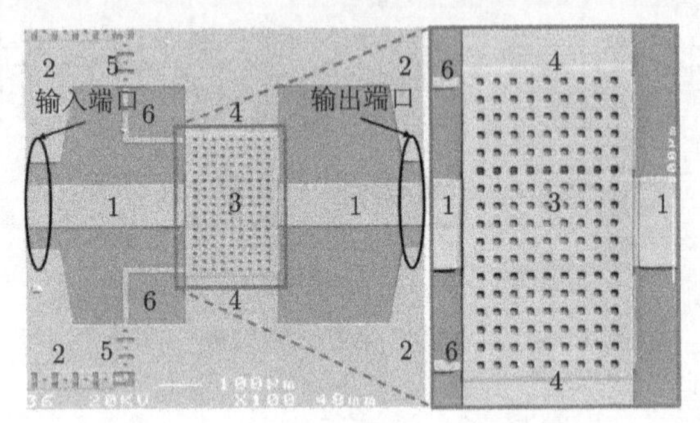

图 5-17 MEMS 电容式微波功率传感器的 SEM 图

1.CPW 信号线; 2.CPW 地线; 3. 接地梁; 4. 锚区; 5. 空气桥; 6. 测试电极

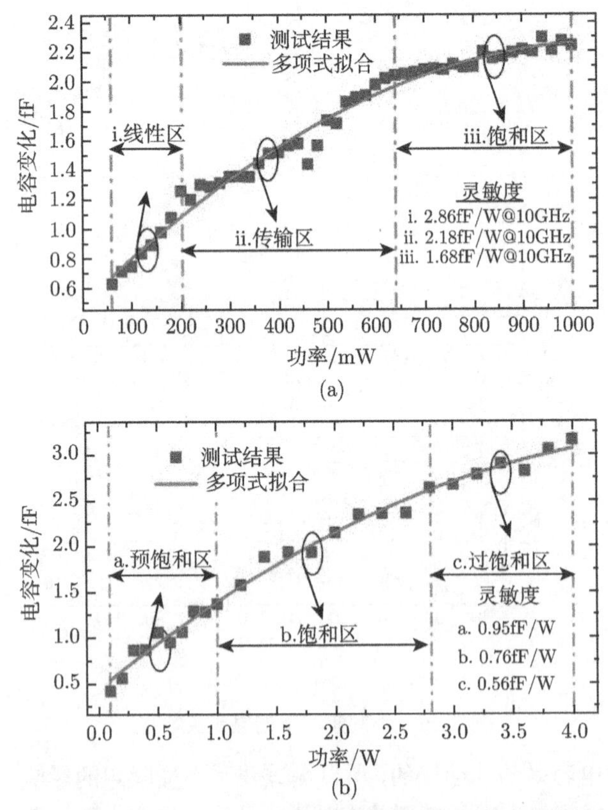

图 5-18 MEMS 电容式微波功率传感器的高功率特性

(a) 输入功率 60～1000mW 下的电容变化曲线; (b) 输入功率 100～4000mW 下的电容变化曲线

器非线性化，具体表现为：电容随微波功率变化不再线性，电容–功率曲线在 640mW 处转入预饱和区；并且随微波功率继续增加，MEMS 梁的双曲形变效应导致阻抗失配进一步恶化，电容–功率曲线在 2800 mW 处进入过饱和区。MEMS 电容式功率传感器的高功率特性研究为下文级联系统对高功率信号的处理提供了理论基础。

此外，韩居正和廖小平提出了一种适用于 0.1~40GHz 的宽带固支梁电容式微波功率传感器 [10]，其衬底材料为 GaAs，传输线材料为金，制备过程与 GaAs MMIC 完全兼容。图 5-19 给出了制备的宽带固支梁电容式微波功率传感器的 SEM 图。

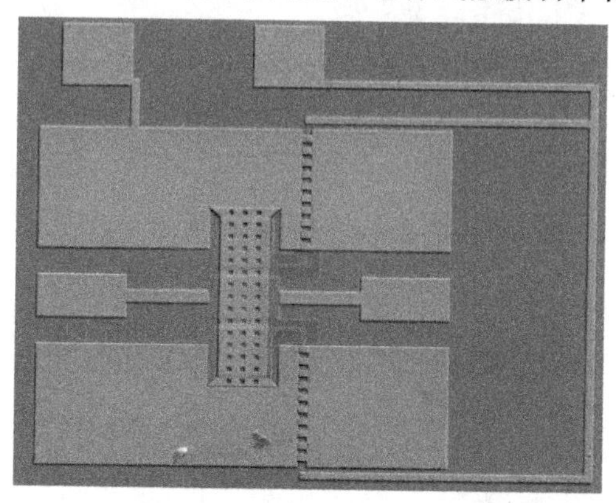

图 5-19　宽带固支梁电容式微波功率传感器 SEM 图

宽带固支梁电容式微波功率传感器 S 参数的 HFSS 仿真结果和测量结果如图 5-20 所示。在 0.1~40 GHz 内，测试结果与仿真结果相差不大，测试所得的回波损耗 S_{11} 均小于 −20.31 dB，插入损耗 S_{21} 均小于 −0.29dB，表明该传感器具有良好的匹配性能以及宽带特性。

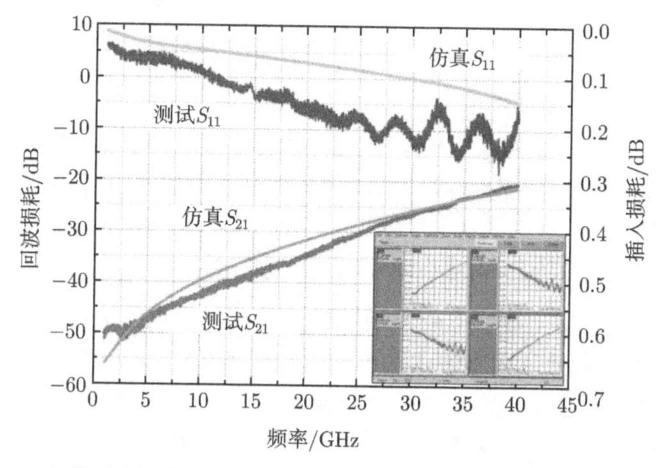

图 5-20　宽带固支梁电容式微波功率传感器 S 参数的仿真结果与测试结果

图 5-21 分别给出了 5GHz、15GHz、25GHz 和 35GHz 时，电容变化与入射功率关系的测量曲线，可以看出，当入射功率从 100 mW 增加到 200 mW 时，电容变化也相应地出现近似线性的增大。通过拟合可以得到，频率为 5 GHz、15GHz、25GHz 和 35GHz 时，灵敏度分别为 11.6aF/mW、11.3aF/mW、10.8aF/mW 和 10.4aF/mW。

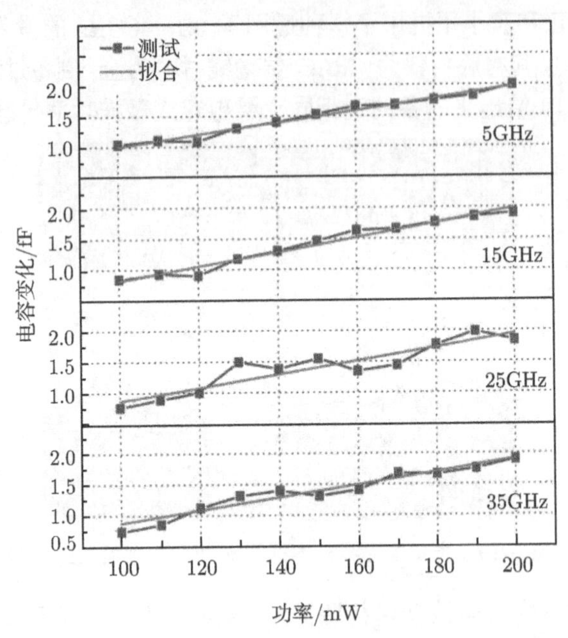

图 5-21　电容变化与入射功率之间关系的测量曲线

最后，韩居正和廖小平对固支梁电容式功率传感器的三阶互调特性也进行了测试研究 [11]。在测试中通过两个信号发生器产生两个具有一定频率差的信号，两个信号经功合器进行合成后，再输入至固支梁电容式功率传感器，传感器的输出信号最终输入至频谱仪进行频谱分析。

图 5-22 给出的是输入信号功率 $P_1 = P_2$=0dBm，中心频率在 10GHz，频差为 10kHz 时，测试所得的频谱曲线。可以直观地看到，在两个主信号的两侧分别存在三阶互调分量。

图 5-23 给出了输入信号的功率为 $P_1 = P_2$=0dBm、3dBm 和 6dBm，频差从 0.01kHz 增大到 100kHz 时，三阶互调分量的测试结果曲线。可以看出，在同一频差下，三阶互调失真分量随着输入功率的增加而增大；在同一输入功率下，三阶互调分量在 10kHz 附近开始急剧减小。图 5-24 给出了不同频差时，输入三阶交截点与输入功率的关系。其中，频差为 100Hz 时三阶交截点为 29.3dBm；频差为 10kHz 时三阶交截点为 29.3dBm；频差为 50kHz 时的三阶交截点因超出坐标范围，未在

图中标出。

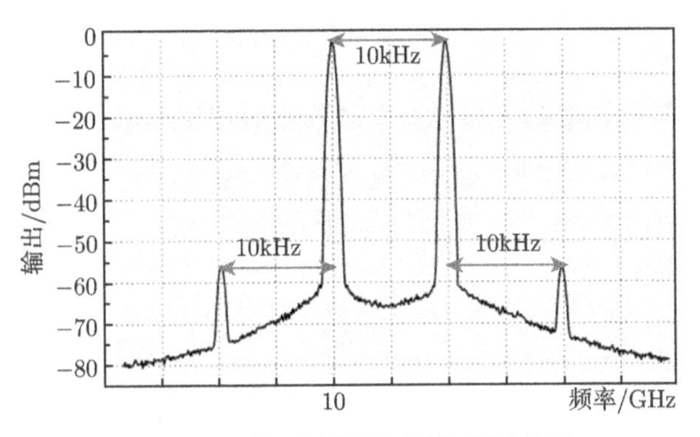

图 5-22 利用频谱仪测量的频谱曲线

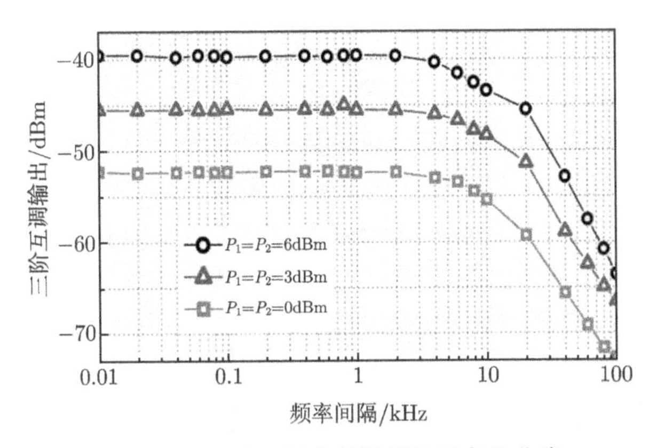

图 5-23 三阶互调分量随频差的变化曲线

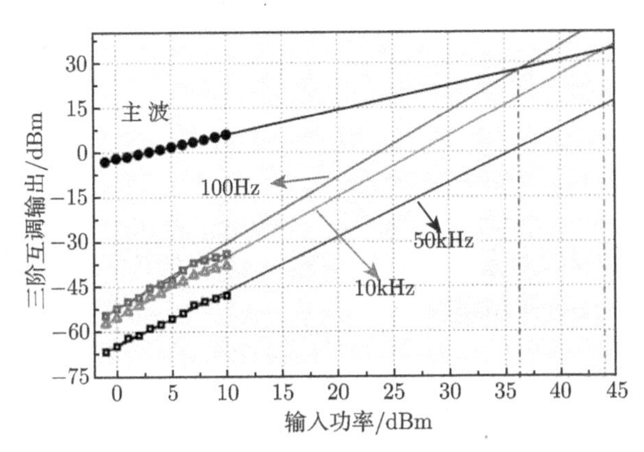

图 5-24 三阶互调分量随功率的变化曲线

5.3 MEMS 悬臂梁电容式微波功率传感器

5.3.1 MEMS 悬臂梁电容式微波功率传感器的模拟和设计

如图 5-25 所示，MEMS 悬臂梁电容式微波功率传感器与 MEMS 固支梁电容式微波功率传感器的原理相同。结构中的区别在于，利用 MEMS 悬臂梁替代 MEMS 固支梁。

MEMS 悬臂梁与信号线之间的等效静电力可以表示为 [1]

$$F_{\mathrm{e}}=\frac{1}{2}\frac{\varepsilon_0 l_1 w}{(g_0+g_1/\varepsilon_{\mathrm{r}}-x)^2}U_{\mathrm{m}}^2 \tag{5-42}$$

其中，g_0 是悬臂梁与信号线之间的空气间隙，g_1 是信号线上方的介质层厚度，ε_{r} 是介质的相对介电常数，x 是梁的位移，ε_0 是空气的介电常数，l_1 是信号线的宽度，w 是 MEMS 悬臂梁的宽度，U_{m} 是梁与信号线之间的等效均方根电压。

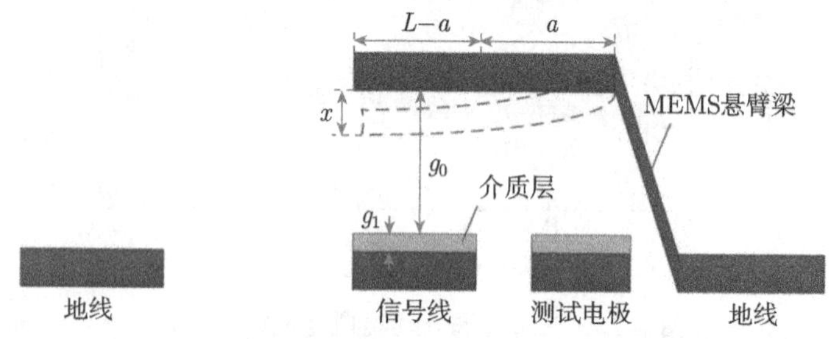

图 5-25 电容式 MEMS 微波功率传感器示意图

基于悬臂梁弯曲的一维模型 [1]，测试电极与 MEMS 悬臂梁之间的电容 C_{b} 可以表示为

$$C_{\mathrm{b}}=\frac{\varepsilon_0 l_2 w}{g_0+g_1/\varepsilon_{\mathrm{r}}-x} \tag{5-43}$$

其中，l_2 是测量电极的宽度。当梁的位移 x 远小于梁与信号线的间隙 g_0 时，式 (5-42) 和式 (5-43) 可简化成

$$F_{\mathrm{e}}=\frac{1}{2}\frac{\varepsilon_0 l_1 w}{(g_0+g_1/\varepsilon_{\mathrm{r}})^2}U_{\mathrm{m}}^2 \tag{5-44}$$

$$C_{\mathrm{b}}=\frac{\varepsilon_0 l_2 w}{g_0+g_1/\varepsilon_{\mathrm{r}}}\left(1+\frac{x}{g_0+g_1/\varepsilon_{\mathrm{r}}}\right) \tag{5-45}$$

忽略空气阻尼和惯性力的作用，MEMS 悬臂梁弹性恢复力 $F=kx$ 与等效静电力相互平衡，因此，式 (5-44) 和式 (5-45) 可表示为

$$x=\frac{1}{2k}\frac{\varepsilon_0 l_1 w}{(g_0+g_1/\varepsilon_\mathrm{r})^2}U_\mathrm{m}^2 \tag{5-46}$$

$$C_\mathrm{b}=\frac{\varepsilon_0 l_2 w}{g_0+g_1/\varepsilon_\mathrm{r}}\left(1+\frac{1}{2k}\frac{\varepsilon_0 l_1 w}{(g_0+g_1/\varepsilon_\mathrm{r})^3}U_\mathrm{m}^2\right) \tag{5-47}$$

其中，k 是 MEMS 悬臂梁的弹性系数。

当 MEMS 悬臂梁位于初始位置时，U_m 可表示为 [12]

$$U_\mathrm{m}=\sqrt{Z_0 P} \tag{5-48}$$

当 MEMS 悬臂梁产生一个小位移 x 时，U_m 可表示为 [12]

$$U_\mathrm{m}=\sqrt{\frac{4Z_0 P}{4+Z_0^2\omega^2 C_\mathrm{m}^2}} \tag{5-49}$$

其中，Z_0 是 CPW 传输线的特征阻抗，ω 是微波信号的角频率。由于 MEMS 悬臂梁的位移很小，C_m 只有 fF 量级，因此 $Z_0^2\omega^2 C_\mathrm{m}^2$ 远小于 4，所以，U_m 可以近似表示为

$$U_\mathrm{m}=\sqrt{\frac{4Z_0 P}{4+Z_0^2\omega^2 C^2}}\approx\sqrt{Z_0 P} \tag{5-50}$$

将式 (5-50) 代入式 (5-46) 和式 (5-47)，可以得到，梁的位移 x 和电容 C_b 都是入射微波信号功率的函数，

$$x=\frac{1}{2k}\frac{\varepsilon_0 l_1 w}{(g_0+g_1/\varepsilon_\mathrm{r})^2}Z_0 P \tag{5-51}$$

$$C_\mathrm{b}=\frac{\varepsilon_0 l_2 w}{g_0+g_1/\varepsilon_\mathrm{r}}\left(1+\frac{1}{2k}\frac{\varepsilon_0 l_1 w}{(g_0+g_1/\varepsilon_\mathrm{r})^3}Z_0 P\right) \tag{5-52}$$

因此，从式 (5-52) 可以看出，通过测量 MEMS 悬臂梁与电极之间的电容变化就可以实现微波功率的检测。电容式 MEMS 微波功率传感器的灵敏度可以表示为

$$S=\frac{\Delta C_\mathrm{b}}{\Delta P}=\frac{1}{2k}\frac{\varepsilon_0^2 l_1 l_2 w^2}{(g_0+g_1/\varepsilon_\mathrm{r})^4}Z_0 \tag{5-53}$$

从式 (5-53) 可以看出，减小 MEMS 悬臂梁与信号线之间的空气间隙、增大梁与信号线的交叠面积和减小梁的弹性系数都可以增加功率传感器的灵敏度。

为了验证提出的一维模型的正确性，本章利用有限元软件 ANSYS 对 MEMS 悬臂梁的位移进行模拟。当微波功率为 100mW 时，MEMS 悬臂梁的位移如图 5-26 所示。图 5-27 给出了梁的位移与输入功率之间的关系，可以看出，计算值与模拟值之间的误差为 0.002μm，相对误差约为 6%。图 5-28 给出了 MEMS 悬臂梁与测试电极之间电容变化与输入功率之间的关系曲线，该功率传感器的灵敏度约为 6.44aF/mW。

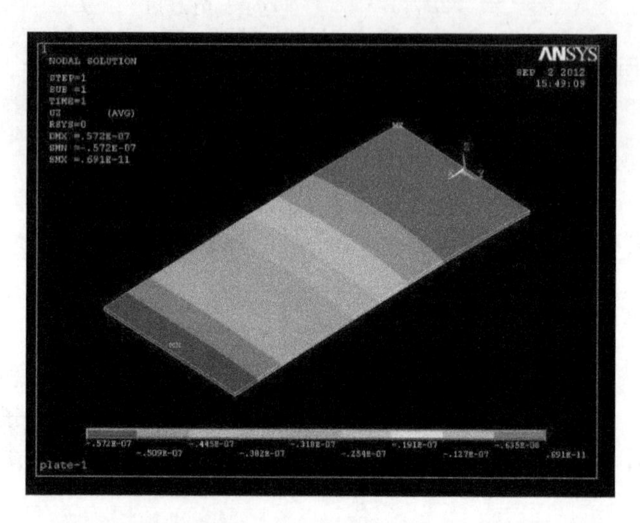

图 5-26　ANSYS 软件模拟输入功率为 100mW 时，MEMS 悬臂梁的位移

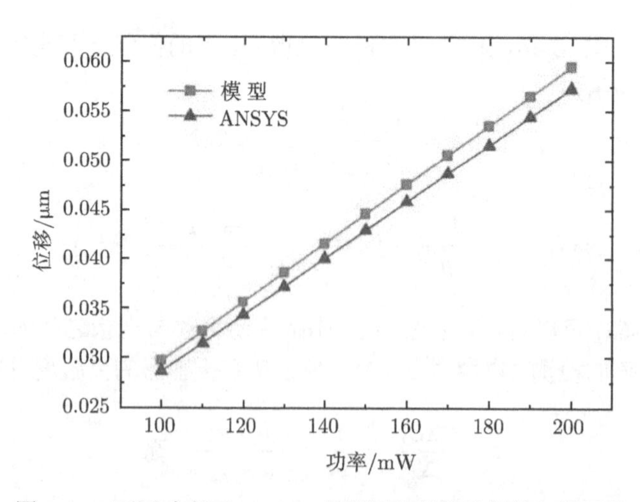

图 5-27　不同功率下 MEMS 悬臂梁位移的计算值与模拟值

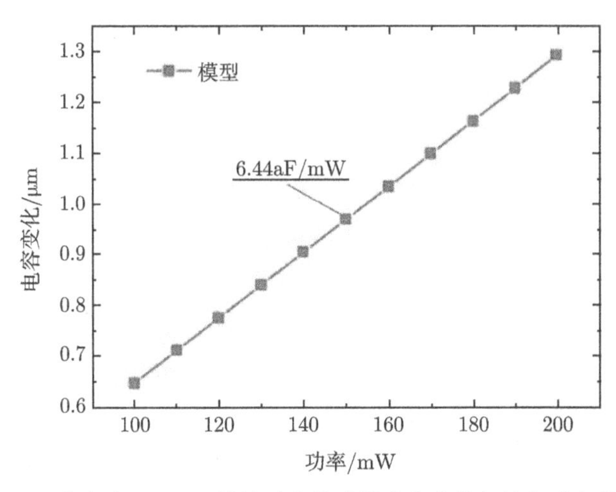

图 5-28 电容式 MEMS 微波功率传感器电容变化与输入功率的关系

设计中，CPW 传输线的特征阻抗为 50Ω，尺寸为 58μm/100μm/58μm，它的电容和电感的比值是一个常数。当在 CPW 传输线的上方设计一个 MEMS 悬臂梁时，就会引入一个额外的电容 C，它包括两部分：MEMS 悬臂梁与信号线之间的平板电容和边缘场电容 [13]，

$$C = C_{\text{cantilever}} + C_{\text{fringing}} = \frac{\varepsilon_0 w l_1}{g_0 + g_1/\varepsilon_{\text{r}}} + C_{\text{fringing}} \tag{5-54}$$

其中，$C_{\text{cantilever}}$ 是 MEMS 悬臂梁与信号线之间的平板电容，C_{fringing} 是边缘场电容。

这个由 MEMS 悬臂梁引入的额外电容会导致传输线的阻抗失配，从而引起电容式 MEMS 微波功率传感器的微波性能的退化。本章采用阻抗补偿技术，优化其微波性能。为了获得准确的尺寸参数，利用 HFSS 软件对基本型电容式微波功率传感器和改进型电容式微波功率传感器结构的微波性能进行模拟。图 5-29 给出了 X 波段上，基本型电容式微波功率传感器的回波损耗和插入损耗，在 8~12GHz 的频带上，回波损耗从 −20.5dB 增加到 −17dB，插入损耗从 0.08dB 增加到 0.14dB。图 5-30 给出了其相移随着频率变化的模拟结果，当频率为 8GHz 时，相移量为 25 度，当频率增加到 12GHz 时，相移量也相应地增加到 38 度。

图 5-31(a) 和 (b) 分别给出了 l 为不同长度时，改进型电容式微波功率传感器的回波损耗和插入损耗的模拟结果，可以看出，在 l=380μm 时，回波损耗和插入损耗有最优值，此时，在 8~12GHz 范围内，回波损耗均小于 −48dB，插入损耗小于 0.065dB。图 5-32 给出了改进型电容式功率传感器相应的相移值，可以看出，相移量随着 l 变大，但由于 l 变化不大，相移量变化也不是很大。

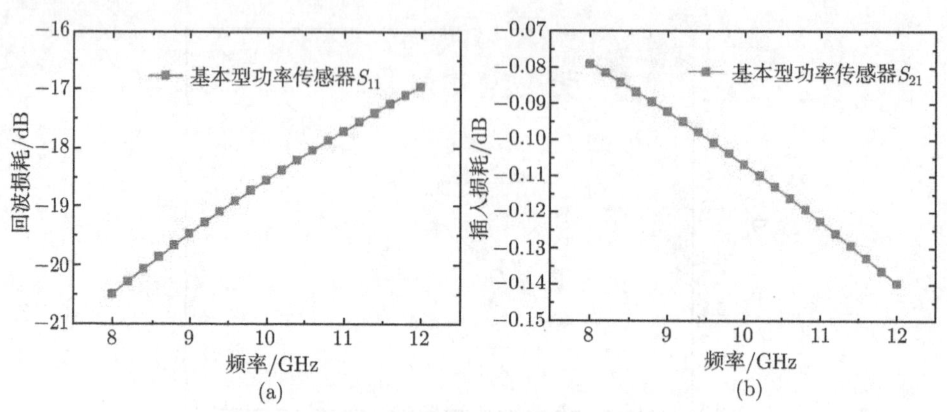

图 5-29　基本型功率传感器微波性能的模拟结果

(a) 回波损耗；(b) 插入损耗

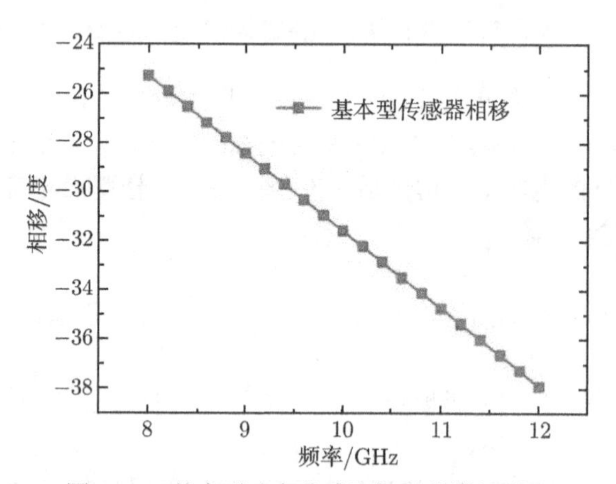

图 5-30　基本型功率传感器相移的模拟结果

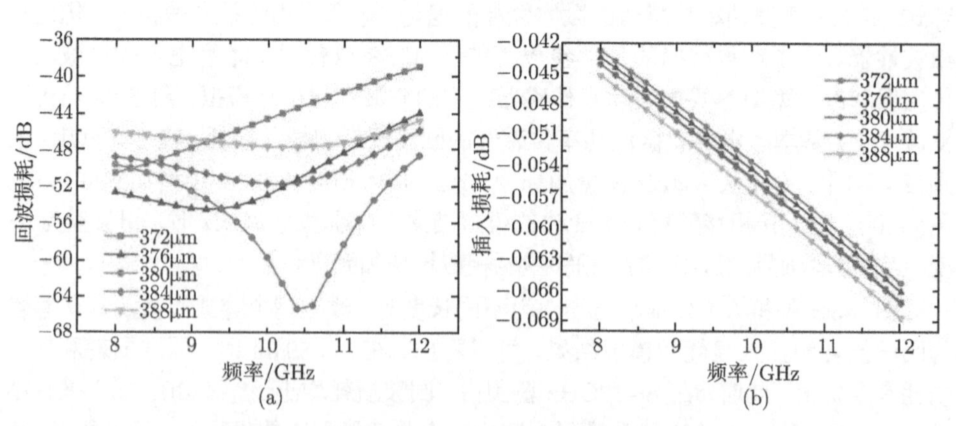

图 5-31　改进型功率传感器微波性能的模拟结果

(a) 回波损耗；(b) 插入损耗

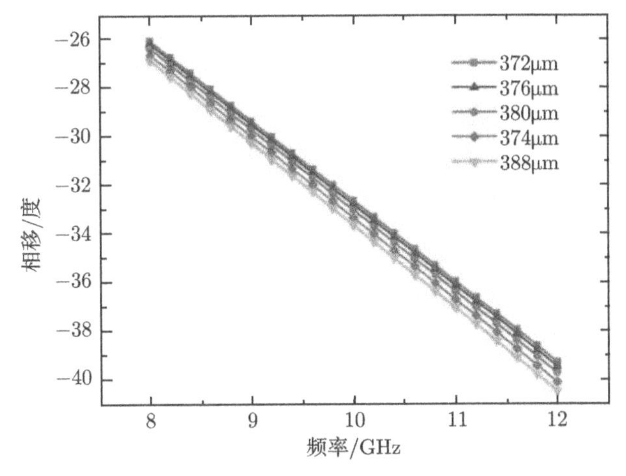

图 5-32 改进型功率传感器相移的模拟结果

5.3.2 MEMS 悬臂梁电容式微波功率传感器的性能测试

采用 GaAs MMIC 工艺制备 MEMS 悬臂梁电容式微波功率传感器，其中，衬底材料为 GaAs，传输线材料为金，图 5-33 给出了制备的传感器的 SEM 照片 [14,15]。

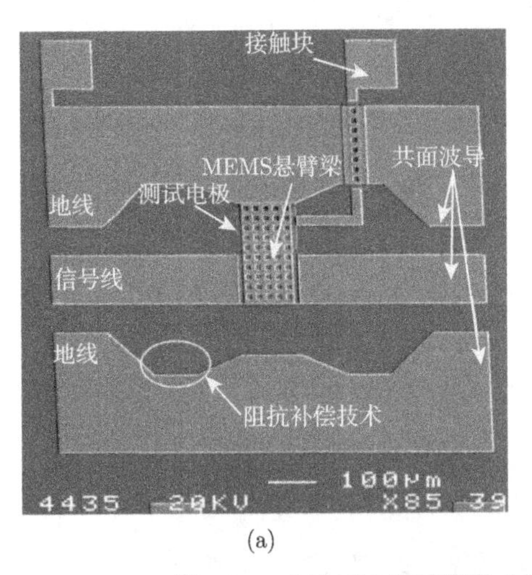

(a)

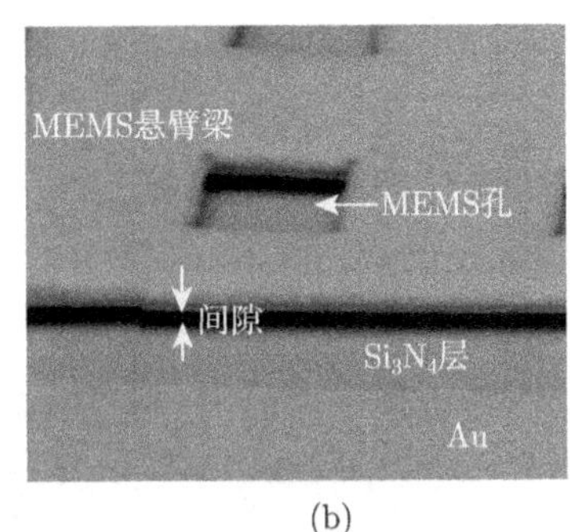

(b)

图 5-33 改进型电容式微波功率传感器的 SEM 照片

电容式微波功率传感器 S 参数的测量结果如图 5-34 所示，在 8~12GHz 的频带上，回波损耗均小于 −25dB，插入损耗接近于 0.1dB，测试结果表明该传感器的匹配性能良好。如图 5-35 所示，电容式微波功率传感器的相移量随着频率增大而近似线性增加，8GHz 时的相移量为 17 度，10GHz 时的相移量为 22 度，12GHz 时的相移量约为 26 度。

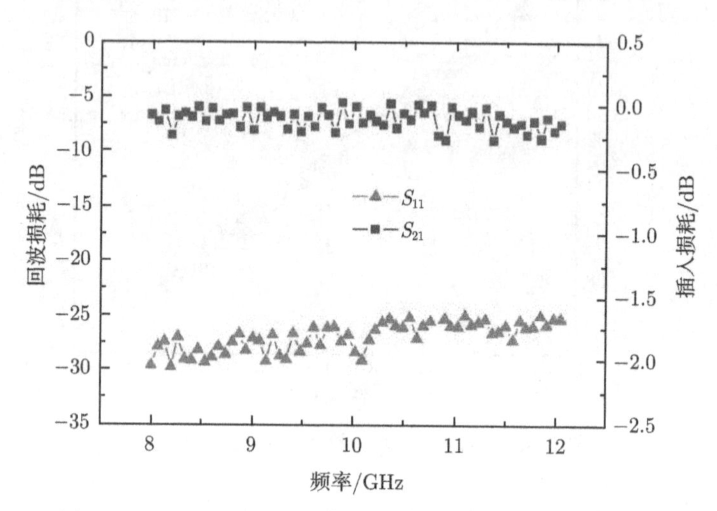

图 5-34 MEMS 悬臂梁电容式微波功率传感器的微波性能

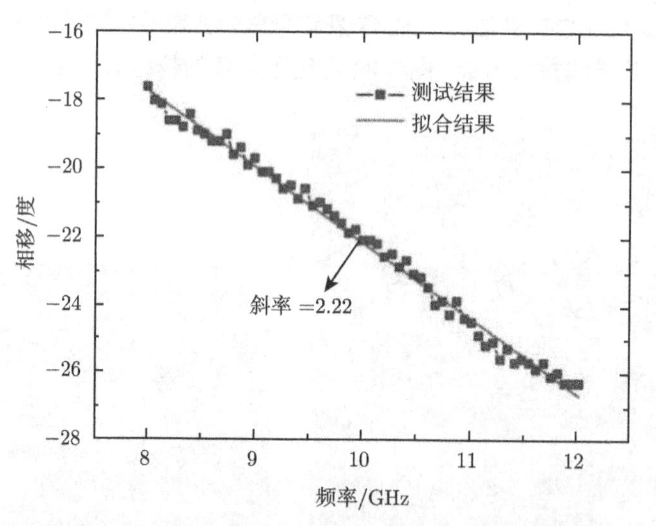

图 5-35 MEMS 悬臂梁电容式微波功率传感器的相移

图 5-36 给出了 MEMS 悬臂梁电容式微波功率传感器功率响应测试的结构图，其中，利用 AD7747 开发板测量电容的变化量。图 5-37 分别给出了 8GHz，10GHz 和 12GHz 时，电容变化与入射功率之间关系的测量曲线，可以看出，当入射功率从 100mW 增加到 200mW 时，电容从 0.6fF 近似线性地变化到 1.3fF，当频率为 8GHz，10GHz 和 12GHz 时，灵敏度分别为 6.16aF/mW，6.27aF/mW 和 6.03aF/mW，与一维模型的计算结果 6.44aF/mW 较为接近。

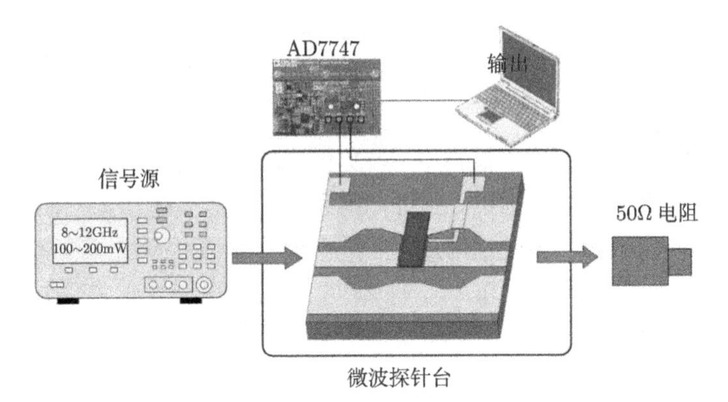

图 5-36 MEMS 悬臂梁电容式微波功率传感器功率响应测试结构图

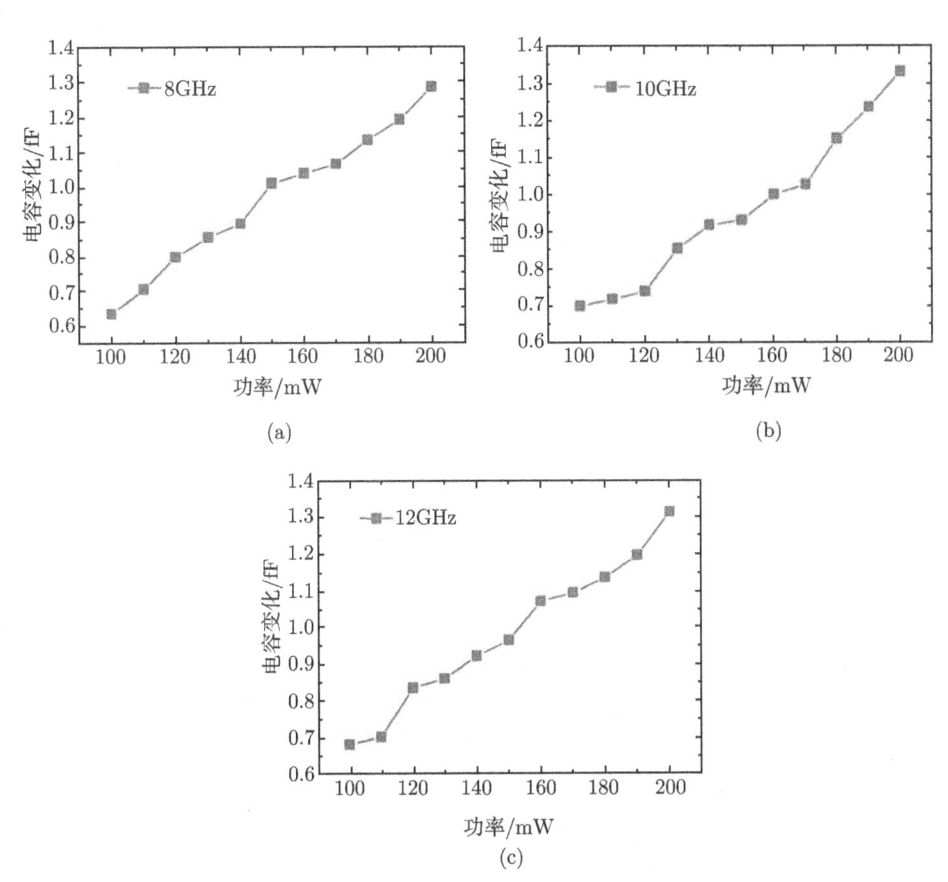

图 5-37 测量的电容变化与输入功率的关系

(a)8GHz; (b)10GHz; (c)12GHz

此外，易真翔和廖小平还对 MEMS 悬臂电容式微波功率传感器的互调失真现象进行了研究 [16]。图 5-38 给出了输入功率为 8dBm，中心频率在 10GHz，频率差为 500kHz 的双音信号经过电容式 MEMS 微波功率传感器的输出频谱图。图 5-39 给出了频率差分别为 50kHz、100kHz、200kHz、500kHz 和 1MHz，双音信号的输入功率由 −10dBm 增加 9.5dBm 时，三阶互调失真分量的变化结果。可以看出，主信号功率随着输入信号的功率线性增加，且斜率为 1。三阶互调失真分量也随着输入功率增加，斜率依次为 3.39,3.16,2.94 和 2.93，这与理论值 3 较为接近。图 5-40 给出了不同频率差时，输入三阶交截点与输入功率的关系。

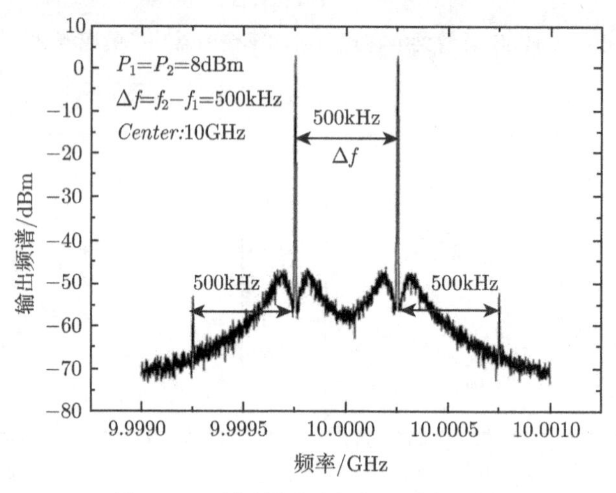

图 5-38　利用频谱分析仪测量的频谱

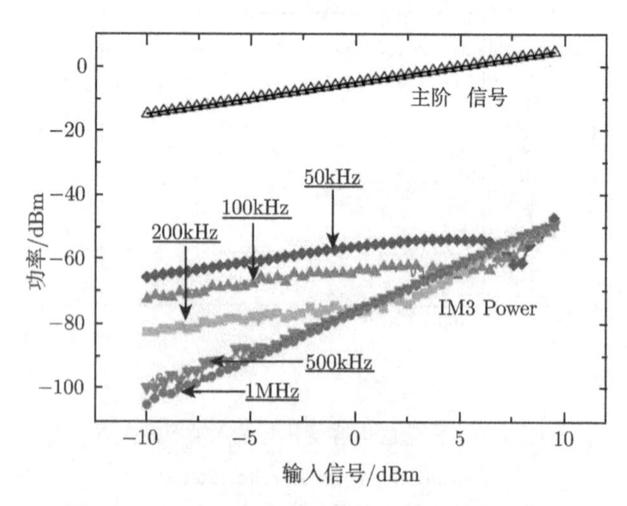

图 5-39　三阶互调失真随着输入功率的变化关系

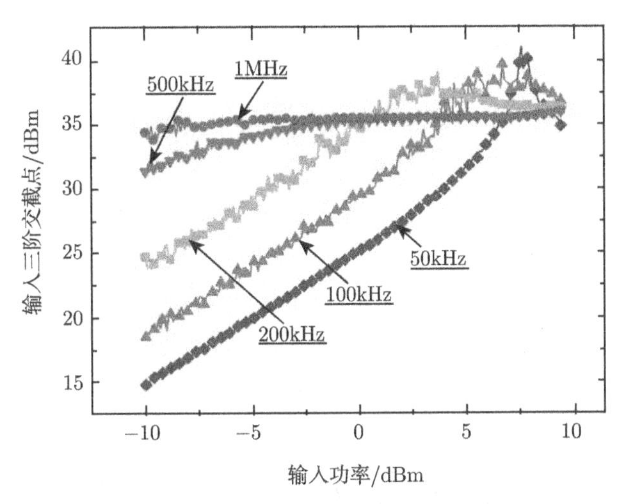

图 5-40 输入三阶交截点随着输入功率的变化关系

三阶互调失真分量的大小同时也受到双音信号的频率差的影响，如图 5-41 所示，当频率差从 10Hz 增加到 200kHz 时，三阶互调失真分量随着频率差的增大而迅速减小，当频率差从 200kHz 增加到 2MHz 时，三阶互调失真分量减小得很缓慢，逐渐趋于稳定。图 5-42 给出了当输入功率一定时，输入三阶交截点与频率差之间的关系，明显地，不同功率时，当频率差约为 1MHz 时，三阶交接截点的大小趋于稳定。实验表明，当双音信号的频率差大于 200kHz 时，电容式 MEMS 微波功率传感器的互调失真量非常小。

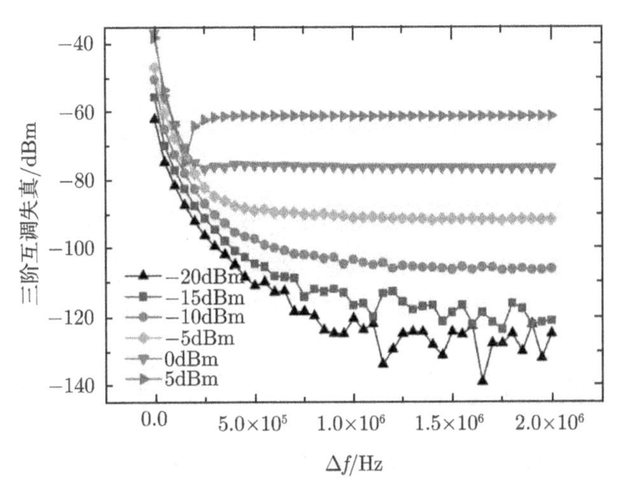

图 5-41 三阶互调失真随着双音信号频率差的变化关系

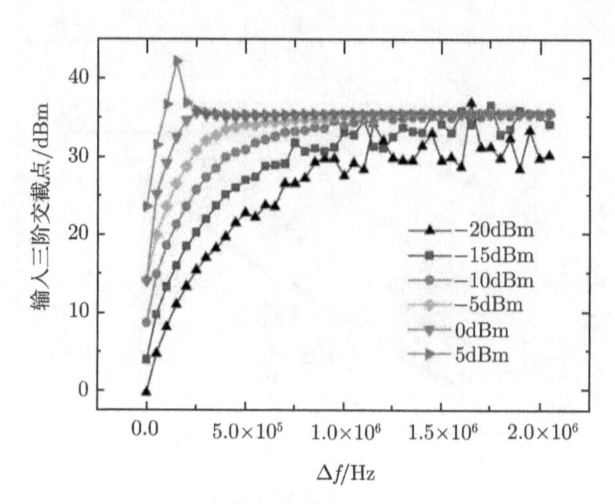

图 5-42　输入三阶交截点随着双音信号频率差的变化关系

此外，易真翔和廖小平等还提出一种新型的差分电容式微波功率传感器 [17]，显微照片如图 5-43 所示。当微波信号通过 CPW 传输线时，梁的中间部分在等效静电力的作用下向下移动，由于支点的作用，梁的两端部分向上翘曲，导致电容 C_{in} 增大，C_{out} 减小，构成差分电容，从而增大传感器的灵敏度。

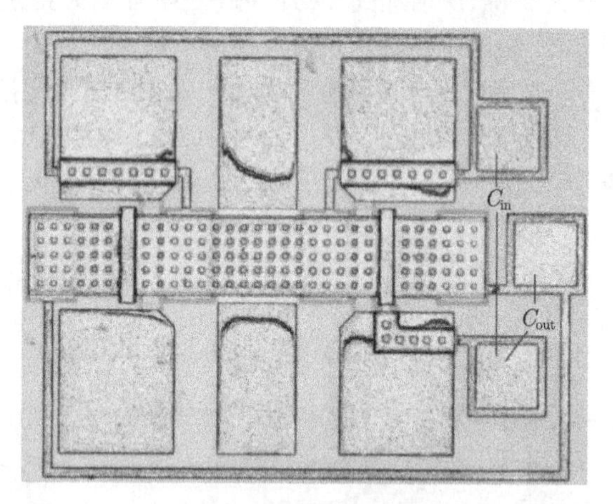

图 5-43　差分电容式微波功率传感器的显微照片

5.4　MEMS 电容式微波功率传感器的系统级 *S* 参数模型

MEMS 固支梁电容式微波功率传感器与 MEMS 悬臂梁电容式微波功率传感器具有相同的系统级 S 参数模型，本节以悬臂梁为例，介绍 MEMS 电容式微波功

率传感器的系统级 S 参数模型。图 5-44(a) 和 (b) 分别给出了基本型电容式微波功率传感器和利用阻抗补偿技术的改进型电容式微波功率传感器的示意图，其集总等效电路模型如图 5-45 所示，其中，Z_0 是标准 CPW 传输线的阻抗，为 50Ω；C 是 MEMS 悬臂梁引入的额外电容；Z 是缝隙增大的 CPW 传输线的阻抗；l 是其长度；β 是相位常数。

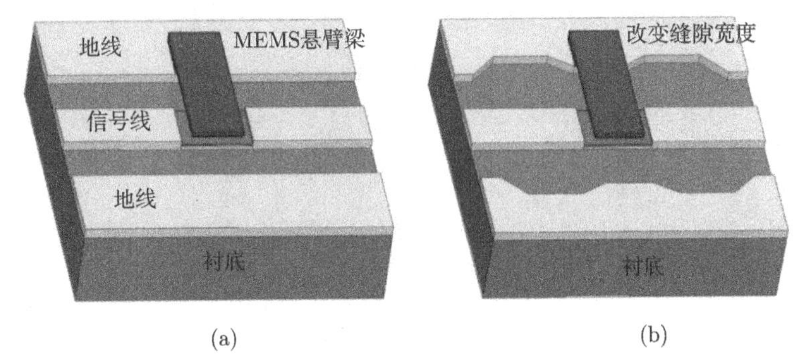

图 5-44　基本型电容式微波功率传感器 (a) 和改进型电容式微波功率传感器 (b)

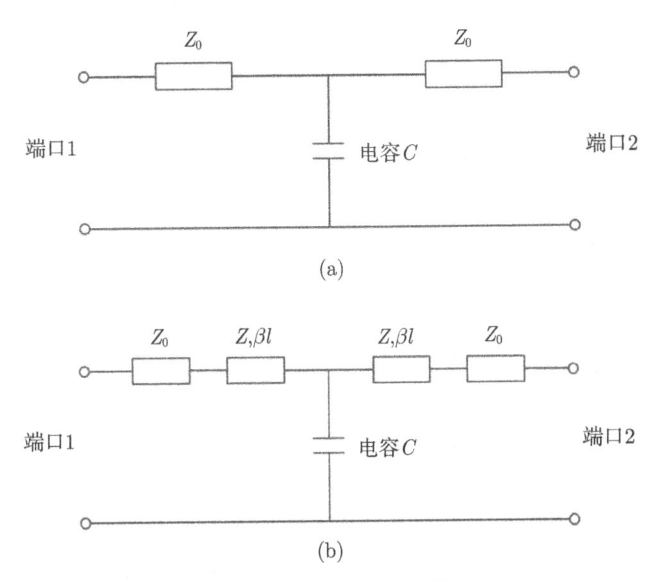

图 5-45　集总等效电路模型

(a) 基本型电容式微波功率传感器；(b) 改进型电容式微波功率传感器

图 5-46 和图 5-47 分别给出了不同的额外电容时，基本型电容式 MEMS 微波功率传感器的回波损耗和插入损耗的计算结果。可以看出，由 MEMS 悬臂梁引入的额外电容为 60fF 时，电容式功率传感器在频率为 10GHz 处的回波损耗为 −21dB，

插入损耗为 0.11dB；当额外电容增加至 80fF 时，回波损耗退化至 −16dB 附近，插入损耗增加至 0.3dB。

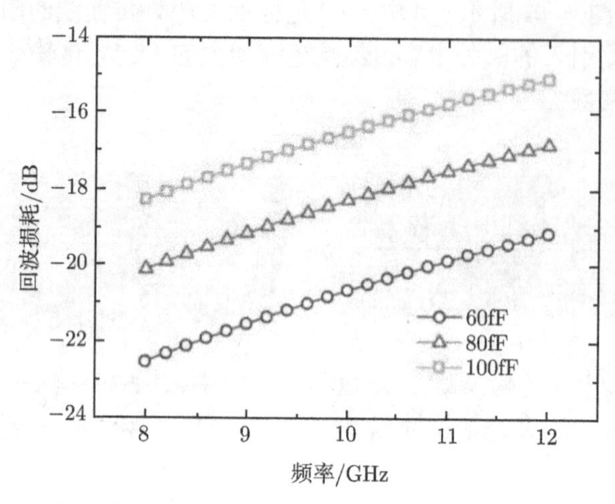

图 5-46　不同电容情况下，电容式 MEMS 微波功率传感器的回波损耗

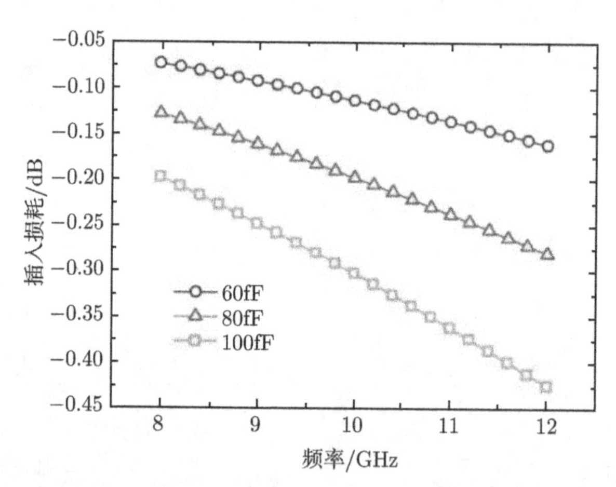

图 5-47　不同电容情况下，电容式 MEMS 微波功率传感器的插入损耗

基于微波理论，改进型 MEMS 悬臂梁电容式微波功率传感器集总等效电路模型的 $ABCD$ 矩阵计算如下 [5]：

$$\begin{bmatrix} A & B \\ C & D \end{bmatrix} = \begin{bmatrix} \cos(\beta l) & \mathrm{j}\dfrac{Z}{Z_0}\sin(\beta l) \\ \mathrm{j}\dfrac{Z_0}{Z}\sin(\beta l) & \cos(\beta l) \end{bmatrix} \begin{bmatrix} 1 & 0 \\ \mathrm{j}\dfrac{wCZ_0}{2} & 1 \end{bmatrix}$$

$$
\begin{bmatrix} 1 & 0 \\ \mathrm{j}\dfrac{wCZ_0}{2} & 1 \end{bmatrix} \begin{bmatrix} \cos(\beta l) & \mathrm{j}\dfrac{Z}{Z_0}\sin(\beta l) \\ \mathrm{j}\dfrac{Z_0}{Z}\sin(\beta l) & \cos(\beta l) \end{bmatrix} \tag{5-55}
$$

之后，通过 $ABCD$ 矩阵和散射矩阵之间的转换，得到其 S 参数 [18]

$$
S_{11} = \frac{\omega C Z^3 \sin^2(\beta l) - Z^2 \sin(2\beta l) + \omega C Z Z_0^2 \cos^2(\beta l) + Z_0^2 \sin(2\beta l)}{(Z\sin(\beta l) - \mathrm{j}Z_0\cos(\beta l))(-2Z\cos(\beta l) + \omega C Z^2 \sin(\beta l) - \mathrm{j}\omega C Z Z_0 \cos(\beta l) - 2\mathrm{j}Z_0\sin(\beta l))} \tag{5-56}
$$

$$
S_{21} = \frac{2\mathrm{j}ZZ_0}{(Z\sin(\beta l) - \mathrm{j}Z_0\cos(\beta l))(-2Z\cos(\beta l) + \omega C Z^2 \sin(\beta l) - \mathrm{j}\omega C Z Z_0 \cos(\beta l) - 2\mathrm{j}Z_0\sin(\beta l))} \tag{5-57}
$$

为了消除引入的额外电容对微波功率传感器的影响，式 (5-56) 右侧的分子应等于 0，因此，可以得到新的关系

$$
Z^3\omega C\tan^2(\beta l) - 2Z^2\tan(\beta l) + ZZ_0^2\omega C + 2Z_0^2\tan(\beta l) = 0 \tag{5-58}
$$

基于式 (5-58)，图 5-48 给出了不同电容时，增加缝隙宽度的 CPW 传输线的阻抗 Z 与其长度 l 之间的关系曲线。可以看出，当电容一定时，增加缝隙宽度的 CPW 传输线越长，进行阻抗匹配时的阻抗越小，越接近 60Ω；反之，当增加缝隙宽度的 CPW 传输线越短，其阻抗越大。图 5-49 给出了不同长度时，阻抗 Z 与额外电容 C 之间的关系，当增加缝隙宽度的 CPW 传输线的长度一定时，由 MEMS 梁引入的额外电容越大，阻抗 Z 的值就越大。

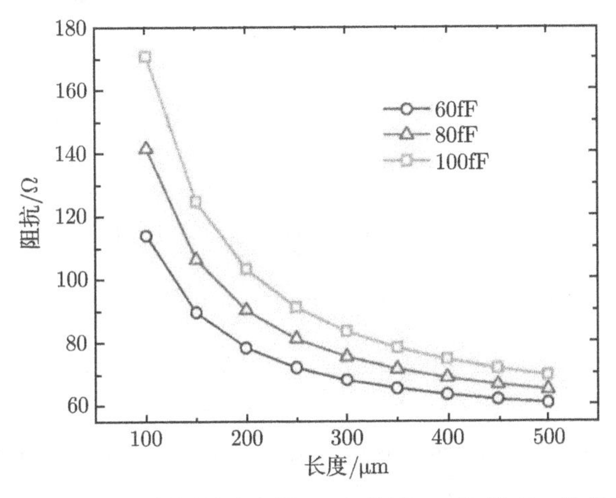

图 5-48 不同的额外电容情况下，阻抗 Z 与长度 l 的关系

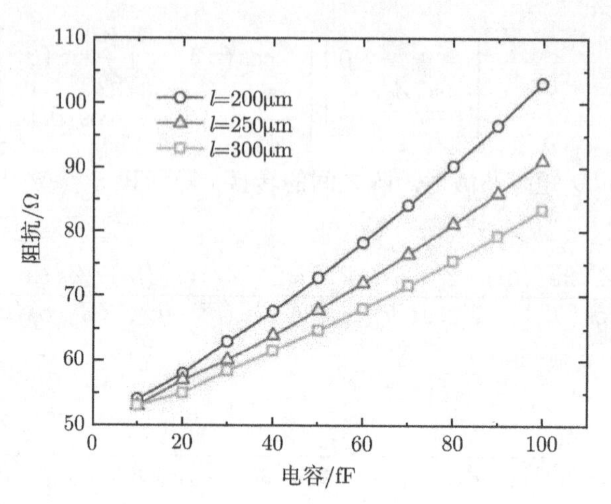

图 5-49　不同长度情况下，阻抗 Z 与额外电容 C 的关系

5.5　小　结

本章首先介绍了 MEMS 固支梁电容式微波功率传感器的工作原理，利用自由振动经典方程推导了振动模型，并对制备的 MEMS 固支梁电容式微波功率传感器进行性能测试，并研究了其互调失真现象；接着，介绍了 MEMS 悬臂梁电容式微波功率传感器的工作原理，推导了一维模型，并利用 ANSYS 软件对传感器结构进行模拟和设计，对制备的 MEMS 悬臂梁电容式微波功率传感器进行性能测试；最后，建立了 MEMS 电容式微波功率传感器的系统级 S 参数模型。本章利用 MEMS 固支梁和悬臂梁结构，实现了微波功率的电容式检测，并在结构和性能方面呈现了与 MEMS 热电式微波功率传感器不同的特性。作为 MEMS 微波相位和频率检测器的重要部件，MEMS 固支梁电容式和悬臂梁电容式微波功率传感器的研究对后续的 MEMS 微波相位和频率检测器具有重要意义。

参 考 文 献

[1] Fernandez L J, Wiegerink R J, Flokstra J, Sese J, Jansen H V, Elwenspoek M. A capacitive RF power sensor based on MEMS technology. J. Micromech. Microeng, 2006, 16: 1099-1107

[2] Leissa A W, Qatu M S. Vibrations of Continuous Systems. New York: McGraw-Hill, 2011

[3] Rebeiz G M. RF MEMS Theory, Design, and Technology. New York: Wiley, 2003

[4] Rabinovich V L, Gupta R K, Senturia S D. The effect of release-etch holes on the electromechanical behaviour of MEMS structures. Transducers, 1997, 2: 1125-1128
[5] Pozar D M. Microwave Engineering. 3rd edition. New York:Wiley, 2004
[6] Cui Y, Liao X, Zhu Z. A novel microwave power sensor using MEMS fixed-fixed beam. Proc. IEEE Sens. (Limerick, Ireland), 2011: 1305
[7] Cui Y, Liao X. Modeling and design of a capacitive microwave power sensor for X-band applications based on GaAs technology. Journal of Micromechanics and Microengineering, 2012, 22(5): 055013
[8] Yan H, Liao X P. The high-power up to 1W characteristics of the capacitive microwave power sensor with grounded MEMS beam. IEEE Sensors Journal, 2015, 15(12): 6765-6766
[9] Yan H, Liao X P. High-power up to 4W characteristics of the capacitive microwave power sensor with grounded MEMS beam. Electronics Letters, 2015, 51(22): 1798-1800
[10] Han J Z, Liao X P. Third-order intermodulation of a MEMS clamped-clamped beam capacitive power sensor based on GaAs technology. IEEE Sensor Journal, 2015, 15(7): 3645-3646
[11] Han J Z, Liao X P. A 0.1–40GHz broadband MEMS clamped–clamped beam capacitive power sensor based on GaAs technology. Journal of Micromechanics and Microengineering, 2014, 24(6): 065024
[12] Rottenberg X, Brebels S, Raedt W D, et al. RF-power: driver for electrostatic RF-MEMS devices. Journal of Micromechanics and Microengineering, 2004, 14(9): 43-48
[13] Muldavin J B, Rebeiz G M. High-isolation CPW MEMS shunt switches—Part 1: modeling. IEEE Transaction on Microwave Theory and Technology, 2000, 48(6): 1045-1052
[14] Yi Z X, Liao X P. A capacitive power sensor based on the MEMS cantilever beam fabricated by GaAs MMIC technology. Journal of Micromechanics and Microengineering, 2013, 23(3): 035001
[15] Yi Z X, Liao X P. An 8-12GHz capacitive power sensor based on MEMS cantilever beam//Proceedings of IEEE Sensors 2011, Limerick, Ireland: IEEE, 2011: 1958-1961
[16] Yi Z X, Liao X P. Measurements on intermodulation distortion of capacitive power sensor based on MEMS cantilever beam. IEEE Sensors Journal, 2014, 14(3): 621-622
[17] Yi Z X, Yan H, Yan J B, Liao X P. Fabrication of the differential microwave power sensor by seesaw-type MEMS membrane. IEEE Journal of Microelectromechanical Systems, 2016, 25(4): 582-584
[18] Zhang Z Q, Liao X P, Han L. A coupling RF MEMS power sensor based on GaAs MMIC technology. Sensors and Actuators A: Physical, 2010, 160: 42-47

第 6 章　MEMS 级联微波功率传感器

6.1　引　　言

对于 MEMS 热电式微波功率传感器，当输入功率过高时，温度升高，从而导致衬底热导率和热偶臂 Seebeck 系数变化，最终使得传感器的灵敏度和线性度退化；对于 MEMS 电容式微波功率传感器，当微波功率过小时，MEMS 梁的位移很小，电容变化只有零点几个 fF，对测试仪器挑战很大。因此，为了扩展 MEMS 微波功率传感器的动态范围，提高灵敏度，降低测试难度，本章提出了两种新型的 MEMS 级联微波功率传感器。

6.2　MEMS 电容式和热电式级联微波功率传感器

6.2.1　MEMS 电容式和热电式级联微波功率传感器的模拟和设计

如图 6-1 所示，王德波和廖小平等提出了一种 MEMS 电容式和热电式级联微波功率传感器 [1,2]。该传感器由 MEMS 悬臂梁电容式微波功率传感器和 MEMS 间接加热热电式微波功率传感器组成，其中，MEMS 热电式微波功率传感器用来测量低段微波功率，MEMS 电容式微波功率传感器用来测量高段微波功率，并且 MEMS 电容式微波功率传感器可以保护 MEMS 热电式微波功率传感器，提高整个级联微波传感器的过载能力和抗烧毁水平。

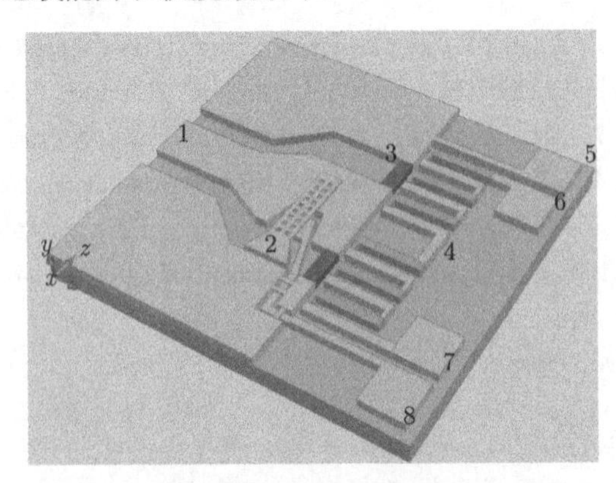

图 6-1　MEMS 电容式和热电式级联微波功率传感器的结构图

1. 共面波导；2. 悬臂梁；3. 负载电阻；4. 热电堆；5~8. 输出端

6.2.2 MEMS 电容式和热电式级联微波功率传感器的性能测试

采用 GaAs MMIC 工艺制备 MEMS 电容式和热电式级联微波功率传感器，该传感器的 SEM 照片如图 6-2 所示。为了测试该传感器的抗过载能力，首先要研究 MEMS 悬臂梁的谐振频率特性，MEMS 悬臂梁的谐振频率测试平台如图 6-3(a) 所示，通过激光多普勒测振仪、光纤测振仪、测振仪控制器和显微镜适配器来测试 MEMS 悬臂梁的谐振频率。测试结果如图 6-3(b) 所示，MEMS 悬臂梁的谐振频率约为 16.13kHz。因此当探测的微波功率的频率达到 GHz 时，工作频率已经远远超过了 MEMS 悬臂梁的谐振频率，因此不会引起 MEMS 悬臂梁的共振。

MEMS 悬臂梁谐振频率的基本计算公式为[3]

$$f_{\mathrm{c}} = 0.16154 \cdot \frac{t}{L^2} \cdot \sqrt{\frac{E_{\mathrm{e}}}{\rho\,(1-\nu^2)}} \tag{6-1}$$

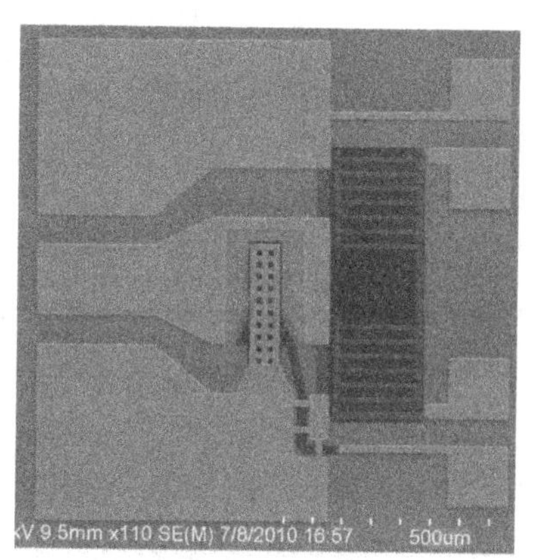

图 6-2 MEMS 电容式和热电式级联微波功率传感器的 SEM 图

其中，t 和 L 分别是 MEMS 悬臂梁的厚度和长度，E_{e} 是 MEMS 悬臂梁材料金的有效杨氏模量，ρ 是金的密度 (19.32g/cm^3)，ν 是泊松比 (0.42)。

因为 MEMS 悬臂梁的谐振频率可以通过实验测得，因此由式 (6-1) 可以计算得到制备该 MEMS 悬臂梁的有效杨氏模量为 93.15GPa。当外力施加在 MEMS 悬臂梁的 x 到 L 段时，MEMS 悬臂梁的弹性系数可以表示为

$$k = 2E_{\mathrm{e}} \cdot w \cdot \left(\frac{t}{L}\right)^3 \cdot \frac{1-\dfrac{x}{L}}{3-4\left(\dfrac{x}{L}\right)^3+\left(\dfrac{x}{L}\right)^4} \quad (x = L/2) \tag{6-2}$$

其中，w 是 MEMS 悬臂梁的宽度。由式 (6-2) 可以计算得到 MEMS 悬臂梁的弹性系数为 1.82N/m。一般地，悬臂梁的弹性系数要远远小于固支梁的弹性系数。如果

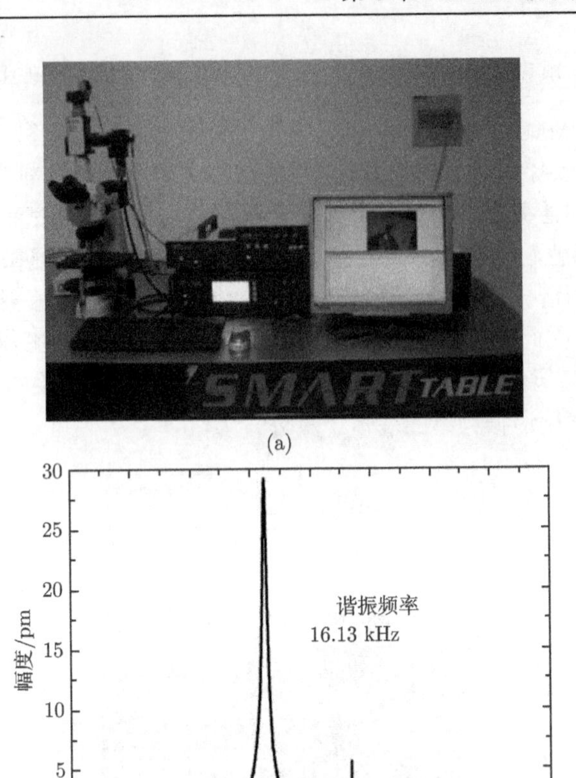

图 6-3　谐振频率的测试平台和测试结果

(a) 测试平台；(b) 测试结果

在梁上施加均匀载荷，悬臂梁的弹性系数比固支梁的弹性系数小 48 倍，这是采用 MEMS 悬臂梁作为 MEMS 微波功率传感器的保护结构的原因。

MEMS 电容式和热电式级联微波功率传感器的测试图如图 6-4 所示，因为 Agilent E8257D PSG 模拟信号发生器在 18GHz 以上输出的功率小于 20dBm(100mW)，如图 6-5 所示，无法验证 MEMS 悬臂梁的抗过载能力，因此抗过载测试在 X 波段 (8~12GHz) 频率下测试完成。当待测微波功率小于 100mW 时，微波功率通过 MEMS 热电式微波功率传感器来测量，测试结果如图 6-6 所示，输出电压与待测微波功率有很好的线性度。灵敏度在 8GHz、10GHz 和 12GHz 分别为 0.117mV/mW、0.109mV/mW 和 0.096mV/mW。当微波功率大于 100mW 时，共面波导传输线与 MEMS 悬臂梁之间就会产生较大的等效静电力使 MEMS 悬臂梁下拉，起到保护热电堆的作用。同时 MEMS 悬臂梁和测试电极之间电容增大，电容变化量的测试结果如图 6-7 所示。当微波功率达到 80mW 时，MEMS 悬臂梁和测试电极之间电容明显变大，当微波功率从 100mW 增加到 200mW 时，MEMS 悬臂梁

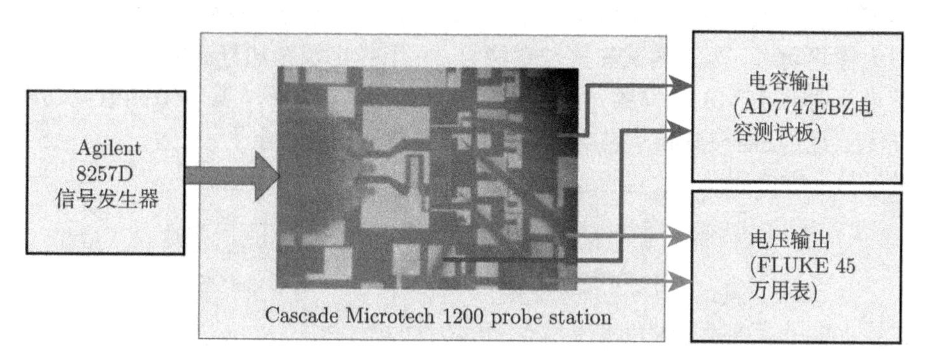

图 6-4 MEMS 电容式和热电式级联微波功率传感器的测试图

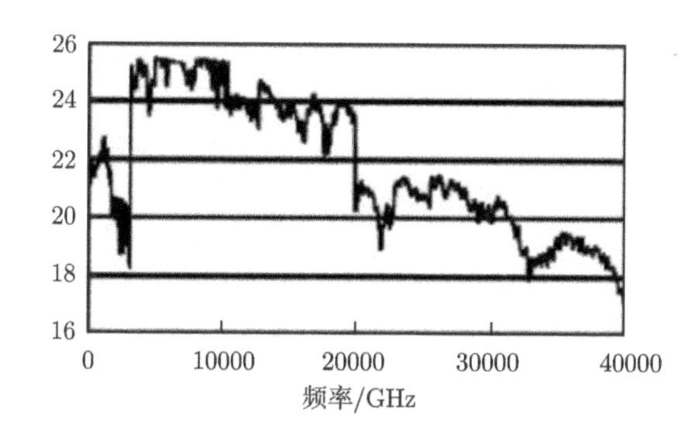

图 6-5 Agilent E8257D PSG 模拟信号发生器的频率–功率关系图

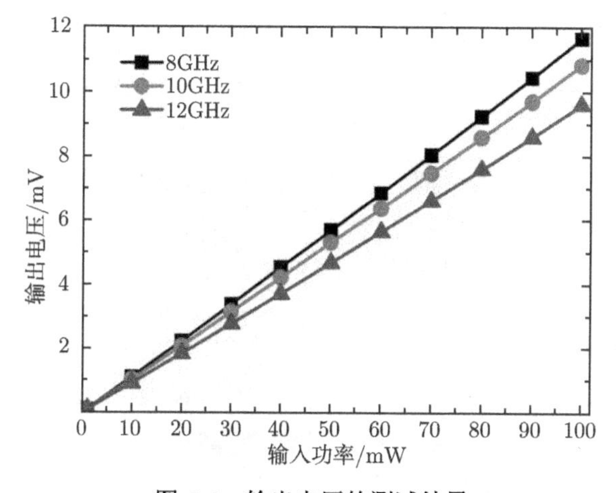

图 6-6 输出电压的测试结果

和测试电极之间电容变化与微波功率有较好的线性度，灵敏度在 8GHz、10GHz 和 12GHz 分别为 0.027fF/mW, 0.024 fF/mW 和 0.022 fF/mW。由于 Agilent E8257D PSG 模拟信号发生器最大输出功率有限，没有达到抗过载 MEMS 微波功率传感器的最大探测功率。为了测试其抗过载能力，在下拉电极施加直流电压。当施加 6V 直流电压时，MEMS 悬臂梁发生黏附过载，如图 6-8 所示，其等效的微波功率为 720mW，远远高于 MEMS 热电式微波功率传感器的过载水平。

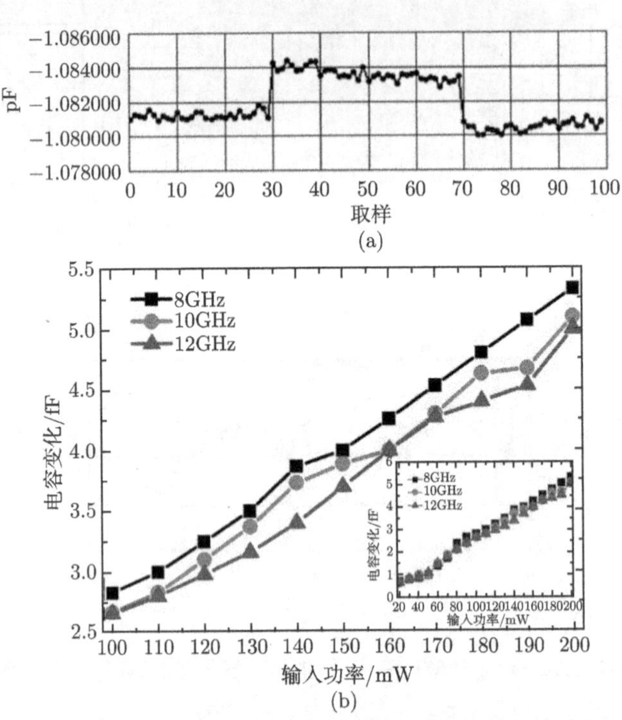

图 6-7　MEMS 电容式和热电式级联微波功率传感器的电容测试

(a) 电容的采样测试图；(b) 电容改变的测试结果

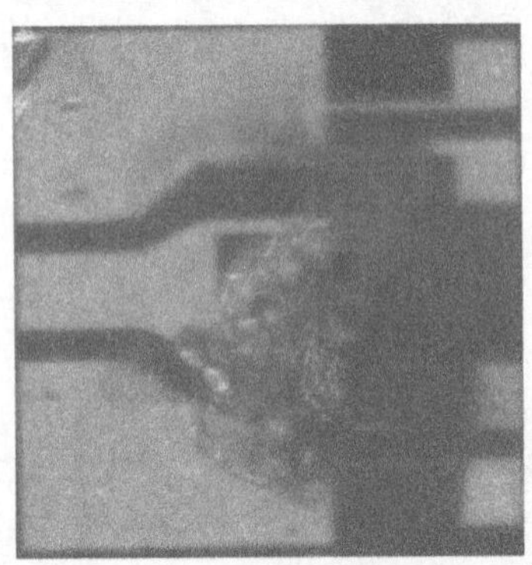

图 6-8　MEMS 电容式和热电式级联微波功率传感器的过载烧毁图

严嘉彬和廖小平等在此基础上利用释放工艺中不同的应力作用，使得悬臂梁产生向上翘曲，从而将级联传感器的功率处理能力提高到 400mW[4]。该高功率处理能力的级联传感器的制备工艺与 GaAs MMIC 工艺完全兼容，其 SEM 照片如图 6-9 所示，可以看出，悬臂梁整体上产生了一定的翘曲，从而提高了微波功率处理能力。

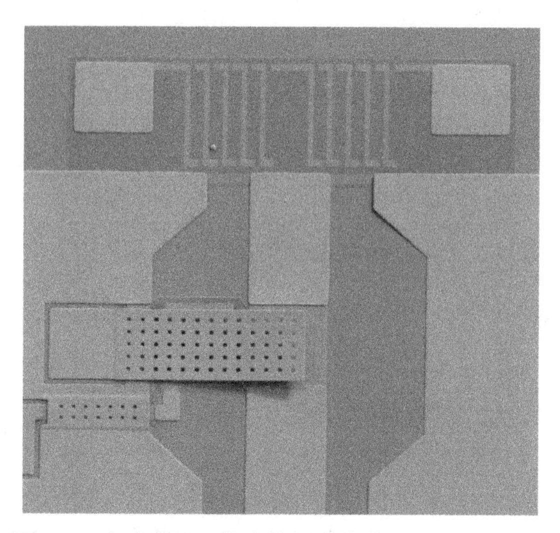

图 6-9 高功率处理能力的级联传感器的 SEM 照片

为了表征功率传感器的微波特性，测试了该级联传感器的回波损耗，如图 6-10 所示，在 X 波段内反射损耗均小于 −25.5dB，说明传感器在 X 波段内匹配特性良好，原因是设计时，对 CPW 传输线的信号线与地线之间的间距进行了优化，从而补偿了翘曲的悬臂梁所引入的额外电容。

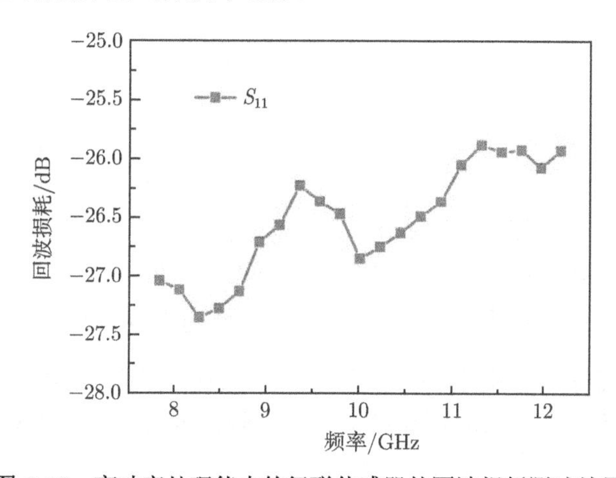

图 6-10 高功率处理能力的级联传感器的回波损耗测试结果

当微波功率从 0.1mW 增加到 100mW 时，MEMS 热电式微波功率传感器的输出电压线性增加，结果如图 6-11 所示，灵敏度约为 0.0842mV/mW@8GHz，0.0752mV/mW@10GHz，和 0.0701mV/mW@12GHz；当微波功率从 100mW 增加到 400mW 时，MEMS 电容式微波功率传感器的电容变化随着微波功率近似线性增加，结果如图 6-12 所示，灵敏度分别为 0.0400fF/mW@8GHz，0.0301fF/mW@10GHz 和 0.0199fF/mW@12GHz。

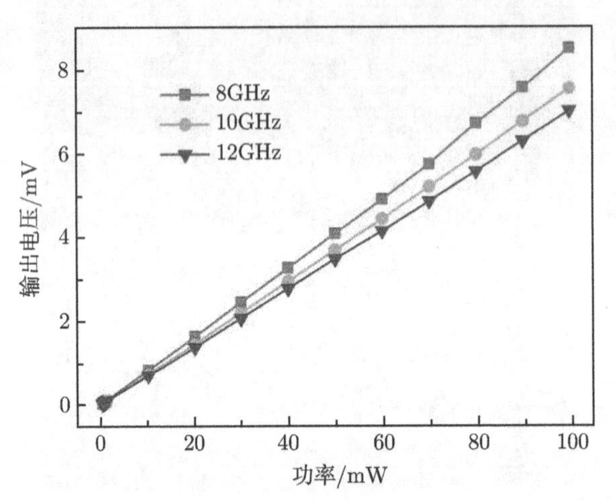

图 6-11　高功率处理能力的级联传感器的电压测试结果

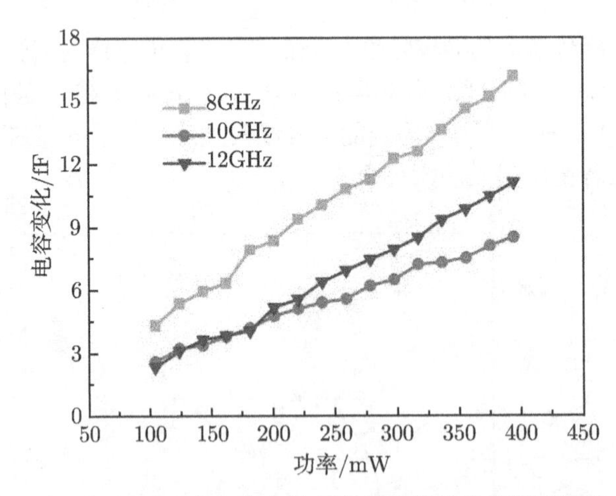

图 6-12　高功率处理能力的级联传感器的电容测试结果

此外，易真翔和廖小平还研究了基于 MEMS 固支梁的电容式和热电式级联微波功率传感器 [5]，其原理和悬臂梁式级联传感器类似，SEM 照片如图 6-13 所示。

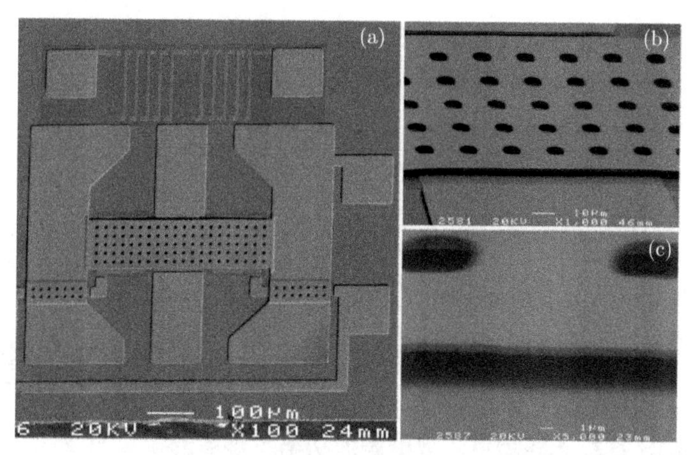

图 6-13 基于 MEMS 固支梁的电容式和热电式级联微波功率传感器的 SEM 照片 (a)，MEMS 固支梁 (b) 和空气间隙 (c)

6.2.3 MEMS 电容式和热电式级联微波功率传感器的系统级 S 参数模型

MEMS 电容式和热电式级联微波功率传感器可视为由两个子网络构成的级联网络：一个是含有悬臂梁的电容式微波功率传感器；另一个是间接式微波功率传感器。级联网络如图 6-14 所示，电容式微波功率传感器可视为一个双端口网络，其 S 参数矩阵如下

$$S = \begin{pmatrix} S_{11} & S_{12} \\ S_{21} & S_{22} \end{pmatrix} \tag{6-3}$$

其中

$$S_{11} = \mathrm{j}wC_0Z_0/\left(2+\mathrm{j}wC_0Z_0\right) = S_{22} \tag{6-4}$$

$$S_{21} = 2/\left(2+\mathrm{j}wC_0Z_0\right) = S_{12} \tag{6-5}$$

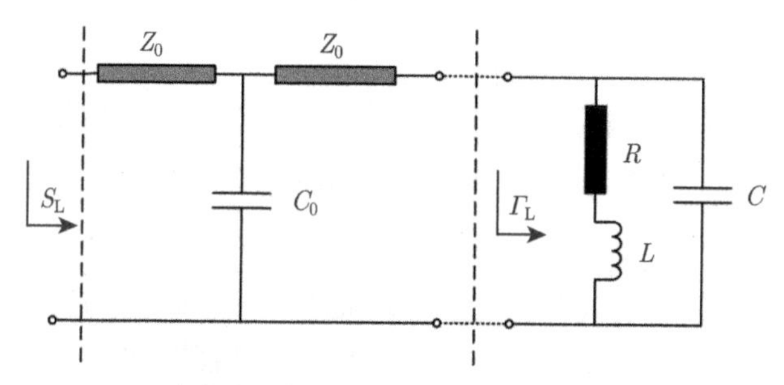

图 6-14 MEMS 电容式和热电式级联微波功率传感器的集总电路模型

MEMS 间接加热热电式微波功率传感器可等效为一个由电阻 R、电感 L 和电容 C 构成的子网络，其反射损耗可表示为

$$\Gamma_{\mathrm{L}}=\frac{R+\mathrm{j}\omega L-Z_0(1+\mathrm{j}\omega RC-\omega^2LC)}{R+\mathrm{j}\omega L+Z_0(1+\mathrm{j}\omega RC-\omega^2LC)} \tag{6-6}$$

级联网络的 S 参数可表示为

$$S_{\mathrm{L}}=S_{11}+\frac{S_{12}S_{21}\Gamma_{\mathrm{L}}}{1-S_{22}\Gamma_{\mathrm{L}}} \tag{6-7}$$

6.3　MEMS 在线式和热电式级联微波功率传感器

6.3.1　MEMS 在线式和热电式级联微波功率传感器的模拟和设计

如图 6-15 所示，易真翔和廖小平提出了一种 MEMS 在线式和热电式级联微波功率传感器 [6,7]。该传感器由 MEMS 在线式微波功率传感器和 MEMS 间接加热热电式微波功率传感器组成，其中，MEMS 间接加热热电式微波功率传感器检测低功率信号，MEMS 在线式微波功率传感器检测高功率信号。

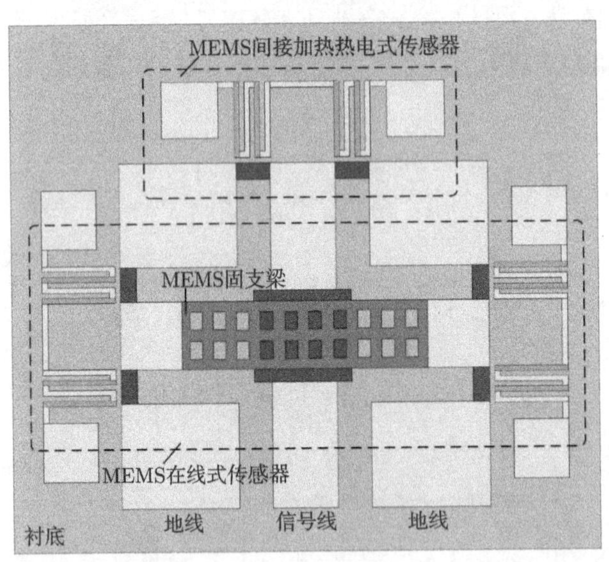

图 6-15　MEMS 在线式和热电式级联微波功率传感器的示意图

为了减小 MEMS 梁引入的额外电容的影响，采用阻抗补偿技术优化其微波性能。为了得到 MEMS 在线式和热电式级联微波功率传感器的尺寸，采用 HFSS 软件对其微波性能进行模拟，结果如图 6-16 所示，当缝隙宽度为 133μm 时，有最优值，此时，回波损耗在 8~12GHz 频段上均小于 −26dB。通过 HFSS 模拟的 MEMS 级联微波功率传感器的尺寸参数如表 6-1 所示。

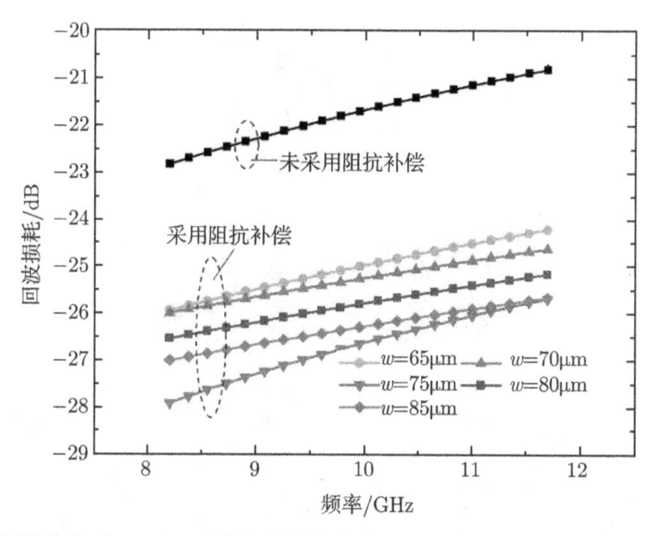

图 6-16　不同缝隙宽度时，MEMS 在线式和热电式级联微波功率传感器回波损耗的模拟结果

表 6-1　MEMS 在线式和热电式级联微波功率传感器的参数

参数	名称	值
w_1	CPW 信号线宽度	100μm
w_2	MEMS 梁的宽度	100μm
g_0	梁与信号线之间的初始空气间隙	1.6μm
g_1	电介质厚度	0.23μm
Z_0	CPW 传输线的特征阻抗	50Ω
t	MEMS 梁的厚度	2μm
G/S/G	CPW 传输线的尺寸	58μm/100μm/58μm
G′/S′/G′	非标准 CPW 传输线的尺寸	133μm/100μm/133μm
l	非标准 CPW 传输线的长度	250μm

6.3.2　MEMS 在线式和热电式级联微波功率传感器的性能测试

采用 GaAs MMIC 工艺对 MEMS 电容式和热电式级联微波功率传感器进行制备，图 6-17 分别给出了该级联微波功率传感器、MEMS 梁和空气间隙的 SEM 照片。

采用矢量网络分析仪对 MEMS 级联微波功率传感器进行微波性能测试，结果如图 6-18 所示。可以看出，在 8~12GHz 范围内，采用阻抗补偿技术的传感器的回波损耗均小于 −26dB，而没有采用阻抗补偿技术的传感器的回波损耗却只有 −22dB。这表明采用阻抗补偿技术使得整个功率传感器的匹配性能更好。

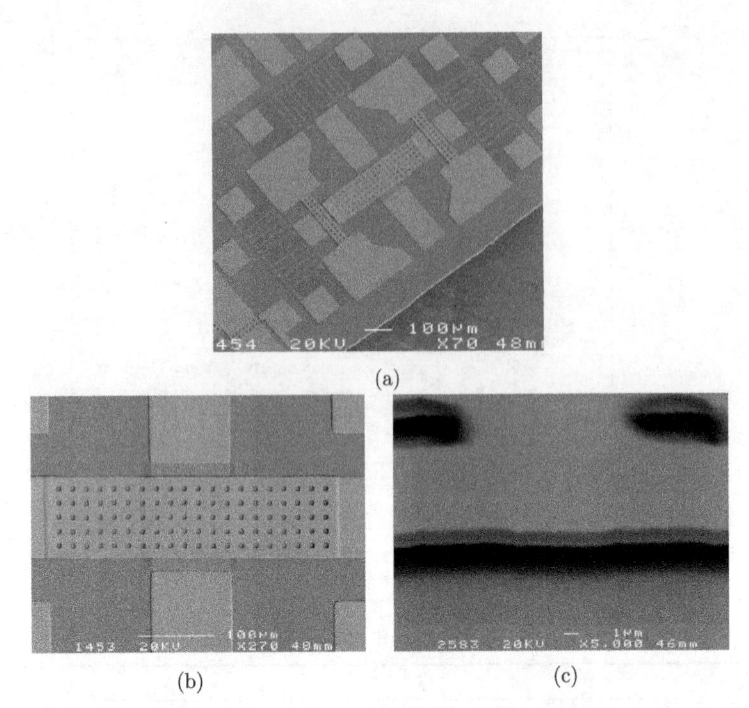

图 6-17　MEMS 在线式和热电式级联微波功率传感器的 SEM 图

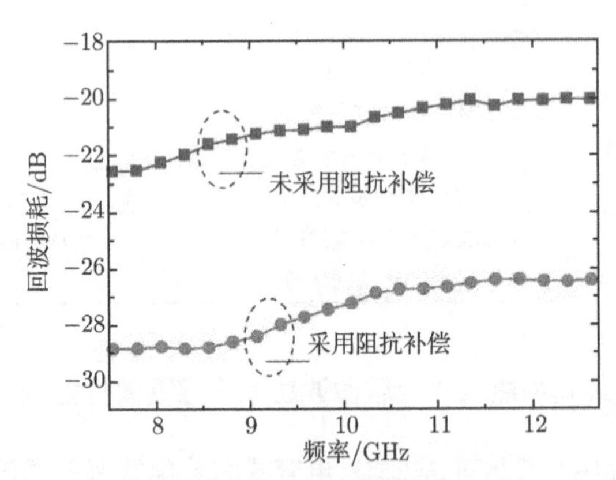

图 6-18　MEMS 在线式和热电式级联微波功率传感器回波损耗的测试结果

低功率测试的结果如图 6-19 所示，当微波功率由 1mW 增加到 100mW 时，MEMS 间接加热热电式微波功率传感器的输出热电势由 1mV 增加到约 9mV，其灵敏度约分别为 0.095mV/mW@8GHz，0.088mV/mW@10GHz 和 0.084mV/mW@12GHz。可以看出，灵敏度随着频率增加而减小，这主要是由于 CPW 传输线的导体损耗和电介质损耗造成的。

高功率测试的结果如图 6-20 所示，当微波功率由 100mW 增加到 150mW 时，

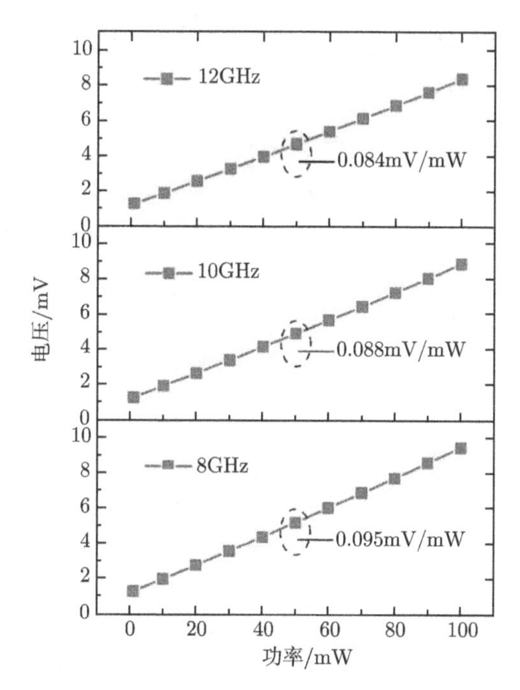

图 6-19 1~100mW 时，MEMS 间接加热热电式微波功率传感器的输出热电势与输入功率之间的关系

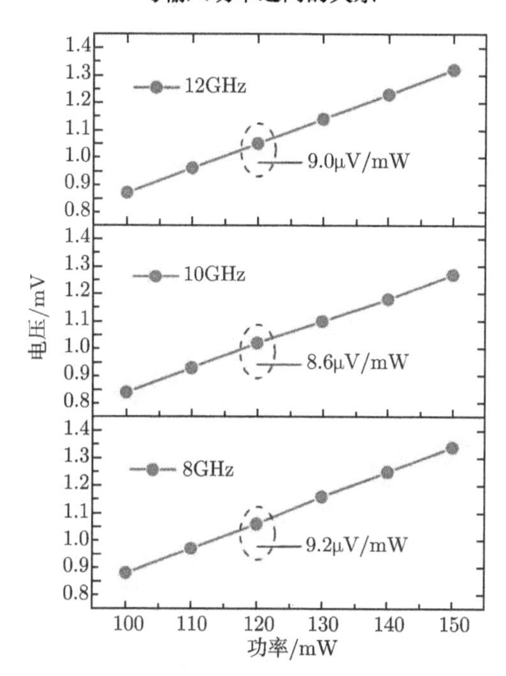

图 6-20 100~150mW 时，MEMS 在线式微波功率传感器的输出电压与输入功率之间的关系

MEMS 在线式微波功率传感器的输出热电势由 0.8mV 近似线性地增加到约 1.3mV，灵敏度分别为 9.2μV/mW@8GHz，8.6μV/mW@10GHz 和 9.0μV/mW@12GHz。

6.3.3　MEMS 在线式和热电式级联微波功率传感器的系统级 S 参数模型

MEMS 在线式和热电式级联微波功率传感器的集总电路模型可视为由三个子网络构成的级联网络：一个含有固支梁的 MEMS 耦合器子网络 A 和两个 MEMS 间接加热热电式微波功率传感器子网络 B、C。级联网络如图 6-21 所示，MEMS 耦合器可视为一个四端口网络，其 S 参数矩阵如下：

$$S_A = \begin{pmatrix} S_{11} & S_{12} & S_{13} & S_{14} \\ S_{21} & S_{22} & S_{23} & S_{24} \\ S_{31} & S_{32} & S_{33} & S_{34} \\ S_{41} & S_{42} & S_{43} & S_{44} \end{pmatrix} \tag{6-8}$$

其中

$$S_{11} = S_{22} = -\frac{Z_0}{2Z_0 - \mathrm{j}(2/\omega C)} \tag{6-9}$$

$$S_{12} = S_{21} = \frac{Z_0 - \mathrm{j}(2/\omega C)}{2Z_0 - \mathrm{j}(2/\omega C)} \tag{6-10}$$

$$S_{31} = S_{13} = S_{14} = S_{41} = \frac{Z_0}{2Z_0 - \mathrm{j}(2/\omega C)} \tag{6-11}$$

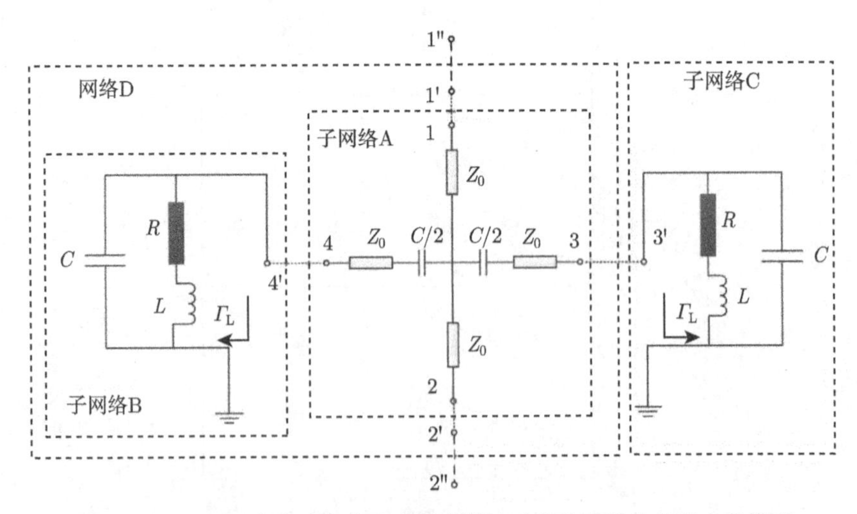

图 6-21　MEMS 在线式和热电式级联微波功率传感器的集总电路模型

MEMS 间接加热热电式微波功率传感器可等效为一个由电阻 R、电感 L 和电容 C 构成的子网络；其反射损耗可表示为

$$\Gamma_{\mathrm{L}}=\frac{R+\mathrm{j}\omega L-Z_0(1+\mathrm{j}\omega RC-\omega^2 LC)}{R+\mathrm{j}\omega L+Z_0(1+\mathrm{j}\omega RC-\omega^2 LC)} \tag{6-12}$$

MEMS 耦合器子网络 A 与间接式微波功率传感器子网络 B 的级联网络 D 的 S 参数矩阵表示为

$$\begin{aligned} S_D &= \begin{pmatrix} S'_{11} & S'_{12} & S'_{13} \\ S'_{21} & S'_{22} & S'_{23} \\ S'_{31} & S'_{32} & S'_{33} \end{pmatrix} \\ &= \begin{pmatrix} S_{11} & S_{12} & S_{13} \\ S_{21} & S_{22} & S_{23} \\ S_{31} & S_{32} & S_{33} \end{pmatrix} + \frac{\Gamma_{\mathrm{L}}}{1-\Gamma_{\mathrm{L}}S_{44}} \begin{pmatrix} S_{14} \\ S_{24} \\ S_{34} \end{pmatrix} \begin{pmatrix} S_{41} & S_{42} & S_{43} \end{pmatrix} \end{aligned} \tag{6-13}$$

最后子网络 D 和子网络 C 的级联网络 S 参数可表示为

$$\begin{aligned} S_{\text{total}} &= \begin{pmatrix} S''_{11} & S''_{12} \\ S''_{21} & S''_{22} \end{pmatrix} \\ &= \begin{pmatrix} S'_{11} & S'_{12} \\ S'_{21} & S'_{22} \end{pmatrix} + \frac{\Gamma_{\mathrm{L}}}{1-\Gamma_{\mathrm{L}}S'_{33}} \begin{pmatrix} S'_{13} \\ S'_{23} \end{pmatrix} \begin{pmatrix} S'_{31} & S'_{32} \end{pmatrix} \end{aligned} \tag{6-14}$$

6.4 小 结

本章首先介绍了 MEMS 电容式和热电式级联微波功率传感器的工作原理，并对制备的级联传感器进行回波损耗、功率响应等性能的测试，并采用翘曲的悬臂梁结构进一步提高微波功率处理能力；接着，建立了相应的系统级 S 参数模型。同时，本章还介绍了一种 MEMS 在线式和热电式级联微波功率传感器，利用 HFSS 软件对其结构进行了模拟和设计，并对制备的 MEMS 在线式和热电式级联微波功率传感器进行性能测试，建立了相应的系统级 S 参数模型。本章设计的微波功率传感器级联结构，不仅扩展了测量动态范围，而且提高了灵敏度和抗烧毁水平。

参 考 文 献

[1] Wang D B, Liao X P, Liu T. A novel thermoelectric and capacitive power sensor with improved dynamic range based on GaAs MMIC technology. IEEE Electron Device Letters, 2012, 33(2): 269-271

[2] Wang D B, Liao X P. A novel MEMS doule-channel microwave power sensor based on GaAs MMIC technology. Sensors and Actuators: A. Physical, 2012, (188): 95-102

[3] Osterberg P M, Senturial S D. M-TEST: a test chip for MEMS material property measurement using electrostatically actuated test structures. J. Microelectromech. Syst, 1997, (6): 107-118

[4] Yan J B, Liao X P, Yi Z X. High dynamic range microwave power sensor with thermopile and curled cantilever beam. Electronics Letters, 2015, (51): 1341-1343

[5] Yi Z X, Liao X P. A cascaded terminating-type and capacitive-type power sensor for −10 to 22dBm application. IEEE Electron Device Letters, 2016, 37(4): 489-491

[6] Yi Z X, Liao X P. A cascade RF power sensor based on GaAs MMIC for improved dynamic range application// Proceedings of IEEE Radio Frequency Integrated Circuits Symposium 2014. Tampa, USA: IEEE, 2014: 201-204

[7] Yi Z P, Liao X P. A high dynamic range power sensor based on GaAs MMIC process and MEMS technology. Solid State Electronics, 2016, 115: 39-46

第 7 章　MEMS 在线电容耦合式微波功率检测器

7.1　引　　言

MEMS 在线式微波功率检测器是指在 MEMS 和微电子集成电路的加工基础上制作出的器件，将输入微波功率通过某种耦合机构 (如传输线和 MEMS 膜等) 提取出一部分，所提取功率的大小一般采用测量电压和电容的方式表征出来，从而通过测量所提取的微波功率来得到输入微波功率的大小。MEMS 在线式微波功率检测器可分为插入型、电容型和耦合型。它们不但具有 MEMS 终端式微波功率传感器的优点，更重要的是在微波功率测量之后微波信号仍是可用的。对于在线插入型：1995 年 A.Dehé 等提出了一种通过在 CPW 地线下放置的热电堆将信号线的损耗转化为热电势来表征微波功率大小的 MEMS 微波功率传感器，该器件采用标准的 GaAs 工艺 [1]；2015 年张志强和廖小平提出了与 GaAs MMIC 工艺兼容的 MEMS 插入型微波功率传感器，其中热电堆制作在 CPW 信号线下方以提高灵敏度 [2]。对于在线电容型：2006 年 L.J.Fernández 等提出了一种制作在 AF45 玻璃衬底上通过测量 MEMS 梁的电容变化的接地式和浮式 (floating)MEMS 微波功率传感器，并给出了阻抗补偿的方法 [3]。2012 年崔焱和廖小平报道了基于 GaAs MMIC 工艺的 MEMS 电容型微波功率传感器，并研究了微波–力–电模型 [4]。MEMS 在线电容耦合式微波功率检测器，是本章研究的重点。

7.2　MEMS 在线电容耦合式微波功率检测器的模拟和设计

韩磊、黄庆安和廖小平首次提出了 MEMS 在线电容耦合式微波功率检测器的基本结构，通过在 CPW 上悬浮的 MEMS 膜耦合出一部分微波功率，被耦合的功率由第 4 章中 MEMS 间接加热式微波功率传感器测量，同时解决了微波性能和灵敏度的矛盾 [5,6]；韩磊、黄庆安、廖小平和苏适研究了阻抗匹配结构 (通过调整 MEMS 膜附近 CPW 信号线和地线之间的间距以降低反射损耗)，研究了电容补偿结构 (通过在耦合分支的 CPW 上分别增加一个金属–介质层–金属 (MIM) 电容以实现宽频带的响应)，建立了理想微波集总模型以分析微波性能，以及热学模型以优化灵敏度，并通过实验验证了原理的正确性 [7]；张志强和廖小平等进一步对基于 GaAs MMIC 工艺的 MEMS 在线电容耦合式微波功率检测器做了深入研究，其包括优化的研究 [8−10]、工艺的研究 [11,12] 和模型的研究 [13,14]；为了减小高功率微波信号由于静电力作用对梁产生扰动的影响，张志强和廖小平提出了一种具有固定电容耦合的 MEMS 在线电容耦合式微波功率检测器，在该膜下方的介质材料不被去除以保持电容耦合大小的不变 [15]。MEMS 在线电容耦合式微波功率检测器是利用横跨在 CPW 信号线上的 MEMS 膜将输入微波功率耦合出一部分，被耦合功率的大小通过 MEMS 终端式微波功率传感器测量出来，从而通过测量被耦合微波功率的大小来得到输入微波功率的大小。

7.2.1　结构和原理

MEMS 在线电容耦合式微波功率检测器包括 MEMS 微波功率耦合器和 MEMS 终端式热电微波功率传感器两部分。在耦合器中，一个 MEMS 膜横跨在 CPW 上方，MEMS 膜的两个锚区分别连接到两个额外的水平放置的 CPW 信号线上；在终端式传感器中，两个 MEMS 间接加热式微波功率传感器的输入端分别与由 MEMS 膜的锚区引出的 CPW 相连接，其中每个 MEMS 间接加热式微波功率传感器是由两个并联在 CPW 输出端的终端负载电阻和在负载电阻附近的热电堆构成的。三个 CPW 的特征阻抗均为 50 Ω，每个终端负载电阻为 100Ω。MEMS 在线电容耦合式微波功率检测器的工作原理为：在 CPW 上方悬挂一个 MEMS 膜，当 CPW 上传输的微波信号经过 MEMS 膜时，由 MEMS 膜与 CPW 信号线构成的电容会耦合出一定比例的微波功率，耦合出的微波功率经 MEMS 膜的锚区传输到两条额外的水平 CPW 上，随后被位于水平 CPW 上的终端匹配电阻消耗并转化为热，引起匹配电阻周围温度的升高，放置在匹配电阻附近的热电堆探测出这种温度变化并将之转化为热电势的输出，从而实现微波信号功率的测量。图 7-1 为 MEMS 在线电容耦合式微波功率检测器的基本型结构。

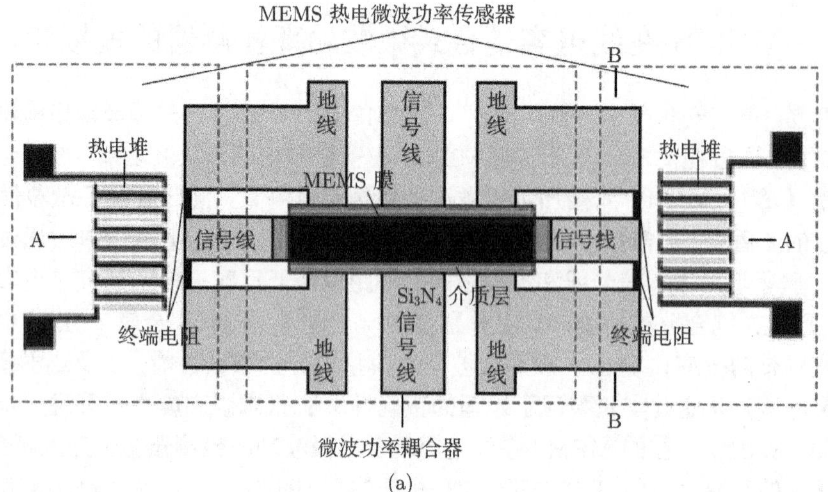

(a)

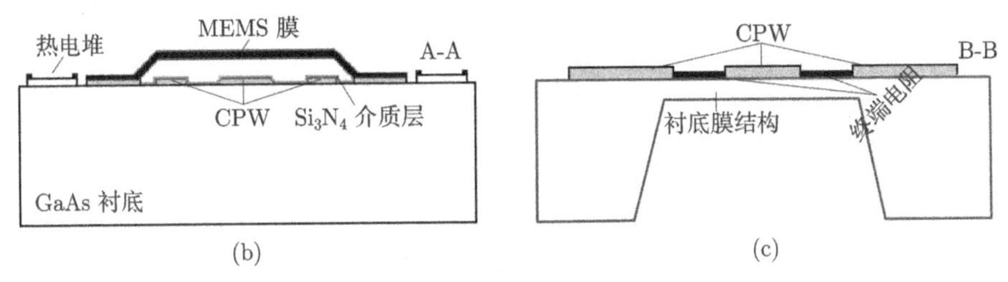

图 7-1 MEMS 在线电容耦合式微波功率检测器的基本型结构

(a) 示意图；(b)A-A 剖面图；(c)B-B 剖面图

在结构图 7-1 中，MEMS 膜与 CPW 信号线之间构成耦合电容，其可表示为

$$C = \frac{2\varepsilon_0 aw}{g_0 + t_\mathrm{d}/\varepsilon_\mathrm{r}} + C_\mathrm{f} \tag{7-1}$$

其中，C 为 MEMS 膜与 CPW 信号线之间的耦合电容；w 和 g_0 分别为 MEMS 膜的宽度和初始高度；a 为 CPW 信号线宽度的一半；t_d 为 Si_3N_4 绝缘介质层的厚度；ε_0 和 ε_r 分别为自由空间的介电常数和 Si_3N_4 绝缘介质层的相对介电常数；C_f 为 MEMS 膜的边缘电容。由工作原理可知，耦合电容决定了被耦合微波功率的大小，而被耦合微波功率又与灵敏度成比例，因而如果需要设计预期的灵敏度可通过设计耦合电容的大小来实现。当微波功率传输至 MEMS 膜时，在 MEMS 膜上产生静电力，引起膜的下移，从而导致 MEMS 膜与 CPW 信号线之间的耦合电容发生变化。静电力对 MEMS 膜的影响，可表示为

$$V = (g_0 - z)\sqrt{\frac{k_{\text{s-membrane}}}{\varepsilon_0 aw} z} \tag{7-2}$$

其中，V 为微波信号的均方根电压幅度；z 和 $k_{\text{s-membrane}}$ 分别为 MEMS 膜的向下位移和弹性系数。假设在 MEMS 膜上没有残余应力，其弹性系数为

$$k_{\text{s-membrane}} = K_{\text{s-membrane}} \frac{Et^3 w}{l^3} \tag{7-3}$$

其中，E 为杨氏模量；t 和 l 分别为 MEMS 膜的厚度和长度；$K_{\text{s-membrane}}$ 是一个常数，其与均匀分布在 MEMS 膜上力的位置有关。由式 (7-1)~式 (7-3) 可得，设计不同 MEMS 膜的宽度可以改变 MEMS 膜与 CPW 信号线之间的耦合电容，但不会因静电力作用增大或减小 MEMS 膜的下移；而降低 MEMS 膜的长度在一定均方根电压幅度下可在很大程度上减小 MEMS 膜的下移，但又不会影响 MEMS 膜与 CPW 信号线之间的耦合电容。因此，对于 MEMS 膜的设计，MEMS 膜的宽度被设计用来实现预期的灵敏度，而 MEMS 膜的长度被设计很短以尽量减小微波功率对膜的下移影响。

由于 MEMS 膜与 CPW 信号线之间的耦合电容，造成基本型结构的阻抗失配，引起了较大的反射损耗，并且反射损耗随耦合电容的增大而增大。对于一定的耦合电容，被耦合的微波功率因电容容抗随频率的变化而变化，因而 MEMS 在线电容耦合式微波功率检测器的灵敏度具有窄的工作频带。为了降低 MEMS 膜对微波性能的影响和减小被耦合微波功率的频率响应，增加了阻抗匹配结构和电容补偿结构。图 7-2 为 MEMS 在线电容耦合式微波功率检测器的第一种改进型结构。阻抗匹配结构是通过调整 MEMS 膜附近的 CPW 信号线和地线之间的间距实现的。通过改变 MEMS 膜下方附近的 CPW 特征阻抗，以尽量减小 MEMS 膜对反射损耗的影响。电容补偿结构是通过增加开路传输线实现的。这是因为补偿电容的大小为 fF 量级，直接增加金属–绝缘层–金属 (MIM) 电容容易受工艺的影响导致实际制作的电容值与理论值之间存在较大差异，从而导致微波性能的恶化。与 MIM 电容补偿结构 [7] 相比，采用开路传输线补偿电容结构具有较小的工艺依赖性，从而实际制作的电容值和理论值之间具有较小的偏差。根据传输线理论，开路传输线的输入端口阻抗 (Z_{in}) 为

$$
\begin{aligned}
Z_{\text{in}}(l_1) &= \frac{Z_1}{\mathrm{j}\tan(\beta l_1)} \\
&= \begin{cases} <0 & \text{电容} \quad (0 < l_1 < \lambda/4) \\ >0 & \text{电感} \quad (\lambda/4 < l_1 < \lambda/2) \end{cases}
\end{aligned}
\tag{7-4}
$$

其中，Z_1 和 l_1 分别为开路传输线的特征阻抗和长度；λ 为波长。由式 (7-4) 可得，当开路传输线的长度小于四分之一波长时，开路传输线等效为电容；当开路传输线的长度在四分之一波长和二分之一波长之间时，开路传输线等效为电感。

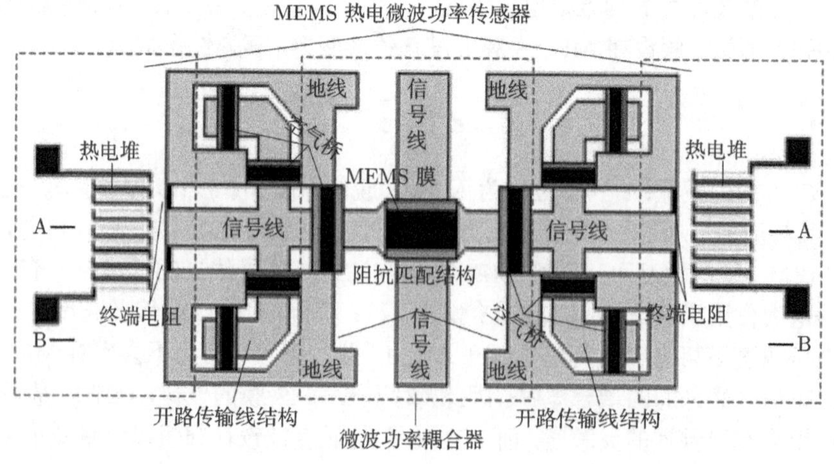

(a)

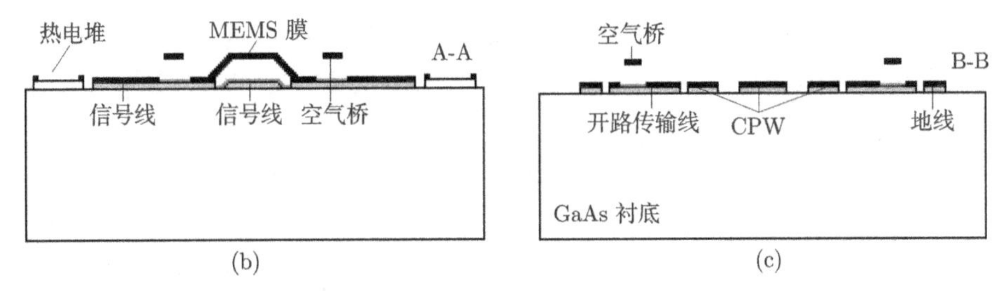

图 7-2　MEMS 在线电容耦合式微波功率检测器的第一种改进型结构

(a) 示意图；(b)A-A 剖面图；(c)B-B 剖面图

当 MEMS 在线电容耦合式微波功率检测器嵌入到微波接收机前端时，无论是否需要检测功率，一定比例的微波功率总是被耦合出来用来检测，这引起了不必要的微波功率损耗。在第一种改进型结构的基础上，通过增加两个并联电容式 MEMS 开关分别到该检测器的耦合分支上，以实现 MEMS 在线电容耦合式微波功率检测器的检测和不检测两种工作状态。图 7-3 为 MEMS 在线电容耦合式微波功率检测器的第二种改进型结构。当在 MEMS 开关上不施加驱动电压时，开关处于

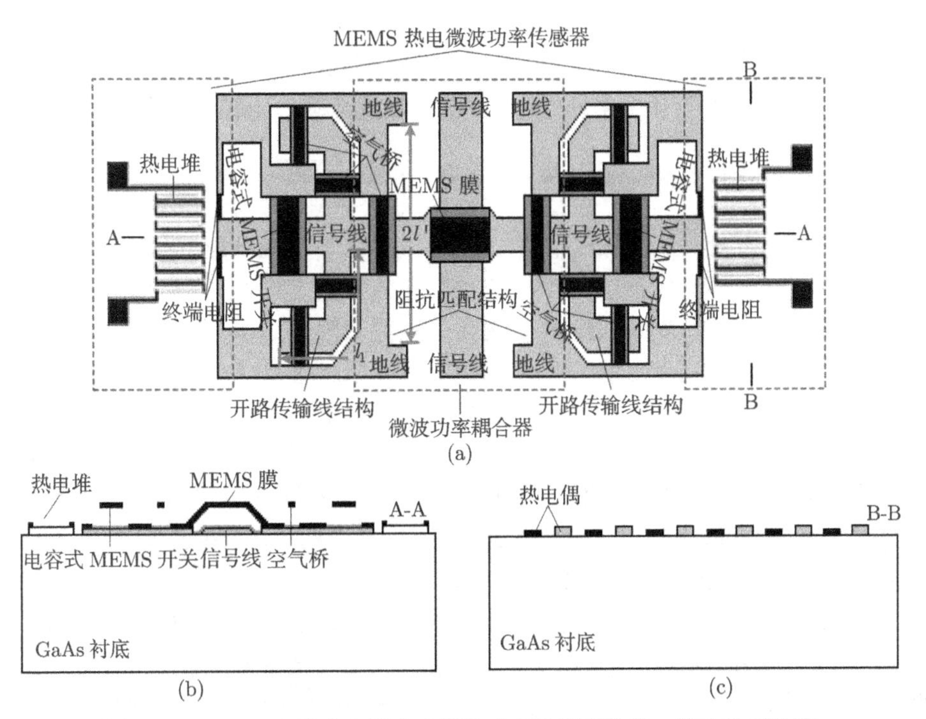

图 7-3　MEMS 在线电容耦合式微波功率检测器的第二种改进型结构

(a) 示意图；(b)A-A 剖面图；(c)B-B 剖面图

断开状态，则该检测器处于检测状态。它意味着由 MEMS 膜耦合出来的一定比例的输入微波功率被终端负载电阻消耗，从而实现微波功率的测量。当在 MEMS 开关上施加驱动电压时，开关处于闭合状态，则该检测器处于不检测状态。它意味着由 MEMS 膜耦合出来的一定比例的微波功率被反射回去而不能被终端负载电阻消耗，从而总的微波功率几乎没有衰减。为了减小 MEMS 开关对微波性能的影响，通过调整 MEMS 开关附近耦合分支的 CPW 信号线和地线的间距以实现 MEMS 开关的阻抗匹配。郑惟彬、黄庆安、廖小平和李拂晓已经提出了基于 GaAs MMIC 工艺的并联电容式 MEMS 开关，并对低阈值电压开关结构的设计、力学解析模型和阻抗匹配模型的建立，以及 MEMS 和 GaAs MMIC 兼容工艺的制备进行了研究 [16]，所以本章不再详细介绍该 MEMS 开关性能的设计和优化。

当在并联电容式 MEMS 开关的梁和驱动电极之间施加驱动电压时，梁上产生静电力。如果驱动电压等于 MEMS 开关的阈值电压，梁将会吸合到驱动电极上，此时开关为闭合状态。导致 MEMS 开关从断开状态到闭合状态的驱动电压为

$$V_{\mathrm{th}} = \sqrt{\frac{4k_{\text{s-switch}}}{27\varepsilon_0 a_{\mathrm{switch}} w_{\mathrm{switch}}} g_{\text{0-switch}}^3} \tag{7-5}$$

其中，V_{th} 为施加的驱动电压；w_{switch} 和 $g_{\text{0-switch}}$ 分别为 MEMS 开关梁的宽度和初始高度；a_{switch} 为在 MEMS 开关下方 CPW 信号线宽度的一半；$k_{\text{s-switch}}$ 为 MEMS 开关的弹性系数。假设在 MEMS 开关上没有残余应力，其弹性系数为

$$k_{\text{s-switch}} = K_{\text{s-switch}} \frac{E t_{\mathrm{switch}}^3 w_{\mathrm{switch}}}{l_{\mathrm{switch}}^3} \tag{7-6}$$

其中，E 为杨氏模量；t_{switch} 和 l_{switch} 分别为 MEMS 开关梁的厚度和长度；$K_{\text{s-switch}}$ 是一个常数，其与均匀分布在 MEMS 开关梁上力的位置有关。在式 (7-5) 和式 (7-6) 中，虽然驱动电压 (V_{th}) 和 MEMS 开关梁的弹性系数 ($k_{\text{s-switch}}$) 均与梁的厚度 (w) 有关，但是由于弹性系数 ($k_{\text{s-switch}}$) 随梁的厚度 (w) 呈线性变化，所以驱动电压 (V_{th}) 与 MEMS 梁的厚度 (w) 无关。由式 (7-5) 和式 (7-6) 可得，设计不同 MEMS 膜的宽度不改变驱动电压的大小；而增大 MEMS 开关梁的长度可显著地降低所施加的驱动电压。因此，对于并联电容式 MEMS 开关的梁设计，梁的长度被设计得稍微长一些，以降低所施加的驱动电压，从而减小损耗，但不能过长，以尽量避免在 MEMS 开关释放工艺过程中的黏附问题。

因此，对于 MEMS 在线电容耦合式微波功率检测器的 MEMS 膜和开关梁的设计，得出以下结论：① 在微波功率耦合器中，通过适当减小 MEMS 膜的宽度，使得 MEMS 膜 “硬” 一些，不易受到微波信号静电力的影响，从而获得恒定的耦合功率大小；②通过设计不同 MEMS 膜的宽度，实现预期的在线式微波功率检测器的灵敏度；③在并联电容式 MEMS 开关中，通过适当增大 MEMS 开关梁的长

度，使得 MEMS 梁“软”一些，具有较小的驱动电压，从而实现 MEMS 开关处于闭合状态，但不能过长以避免黏附问题。

7.2.2 模拟和优化

对于 MEMS 在线电容耦合式微波功率检测器，已经提出了基本型和改进型结构的理想模型 [11,12]；基于理想的模型，对于一个给定的耦合功率比，可计算出检测器中主要结构尺寸的理论值；然后，利用 HFSS 仿真软件对理论值进行仿真和优化，得到优化后的结构尺寸。下面对 MEMS 在线电容耦合式微波功率检测器的第二种改进型结构进行 HFSS 仿真和优化，要求其耦合功率与总功率的比约为 1%。为了验证阻抗匹配、开路传输线和状态转换结构原理的正确性，下面对比给出了基本型和改进型结构的 HFSS 模拟结果。在模拟中，没有考虑导体损耗和介质损耗。图 7-4 为 MEMS 在线电容耦合式微波功率检测器的基本型和改进型结构的反射损耗的 HFSS 模拟结果。图 7-4(b) 给出，改进型结构处于不检测状态时，对于 MEMS 膜附近不同的不均匀 CPW 长度 (l') 的反射损耗。图 7-5 为 MEMS 在线电容耦合式微波功率检测器的基本型和改进型结构的耦合系数的 HFSS 模拟结果。图 7-5(b) 给出，改进型结构处于不检测状态时，对于不同的开路传输线长度 (l_1) 的耦合系数。对于长度 (l') 和 (l_1) 的具体位置，可见图 7-3。

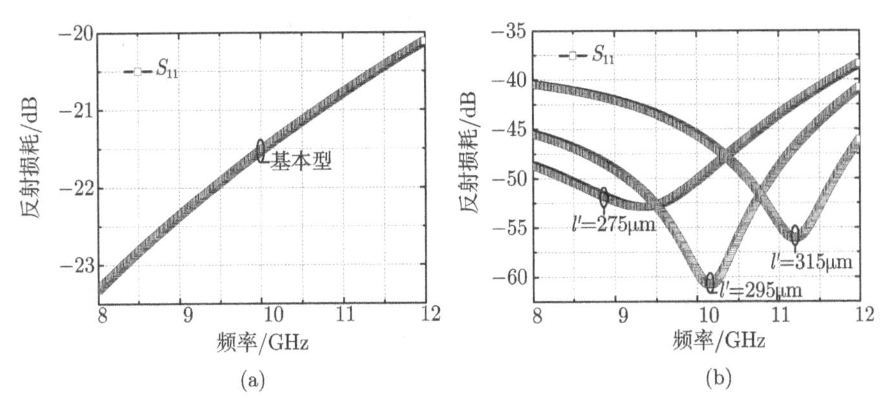

图 7-4 MEMS 在线电容耦合式微波功率检测器的反射损耗的 HFSS 模拟结果

(a) 基本型结构；(b) 改进型结构：在不检测状态时，对于 MEMS 膜附近不同的不均匀 CPW 长度 (l')

图 7-6 为优化后改进型 MEMS 在线电容耦合式微波功率检测器在检测和不检测两种状态的 HFSS 模拟结果。在图 7-6(a) 中，当检测器处于检测状态时，反射损耗 (S_{11}) 在 X 波段均小于 −30dB；在图 7-6(b) 中，当检测器处于不检测状态时，反射损耗 (S_{11}) 在约 10GHz 时具有最小值，其值为 −60dB，在 X 波段均小于 −40dB。对比两种状态的反射损耗，表明在不检测状态时反射损耗在阻抗匹配点具有极小值，这是因为阻抗匹配模型是在不检测状态建立的。MEMS 在线电容耦合

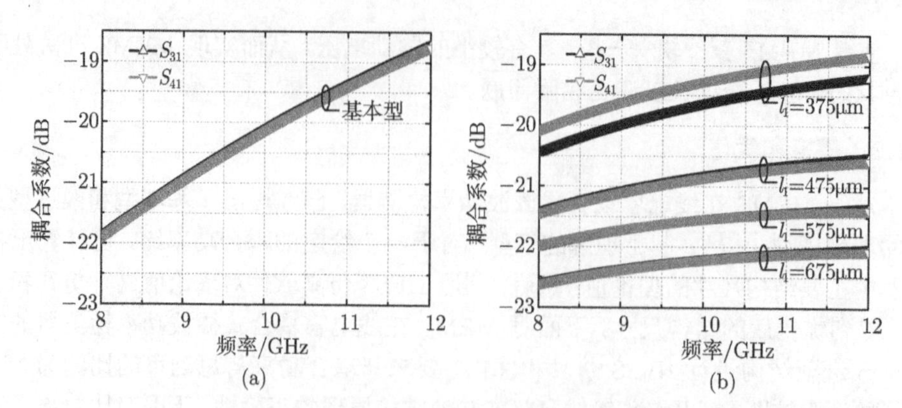

图 7-5 MEMS 在线电容耦合式微波功率检测器的耦合系数的 HFSS 模拟结果

(a) 基本型结构；(b) 改进型结构：在不检测状态时，对于不同的开路传输线长度 (l_1)

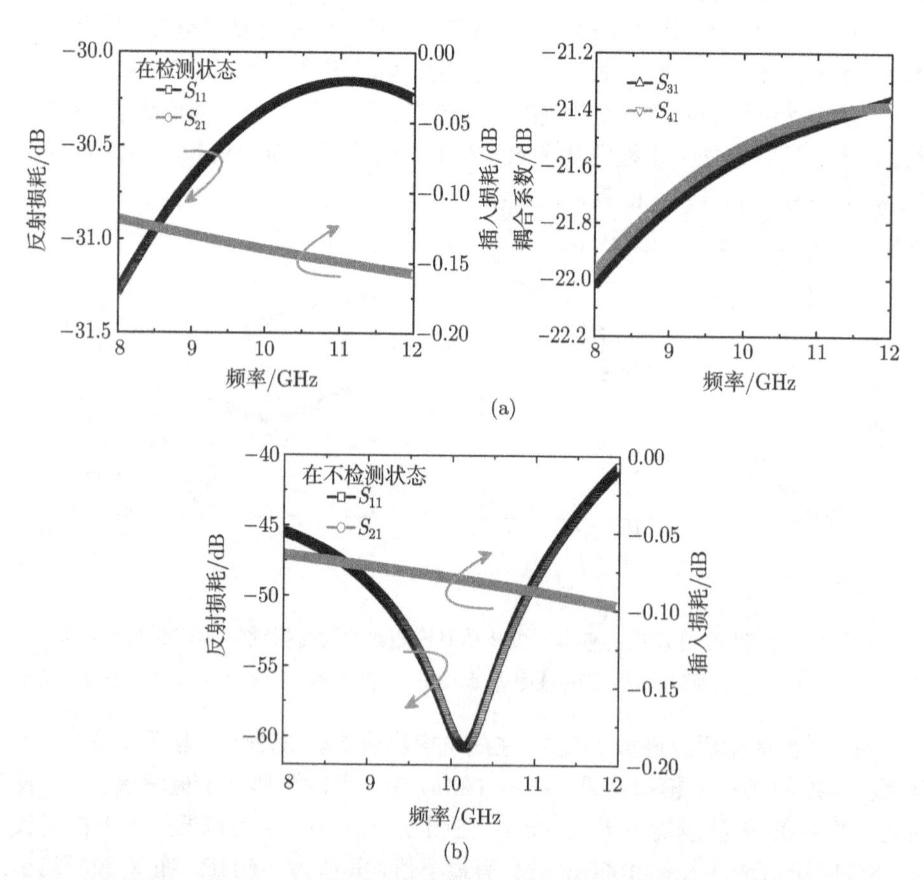

图 7-6 优化后改进型 MEMS 在线电容耦合式微波功率检测器的 HFSS 模拟结果

(a) 检测状态：反射损耗、插入损耗和耦合系数；(b) 不检测状态：反射损耗和插入损耗

式微波功率检测器在检测和不检测两种状态均具有较小的反射损耗，因此，证实了在不检测状态的阻抗匹配模型可应用在检测状态。在图 7-6(a) 中，当检测器处于检测状态时，耦合系数 (S_{31} 和 S_{41}) 随频率变化的幅度减小，这证实了开路传输线补偿电容结构实现了 MEMS 在线电容耦合式微波功率检测器的宽频带应用。通过比较图 7-6(a) 和 (b) 的插入损耗 (S_{21}) 可以发现，在不检测状态时插入损耗 (S_{21}) 在 12GHz 处改善了约 0.06dB，这证实了并联电容式 MEMS 开关实现了 MEMS 在线电容耦合式微波功率检测器的检测和不检测两种状态。表 7-1 为优化后第二种改进型 MEMS 在线电容耦合式微波功率检测器的结构尺寸。

表 7-1　优化后第二种改进型 MEMS 在线电容耦合式微波功率检测器的结构尺寸

结构参数	数值/μm
GaAs 衬底的厚度	100
CPW 传输线的厚度	2.3
CPW 信号线的宽度 ($2a$)	100
CPW 信号线和地线之间的间距	58
MEMS 膜的长度 (l)	220
MEMS 膜的宽度 (w)	110
在 MEMS 膜附近不均匀 CPW 的长度 (l')	295
在 MEMS 膜附近不均匀 CPW 信号线的宽度	100
在 MEMS 膜附近不均匀 CPW 信号线和地线之间的间距	167
MEMS 开关梁的长度	400
MEMS 开关梁的宽度	80
在 MEMS 开关梁附近不均匀 CPW 的长度	248
在 MEMS 开关梁附近不均匀 CPW 信号线的宽度	100
在 MEMS 开关梁附近不均匀 CPW 信号线和地线之间的间距	269
MEMS 膜和开关梁的厚度 (t)	2
MEMS 膜和开关梁的初始高度 (g_0)	1.6
开路传输线的长度 (l_1)	575
开路传输线的信号线的宽度	100
开路传输线的信号线和地线之间的间距	12
Si_3N_4 介质层的厚度 (t_d)	0.1

7.3　MEMS 在线电容耦合式微波功率检测器的测试

MEMS 在线电容耦合式微波功率检测器的制备与中电 55 所的 GaAs MMIC 工艺兼容。本章优化的改进型 MEMS 在线电容耦合式微波功率检测器结构包括两种：基于阻抗匹配和开路传输线补偿电容结构的第一种改进型结构，以及基于阻抗匹配、开路传输线补偿电容和状态转换开关结构的第二种改进型结构。它们的工作频段均为 X 波段。

7.3.1　具有阻抗匹配和开路传输线补偿电容结构

第一种改进型 MEMS 在线电容耦合式微波功率检测器的测试分为三部分：微波性能的测试、灵敏度的测试和互调 (IM) 失真的测试。微波性能的测试表征了该检测器在测量时阻抗匹配情况和微波信号经过该检测器时微波功率的损耗程度；灵敏度的测试表征了在一定微波频率下输出热电势和输入微波功率之间的关系、在一定微波功率下输出热电势和输入微波频率之间的关系，以及调幅 (AM) 信号对输出热电势的影响；互调失真的测试是指测量具有不同频率的两个输入信号经过检测器而产生的混合分量，表征了该检测器的非线性失真情况。图 7-7 为第一种改进型 MEMS 在线电容耦合式微波功率检测器的 SEM 照片。其中，MEMS 膜的宽度被设计为 260μm，其对应的耦合功率比为 3%。

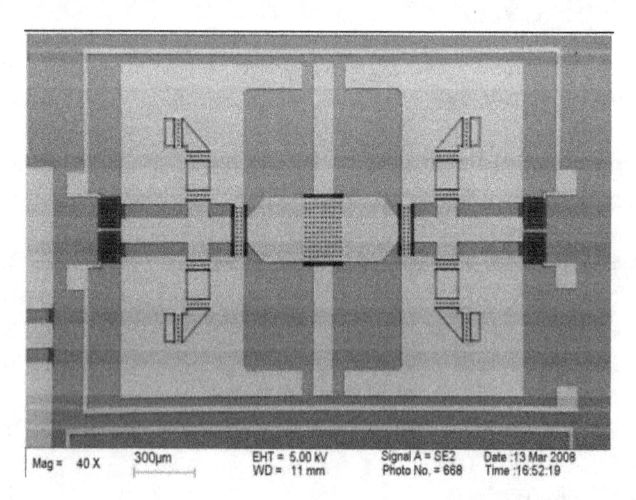

图 7-7　第一种改进型 MEMS 在线电容耦合式微波功率检测器的 SEM 照片

1. 微波性能的测试

第一种改进型 MEMS 在线电容耦合式微波功率检测器的微波性能采用 Agilent 8719ES 网络分析仪和 Cascade Microtech GSG 微波探针台测试，其测量的参数为反射损耗 S_{11} 和插入损耗 S_{21}，测量的频率为 X 波段。为了实现精确的微波测量，采用全端口 (full port) 技术校准网络分析仪。

图 7-8 为第一种改进型 MEMS 在线电容耦合式微波功率检测器的反射损耗和插入损耗测试结果。由于在第一种改进型结构中增加了阻抗匹配结构，测量的反射损耗 S_{11} 和插入损耗 S_{21} 在 X 波段分别小于 −17dB 和 0.8dB。测量的插入损耗表现得有些大，这是因为 3% 的总功率被 MEMS 膜耦合并转化为输出热电势。

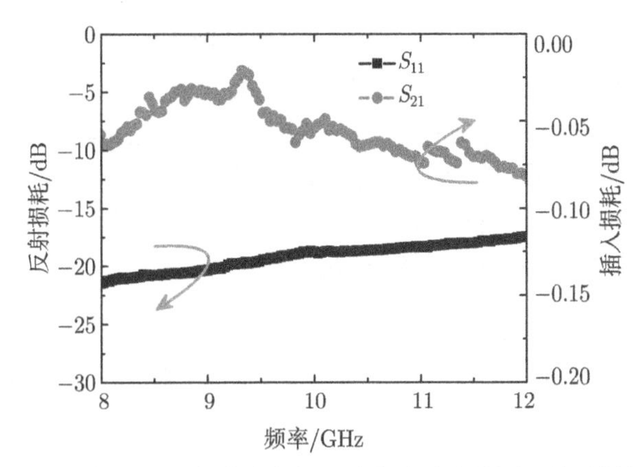

图 7-8 第一种改进型 MEMS 在线电容耦合式微波功率检测器的反射损耗和插入损耗测试结果

2. 灵敏度的测试

第一种改进型 MEMS 在线电容耦合式微波功率检测器的灵敏度采用 Cascade Microtech GSG 微波探针台、Agilent E8257D PSG 模拟信号发生器、Fluke 8808A 数字万用表和一个 50Ω 的负载电阻测试。信号发生器用于产生 X 波段的微波信号；利用数字万用表记录输出热电势的大小；负载电阻连接到该检测器的微波输出端，用于吸收在功率测量时输出的微波信号。两根 1.5 米长的同轴电缆分别作为信号发生器和微波探针台之间以及微波探针台和负载电阻之间的连接线。所有灵敏度的测试均在室温条件下进行。

图 7-9 为第一种改进型 MEMS 在线电容耦合式微波功率检测器的输出热电势随输入微波功率和频率变化的测试结果。图 7-9(a) 显示出在 X 波段测量的输出热电势和输入微波功率之间具有好的线性度。在 10GHz 时，其灵敏度大于 26μV/mW。由于开路传输线补偿电容结构的导体损耗，开路传输线自身消耗了一部分被 MEMS 膜耦合的微波功率，因而测量的灵敏度会稍微低一些。该检测器的分辨率为 0.316mW，其主要由热电堆的热噪声限制。如图 7-9(a) 所示，由于在第一种改进型结构中增加了开路传输线补偿电容结构，当输入微波功率一定时测量的输出热电势在 8GHz、9GHz、10GHz、11GHz 和 12GHz 时具有较小的变化，表明输出热电势和这些输入微波频率点之间具有平坦的响应。图 7-9(b) 显示了在输入功率为 5dBm 时测量的输出热电势随整个 X 波段的频率变化具有平坦的响应。它们证实了开路传输线补偿电容理论的正确性。

图 7-10 为在调幅信号的影响下第一种改进型 MEMS 在线电容耦合式微波功率检测器的输出热电势随输入微波功率变化的测试结果。调幅信号的调制频率和载波频率分别为 10kHz 和 10GHz，而调制深度分别为 0.1%、40% 和 80%。如图 7-10 所示，当调幅信号和输入微波信号一起应用到检测器时，在输入微波频率

为 10GHz 和微波功率一定时，测量的输出热电势随调制深度的增大而增大。这是因为增大调制深度可提高调幅信号的幅度，从而提高了输入到检测器中总功率的大小，因而增大了测量输出热电势。当调制深度为 0.1% 时，该检测器的灵敏度几乎等于原来不施加调幅信号时输入微波信号的灵敏度，但当调制深度为 40% 和 80% 时，其灵敏度分别提高到 30μV/mW 和 35.5μV/mW。因此，较大调制深度的调幅信号，对 MEMS 在线电容耦合式微波功率检测器的灵敏度影响不能被忽略。

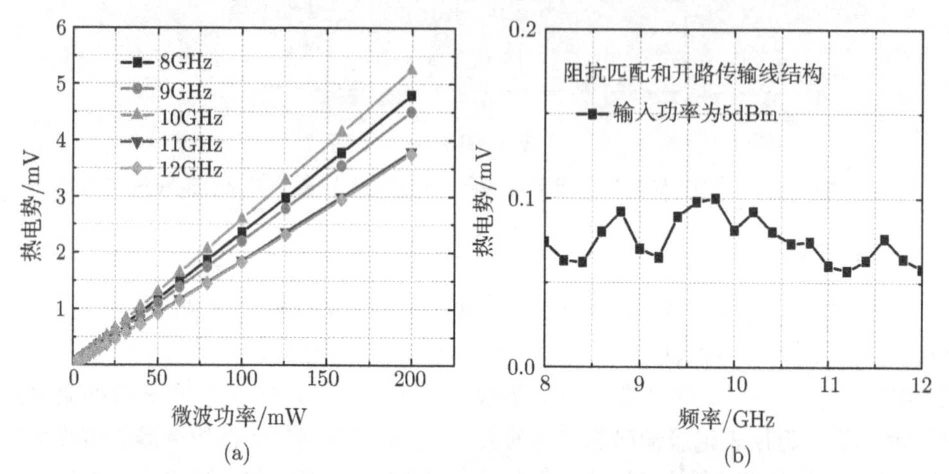

图 7-9 第一种改进型 MEMS 在线电容耦合式微波功率检测器的输出热电势随输入微波功率和频率变化的测试结果

(a) 在输入频率为 8GHz、9GHz、10GHz、11GHz 和 12GHz 时，测量的输出热电势随输入微波功率的关系；(b) 在输入微波功率为 5dBm 时，测量的输出热电势随输入微波频率的变化关系

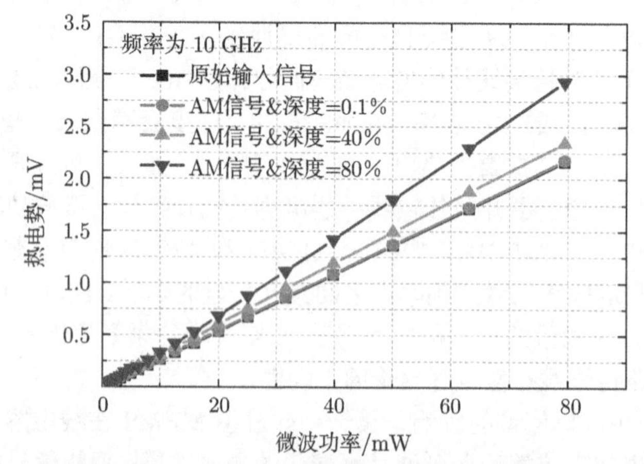

图 7-10 对于不同的调幅深度，在 10GHz 时，第一种改进型 MEMS 在线电容耦合式微波功率检测器的输出热电势随输入微波功率变化的测试结果

3. 互调失真的测试

第一种改进型 MEMS 在线电容耦合式微波功率检测器的互调失真采用 Cascade Microtech GSG 微波探针台、Agilent E8257D PSG 模拟信号发生器 (两台)、Agilent E4447A PSA 频谱分析仪和 Agilent 11667C 功率分配器测试。两台信号发生器用于产生不同频率的两个输入微波信号。功率分配器用于将产生的两个微波信号功合后输入到检测器中。频谱分析仪用于测量和检测经检测器输出的微波信号。图 7-11 为测试互调失真的装置示意图。

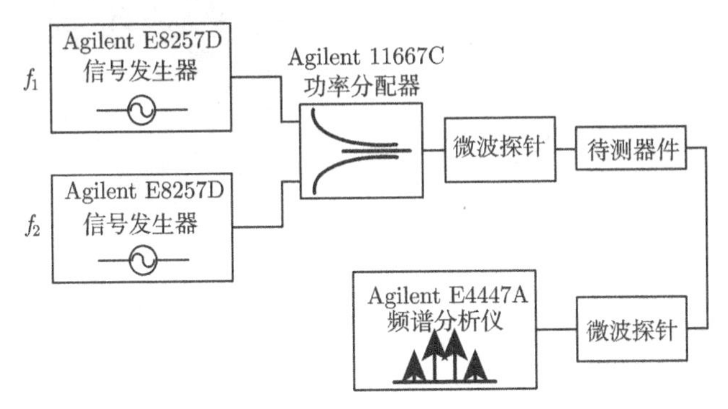

图 7-11 测试互调失真的装置示意图

如果在功率检测器的 CPW 上输入两个微波信号，其频率分别为 f_1 和 f_2，则输出信号除了基频功率外，在频率 $2f_1-f_2$ 和 $2f_2-f_1$ 处会产生三次谐波边带功率。输出微波信号的基频功率和三次谐波边带功率在高输入微波功率时会出现压缩现象。假设理想响应将这两条直线反向延伸，它们会相交一点，这个假想的交点所对应的输入微波功率的大小称为双音输入三阶互调截断点 (IIP3)。

图 7-12 为互调失真的测试结果。在图 7-12(a) 中，利用压电陶瓷基板促使 MEMS 膜振动，然后通过激光多普勒测振仪测量 MEMS 膜的机械谐振频率 (f_0) 为 110kHz。在这里，基板的机械谐振频率已从测量结果中去除。图 7-12(b) 显示了当两个输入微波功率为 $P_1=P_2$=10dBm 和频率间隔 $\Delta f=|f_2-f_1|$=80kHz 时带有互调产物的输出频谱，其互调功率小于 −52dBm。图 7-12(c) 显示了测量的输出功率和互调功率随输入微波功率变化的关系，通过绘制这种关系可推导出 IIP3。如图 7-12(c) 所示，在 Δf=10kHz 时，IIP3 为 +28.7dBm；而在 $\Delta f=f_0$=110kHz 时，IIP3 达到了一个很大的值，这表明此时在线电容耦合式 MEMS 微波功率检测器不产生显著的互调失真。图 7-12(d) 显示了在两个输入微波功率一定时测量的互调功率随两个输入频率间隔 Δf 变化的关系。如图 7-12(d) 所示，在两个输入功率分别为 $P_1=P_2$=4dBm 和 6dBm 时，当 Δf 从 2kHz 增大到 110kHz 时，互调功率急速地下降；但当 Δf 从 120kHz 增大到 500kHz 时，互调功率缓慢地下降。该测

量结果进一步证明了 MEMS 在线电容耦合式微波功率检测器对于 $\Delta f > f_0$ 在大部分多路通信系统中将不会产生显著的互调失真。

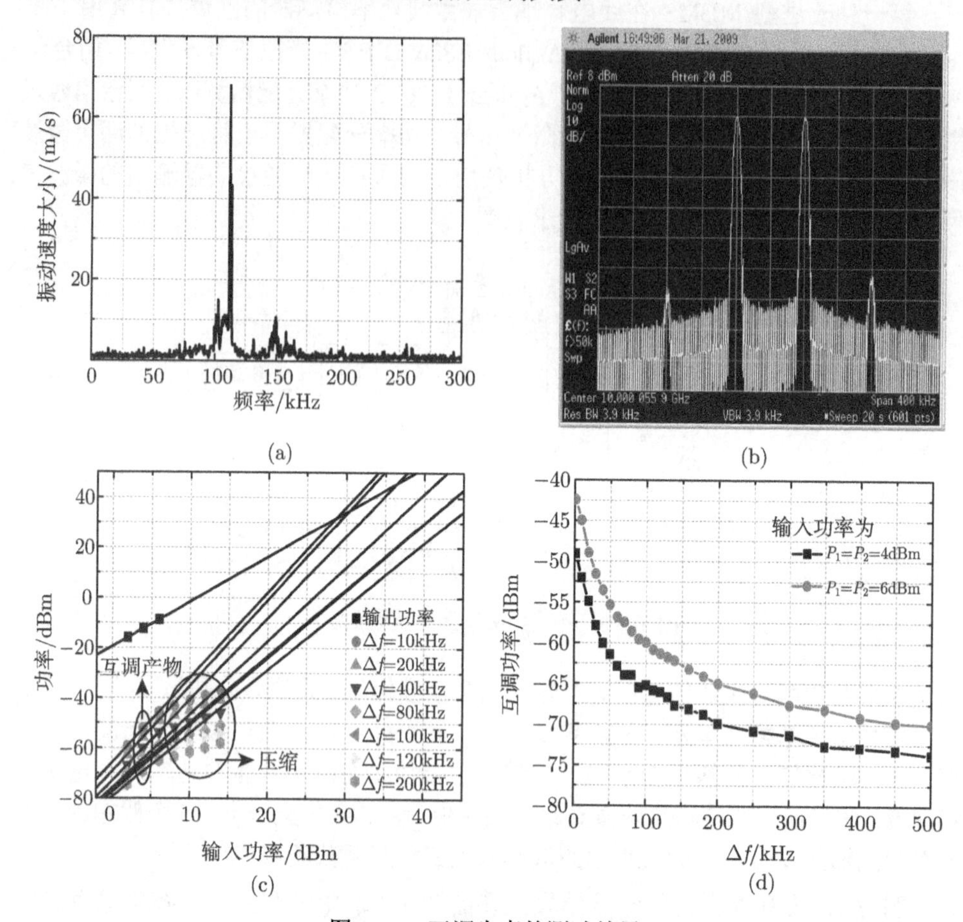

图 7-12　互调失真的测试结果

(a) 在检测器中 MEMS 膜的机械谐振频率；(b) 在两个输入功率为 $P_1 = P_2$=10dBm 和频率间隔为 Δf=80kHz 时输出的频谱；(c) 输出和互调功率随输入微波功率变化的关系；(d) 互调功率随输入频率间隔Δf 的变化关系

7.3.2　具有阻抗匹配、开路传输线补偿电容和状态转换开关结构

第二种改进型 MEMS 在线电容耦合式微波功率检测器的测试分为两部分：微波性能的测试和灵敏度的测试。微波性能的测试表征了该检测器在检测和不检测两种工作时的阻抗匹配情况和微波信号经过该检测器时微波功率的损耗程度；灵敏度的测试表征了该检测器在检测状态时在一定微波频率下输出热电势和输入微波功率之间的关系，以及在一定微波功率下输出热电势和输入微波频率之间的关

系。为了进一步验证阻抗匹配、开路传输线补偿电容和状态转换开关结构设计的正确性，下面将对比基本型和改进型两种检测器的测试结果。图 7-13 为基本型和第二种改进型 MEMS 在线电容耦合式微波功率检测器的 SEM 照片。

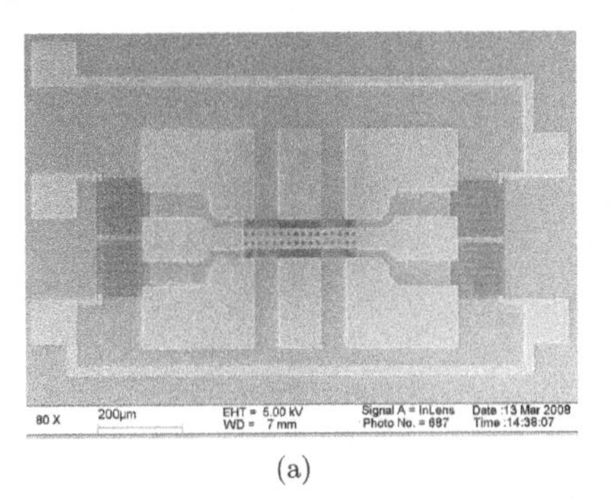

(a)

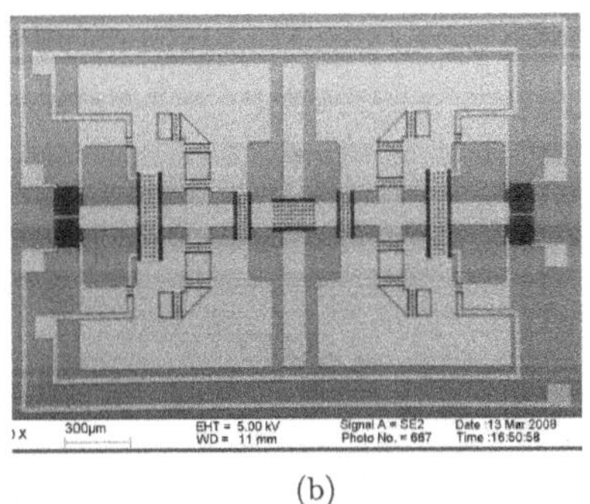

(b)

图 7-13 MEMS 在线电容耦合式微波功率检测器的 SEM 照片

(a) 基本型结构；(b) 第二种改进型结构

1. 微波性能的测试

第二种改进型 MEMS 在线电容耦合式微波功率检测器的微波性能采用 Agilent 8719ES 网络分析仪、Cascade Microtech GSG 微波探针台和数字直流电源测试，其测量的参数为检测和不检测两种工作时的反射损耗 S_{11} 和插入损耗 S_{21}，测量的频率为 X 波段。为了实现精确的微波测量，采用全端口技术校准网络分析仪。直流电源用于驱动改进型检测器中电容式 MEMS 开关，从而实现该检测器检测和不检测两种工作状态。基本型结构采用了与改进型结构相同的测试仪器和测试条件。

图 7-14 为第二种改进型 MEMS 在线电容耦合式微波功率检测器在检测状态时 S 参数的测试结果。在图 7-14(a) 中，测量的改进型检测器在检测状态时，反射损耗 S_{11} 在 10GHz 时从基本型结构的 -16.5dB 减小到 -18.9dB，在整个 X 波段均小于 -17dB；在图 7-14(b) 中，测量的插入损耗 S_{21} 与基本型结构相比在 10GHz 时改善了 0.35dB，在整个 X 波段均小于 0.8dB。它表明改进型 MEMS 在线电容耦合式微波功率检测器具有低的反射损耗和插入损耗，这证实了阻抗匹配结构设计的正确性。当驱动电压施加到改进型结构中 MEMS 开关上，此时改进型检测器处于不检测状态。实验表明 MEMS 开关的驱动电压约为 42V。图 7-15 为第二种改进型 MEMS 在线电容耦合式微波功率检测器在不检测状态时 S 参数的测试结果。在图 7-15 中，测量的改进型检测器在不检测状态时反射损耗 S_{11} 小于 -19dB；测量的在不检测状态时的插入损耗 S_{21} 与检测状态相比在 10GHz 时改善了约 0.2dB，在整个 X 波段均小于 0.6dB。测量的在不检测状态时的插入损耗在 X 波段均小于在检测状态时的插入损耗，表明了在不检测状态时 MEMS 膜耦合的功率没有被负

载电阻消耗以用于测量微波功率的大小，从而表明改进型 MEMS 在线电容耦合式微波功率检测器具有检测和不检测两种工作状态，这证实了状态转换开关结构设计的正确性。

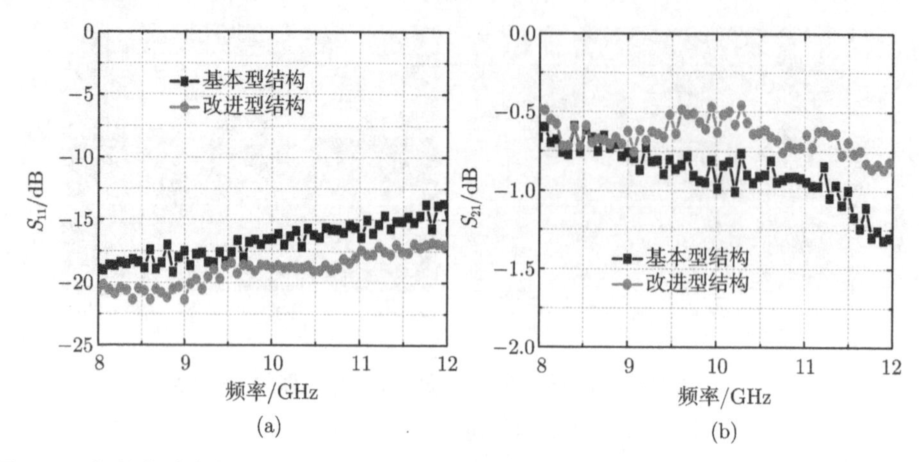

图 7-14　与基本型结构相比，第二种改进型 MEMS 在线电容耦合式微波功率检测器在检测状态时 S 参数的测试结果

(a) 反射损耗；(b) 插入损耗

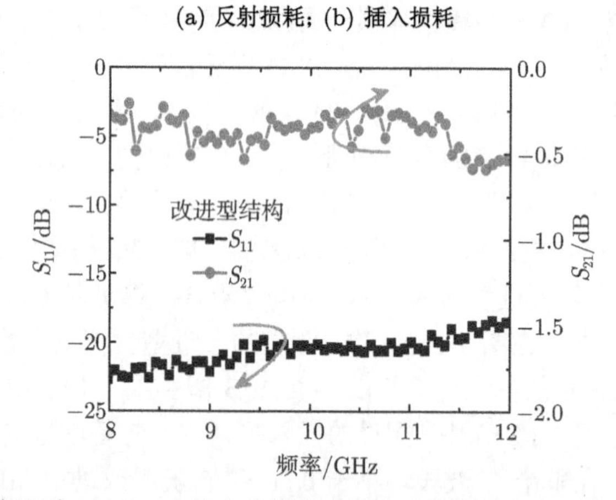

图 7-15　第二种改进型 MEMS 在线电容耦合式微波功率检测器在不检测状态时 S 参数的测试结果

获得 MEMS 膜的耦合功率大小对于在线电容耦合式 MEMS 微波功率检测器而言是至关重要的。因为 MEMS 膜耦合输出端连接了负载电阻，无法直接进行测量。本章介绍的改进型 MEMS 在线电容耦合式微波功率检测器通过利用检测和不检测两种状态的 S 参数测量结果，便可计算出在实际制作之后有多少微波功率被耦合而用于测量，而不需要任何额外的测试结构。在检测状态时，改进型检测器的总损耗是由反射损耗、导体和介质损耗，以及被耦合的功率三部分构成，由图 7-14

的测试结果可得，改进型检测器在检测状态时的反射损耗和总损耗 (即插入损耗)；在不检测状态时，改进型检测器的总损耗仅由反射损耗，以及导体损耗和介质损耗两部分构成，由图 7-15 的测试结果可得改进型检测器在不检测状态时的反射损耗和总损耗 (即插入损耗)。对于一个相同的器件，在检测状态和不检测状态，导体和介质损耗是相同的。因此，改进型检测器的耦合功率大小可通过在检测状态的总损耗减去在检测状态时的反射损耗以及导体和介质损耗得到。而导体和介质损耗可由在不检测状态时的总损耗减去在不检测状态时的反射损耗得到。事实上，在制作之后由 MEMS 膜耦合的微波功率与总微波功率之比约为 3%，而不是设计时的 1%。

2. 灵敏度的测试

第二种改进型 MEMS 在线电容耦合式微波功率检测器的灵敏度采用 Cascade Microtech GSG 微波探针台、Agilent E8257D PSG 模拟信号发生器、Fluke 8808A 数字万用表和一个 50Ω 的负载电阻测试。信号发生器用于产生 X 波段的微波信号；利用数字万用表记录输出热电势的大小；负载电阻连接到该检测器的微波输出端，用于吸收在功率测量时输出的微波信号。两根 1.5 米长的同轴电缆分别作为信号发生器和微波探针台之间以及微波探针台和负载电阻之间的连接线。基本型结构采用了与改进型结构相同的测试仪器和测试条件。所有灵敏度的测试均在室温条件下进行的。

图 7-16 为基本型结构和第二种改进型 MEMS 在线电容耦合式微波功率检测

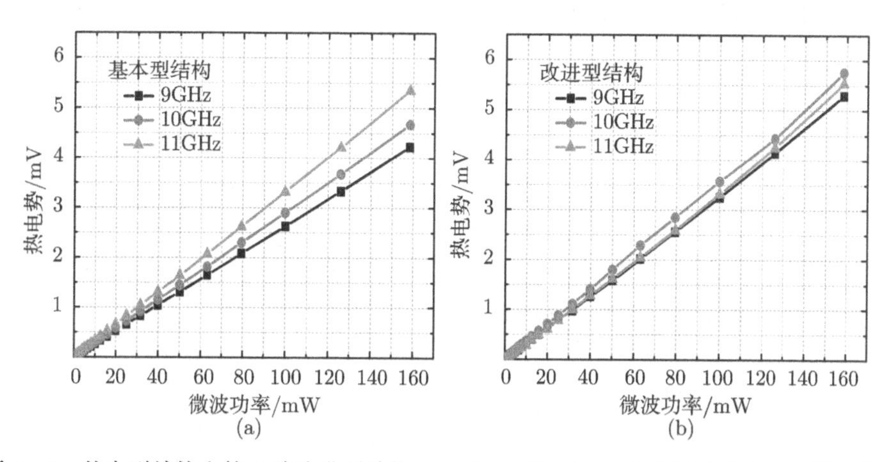

图 7-16 基本型结构和第二种改进型结构 MEMS 在线电容耦合式微波功率检测器在检测状态时输出热电势随输入微波功率变化的测试结果

(a) 在 9GHz、10GHz 和 11GHz 时，基本型结构的测试结果；(b) 在 9GHz、10GHz 和 11GHz 时，第二种改进型结构在检测状态时的测试结果

器在检测状态时的输出热电势随输入微波功率变化的测试结果。对于基本型结构和第二种改进型结构，在 9GHz、10GHz 和 11GHz 时，测量的输出热电势和输入微波功率之间均具有好的线性度。在图 7-16(a) 中，基本型检测器在 10GHz 时的灵敏度大于 29μV/mW；在图 7-16(b) 中，第二种改进型检测器在 10GHz 时的灵敏度大于 36μV/mW。上述两种检测器的灵敏度存在差别，其主要包括以下两个原因：①由于工艺的影响，实际制作的 MEMS 膜高度 (g_0) 降低，导致了在 MEMS 膜和 CPW 信号线之间耦合电容 (C) 的增大，又因为不同的 MEMS 膜结构呈现出不同的下移程度，这使得被耦合微波功率的变化不同，从而导致了不同的灵敏度；②在热电堆热端和终端负载电阻下方的 GaAs 衬底膜结构是由通孔干法刻蚀技术制作形成的，其刻蚀的深度由时间控制，这对于一个大尺寸的背面腐蚀腔而言很难保证不同的器件具有相同的厚度，从而导致了不同的灵敏度。热电堆的电阻被测量为 172kΩ，可得改进型 MEMS 在线电容耦合式微波功率检测器在 10GHz 时的信噪比约为 $2.5\times10^6\text{W}^{-1}$。在设计时，必须折中考虑灵敏度、信噪比和插入损耗。这是因为增大被耦合功率的大小可提高灵敏度和信噪比，但势必增大插入损耗；若保证一定的被耦合功率大小前提下，此时插入损耗不变，由第 3 章中热电堆的设计知可通过增大热电偶的数量来提高灵敏度，但势必增大热噪声，从而减小信噪比。通过观察图 7-16(a) 和 (b) 可以发现，由于第二种改进型结构中增加了开路传输线补偿电容结构，当输入微波功率一定时，改进型检测器与基本型检测器相比测量的输出热电势在 9GHz、10GHz 和 11 GHz 时具有较小的变化。它表明了改进型检测器在这些输入微波频率点之间具有平坦输出热电势的响应。

图 7-17(a) 显示出在输入功率分别为 5mW 和 10mW 时第二种改进型 MEMS

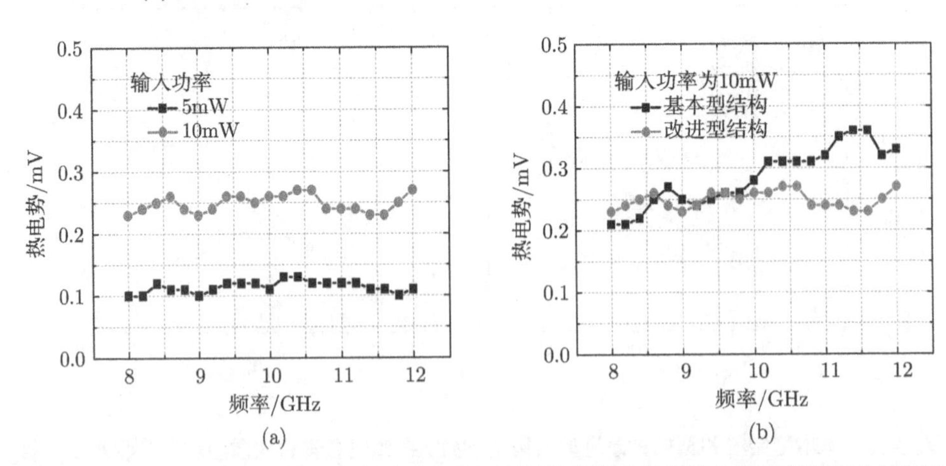

图 7-17　MEMS 在线电容耦合式微波功率检测器的输出热电势随输入微波频率变化的测试结果 (a) 在输入微波功率分别为 5mW 和 10mW 时，第二种改进型结构在检测状态时的测试结果；(b) 在输入微波功率为 10mW 时，第二种改进型结构在检测状态时与基本型结构相比较的测试结果

在线电容耦合式微波功率检测器测量的输出热电势随输入微波频率变化具有平坦的响应。图 7-17(b) 为在输入功率为 10mW 时，与基本型结构相比第二种改进型结构的输出热电势随输入微波频率变化的测试结果。它表明与基本型结构相比，改进型检测器的输出热电势随 X 波段的频率变化明显减小，从而表明改进型 MEMS 在线电容耦合式微波功率检测器实现了宽频带的应用，这证实了开路传输线补偿电容结构设计的正确性。

7.4 MEMS 在线电容耦合式微波功率检测器的系统级S 参数模型

7.4.1 考虑损耗和相移的微波集总模型的建立

由 7.2.1 节可知，MEMS 在线电容耦合式微波功率检测器的工作原理是基于 Seebeck 效应测量由 MEMS 膜从 CPW 上耦合出一定比例的微波功率。MEMS 膜悬浮在 CPW 上方构成耦合电容。该电容影响了 CPW 传输线的有效介电常数，进而影响了 CPW 的特征阻抗和传输速度。因而，在 CPW 上方悬浮的 MEMS 膜引起了在线电容耦合式 MEMS 微波功率检测器的微波损耗。更重要的是，当该检测器在检测微波功率时，除了 CPW 传输线自身外 MEMS 膜产生了不必要的相移，这影响了输出微波信号的相位特性。因此，为了实现 MEMS 在线电容耦合式微波功率检测器应用到微波接收机前端中，需要一个简单而有效的模型能够方便地设计、优化和分析该检测器的微波性能。

对于 MEMS 在线电容耦合式微波功率检测器，CPW 传输线位于 GaAs 衬底和空气介质层之间。在检测器中，由于 CPW 地线的宽度和 GaAs 衬底的高度均是有限的，利用准静态近似方法可得该 CPW 传输线的有效介电常数和特征阻抗。图 7-18 为包括结构参数的 MEMS 在线电容耦合式微波功率检测器的示意图。

通过研究 CPW 传输线的有效介电常数 $\varepsilon_{\mathrm{eff}}$ 和特征阻抗 Z_0 与 CPW 地线的宽度 W 和 GaAs 衬底的高度 H 之间的关系发现，该检测器制作在 100μm 高的 GaAs 衬底上，当 W 大于 200μm 时，Z_0 和 $\varepsilon_{\mathrm{eff}}$ 几乎均是不变的，因而为了简化下面微波功率检测器的集总模型，可视为其具有无限宽的 CPW 地线；对于该检测器具有 260μm 宽的 CPW 地线，当 H 大约为 100μm 时，Z_0 和 $\varepsilon_{\mathrm{eff}}$ 均随 H 的变化很大，因而在下面的集总模型中必须考虑衬底的高度。一般来说，MEMS 在线电容耦合式微波功率检测器的衰减机制主要包括两种：在 CPW 中的导体损耗 (α_{c}) 和在 GaAs 衬底中的介质损耗 (α_{d})。由于在微波频段趋肤效应会引起传输线的表面电阻增大，所以导体损耗 (α_{c}) 与 CPW 尺寸有着密切关系。对于 MEMS 在线电容耦合式微波功率检测器，GaAs 衬底的介质损耗 (α_{d}) 与频率有着密切关系。

图 7-19 为基本型 MEMS 在线电容耦合式微波功率检测器的集总等效电路。为了研究该检测器的损耗和相位特性，在图 7-19 中增加了匹配负载电阻 R_{m}。图中，端口 1 和端口 2 分别为输入和输出端口；Z_0 为 CPW 传输线的特征阻抗。因为检测器的工作频段远小于 MEMS 膜的串联谐振频率，所以在等效电路中忽略了 MEMS 膜的寄生电感和寄生电阻。MEMS 膜的电容已在式 (7-1) 中给出。如图 7-19 所示，该检测器的等效电路是一个两端口的集总网络，可根据虚线 $\mathrm{d_1}$-$\mathrm{d_1}$ 和 $\mathrm{d_2}$-$\mathrm{d_2}$ 分为三部分。对于 $\mathrm{d_1}$-$\mathrm{d_1}$ 的左侧，利用两端口传输线理论可得在端口 1 和端口 $\mathrm{d_1}$ 之间归一化的 $ABCD$ 矩阵为

$$\begin{bmatrix} A & B \\ C & D \end{bmatrix}_{1-\mathrm{d_1}} = \begin{bmatrix} \cosh(rL) & \sinh(rL) \\ \sinh(rL) & \cosh(rL) \end{bmatrix} \tag{7-7}$$

其中

$$r = \alpha + \mathrm{j}\beta = (\alpha_{\mathrm{c}} + \alpha_{\mathrm{d}}) + \mathrm{j}\frac{2\pi\sqrt{\varepsilon_{\mathrm{eff}}}}{c_0/f} \tag{7-8}$$

其中，L 为纵向 CPW 信号线的长度 (见图 7-18(a))；r 为传播常数；α 和 β 分别为衰减常数和相位常数。接着，根据微波理论，该检测器在端口 1 和端口 2 之间的归一化 $ABCD$ 矩阵表示为

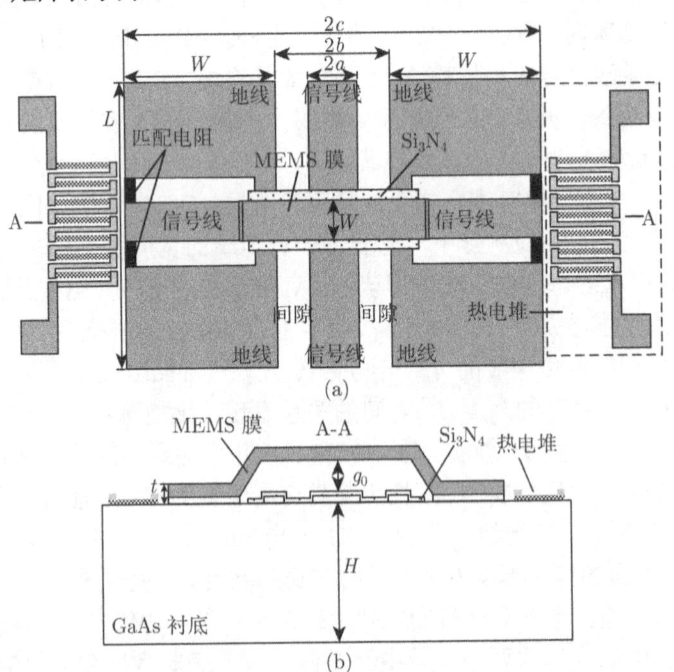

图 7-18 包括结构参数的基本型 MEMS 在线电容耦合式微波功率检测器的示意图

(a) 俯视图；(b) 剖面图

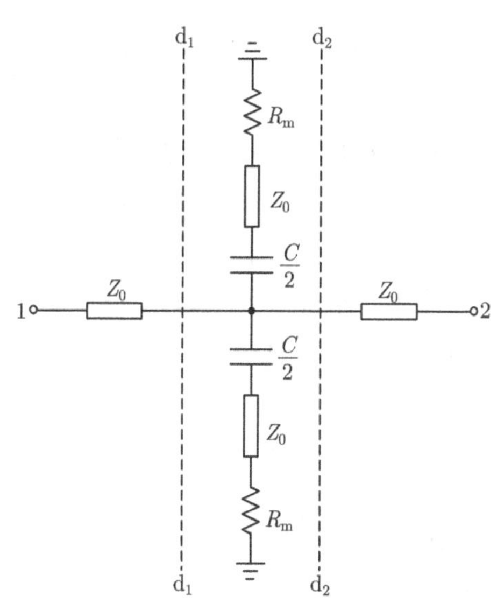

图 7-19 基本型 MEMS 在线电容耦合式微波功率检测器的集总等效电路

$$
\begin{aligned}
\begin{bmatrix} A & B \\ C & D \end{bmatrix}_{1-2} &= \begin{bmatrix} A & B \\ C & D \end{bmatrix}_{1-\mathrm{d}_1} \cdot \begin{bmatrix} A & B \\ C & D \end{bmatrix}_{\mathrm{d}_1-\mathrm{d}_2} \cdot \begin{bmatrix} A & B \\ C & D \end{bmatrix}_{\mathrm{d}_2-2} \\
&= \begin{bmatrix} \cosh(rL) & \sinh(rL) \\ \sinh(rL) & \cosh(rL) \end{bmatrix} \cdot \begin{bmatrix} 1 & 0 \\ \dfrac{2Z_0}{\dfrac{2}{\mathrm{j}\omega C} + Z_0 + \dfrac{R_{\mathrm{m}}}{2}} & 1 \end{bmatrix} \\
&\quad \cdot \begin{bmatrix} \cosh(rL) & \sinh(rL) \\ \sinh(rL) & \cosh(rL) \end{bmatrix}
\end{aligned} \tag{7-9}
$$

基于 $ABCD$ 矩阵和散射矩阵的转换关系，MEMS 在线电容耦合式微波功率检测器的 S 参数由式 (7-9) 的计算为

$$
S_{11} = \frac{2\omega C Z_0(\sinh(2rL) - \cosh(2rL))}{\omega C(4Z_0 + R_{\mathrm{m}}) - \mathrm{j}4} \tag{7-10}
$$

$$
S_{21} = \frac{\omega C(2Z_0 + R_{\mathrm{m}}) - \mathrm{j}4}{[\omega C(4Z_0 + R_{\mathrm{m}}) - \mathrm{j}4](\sinh(rL) + \cosh(rL))^2} \tag{7-11}
$$

其中，S_{11} 为当端口 2 连接匹配负载时在端口 1 处的反射损耗；S_{21} 为从端口 1 到端口 2 的传输系数。值得注意的是，在式 (7-10) 和式 (7-11) 中推导的 S 参数包括了检测器的损耗和相位。

如果将 MEMS 膜的锚区连接到 CPW 地线上，则在电容 C 耦合分支上的阻抗 Z_0 和电阻 R_{m} 被去除。这类似于并联电容式 MEMS 开关的等效电路，仅没有考虑 MEMS 膜的寄生电感和寄生电阻。因此，上述建模的方法可以用来分析 RF MEMS 开关的微波性能。

7.4.2 MEMS 膜对微波信号幅度和相位的影响

对于 MEMS 在线电容耦合式微波功率检测器而言，MEMS 膜不但对输出微波信号的幅度产生了不必要的影响，而且还干扰了输出微波信号的相位。MEMS 的宽度用来设计检测器的灵敏度，而 MEMS 膜的高度由牺牲层的厚度决定。因此，利用式 (7-1)、式 (7-10) 和式 (7-11)，可以研究不同 MEMS 膜的宽度和高度对微波信号的幅度和相位的影响。表 7-2 为具有三种不同 MEMS 膜宽度的 MEMS 在线电容耦合式微波功率检测器的结构参数。

表 7-2 具有三种不同 MEMS 膜宽度的基本型结构参数

结构参数	数值/μm
GaAs 衬底的厚度 (H)	100
CPW 的厚度 (t)	2.3
CPW 信号线的宽度 ($2a$)	100
CPW 间隙的宽度	58
CPW 地线的宽度 (W)	260
纵向 CPW 信号线的长度 (L)	500
MEMS 膜的长度	270
MEMS 膜的宽度 (w)	50，100，147
MEMS 膜的高度 (g_0)	1.6
Si_3N_4 的厚度 (t_d)	0.1

在该类型检测器中，MEMS 膜对微波信号幅度的影响表现在两个方面：一是反射损耗，它随 MEMS 膜宽度的增大和高度的降低而增大，这表明引起了较大的反射损耗；二是由 MEMS 膜耦合出用于测量的微波功率，被耦合的微波功率同样随 MEMS 膜宽度的增大和高度的降低而增大，这表明引起了较大的灵敏度。反射损耗和被耦合微波功率对检测器的插入损耗的影响在前面已有介绍。因而，通过改变 MEMS 膜的高度和宽度使得 MEMS 膜的电容增大，必将增大插入损耗，即输出微波信号的幅度将被减小。图 7-20 为对于相同 MEMS 膜的长度，在不同的微波频率下相位变化随 MEMS 膜的高度 g_0 和宽度 w 变化的理论计算结果。如图 7-20(a) 所示，在相同 MEMS 膜的宽度时，MEMS 膜产生的相移随 MEMS 膜高度的降低而增大；如图 7-20(b) 所示，在相同 MEMS 膜的高度时，MEMS 膜产生的相移随 MEMS 膜宽度的增大而增大，表明了 MEMS 膜的电容产生了相位变化。然而，当通过改变 MEMS 膜的高度和宽度使得电容增大到一定值时，相位变化缓慢降低，并且微波频率越高，这种现象出现得越早。为了找出原因，假设 MEMS 膜的电容 C 直接接地，在电路图 7-19 中在耦合分支上连接两个 MEMS 膜锚区的阻抗 Z_0 和

电阻 R_m 被省略。此时，相位变化随电容的增大呈线性增大。因此，当 MEMS 膜的高度和宽度分别小于 0.5μm 和大于 250μm 时，在耦合分支上连接 MEMS 膜锚区的阻抗 Z_0 和电阻 R_m 是输出信号的相位缓慢减小的主要原因。

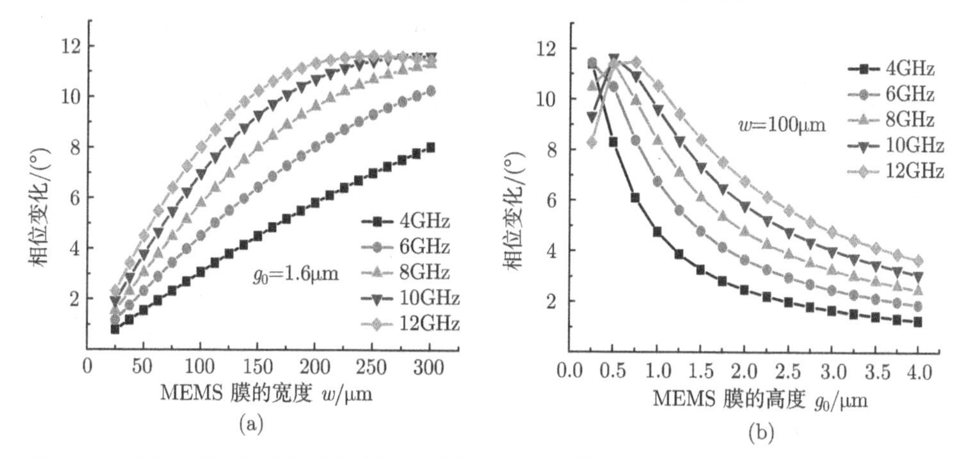

图 7-20 在不同的微波频率下，相位变化随 MEMS 膜的高度 g_0(a) 和宽度 w(b) 变化的理论计算结果

7.4.3 实验验证和误差讨论

MEMS 在线电容耦合式微波功率检测器的微波集总模型的实验验证主要包括 S_{11} 的幅度、S_{21} 的幅度和 S_{21} 的相位三个参数的验证。这些 S 参数的测量采用 Agilent 8719ES 网络分析仪和 Cascade Microtech GSG 微波探针台测试。为了实现精确的微波测量，采用全端口技术校准网络分析仪。为了进一步验证微波集总模型的正确性，分别对三个具有不同 MEMS 膜宽度的在线式检测器的理论计算结果和测量结果进行比较。这三种 MEMS 膜的宽度依次为 50μm、100μm 和 147μm。在理论计算中，所需要的检测器的结构参数可见表 7-2。

图 7-21~图 7-23 分别为当 MEMS 膜的宽度依次为 50μm、100μm 和 147μm 时 MEMS 在线电容耦合式微波功率检测器由集总模型计算的理论结果和测量结果的比较。图 7-21(a)~图 7-23(a) 分别显示出不同的 MEMS 膜宽度引起了不同程度的反射损耗。这可由式 (7-10) 解释，即该检测器的反射损耗依赖于在集总模型中 MEMS 膜的电容。一般而言，MEMS 膜的宽度越宽，反射损耗越大。图 7-21(b)~图 7-23(b) 分别显示了不同的 MEMS 膜宽度引起了不同程度的插入损耗。对于该类型检测器而言，插入损耗主要包括反射损耗、由 MEMS 膜耦合的微波功率大小以及导体损耗和介质损耗。被耦合功率的大小可通过设计不同 MEMS 宽度来获得多样化的灵敏度大小。在这里，这三个检测器虽然有不同的 MEMS 膜宽度，但 CPW 传输线等结构均相同，所以它们具有相同的导体损耗和介质损耗。图 7-21(c)~图

7-23(c) 分别显示了当三种不同宽度的 MEMS 膜悬浮在相同尺寸的 CPW 上时测量的 S_{21} 相位随 MEMS 膜宽度的增大而增大。与 MEMS 膜的宽度为 50μm 相比，当 MEMS 膜的宽度分别为 100μm 和 147μm 时测量的相位在 13.5GHz 分别增大了约 2.5° 和 7.2°，其在整个频率范围内的平均相位分别引起了约 14% 和 35% 的变化。它表明当 MEMS 在线电容耦合式微波功率检测器嵌入到微波集成电路中用于在线检测功率时，MEMS 膜自身影响了输出微波信号的相位，这可能会对下级电路产生重要的影响。因此，如果该类型检测器被应用到一个对信号的相位具有严格要求的微波系统中，则必须考虑 MEMS 膜产生的额外相位。

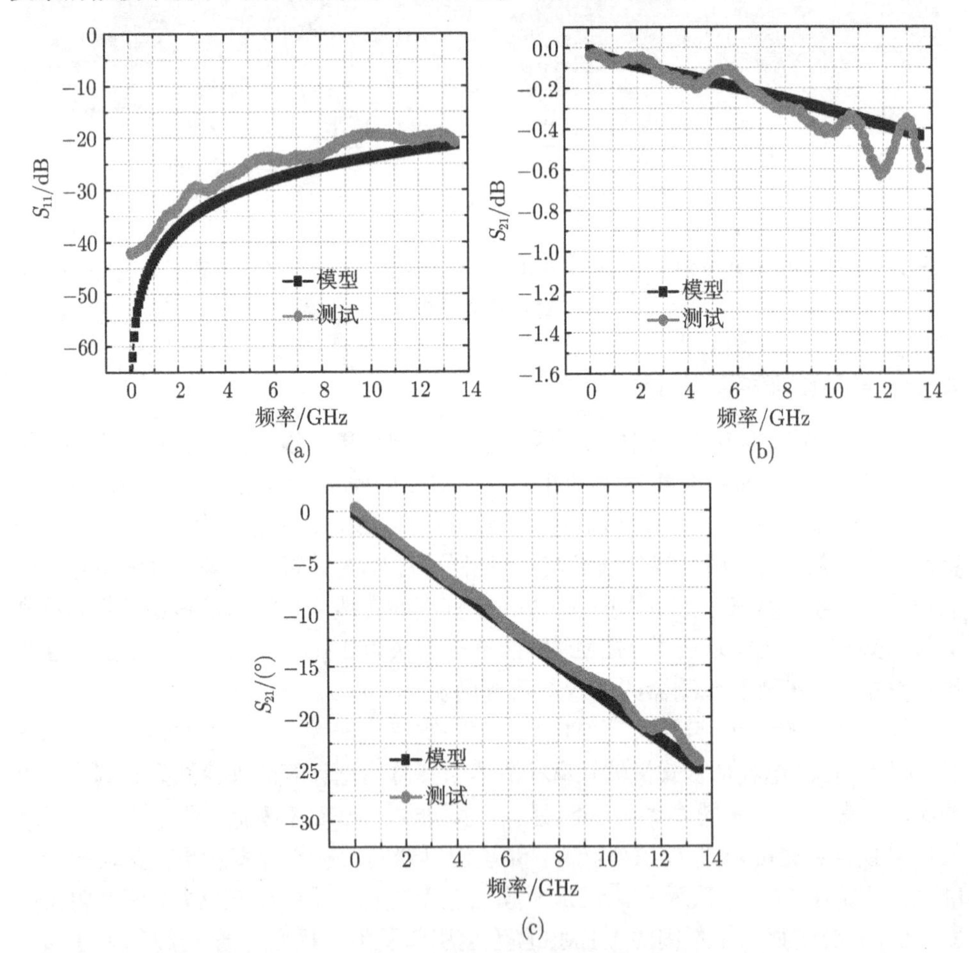

图 7-21 当 MEMS 膜的宽度为 50μm，MEMS 在线电容耦合式微波功率检测器由集总模型计算和测量的 S 参数的比较

(a) S_{11} 的幅度；(b) S_{21} 的幅度；(c) S_{21} 的相位

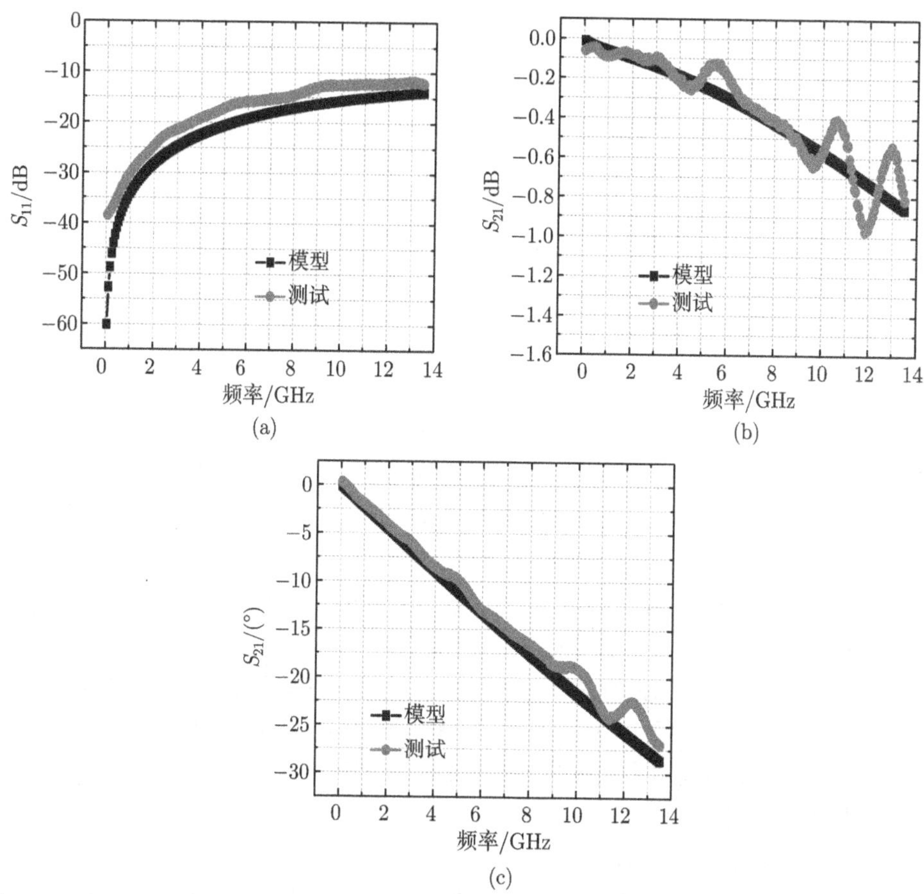

图 7-22 当 MEMS 膜的宽度为 100μm，MEMS 在线电容耦合式微波功率检测器由集总模型计算和测量的 S 参数的比较

(a)S_{11} 的幅度；(b)S_{21} 的幅度；(c)S_{21} 的相位

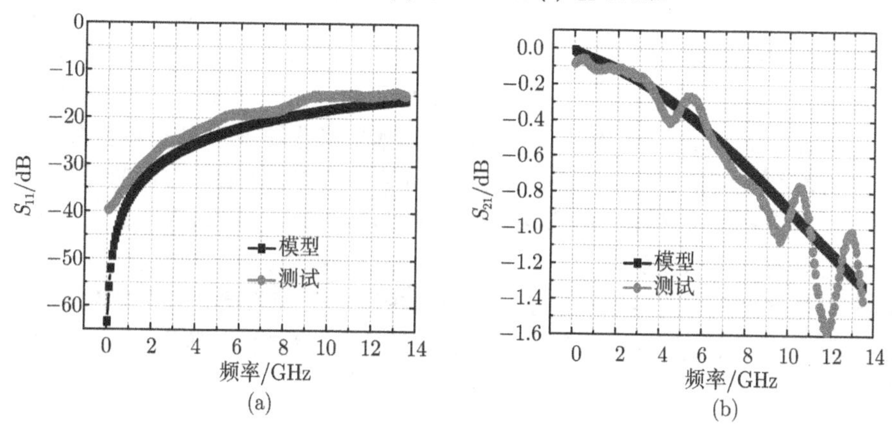

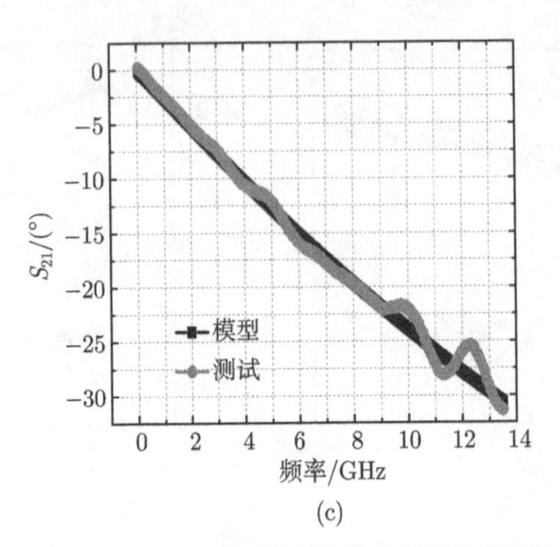

(c)

图 7-23　当 MEMS 膜的宽度为 147μm，MEMS 在线电容耦合式微波功率检测器由集总模型计算和测量的 S 参数的比较

(a) S_{11} 的幅度；(b) S_{21} 的幅度；(c) S_{21} 的相位

通过观察图 7-21～图 7-23 发现，对于检测器的 S_{11} 幅度、S_{21} 幅度和 S_{21} 相位三个参数，由模型计算的理论结果和测量结果在频率高达 13.5GHz 时均表现出很好的一致性，这验证了该微波集总模型的正确性。在理论计算结果和测量结果之间存在的偏差对于应用是可接受的，其偏差主要是由 MEMS 膜的总电容大小造成的。其一，是由集总模型中边缘电容造成的。在所有的模型计算中，式 (7-1) 中边缘电容的大小被选择为 35% 的总电容，这将产生一定的误差。其二，是由在制作之后 MEMS 膜高度的降低造成的。在湿法去除牺牲层之后，由于应力和毛细管力引起的黏附效应，MEMS 膜从 1.6μm 的初始高度降低了一些。通过利用 S 参数测量结果计算出耦合功率大小和观察 SEM 照片发现，此次工艺 MEMS 膜虽然与最初释放工艺相比有了较大的改善，但是其高度还是降低了几十到几百纳米。而在模型计算中，MEMS 的高度被认为是 1.6μm，不存在膜的高度降低。上述原因造成了集总模型和实验结果之间的差别。在测量结果中还出现了一些周期性的波动现象，但该现象并没有反映在模型中，这很可能是由于测试仪器造成的。然而，微波集总模型对于评估 MEMS 在线电容耦合式微波功率检测器的 S 参数是可以接受的。

对于两种改进型 MEMS 在线电容耦合式微波功率检测器，它们的理想模型已给出 [7,9−10]。利用上述建模的方法，同理可以得到考虑损耗和相位的两种改进型 MEMS 在线电容耦合式微波功率检测器的微波集总模型。对于一个设计者而言，在全波电磁仿真之前，利用该模型从设计要求中萃取一些关键的版图参数是很有帮助的；而且，该微波集总模型理论可扩展到其他 RF MEMS 器件，如电容器和开关等。

7.5 小 结

本章首先介绍了 MEMS 在线电容耦合式微波功率检测器的工作原理，利用 HFSS 软件对基本型和两种改进型检测器结构进行了模拟和设计，并对制备的 MEMS 在线电容耦合式微波功率检测器进行了性能测试，建立了考虑损耗和相移的 MEMS 在线电容耦合式微波功率检测器的系统级 S 参数模型，分析了 MEMS 膜对微波信号的幅度和相位的影响。特别是，提出的 MEMS 在线式微波功率检测器的结构方案是通过 MEMS 间接加热热电式微波功率传感器测量所耦合出的微波功率，MEMS 在线式微波功率检测器结构中所设计的功率检测和不检测两种状态，避免了不必要的功率消耗。

参 考 文 献

[1] Dehé A, Fricke K, Krozer V, et al. Broadband thermoelectric microwave power sensors using GaAs foundry process. IEEE MTT-S International Microwave Symposium Digest, 2002, 3: 1829-1832

[2] Zhang Z Q, Liao X P. An insertion thermoelectric RF MEMS power sensor for GaAs MMIC-compatible applications. IEEE Microwave and Wireless Components Letters, 2015, 25(4): 265-267

[3] Fernández L J, Wiegerink R J, Flokstra J, et al. A capacitive RF power sensor based on MEMS technology. Journal of Micromechanics and Microengineering, 2006, 16(7): 1009-1107

[4] Cui Y, Liao X P. Modeling and design of a capacitive microwave power sensor for X-band applications based on GaAs technology. Journal of Micromechanics and Microengineering, 2012, 22(5): 055013-055022

[5] Han L, Huang Q A, Liao X P. A inline-type microwave power sensor based on MEMS technology. Proceedings of IEEE Sensors (IEEE Sensors 2006 Conference), 2006: 334-337

[6] Han L, Huang Q A, Liao X P. A microwave power sensor based on GaAs MMIC technology. Journal of Micromechanics and Microengineering, 2007, 17(10): 2132-2137

[7] Han L, Huang Q A, Liao X P, Su S. A micromachined inline-type wideband microwave power sensor based on GaAs MMIC technology. Journal of Microelectromechanical Systems, 2009, 18(3): 705-714

[8] Zhang Z Q, Liao X P, Han L, et al. A GaAs MMIC-based inline RF MEMS power sensor. Proceedings of IEEE Sensors (IEEE Sensors 2009 Conference), 2009: 1705-1708

[9] Zhang Z Q, Liao X P, Han L. A coupling RF MEMS power sensor based on GaAs MMIC technology. Sensors and Actuators A: Physical, 2010, 160(1-2): 42-47

[10] Zhang Z Q, Liao X P, Han L, et al. A GaAs MMIC-based coupling RF MEMS power sensor with both detection and non-detection states. Sensors and Actuators A: Physical, 2011, 168(1): 30-38

[11] Zhang Z Q, Liao X P, Han L. A state-converting inline RF MEMS power sensor using GaAs MMIC technology. 16th International Solid-State Sensors, Actuators and Microsystems Conference (Transducers'11), 2011: 1516-1519

[12] Zhang Z Q, Liao X P. GaAs MMIC fabrication for the RF MEMS power sensor with both detection and non-detection states. Sensors and Actuators A: Physical, 2012, 188: 29-34

[13] Zhang Z Q, Liao X P. Research on the phase of an inline coupling RF MEMS power sensor. Proceedings of IEEE Sensors (IEEE Sensors 2011 Conference), 2011: 2014-2017

[14] Zhang Z Q, Liao X P. A lumped model with phase analysis for inline RF MEMS power sensor applications. Sensors and Actuators A: Physical, 2013, 194: 204-211

[15] Zhang Z Q, Liao X P. An inline RF power sensor based on fixed capacitive coupling for GaAs MMIC applicaions. IEEE Sensors Journal, 2015, 15(2): 665-667

[16] Zheng W B, Huang Q A, Liao X P, et al. RF MEMS membrane switches on GaAs substrates for X-band applications. Journal of Microelectromechanical Systems, 2005, 14(3): 464-471

第 8 章 MEMS 在线定向耦合式毫米波功率检测器

8.1 引　言

第 7 章所述的 MEMS 在线式微波功率检测器嵌入到微波集成系统中时，当系统的每级之间的匹配不是理想情况下，实际上检测的微波功率是来自于系统中输入端入射的和输出端反射的微波信号矢量相加后的功率，不能区分出待测微波功率来自于哪个方向，然而，在一些应用领域希望能够解决微波信号传输方向的测量问题 [1]。定向耦合器是一种四端口对称器件，其包括输入端口、输出端口、耦合输出端口和隔离端口，易与 MEMS 器件集成。在这样的背景下，可利用定向耦合器与 MEMS 微波功率传感器的集成，构成新型微波功率检测器从而不仅实现在线的微波功率检测，而且能够测量出被测微波信号的传输方向。本章对基于热电和电容两种检测原理的 MEMS 在线定向耦合式毫米波功率检测器进行研究。

8.2 MEMS 在线定向耦合式毫米波功率检测器的模拟和设计

张志强和廖小平提出了基于热电和电容两种检测原理的 MEMS 在线定向耦合式毫米波功率检测器，实现了同时检测出毫米波信号的功率和传输方向，并扩大了功率测量的动态范围 [2]。同时，在工作频段上实现了从测量微波功率到测量毫米波功率的跨越。MEMS 在线定向耦合式毫米波功率检测器是利用 CPW 定向耦合器将输入毫米波功率耦合出一部分，被耦合功率的大小通过在线电容式和终端热电式两种 MEMS 毫米波功率传感器测量出来，并且通过热电式功率传感器辨别出输入毫米波信号的传输方向，从而实现了毫米波信号的功率大小和传输方向的测量。

8.2.1 结构和原理

MEMS 在线定向耦合式毫米波功率检测器的基本结构主要包括一个 CPW 定向耦合器、一个 MEMS 固支梁、空气桥、两个终端负载电阻、一个热电堆和两个终端隔离电阻。图 8-1 和图 8-2 分别为 MEMS 在线定向耦合式毫米波功率检测器的结构框图和示意图。CPW 定向耦合器是一个对称的四端口器件 (在图 8-2 虚线框内)，在中间两个耦合线段均采用四分之一波长的非对称共面带线 (ACPS) 构成，

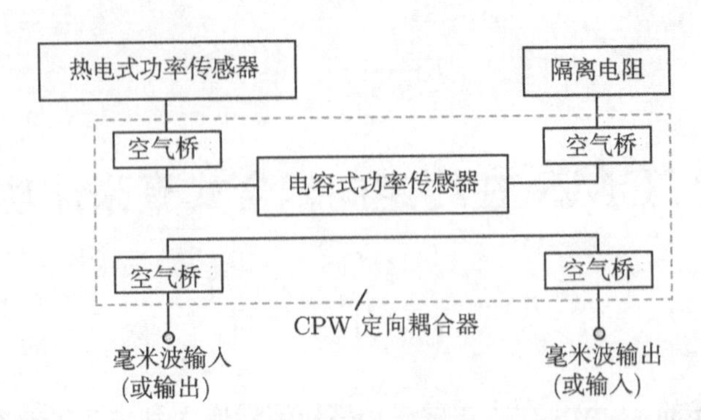

图 8-1　MEMS 在线定向耦合式毫米波功率检测器的结构框图

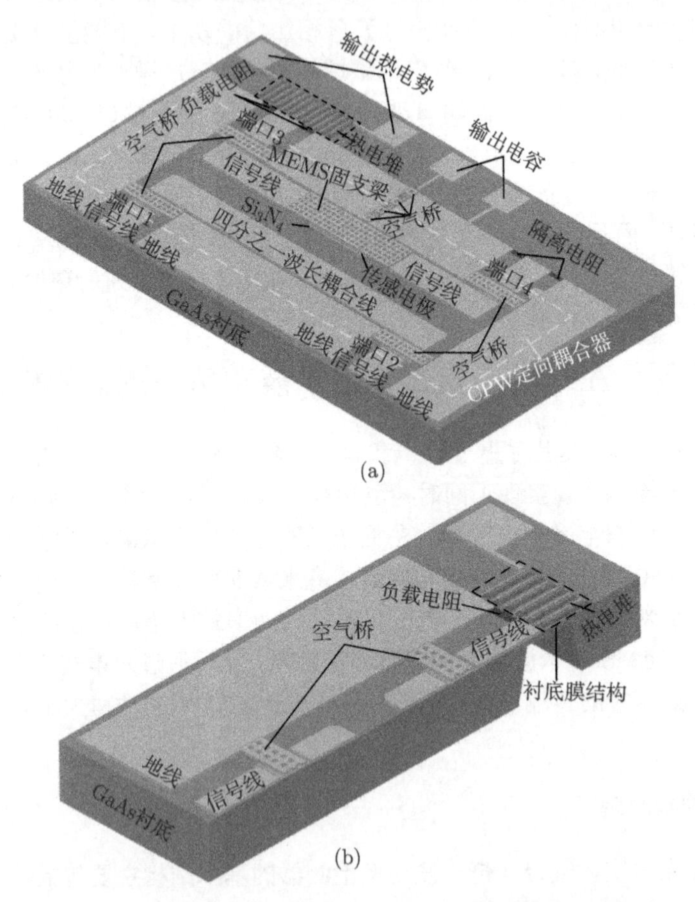

图 8-2　MEMS 在线定向耦合式毫米波功率检测器的示意图

而在四个端口处均采用 CPW 结构形式。CPW 传输线是由一根信号线和两根地线组成的，而 ACPS 传输线是由一根信号线和一根地线组成的，它们的特征阻抗均设计为 50 Ω。MEMS 固支梁位于检测分支上的耦合线段上并作为耦合线段的一部分，在其下方设有传感电极。MEMS 固支梁和传感电极构成在线电容式毫米波功率检测器，通过测量它们之间的电容实现被耦合功率的在线测试。四个较长的空气桥分别位于耦合器中 CPW 和 ACPS 连接处的四个直角上方，而其他空气桥位于连接传感电极的引线上方，以实现分开地线的互连，从而抑制高阶模的产生。在 CPW 和 ACPS 连接处，采用空气桥互连地线有利于紧凑封装和单片集成。两个终端负载电阻并联连接到端口 3，用于完全消耗被耦合的毫米波功率而产生热量。热电堆是由 12 个热电偶串联连接组成的，其靠近负载电阻的一端为热端，而远离负载电阻的一端为冷端。终端负载电阻和热电堆构成了终端热电式毫米波功率传感器，基于 Seebeck 效应通过测量热电势的大小实现被耦合功率的测试。衬底膜结构制作在负载电阻和热电堆的热端下方，通过磨片减薄衬底和干法通孔刻蚀技术两步骤，在衬底的背面刻蚀掉一部分衬底形成膜结构，以增大该区域的热阻，进而提高热电堆冷热两端的温差，从而提高了热电式传感器的灵敏度。两个终端隔离电阻并联连接到端口 4，用于吸收输出到该端口的毫米波功率。端口 4 作为隔离端口，在理想情况下没有输出功率。在设计时，要求两个并联负载电阻和隔离电阻的总电阻值均与 CPW 的特征阻抗相等，从而在端口 3 和负载电阻之间以及在端口 4 和隔离电阻之间都实现好的阻抗匹配。

MEMS 在线定向耦合式毫米波功率检测器的工作原理：①待测毫米波信号利用 CPW 定向耦合器将一部分功率耦合到检测分支上；②在检测分支上的耦合线段有一悬浮的 MEMS 固支梁，当被耦合的毫米波功率经过 MEMS 固支梁时，引起了 MEMS 固支梁的位移变化，通过测量在 MEMS 固支梁和传感电极之间的电容变化实现被耦合功率的在线测量，该过程称为电容式功率传感器的检测；③如果待测毫米波信号是从端口 1 输入的，则耦合出来的功率被端口 3 的终端负载电阻消耗并转化为热，引起负载电阻周围温度的升高，放置在负载电阻附近的热电堆探测出这种温度变化并将之转化为热电势的输出，从而实现毫米波信号功率的测量，该过程称为热电式功率传感器的检测；而如果待测毫米波信号是从端口 2 输入的，则耦合出来的功率被端口 4 的终端隔离电阻消耗。也就是说，如果毫米波信号从端口 1 输入而从端口 2 输出，则电容式和热电式两种功率传感器都将工作；反之，如果毫米波信号从端口 2 输入而从端口 1 输出时，则仅电容式功率传感器工作。这实现了待测毫米波信号的功率和方向性测量。无论哪个端口作为输入端，电容式功率传感器均测量被耦合出来的功率，并且特别适合测量高功率的毫米波信号，扩展了输入功率的动态范围。

由图 8-1 框图可知，MEMS 在线定向耦合式毫米波功率检测器可划分为基于 MEMS 技术的 CPW 定向耦合器、热电式功率传感器和隔离电阻三部分。隔离电阻的设计与负载电阻的设计完全相同；热电式功率传感器的设计可参考第 3 章；而电容式功率传感器的设计可参考第 5 章。因此，接下来重点介绍基于 MEMS 技术的 CPW 定向耦合器的设计和 MEMS 在线定向耦合式毫米波功率检测器的整体结构模拟。

8.2.2　基于 MEMS 技术 CPW 定向耦合器的设计

基于 MEMS 技术 CPW 定向耦合器的设计包括 CPW 定向耦合器的设计、MEMS 固支梁的设计和空气桥的设计三部分。利用第 1 章中 CPW 端口设计方法，在毫米波耦合器的端口处 CPW 的间距/信号线/间距的尺寸设计为 50μm/100μm/50μm，从而实现了在毫米波频率下 50Ω 的 CPW 特征阻抗。在毫米波 CPW 定向耦合器的中间，两个四分之一波长的耦合线段是由 ACPS 传输线构成的。波速与波长的关系为

$$\frac{c}{\sqrt{\varepsilon_{\mathrm{eff}}^{\mathrm{ACPS}}}} = \lambda f \tag{8-1}$$

其中，$\varepsilon_{\mathrm{eff}}^{\mathrm{ACPS}}$ 为 ACPS 传输线的有效介电常数，c 为真空中的光速，λ 为波长，f 为该耦合器工作的中心频率，在这里取 34 GHz。由式 (8-1) 可得 λ=3783.06μm 和 $\lambda/4$=945.76μm。

对于 ACPS 传输线结构，由于没有专门的模块进行计算，因而可先采用表达式计算出大致的尺寸；然后，将计算的结果代入 HFSS 仿真软件中单独对 ACPS 传输线进行模拟；最后，通过在整个耦合器中的仿真和优化，得到最优化值。值得注意的是，在设计时 ACPS 的信号线和地线的间距不能太窄，这是因为在电镀工艺中金属结构之间的最小线宽为 10μm。在基于 MEMS 技术的 CPW 定向耦合器中，当 ACPS 的信号线和地线的宽度分别设计为 100μm 和 200μm，以及它们之间的间距为 10μm 时，在中心频率为 34GHz 时 ACPS 的特征阻抗约为 50Ω，并且四分之一波长 ACPS 传输线的长度为 1080μm。对于 MEMS 固支梁的设计，原则上通过增大其长度以降低弹性系数，以及通过增大其长度和宽度以增大电容的有效面积，可实现较大的电容变化，从而提高电容式功率传感器的灵敏度。但是由于湿法释放工艺会造成黏附问题，所以为了避免塌陷，根据早期工艺的经验和 ACPS 传输线的结构尺寸，所设计的 MEMS 固支梁的长度和宽度分别为 400μm 和 100μm。对于空气桥的设计，在这里特指在 CPW 和 ACPS 传输线相连形成的四个直角上方的空气桥。由于空气桥与 CPW 信号线之间构成寄生电容，该电容会影响 ACPS 传输线的四分之一波长的长度，研究发现，在传输线两端增加补偿电容可以缩短传输线的一定长度。这本质上仅缩短了传输线的实际长度，但其电长度仍为四分之一波长。由于 CPW 两地线之间的间距为 200μm，则空气桥的长度设计为 200μm，所以为了降低该寄生电容对定向耦合器的性能影响需要严格设计空气桥的宽度和高度。另外，可尝试通过利用空气桥的寄生电容或者直接设计为 MIM 电容，以实现缩短

ACPS 传输线的实际长度，从而达到减小版图面积的目的。

在工艺中，MEMS 固支梁和空气桥的高度取决于牺牲层的厚度，其初始值为 1.6μm。利用 HFSS 仿真软件对基于 MEMS 技术的 CPW 定向耦合器进行模拟设计和优化。图 8-3～图 8-5 分别为当 MEMS 固支梁在 Up 和 Down 态时，对于空气桥宽度 w_a 为 40μm、50μm 和 60μm，基于 MEMS 技术的 CPW 定向耦合器的反射损耗 S_{11} 和插入损耗 S_{21}、耦合输出 S_{31} 以及隔离度 S_{41} 的模拟结果。通过观察图 8-3～图 8-5 发现，该耦合器的反射损耗 S_{11}、耦合输出 S_{31} 和隔离度 S_{41} 随着空气桥的宽度的增大而使得中心工作频率变低，以及插入损耗 S_{21} 随空气桥的宽度的增大而增大。这表明增大空气桥的宽度，进而增大了在空气桥和 CPW 信号线之间的寄生电容，从而导致定向耦合器的中心工作频率变低。考虑由空气桥的寄生电容对该定向耦合器的整体性能影响，选择空气桥的宽度为 50μm；此时反射

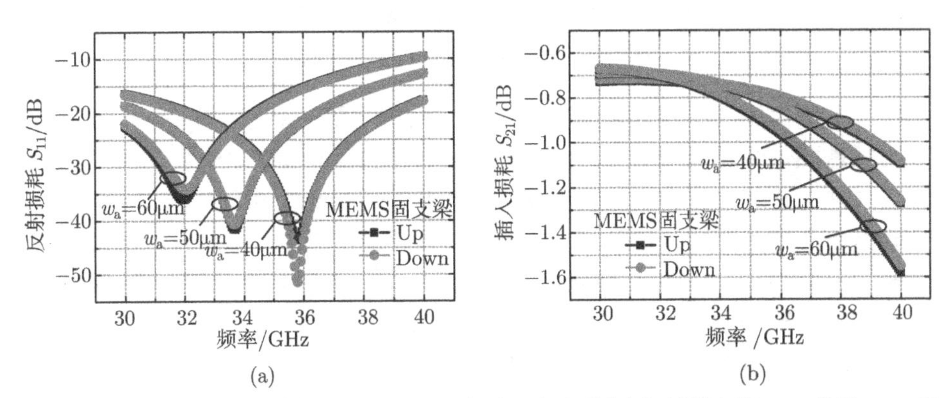

图 8-3 当 MEMS 固支梁在 Up 和 Down 态时，对于不同空气桥的宽度 w_a，基于 MEMS 技术的 CPW 定向耦合器的反射损耗 S_{11}(a) 和插入损耗 S_{21}(b) 的模拟结果

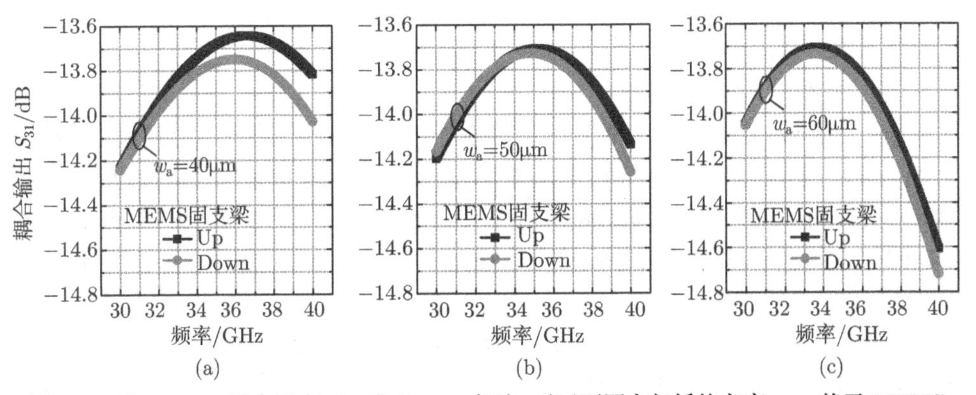

图 8-4 当 MEMS 固支梁在 Up 和 Down 态时，对于不同空气桥的宽度 w_a，基于 MEMS 技术的 CPW 定向耦合器的耦合输出 S_{31} 模拟结果

(a)w_a=40μm；(b)w_a=50μm；(c)w_a=60μm

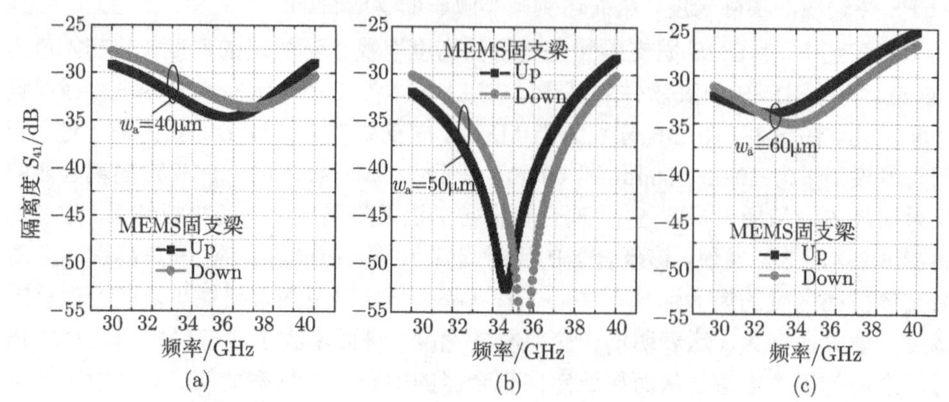

图 8-5　当 MEMS 固支梁在 Up 和 Down 态时，对于不同空气桥的宽度 w_a，基于 MEMS 技术的 CPW 定向耦合器的隔离度 S_{41} 模拟结果

(a)w_a=40μm；(b)w_a=50μm；(c)w_a=60μm

损耗 S_{11} 和隔离度 S_{41} 在 34GHz 附近具有极小值 (图 8-3(a) 和图 8-5)，实现了较好的阻抗匹配，而且耦合输出 S_{31} 在 30~40GHz 随频率的变化较小 (图 8-4)，这表明了与之相连的热电式功率传感器的输出热电势受到工作频率的影响较小，从而实现宽频带的热电式功率传感器。对于空气桥的宽度为 50μm，当 MEMS 固支梁处于 Up 和 Down 态时耦合输出具有很小的差别，这意味着不同 MEMS 固支梁的下移程度对耦合输出具有较小的影响 (图 8-4)，从而表明了电容式功率传感器和热电式功率传感器在各自测量功率时没有互相干扰；而且，当 MEMS 固支梁处于 Up 和 Down 态时对耦合器的反射损耗、插入损耗和隔离度的影响都较小，这表明 MEMS 固支梁的高度变化几乎不对定向耦合器的性能产生影响。

在实际制作中，MEMS 固支梁和空气桥的高度受加工的影响，会导致它们的高度降低一些。图 8-6 为当空气桥的宽度 w_a 为 50μm 时，对于不同空气桥和 MEMS 固支梁的高度 g_{a+b}，基于 MEMS 技术的 CPW 定向耦合器的反射损耗 S_{11}、插入损耗 S_{21}、耦合输出 S_{31} 和隔离度 S_{41} 的模拟结果。通过观察图 8-6 发现，反射损耗 S_{11}、耦合输出 S_{31} 和隔离度 S_{41} 随着 MEMS 固支梁和空气桥的高度 g_{a+b} 的降低而使得中心工作频率变低，并引起在所设计工作频率处的阻抗失配，从而导致较大的反射损耗和耦合输出以及较差的隔离度，最终导致了插入损耗的恶化。由图 8-3~ 图 8-5 所示的模拟结果可知 MEMS 固支梁的高度变化对耦合器性能产生了可忽略的影响，所以如图 8-6 所示该耦合器各参数性能的变化主要是由于空气桥的高度降低造成的。这表明空气桥高度的降低，增大了在空气桥和 CPW 信号线之间的寄生电容，从而导致了定向耦合器的中心工作频率变低。

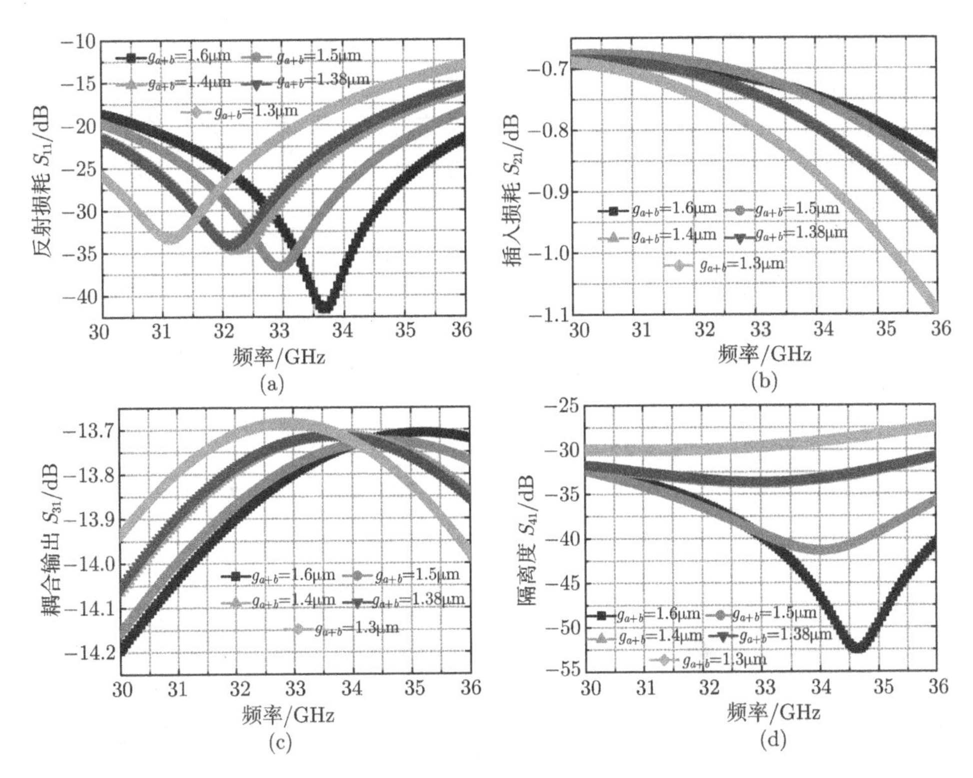

图 8-6 当空气桥的宽度为 50μm 时，对于不同空气桥和 MEMS 固支梁的高度 g_{a+b}，基于 MEMS 技术的 CPW 定向耦合器的反射损耗 S_{11}(a)、插入损耗 S_{21}(b)、耦合输出 S_{31}(c) 和隔离度 S_{41}(d) 的模拟结果

在定向耦合器设计中，两条 ACPS 耦合线段的长度均为四分之一波长，其优化后在中心工作频率为 34 GHz 时长度为 1080μm。由式 (8-1) 可知，其波长与工作频率成反比关系，随工作频率的降低而增大。图 8-7 为对于 ACPS 耦合线段长度 l_{ACPS} 分别为 1050μm、1080μm 和 1110μm 时，基于 MEMS 技术的 CPW 定向耦合器的反射损耗 S_{11}、插入损耗 S_{21}、耦合输出 S_{31} 和隔离度 S_{41} 的模拟结果。在模拟中，空气桥的宽度 w_{a} 为 50μm，以及空气桥和 MEMS 固支梁的高度 g_{a+b} 均为 1.6μm。通过观察图 8-7 发现，该定向耦合器的反射损耗 S_{11}、耦合输出 S_{31} 和隔离度 S_{41} 随着耦合线段长度 l_{ACPS} 的增大而使得中心工作频率变低。这表明设计较低中心工作频率的 CPW 定向耦合器时，需要较长的 ACPS 耦合线段长度，这与式 (8-1) 显示的结果相一致。因此，通过图 8-3~ 图 8-7 所示的 HFSS 模拟结果可得：①MEMS 固支梁的高度变化对基于 MEMS 技术的 CPW 定向耦合器的整体性能产生可忽略的影响；② MEMS 固支梁的高度变化与耦合输出的关系，表明电容式功率传感器和热电式功率传感器在各自测量功率时没有互相干扰；③在 CPW

和 ACPS 连接处的空气桥的宽度和高度对 CPW 定向耦合器的性能产生很大的影响；④当需要设计较低工作频率的定向耦合器时，可通过增大空气桥和 CPW 之间的寄生电容或者直接制作合适 MIM 电容，以缩短 ACPS 耦合线段的长度，从而减小基于 MEMS 技术 CPW 定向耦合器的版图尺寸。

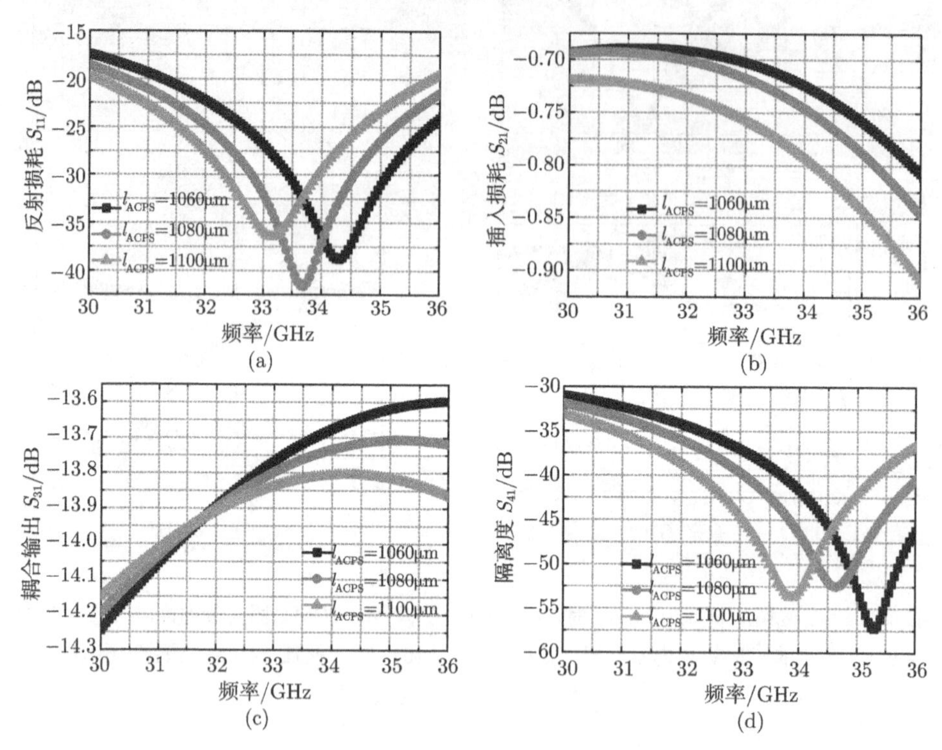

图 8-7 ACPS 耦合线段长度 l_{ACPS} 分别为 1060μm、1080μm 和 1100μm 时，基于 MEMS 技术的 CPW 定向耦合器的反射损耗 S_{11}(a)、插入损耗 S_{21}(b)、耦合输出 S_{31}(c) 和隔离度 S_{41}(d) 的模拟结果

图 8-8 为优化后基于 MEMS 技术的 CPW 定向耦合器的模拟结果，在模拟中，ACPS 耦合线段长度 l_{ACPS} 为 1080μm，空气桥的宽度 w_{a} 为 50μm，以及空气桥和 MEMS 固支梁的高度 g_{a+b} 均为 1.6μm。在图 8-8(a) 中，反射损耗 S_{11} 在频率为 33.7GHz 时具有极小值，其值为 −41.59dB，以及在 30~36GHz 时低于 −18.59dB；而插入损耗 S_{21} 在 30~36GHz 时低于 0.85dB，表明优化后的 CPW 定向耦合器在毫米波工作频段具有好的阻抗匹配以及低的导体损耗和介质损耗。在图 8-8(b) 中，隔离度 S_{41} 在 34.65GHz 时具有极小值，其值为 −52.5dB，以及在 30~36GHz 时低于 −31.88dB；而耦合输出 S_{31} 在 30~36GHz 频带内最大变化为 0.49dB，表明优化后的 CPW 定向耦合器在 30~36GHz 时具有好的隔离度和随频率变化较小的耦分

输出。当端口 1 为微波信号输入端时，耦合输出的功率被热电式功率传感器完全消耗转化为输出热电势，所以小的耦合输出随频率的变化实现了宽频带的热电式功率传感器。在图 8-8(c) 中，即使 MEMS 固支梁处于 Down 态，耦合输出 S_{31} 也几乎没有变化，表明 MEMS 固支梁的电容变化几乎不对优化后的耦合器产生影响，这说明了电容式和热电式两种功率传感器在各自测量毫米波功率时没有互相干扰。

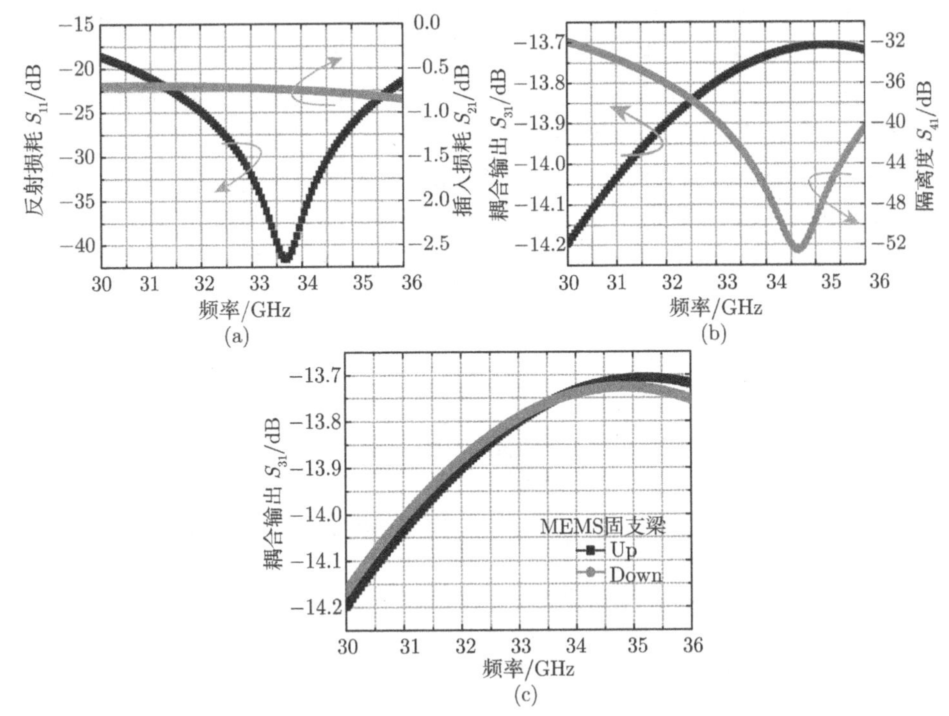

图 8-8 优化后基于 MEMS 技术的 CPW 定向耦合器的模拟结果

(a) 反射损耗 S_{11} 和插入损耗 S_{21}；(b) 耦合输出 S_{31} 和隔离度 S_{41}；(c) 在 MEMS 固支梁分别处于 Up 和 Down 态时的耦合输出 S_{31}

8.2.3 MEMS 在线定向耦合式毫米波功率检测器的模拟

将优化后基于 MEMS 技术的 CPW 定向耦合器的端口 3 和端口 4 分别并联连接两个终端负载电阻和终端隔离电阻，从而实现 MEMS 在线定向耦合式毫米波功率检测器的仿真。每个终端电阻的阻值均设计为 100Ω。图 8-9 为 MEMS 在线定向耦合式毫米波功率检测器的 HFSS 模拟结构图。在模拟中，端口 1 为输入口，而端口 2 为输出端。

图 8-10 为 MEMS 在线定向耦合式毫米波功率检测器的反射损耗 S_{11} 和插入损耗 S_{21} 模拟结果。在模拟中，每个电阻的长度和宽度分别为 50μm 和 12.5μm，其他结构尺寸与优化后 CPW 定向耦合器的尺寸相同。在图 8-10 中，反射损耗 S_{11}

在频率为 33.95GHz 时具有极小值，其值为 −40.19dB，以及在频段为 30~36GHz 时低于 −18.21dB；而插入损耗 S_{21} 在频段为 30~36GHz 时低于 0.87dB。它表明 MEMS 在线定向耦合式毫米波功率检测器在工作频率为 30~36GHz 时具有低的反射损耗和插入损耗，从而其实现了好的阻抗匹配和低的毫米波损耗。与如图 8-8(a) 所示优化后基于 MEMS 技术的 CPW 定向耦合器相比，反射损耗的极小值频率从 33.7GHz 移动到 33.95GHz，而插入损耗在 30~36GHz 范围内增大了 0.02dB。其主要原因为：在耦合器仿真中端口 3 和端口 4 都为理想的 50Ω 特征阻抗的波端口，而在检测器仿真中端口 3 和端口 4 分别并联了两个 100Ω 薄膜负载和隔离电阻，这些薄膜电阻在毫米波频段由于自身的损耗以及寄生的电感和电容，从而导致了反射损耗的极小值频率的移动以及插入损耗的增大；在检测器仿真中，增加衬底膜结构，也会在一定程度上影响反射损耗和插入损耗。对于一个严格要求的设计，可以在优化后耦合器设计中考虑到这些因素，例如，预先将中心工作频率设计得偏移一

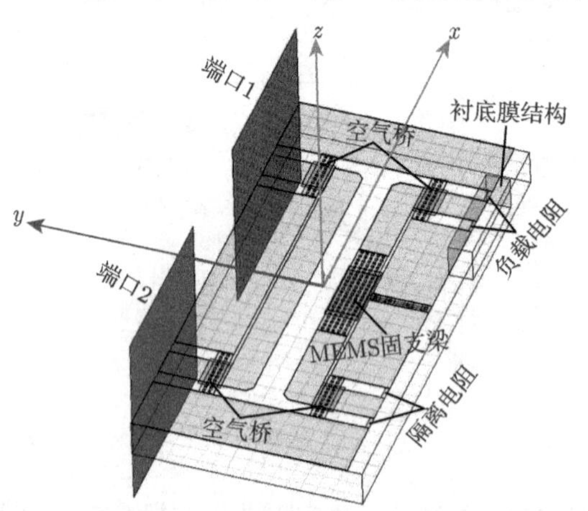

图 8-9 MEMS 在线定向耦合式毫米波功率检测器的 HFSS 模拟结构图

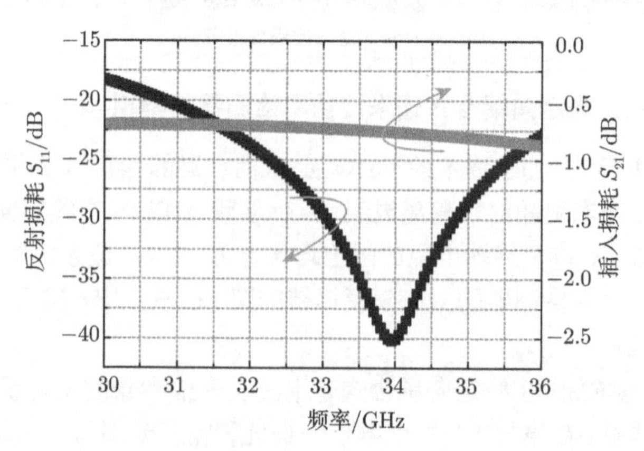

图 8-10 MEMS 在线定向耦合式毫米波功率检测器的反射损耗S_{11}和插入损耗S_{21}模拟结果

点，然后在检测器设计中利用薄膜电阻和衬底膜结构等影响来补偿设计，从而实现最终设计要求。然而，在优化后的耦合器和在线定向检测器之间具有很小差别的反射损耗和插入损耗。

图 8-11 为 MEMS 在线定向耦合式毫米波功率检测器的电磁场分布模拟结果。图 8-11(a) 和 (b) 分别显示了当电磁波的扫描相位为 0° 时 MEMS 在线定向耦合式毫米波功率检测器的电场和磁场分布。在图 8-11(a) 和 (b) 中，电磁场主要集中在波的输入和输出端口上；在 ACPS 耦合线段上电磁场分布不均并且两端较多而中间较少，但在 MEMS 固支梁上已经存在电磁场的作用；在负载和隔离电阻上都看不到电磁场的分布。图 8-11(c) 和 (d) 分别显示了当电磁波的扫描相位为 90° 时 MEMS 在线定向耦合式毫米波功率检测器的电场和磁场分布。在图 8-11(c) 和 (d) 中，电磁场主要集中在 ACPS 耦合线段上并且分布较均匀，作用在 MEMS 固支梁上的电磁场分布明显且均匀；而在波的输入和输出端口上几乎没有电磁场分布；此时在负载电阻上存在最大量的电磁场，而在隔离电阻上却看不到电磁场的分布。因此，由上述的电磁场分布验证了以下两点：①在 MEMS 固支梁上存在电磁场的分布，表明耦合出的功率会对 MEMS 固支梁起作用而引起位移变化，从而验证了电容式功率传感器测量功率的正确性；②在相位为 90° 时，在四分之一波长的 ACPS 耦合线段上具有均匀的电磁场分布，并且在负载电阻上具有明显电磁场分布而在隔离电阻上不存在电磁场分布，表明当端口 1 输入毫米波信号时耦合出的功率消耗在负载电阻上，但在隔离电阻上没有功率消耗，在负载电阻附近的热电堆 (在图 8-9 和图 8-11 中未画出) 将产生输出热电势，从而验证了热电式功率传感器测量功率和传输方向的正确性。表 8-1 为 MEMS 在线定向耦合式毫米波功率检测器的结构尺寸。

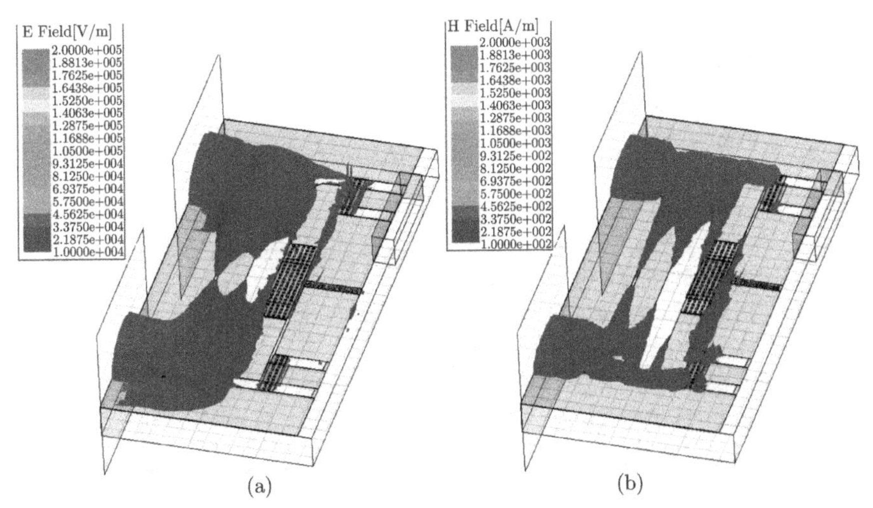

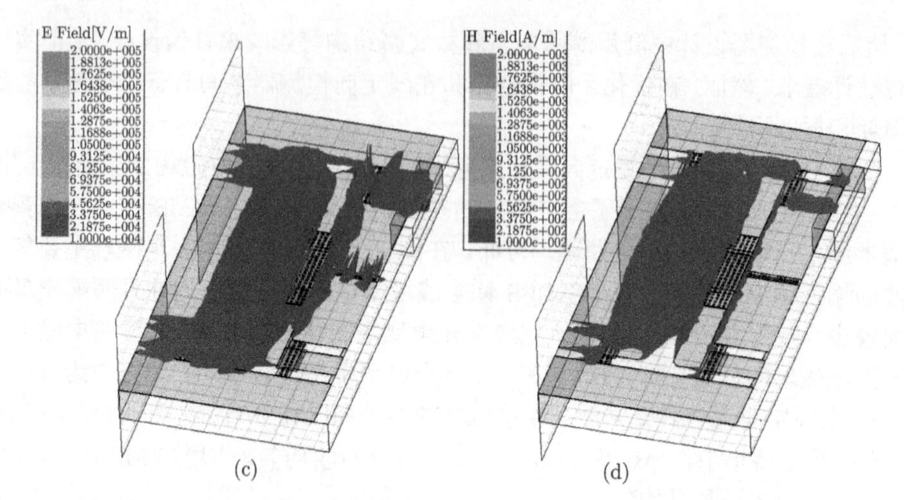

图 8-11　MEMS 在线定向耦合式毫米波功率检测器的电磁场分布模拟结果

(a) 扫描波相位为 0° 时，电场分布；(b) 扫描波相位为 0° 时，磁场分布；(c) 扫描波相位为 90° 时，电场分布；(d) 扫描波相位为 90° 时，磁场分布

表 8-1　MEMS 在线定向耦合式毫米波功率检测器的结构尺寸

结构参数	数值/μm
GaAs 衬底的厚度	120
GaAs 衬底膜结构的厚度	10
CPW 传输线的厚度	2.52
CPW 信号线的宽度	100
CPW 信号线和地线的间距	50
ACPS 信号线的宽度	100
ACPS 地线的宽度	200
ACPS 信号线和地线的间距	10
ACPS 耦合线段的长度	1080
两条 ACPS 耦合线段的间距	100
MEMS 固支梁的长度	400
MEMS 固支梁的宽度	100
MEMS 固支梁的高度	1.6
在 CPW 和 ACPS 连接处空气桥的长度	200
在 CPW 和 ACPS 连接处空气桥的宽度	50
在 CPW 和 ACPS 连接处空气桥的高度	1.6
MEMS 固支梁和空气桥的厚度	2.04
终端电阻的长度	50
终端电阻的宽度	12.5

8.3 MEMS 在线定向耦合式毫米波功率检测器的测试

MEMS 在线定向耦合式毫米波功率检测器与中电 55 所的 GaAs MMIC 工艺兼容，图 8-12 为 MEMS 在线定向耦合式毫米波功率检测器的 SEM 照片。它的测试分为三部分：毫米波性能的测试、电容式和热电式功率传感器的灵敏度测试。毫米波性能的测试表征了该检测器的阻抗匹配情况和毫米波信号经过检测器时功率的损耗程度；电容式功率传感器的灵敏度测试表征了该检测器在一定毫米波频率下 MEMS 固支梁的电容变化与输入毫米波功率之间的关系；热电式功率传感器的灵敏度测试表征了该检测器在两端口分别作为输入端时在一定毫米波频率下热电堆的输出热电势与输入毫米波功率之间的关系，并通过输出热电势的大小判断毫米波信号的传输方向。

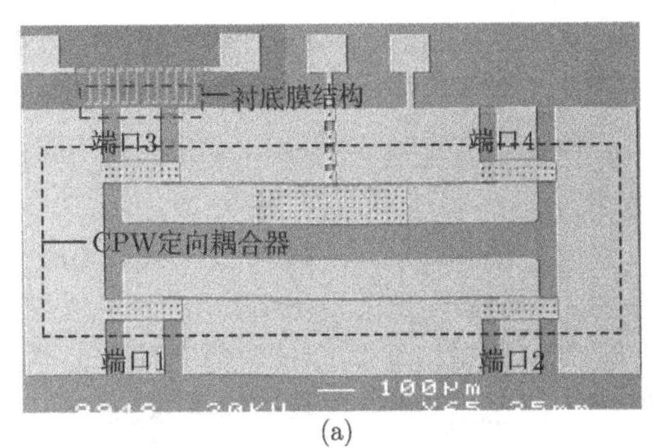

(a)

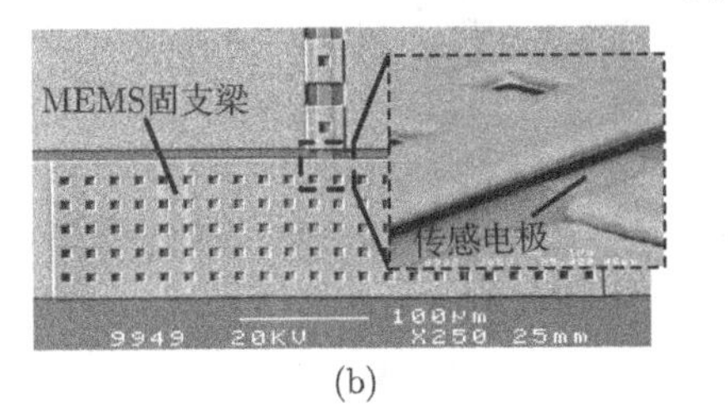

(b)

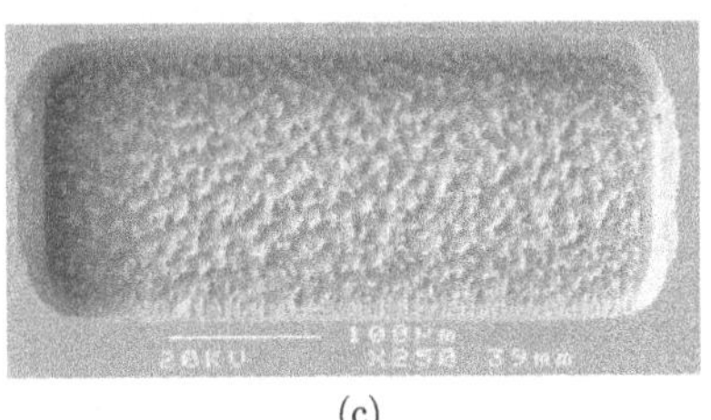

(c)

图 8-12 MEMS 在线定向耦合式毫米波功率检测器的 SEM 照片

(a) 整体结构；(b)MEMS 固支梁结构；(c)GaAs 衬底膜结构

8.3.1 毫米波性能的测试

MEMS 在线定向耦合式毫米波功率检测器的毫米波性能采用 Agilent N5244A PNA-X 网络分析仪测试，其测量的参数为反射损耗 S_{11} 和插入损耗 S_{21}，测量的频率为 30~36GHz。为了实现精确的毫米波测量，采用 SOLT 技术校准网络分析仪。

图 8-13 为 MEMS 在线定向耦合式毫米波功率检测器的反射损耗 S_{11} 和插入损耗 S_{21} 测试结果，测量的反射损耗在 32GHz 时具有极小值，其值约为 −28dB，

以及在 30~36GHz 时小于 −14dB；而测量的插入损耗在该频带内小于 1.3dB。从测量的结果可以看出，S_{11} 和 S_{21} 的通频带具有相同的对称中心，这意味着该检测器在毫米波频段产生了很小的寄生电抗，所以没有造成测量的 S_{11} 和 S_{21} 之间的不对称。在图 8-13 中，测量的插入损耗在中心频带略低于如图 8-10 所示模拟的插入损耗，这意味着在 CPW 和 ACPS 连接区域形成的直角拐角引起了可忽略的电磁辐射，这是因为任何辐射都表现出很强的频率依赖性。值得注意的是测量的 S_{11} 在频带边缘明显不如模拟结果。因此，造成测量和模拟的 S_{21} 之间差异的主要原因是恶化的 S_{11} 测试结果和趋肤效应引起的损耗。通过比较在图 8-13 中测量的 S_{11} 和在图 8-10 中模拟的 S_{11} 发现，它们表现出不同的极小值和中心频带，其主要原因为：①当牺牲层释放之后，在 CPW 和 ACPS 连接处的空气桥和在电容式功率传感器中的 MEMS 固支梁从初始高度降低了一些，这引起电容的增大，从而导致了器件系统的失配。其主要表现在反射损耗的增大和中心工作频率变低。由前面图 8-6 所示的模拟结果已验证了 S_{11}、S_{31} 和 S_{41} 的中心工作频率随空气桥和 MEMS 固支梁的高度降低而变低，并导致了 S_{21} 的恶化。②两个并联的终端负载和隔离电阻分别与 CPW 定向耦合器的端口 3 和端口 4 相连接，在设计中每个电阻的电阻值为 100Ω，则两个并联电阻的电阻值为 50Ω，从而实现与特征阻抗为 50Ω 的 CPW 端口阻抗匹配。但是，在制作之后，测量的负载和隔离电阻的总电阻值约为 30.6Ω，则两个并联的负载或隔离电阻的电阻值为 61.2Ω，所以，设计和实际制作电阻之间的差异导致了端口 3 和端口 4 的阻抗失配。基于上述原因的考虑，MEMS 在线定向耦合式毫米波功率检测器的模拟结果如图 8-14 所示。在模拟中，空气桥和 MEMS 膜固支梁的高度为 1.38μm，而并不是 1.6μm 的初始高度，以及两个并联的终端负载和隔离电阻都为 61.2Ω。在图 8-14 中，模拟的 S_{11} 在 32.1GHz 时具有极小值，其值约为 −30.8dB，以及在 30~36GHz 时小于 −15dB；而模拟的 S_{21} 在该频带内小于 1dB。通过图 8-13 和图 8-14 的比较，模拟和测量的 S_{11} 在频带内具有好的中心对称，并且模拟的 S_{11} 和 S_{21} 更接近测试性能。

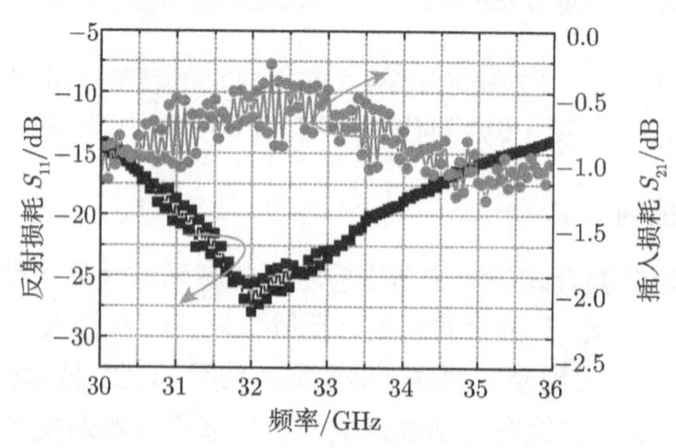

图 8-13　MEMS 在线定向耦合式毫米波功率检测器的反射损耗S_{11}和插入损耗S_{21}的测试结果

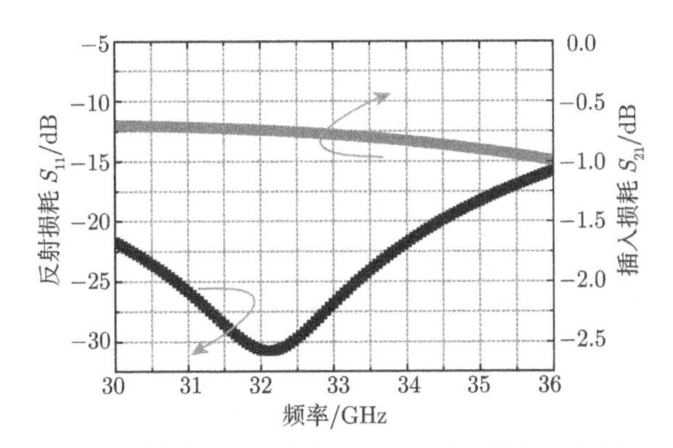

图 8-14 当空气桥和 MEMS 固支梁的高度为 1.38μm 以及两个并联的终端负载和隔离电阻都为 61.2Ω 时，MEMS 在线定向耦合式毫米波功率检测器的反射损耗 S_{11} 和插入损耗 S_{21} 的模拟结果

8.3.2 电容式传感器的灵敏度测试

在 MEMS 在线定向耦合式毫米波功率检测器中，被耦合出并作用在 MEMS 固支梁上的毫米波功率很小，所以，电容式功率传感器利用直流电压来表征电容变化。如果具有足够大的输入毫米波信号，则耦合出的毫米波功率引起的电容变化可通过两个电容输出压焊块测量。在电容的测量过程中，一个电容输出压焊块连接到 MEMS 固支梁下方的传感电极上，而另一个电容输出压焊块位于 CPW 地线上并经终端电阻与 MEMS 固支梁相连接。当端口 1(端口 2) 输入毫米波信号时，终端负载 (或隔离) 电阻消耗位于由 MEMS 固支梁作为耦合线段一部分的检测分支上的耦合功率，显示了该电容的两个极板，一个是悬浮的极板，而另一个是接地极板。在这种情况，采用基于平衡桥阻抗技术的测试设备不适合测量这种电容。对于悬浮和接地极板作为电容的两个输出压焊块，其测试设备可采用 ADI 公司的 24 位电容数字转换器 (AD7747EBZ)。对于详细的测试方法可参考文献 [3] 和 [4]，在其中输入的微波功率完全作用于在 MEMS 梁上，从而能够测量出较大的电容变化。在 MEMS 在线定向耦合式毫米波功率检测器中，电容式传感器的灵敏度采用 Cascade Microtech GSG 探针台和 Keithley 半导体参数系统测试，利用半导体参数系统的 C-V 模块连续记录了测量的输出电容和输入直流电压的关系。

图 8-15 为对于电容式功率传感器测量的电容与输入直流电压以及在 34GHz 时等效毫米波功率的关系，等效毫米波功率可由式 $P_{\mathrm{RF}}=V_{\mathrm{DC}}^2/(R_{\mathrm{m}}\cdot S_{31}(\mathrm{Freq}))$ 得到，其中 V_{DC} 为输入的直流电压、R_{m} 为匹配电阻和测量的 $S_{31}(\mathrm{Freq})$ 在 34GHz 时为 −12.2dB。在图 8-15 中，测量的电容变化与等效毫米波功率之间具有好的线性度。电容式功率传感器的灵敏度在 34GHz 时约为 0.45fF/W，可测量的等效功率达到瓦级。这间接验证了电容式功率传感器设计的有效性。

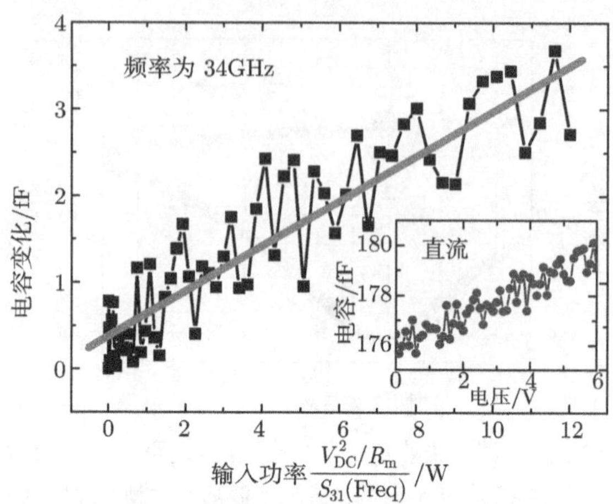

图 8-15　对于电容式功率传感器，测量的电容与直流电压以及在34GHz 时等效毫米波功率的关系

8.3.3　热电式传感器的灵敏度测试

MEMS 在线电容耦合式毫米波功率检测器的灵敏度采用 Cascade Microtech GSG 探针台、Agilent E8257D PSG 模拟信号发生器、Fluke 8808A 数字万用表和一个 50Ω 的负载电阻测试。信号发生器用于产生毫米波信号；利用数字万用表记录输出热电势的大小；负载电阻连接到该检测器的毫米波输出端，用于吸收输出的毫米波信号。两根 1.5 米长的同轴电缆分别作为信号发生器和探针台之间，以及探针台和负载电阻之间的连接线。图 8-16 为在线定向耦合式 MEMS 毫米波功率检测器的片上测试设备照片。在图 8-16 中，还包括了 Agilent N5244A PNA-X 网络分析仪和 Keithley 半导体参数系统。

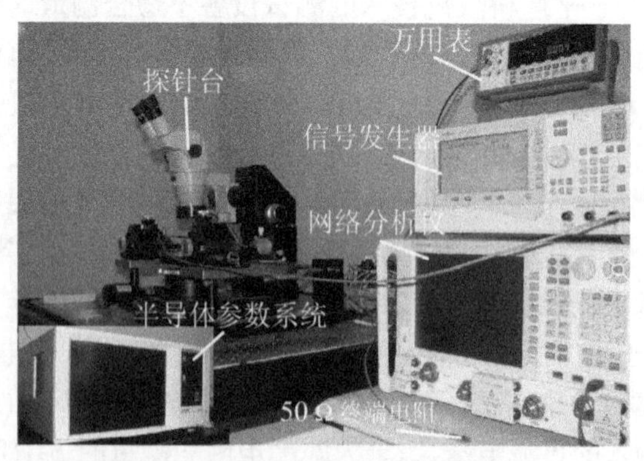

图 8-16　MEMS 在线定向耦合式毫米波功率检测器的片上测试设备照片

图 8-17 为当端口 1 和端口 2 分别作为输入端时，对于热电式功率传感器在 32GHz、34GHz 和 36GHz 时测量的输出热电势与输入毫米波功率的关系，其中，内

嵌图为当端口 1 作为输入端时测量的灵敏度与输入毫米波功率的关系。在实际测量过程中，由信号发生器产生的毫米波功率经一根 1.5 米的同轴电缆传输到 MEMS 在线定向耦合式毫米波功率检测器的输入端口。为了去除同轴电缆引起的损耗，将信号发生器经同轴电缆与 Agilent 频谱仪相连接，从而通过频谱仪测量出传输到定向检测器输入端口处的毫米波功率。这个过程称为输入毫米波信号的校准过程。图 8-17(a) 显示了在校准前测量的输出热电势与在信号发生器处产生的毫米波功率的关系；图 8-17(b) 显示了在校准后测量的输出热电势与在定向检测器输入端口处的毫米波功率的关系。从图 8-17(a) 和 (b) 可以看到，在校准前后，测量的输出热电势与毫米波功率都具有好的线性度；在校准后，从信号发生器产生的 70mW 功率实际传输到在线式定向检测器输入端口的功率为 28.25mW，表明在同轴电缆上损耗了 41.75mW 的功率。

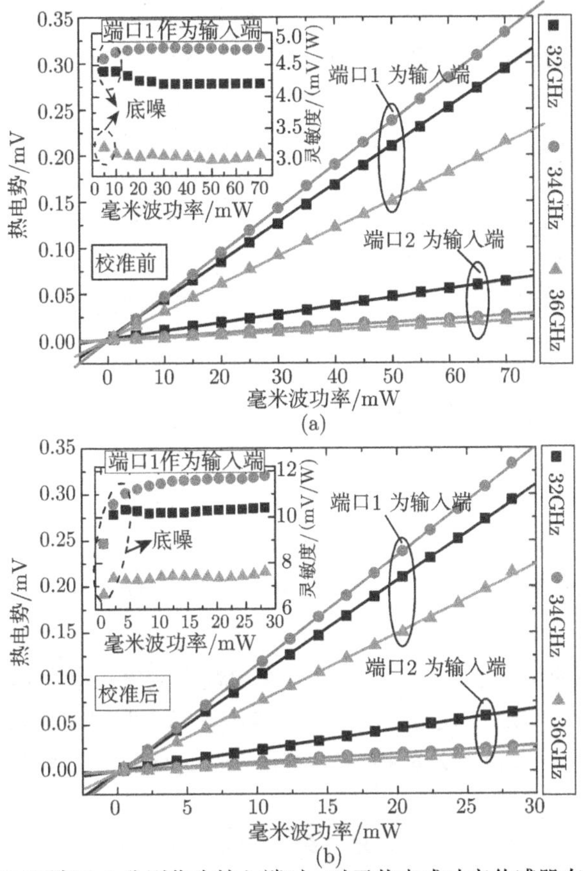

图 8-17 当端口1 和端口 2 分别作为输入端时，对于热电式功率传感器在 32GHz、34GHz 和36GHz 时测量的输出热电势与输入毫米波功率的关系

(a) 在校准前，测量的输出热电势与在信号发生器处产生的毫米波功率的关系；(b) 在校准后，测量的输出热电势与在线式定向检测器输入端口处的毫米波功率的关系

当端口 1 作为输入毫米波功率时，测量的输出热电势明显大于当端口 2 作为输入毫米波功率时测量的热电势，表明在端口 3 的输出热电势主要取决于端口 1 的输入功率，从而实现了测量毫米波信号的传输方向。如图 8-17(b) 所示，对于输入毫米波功率为 28.25mW，在 32GHz、34GHz 和 36GHz 时，当端口 1 输入毫米波信号而端口 2 作为输出时，校准后测量的热电势分别为 0.294mV、0.333mV 和 0.215mV；而当端口 2 输入毫米波信号而端口 1 作为输出时，校准后测量的热电势分别为 0.063mV、0.026mV 和 0.020mV。在内嵌图中，当端口 1 输入毫米波信号时，灵敏度和输入功率之间具有近似水平线性的关系，在较低输入功率时大的灵敏度波动主要是由于测试仪器的背景噪声造成的。如图 8-17(b) 所示，在 32GHz、34GHz 和 36GHz 时，当端口 1 输入毫米波信号而端口 2 作为输出时，其校准后的灵敏度分别为 10.18μV/mW、11.30μV/mW 和 7.35μV/mW；而当端口 2 输入毫米波信号而端口 1 作为输出时，其校准后的灵敏度分别为 2.28μV/mW、1.02μV/mW 和 0.75μV/mW，通过比较验证了该 MEMS 在线定向耦合式毫米波功率检测器具有方向性。在图 8-17(b) 中校准后的平均灵敏度，与在图 8-17(a) 中校准前的平均灵敏度 (分别为 4.2μV/mW、4.7μV/mW 和 3.1μV/mW) 相比较，分别大约提高了 142.9%、140.4%和 138.7%。对于热电式功率传感器，测量的最小输入功率为 0.5mW。实验表明测量的输出热电势随毫米波频率的变化而变化，其主要是由于趋肤效应引起的 CPW 和 ACPS 传输线的损耗、制作之后在频带内不同的耦合输出、射频探针的寄生损耗以及负载电阻和热电堆之间的电磁耦合损耗引起的。

8.4 MEMS 在线定向耦合式毫米波功率检测器的系统级 S 参数模型

MEMS 在线定向耦合式毫米波功率检测器在结构上可看作由 MEMS 定向毫米波功率耦合器与终端负载 (含后面的热电堆) 和隔离电阻组成，其中负载和隔离电阻分别与该耦合器的耦合输出端和隔离端相匹配。为了能够清楚地表示 MEMS 在线定向耦合式毫米波功率检测器的隔离度和耦合输出功率大小，在建立 S 参数模型时通常会将 MEMS 在线定向耦合式毫米波功率检测器的终端负载和隔离电阻去掉，使得这两个端口也为开路状态，即可推导出 MEMS 定向毫米波功率耦合器的 S 参数模型。

对于 MEMS 定向毫米波功率耦合器的模型分析，难点在于 MEMS 固支梁结构的处理。在该耦合器中，固支梁下方存在一个驱动电极，驱动电极的上方覆盖着一层氮化硅介质层。为了便于分析，直接将固支梁视为四分之一波长的 ACPS 传输线的一部分，其下方的电极作为一个空载的端口，在没有接负载的情况下它对耦合器的影响可忽略不计。为了建立 S 参数模型，首先把 MEMS 定向毫米波功率耦合器按功能划分为三部分，如图 8-18 所示。这三部分分别为：①部分是由 CPW 端口 1 和 CPW 端口 2 构成的四端口网络；②部分是由两个四分之一波长的 ACPS 传输线的耦合线段所构成的四端口网络；③部分是由 CPW 端口 3 和 CPW 端口 4 构成的四端口网络。其中，构成①和③两部分的两个 CPW 均相互没有影响，而构成②部分的两个 ACPS 是相互耦合的。

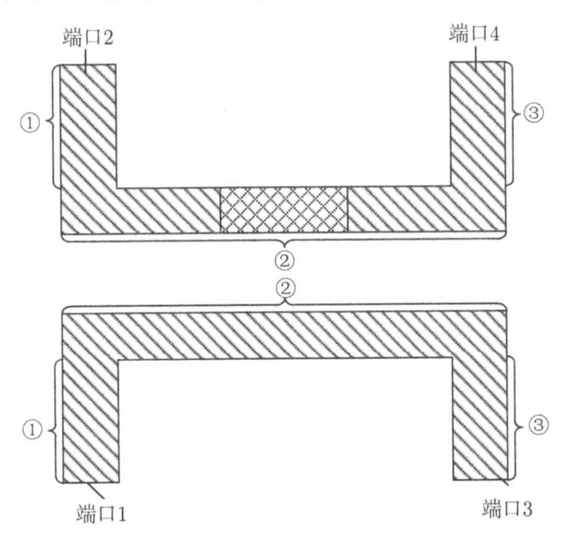

图 8-18 MEMS 定向毫米波功率耦合器的功能划分示意图

图 8-19 为 MEMS 定向毫米波功率耦合器结构的等效网络示意图。在图 8-19 中，该等效网络由三个四端口网络构成，其中①和③两部分的四端口网络是相同的。类似于二端口网络的分析，①和③两部分的四端口网络传输矩阵为

$$T' = \left\{ \begin{matrix} \cos\beta l & 0 & \mathrm{j}Z_0\sin\beta l & 0 \\ 0 & \cos\beta l & 0 & \mathrm{j}Z_0\sin\beta l \\ \dfrac{\mathrm{j}\sin\beta l}{Z_0} & 0 & \cos\beta l & 0 \\ 0 & \dfrac{\mathrm{j}\sin\beta l}{Z_0} & 0 & \cos\beta l \end{matrix} \right\} \tag{8-2}$$

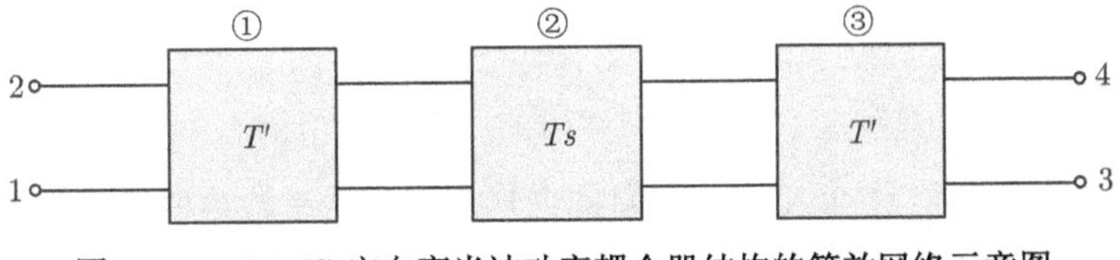

图 8-19 MEMS 定向毫米波功率耦合器结构的等效网络示意图

接着，②部分的四端口网络传输矩阵为

$$Ts = \begin{bmatrix} As & Bs \\ Cs & Ds \end{bmatrix} \tag{8-3}$$

其中，As、Bs、Cs 和 Ds 均为 2×2 的矩阵。由导纳矩阵和传输矩阵之间的关系，可得②部分的四端口网络传输矩阵中各单元分别为

$$As = -Y_{21}^{-1}Y_{22} \tag{8-4}$$

$$Bs = -Y_{21}^{-1} \tag{8-5}$$

$$Cs = Y_{12} - Y_{11}Y_{21}^{-1}Y_{22} \tag{8-6}$$

$$Ds = -Y_{11}Y_{21}^{-1} \tag{8-7}$$

从而，在图 8-19 中，三个四端口网络的传输矩阵均已得到，则 MEMS 定向毫米波功率耦合器结构的四端口网络传输矩阵为

$$Tt = T'TsT' = \begin{bmatrix} A & B \\ C & D \end{bmatrix} \tag{8-8}$$

其中，A、B、C 和 D 均为 2×2 的矩阵。利用传输矩阵和导纳矩阵的关系，可得 MEMS 定向毫米波功率耦合器结构的四端口网络 (图 8-19) 导纳矩阵为

$$Y = \begin{bmatrix} DB^{-1} & C - DB^{-1}A \\ -B^{-1} & B^{-1}A \end{bmatrix} \tag{8-9}$$

假设该耦合器中四个端口均连接相同的负载电阻 Z_0，则由导纳矩阵 Y 与散射矩阵 S 的关系，可得

$$S = \left(Y + \frac{1}{Z_0}I\right)^{-1}\left(\frac{1}{Z_0}I - Y\right) \tag{8-10}$$

其中，I 为 4×4 的单位矩阵。从而，推导出 MEMS 定向毫米波功率耦合器的 S 参数表达式。

8.5　小　　结

本章首先介绍了 MEMS 在线定向耦合式毫米波功率检测器的工作原理，利用 HFSS 软件对其结构进行了模拟和设计，并对制备的 MEMS 在线定向耦合式毫米波功率检测器进行性能测试，建立了 MEMS 在线定向耦合式毫米波功率检测器的

系统级 S 参数模型。特别是，提出的 MEMS 在线定向耦合式毫米波功率检测器实现了毫米波信号的功率和传输方向的同时检测，并扩大了功率测量的动态范围，解决了在线式功率传感器不能判断毫米波信号方向的难题，同时，实现了从微波功率测量到毫米波功率测量的跨越。

参考文献

[1] Dehe A, Fricke K, Krozer V, et al. Broadband thermoelectric microwave power sensors using GaAs foundry process. IEEE MTT-S International Microwave Symposium Digest, 2002, 3: 1829-1832

[2] Zhang Z Q, Liao X P. A directional inline-type millimeter-wave MEMS power sensor with both detecting elements for GaAs MMIC applications. IEEE Journal of Microelectromechanical Systems, 2015, 24(2): 253-255

[3] Cui Y, Liao X P. Modeling and design of a capacitive microwave power sensor for X-band applications based on GaAs technology. Journal of Micromechanics and Microengineering, 2012, 22(6): 055013-055022

[4] Wang D B, Liao X P, Liu T. A novel thermoelectric and capacitive power sensor with improved dynamic range based on GaAs MMIC technology. IEEE Electron Device Letters, 2012, 33(2): 269-271

第 9 章　MEMS 微波相位检测器

9.1　引　　言

在微波技术领域中，微波相位是表征微波信号的一个重要参数。随着相控阵雷达、锁相环、天线、测相仪等系统的发展，微波相位检测系统的应用也变得越来越广泛。微波相位检测的结构和方法主要有 Ohm 等提出的基于二极管结构的信号分解法 [1]、Gilbert 提出的基于吉尔伯特乘法器结构的信号分解法 [2] 及 Tuovinen 等提出的基于功率合成器的矢量合成法 [3]。矢量合成法具有直流功耗低、工作频带宽和结构简单等优点。MEMS 微波相位检测器具有两个输入端口，分别输入待测信号与参考信号，按照其输出方式的不同可分为单端口检测器与双端口检测器，本章分别对单端口与双端口 MEMS 微波相位检测器的模拟和设计、性能测试进行研究，并分别建立这两种类型微波相位检测器的系统级 S 参数模型。

9.2　单端口 MEMS 微波相位检测器

9.2.1　单端口MEMS微波相位检测器的模拟和设计

如图 9-1 所示，基于矢量合成原理，华迪、廖小平、焦永昌提出了单端口 MEMS 微波相位检测器 [4]，其结构主要由以下两部分组成：二合一功率合成器和 MEMS 热电式微波功率传感器。单端口 MEMS 微波相位检测器的原理为：待测信号和参考信号分别从二合一功率合成器的两个输入端口输入，经功率合成器合成为包含相位信息的信号，并输入到热电式微波功率传感器中进行功率检测。如图 9-2 所示，根据矢量合成原理，合成信号的功率与待测的相位差具有余弦关系。因此，通过检测合成信号的功率可以反推出相位差的大小 [4]。

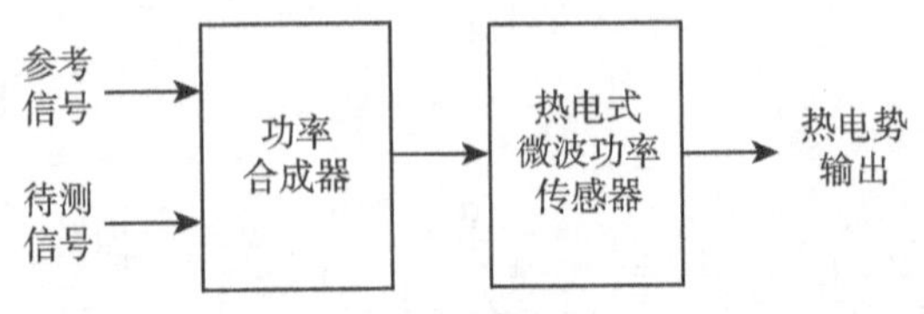

图 9-1　单端口 MEMS 微波相位检测器结构框图

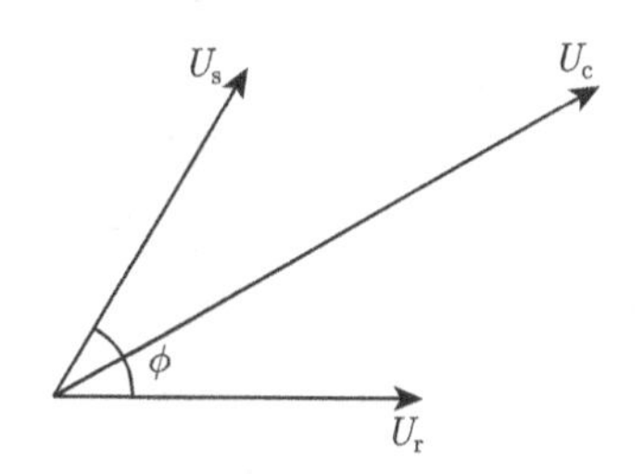

图 9-2 功率合成器的矢量合成原理图

下面进一步介绍 MEMS 微波相位检测器的检测原理：首先假设功合器输入端口入射波归一化电压幅值分别为 U_s、U_r，则由理想功合器散射矩阵可得到合成信号的输出电压为

$$U_c = -j\frac{\sqrt{2}}{2}(U_s + U_r) = \frac{\sqrt{2}}{2}(U_s + U_r)e^{-j\frac{\pi}{2}} \tag{9-1}$$

假设参考信号和待测信号之间相位差为 ϕ，则由余弦定理得功率合成器输出电压幅度为

$$U_c = \sqrt{\frac{1}{2}(U_s^2 + U_r^2) + \cos\phi \cdot U_s \cdot U_r} \tag{9-2}$$

其中，式 (9-1) 和 (9-2) 的计算并未考虑功合器的实际插入损耗，而作了近似处理，将插入损耗设为理想值 3dB。

为了方便计算和研究，这里假定待测信号 U_s 和参考信号 U_r 具有相同的频率和功率，其电压幅度均记为 U，则功率合成器的输出电压幅度可以表示为

$$U_c = \sqrt{U^2(1+\cos\phi)} \tag{9-3}$$

根据传输线理论，功率合成器输出的功率可以表示为

$$P = \frac{|U_c|^2}{Z_0} \tag{9-4}$$

结合式 (9-3) 和 (9-4)，可得功率合成器的输出功率与输入电压幅度之间的关系为

$$P = \frac{U^2(1+\cos\phi)}{Z_0} \tag{9-5}$$

输出功率与输入功率之间的关系为

$$P = P_{in}(1+\cos\phi) \tag{9-6}$$

输出功率由 MEMS 热电式微波功率传感器进行检测，其输出电压和输入功率之间的关系可以表示为

$$V = k(f) \cdot P \tag{9-7}$$

其中，$k(f)$ 为热电式微波功率传感器的灵敏度，考虑共面波导的传输损耗和终端负载电阻的高频寄生模型，该功率传感器的灵敏度 k 是输入信号频率的函数。结合式 (9-5)~(9-7)，在不考虑功合器的实际插入损耗的情况下，单端口 MEMS 微波相位检测器输出电压幅度可以表示为

$$V = \frac{k(f)U^2(1+\cos\phi)}{Z_0} \tag{9-8}$$

若考虑功率合成器的插入损耗，则式 (9-3) 变为

$$U_{\mathrm{c}} = \sqrt{10^{I/10} \cdot U^2(1+\cos\phi)} \tag{9-9}$$

其中，I 为功分器插入损耗，单位为 dB。

同理，式 (9-8) 可以表达为

$$V = \frac{k(f) \cdot 10^{I/10} \cdot U^2(1+\cos\phi)}{Z_0} \tag{9-10}$$

其中，功率传感器的灵敏度 k 和功率合成器的插入损耗 I 均为输入信号频率 f 的函数。

9.2.2 单端口 MEMS 微波相位检测器的性能测试

华迪、廖小平、焦永昌进一步对 X 波段的单端口 MEMS 微波相位检测器进行了制备和测试 [5]，其制备工艺与 GaAs MMIC 工艺相兼容。图 9-3 是工作在 X 波段的单端口 MEMS 微波相位检测器的 SEM 图；图 9-4 为单端口 MEMS 微波相位检测器的相位测试系统示意图；图 9-5 为相位测试平台，包括 X 波段模拟移相器 (SHX BPS-S-12-240)、功分器 (Agilent 11667C)、电压表 (FLUKE 45) 和信号发生器 (Agilent E8257D PSG)，其中图 9-5 中的 X 波段模拟移相器可以通过螺母在 0° ~180° 的范围内连续移相，移相步长与频率的关系可以表示为

$$\Delta\theta = 0.9 \times f \tag{9-11}$$

其中，$\Delta\theta$ 是移相步长，f 是频率 (单位 GHz)。

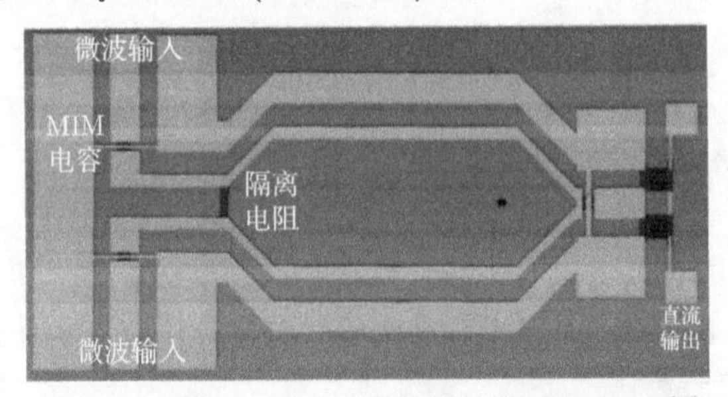

图 9-3 单端口 MEMS 微波相位检测器 SEM 图

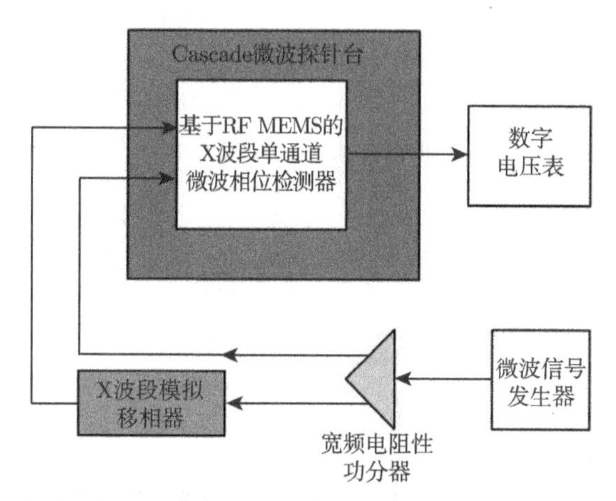

图 9-4 单端口 MEMS 微波相位检测器芯片测试示意图

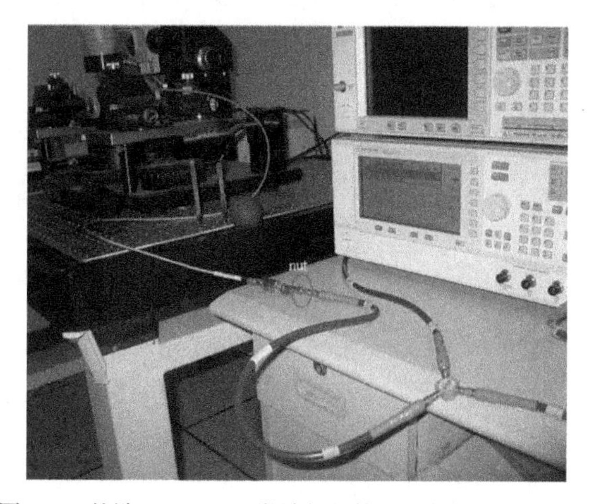

图 9-5 单端口 MEMS 微波相位检测器的相位测试平台

图 9-6 为在输入功率为 2~23dBm，相位差范围 0~180° 下的单端口 MEMS 微波相位检测器的相位测试结果。图 9-7 为输入功率 23dBm 下的归一化相位测试值、计算值和线性区拟合曲线。测试结果表明：相位检测的输出线性区为 45° ~135°，通过计算其斜率 ($\Delta V/\Delta\mathrm{deg}$) 可以得到 23dBm、20dBm、17dBm、14dBm 功率下的灵敏度分别为 58.57μV/°，27.86μV/°，14.52μV/° 和 7.22μV/°，同时可以看出随着输入功率以 3dB 的间隔变小，其灵敏度也以 0.5 倍的关系减小，这表明单端口 MEMS 微波相位检测器是一个线性系统。此外，由于测试中应用了电阻性功率分配器和移相器来产生输入的参考信号和待测信号，导致一半的功率损耗在了电阻性功分器上，所以单端口微波相位检测器的输出电压相对较小。

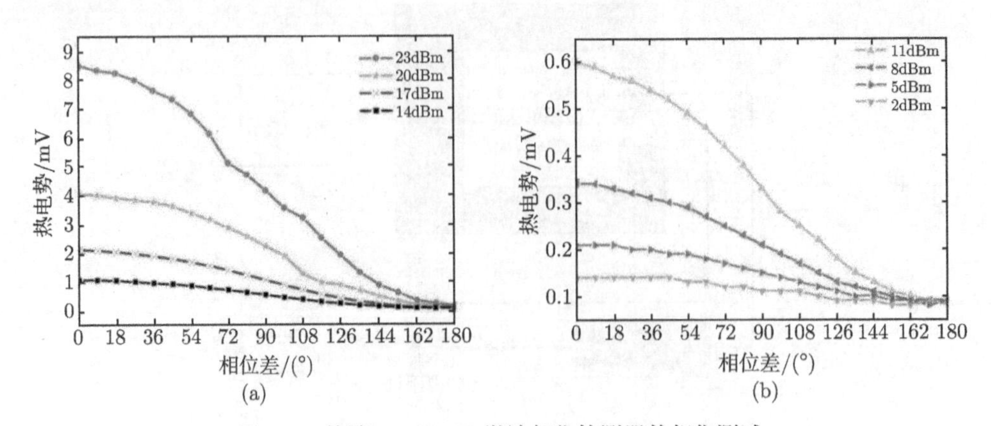

图 9-6 单端口 MEMS 微波相位检测器的相位测试

(a) 输入功率 23～14dBm；(b) 输入功率 11～2dBm

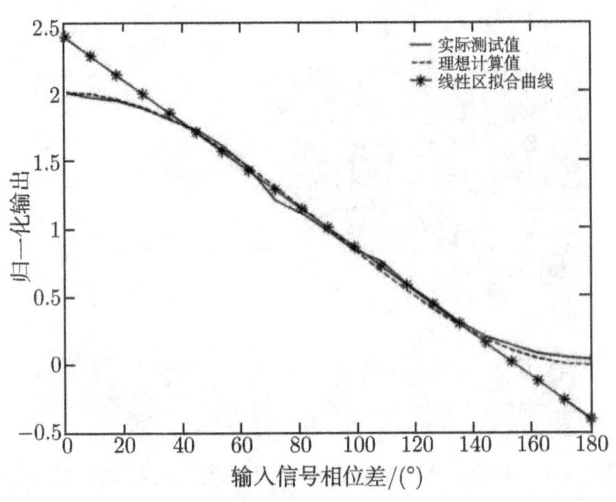

图 9-7 单端口 MEMS 微波相位检测器归一化输出结果测试值、计算值和线性区拟合

图 9-8 为单端口 MEMS 微波相位检测器在不同移相下的频率响应，10GHz 下的移相量分别为 0°、90° 和 180°。图 9-8(a) 中，电压输出最大值在 10GHz 处，随着频率偏离 10GHz，输出电压也将降低，这是由于系统的初始相移量在 10GHz 处正好是 2π 的整数倍；图 9-8(c) 中，输出最小值在 10GHz 处，而偏离 10GHz 的频率下，输出是增大的；图 9-8(b) 处于 (a) 和 (c) 的中间状态。图 9-8 表明单端口 MEMS 微波相位检测器还有具有检测频率的能力，只要精确估算相移与频率的关系，使得输出与频率的关系满足图 9-8(b) 所示的 9～11GHz 的区域，就可以唯一地确定输入信号的频率值 [5]。

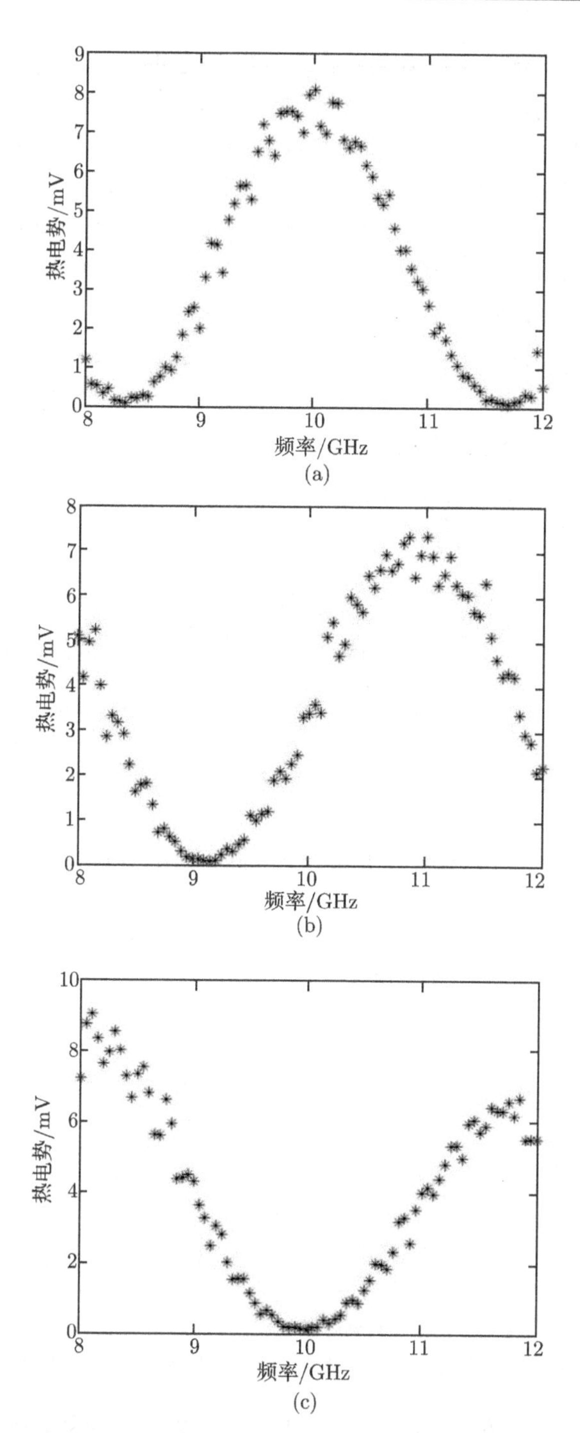

图 9-8 移相量分别为 0°(a)、90°(b)、180°(c) 在 10GHz 下，输出电压与频率的关系

在前面的研究基础上，根据宽带功率合成器的设计原理，韩居正和廖小平对具有宽带特性的单端口 MEMS 微波相位检测器及其尺寸缩小进行了研究 [6,7]，其 SEM 图分别如图 9-9(a)、(b) 所示。宽带单端口 MEMS 微波相位检测器的测试与普通相位检测器基本相同，以图 9-9(a) 所示的宽带 MEMS 微波相位检测器为例，首先在 10GHz 处对其相位灵敏度进行了测试，测试结果如图 9-10 所示。在功率分别为 10mW，50mW，100mW，150mW，200mW，其对应的灵敏度依次为 7.1μV/°，22.5μV/°，34.3μV/°，42.1μV/° 和 52.4μV/°。

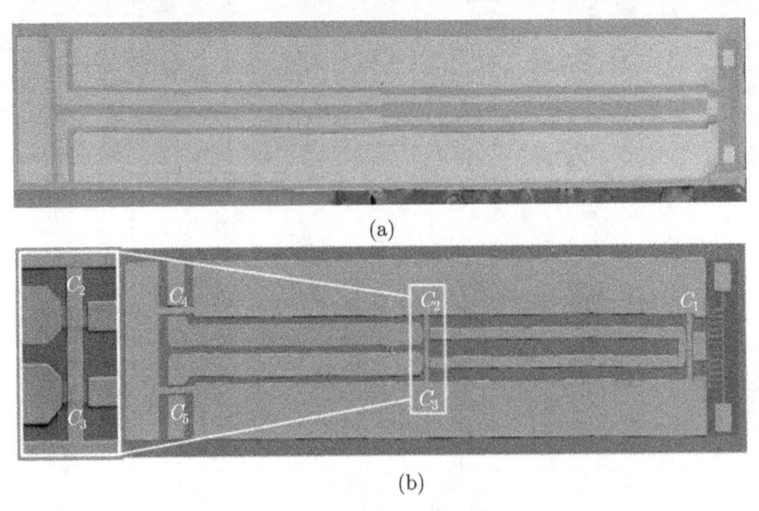

图 9-9　宽带相位检测器的 SEM 照片

(a) 尺寸缩小前；(b) 尺寸缩小后

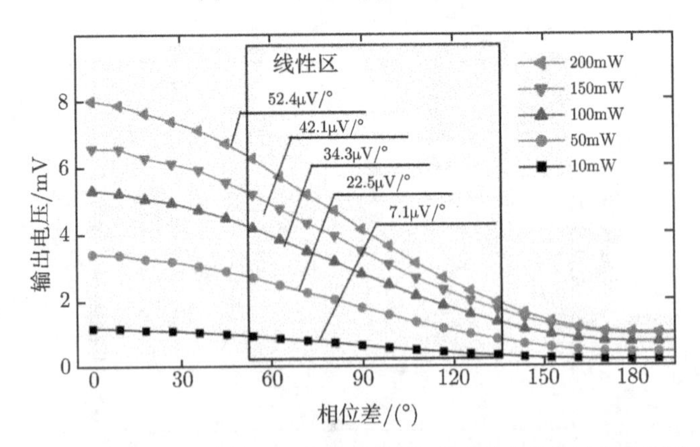

图 9-10　在 10GHz 频率下，相位检测器对不同功率的输出电压响应

为了证明该微波相位检测器的宽带特性，对 X 波段内的其他频点下的相位输出结果也进行了测试；如图 9-11 所示，测试结果表明不同频点下的输出电压与相

位均满足矢量合成原理的余弦关系。

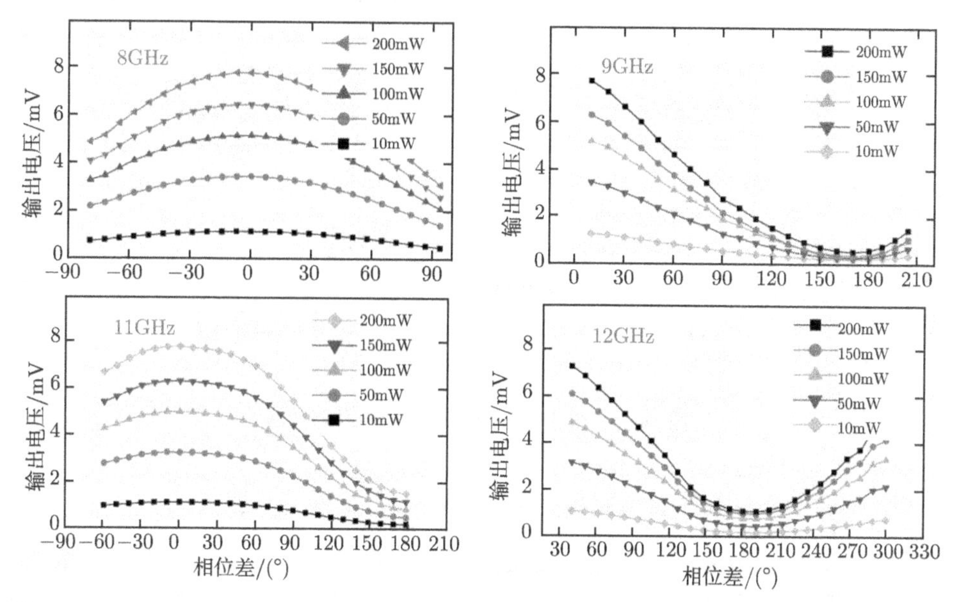

图 9-11 在 8GHz，9GHz，11GHz，12GHz 频率下，相位检测器对不同功率的输出电压响应

同理，由图 9-11 的测试结果可以计算出相位灵敏度；图 9-12 为不同频点下的相位灵敏度随输入功率变化的曲线；结果表明相同功率条件下，宽带相位检测器的灵敏度在不同频率下相差不大；而对于相同频率下，随着功率的增大，相位灵敏度增大。

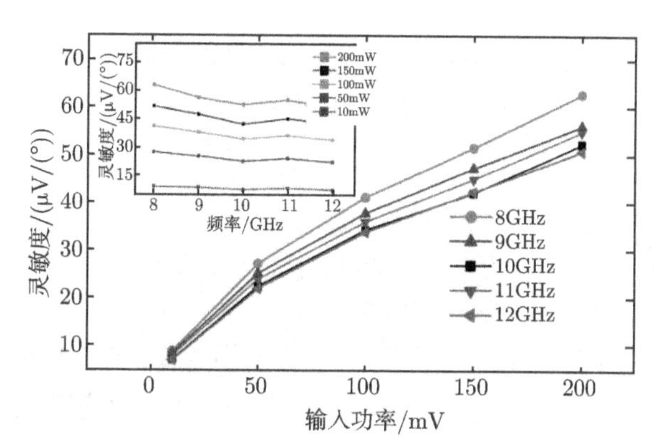

图 9-12 宽带相位检测器在不同功率、不同频率下的相位检测灵敏度

进一步，还对单端口 MEMS 宽带微波相位检测器的响应时间进行了测试，测试中的输入功率从 50mW 变化到 260mW。测试结果如图 9-13 所示，可知响应时间均小于 1ms。

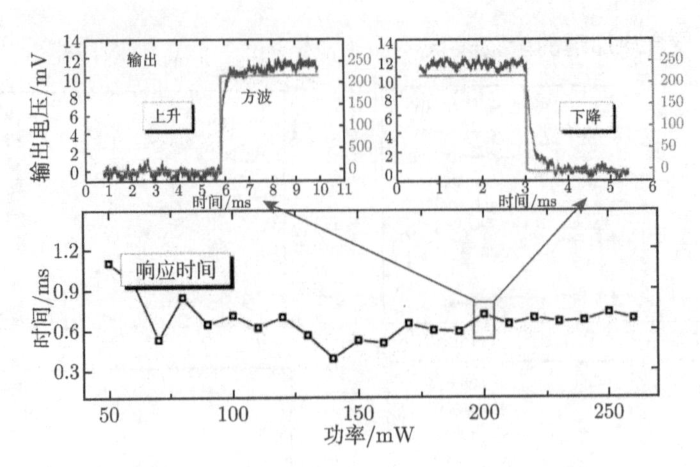

图 9-13　宽带相位检测器的响应时间曲线

9.2.3　单端口 MEMS 微波相位检测器的系统级 S 参数模型

单端口 MEMS 微波相位检测器由二合一功率合成器和 MEMS 热电式微波功率传感器组成。为了简化考虑，这里将单端口微波相位检测器网络划分为功率合成器子网络和热电式微波功率传感器子网络，其级联网络如图 9-14 所示。

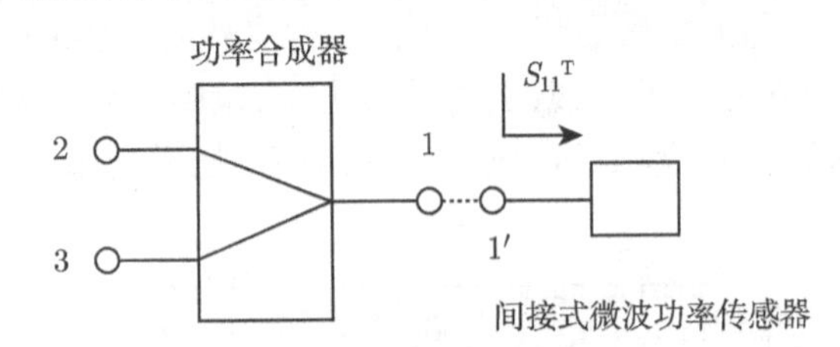

图 9-14　相位检测器级联网络

对于功率分配器子网络而言，功率分配器两条支路传输线的特征阻抗为 100Ω，长度为 $\lambda/8$，采用 ACPS 传输线结构。由于两段 ACPS 的信号线相互靠近，它们之间的耦合不能忽略，耦合度的大小与 ACPS 之间的距离相关：距离越近，耦合越大；距离越远，耦合越小。

图 9-15 所示为两条 ACPS 信号线相互靠近的结构，可视为边缘耦合共面波导 (edge coupled CPW，CCPW)。边缘耦合的共面波导可以支持横电磁波传输，任意电磁波可以分解为偶模激励 (even mode) 和奇模激励 (odd mode)，偶模和奇模激励情况下的电场矢量如图 9-16 所示，磁场矢量垂直于电场矢量。偶模激励下，耦合共面波导的几何中心界面就会形成磁壁，电场矢量沿磁壁切线方向，磁场矢量沿磁壁法线方向，相当于开路；奇模激励下，耦合共面波导的几何对称中心面就会形成电壁，电场矢量沿电壁法线方向，磁场矢量沿电壁切线方向，相当于短路。

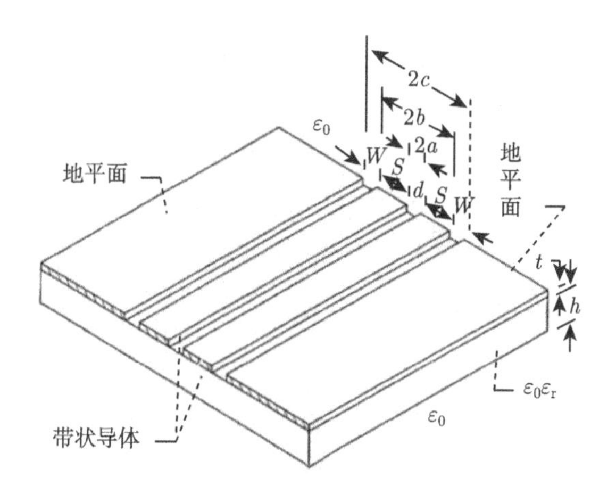

图 9-15 边缘耦合的共面波导

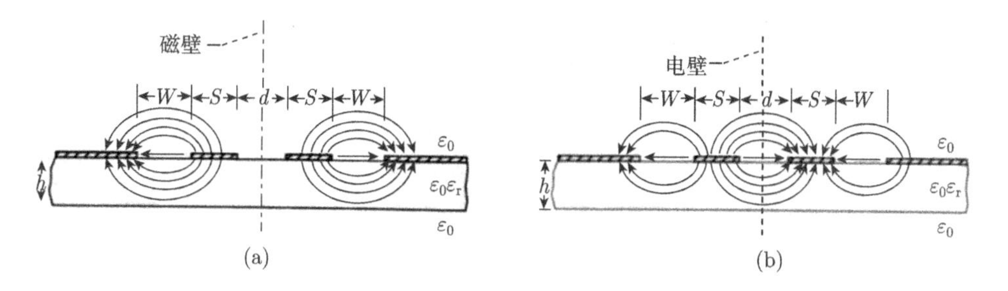

图 9-16 耦合共面波导

(a) 偶模下的电场矢量；(b) 奇模下的电场矢量图

本节介绍有限地线宽度的边缘耦合共面波导电气参数 (特征阻抗)，图 9-17 所示为有限地线宽度的边缘耦合共面波导的截面图。

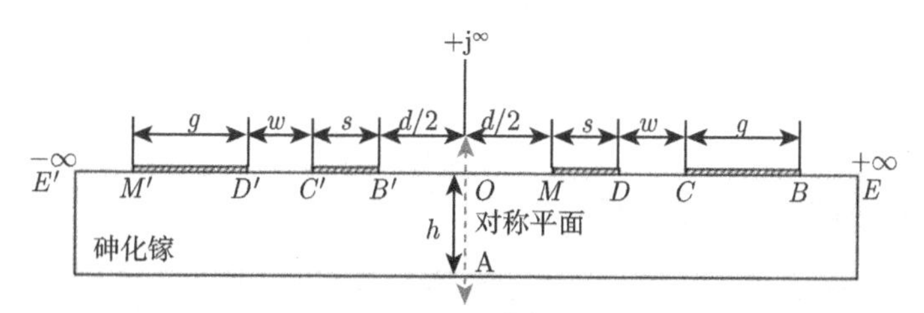

图 9-17 有限地线宽度的边缘耦合共面波导横截面图

经过偶模、奇模下的保角变换分析，可以得到边缘耦合共面波导的特征阻抗和有效介电常数。偶模情况下的特征阻抗可表示为

$$Z_{\mathrm{c}}^{\mathrm{e}}=\frac{60\pi}{\sqrt{\varepsilon_{\mathrm{eff}}^{\mathrm{e}}}}\cdot\frac{K'(\beta_1 k_1)}{K(\beta_1 k_1)} \tag{9-12}$$

$$K'(\beta_1 k_1) = K(\sqrt{1-(\beta_1 k_1)^2}) \tag{9-13}$$

$$\beta_1 = \sqrt{\frac{1-y^2}{1-k_0^2 y^2}} \tag{9-14}$$

$$k_1 = \sqrt{\frac{1-k_0^2 m^2}{1-m^2}} \tag{9-15}$$

$$y = \frac{d}{d+2s} \tag{9-16}$$

$$k_0 = \frac{d+2s}{d+2s+2w} \tag{9-17}$$

$$m = \frac{d+2s+2w+2g}{d+2s} \tag{9-18}$$

偶模下的有效介电常数可表示为

$$\varepsilon_{\text{eff}}^{\text{e}} = 1 + \frac{\varepsilon_{\text{r}}-1}{2} \cdot \frac{K(\psi k_{\text{p}})}{K'(\psi k_{\text{p}})} \cdot \frac{K'(\beta_1 k_1)}{K(\beta_1 k_1)} \tag{9-19}$$

$$\psi = \sqrt{\frac{1-r^2}{1-k_2^2 r^2}} \tag{9-20}$$

$$k_{\text{p}} = \sqrt{\frac{1-k_2^2 p^2}{1-p^2}} \tag{9-21}$$

$$k_2 = \frac{\sinh\left[\frac{\pi}{2h}\left(\frac{d}{2}+s\right)\right]}{\sinh\left[\frac{\pi}{2h}\left(\frac{d}{2}+s+w\right)\right]} \tag{9-22}$$

$$p = \frac{\sinh\left[\frac{\pi}{2h}\left(\frac{d}{2}+s+w+g\right)\right]}{\sinh\left[\frac{\pi}{2h}\left(\frac{d}{2}+s\right)\right]} \tag{9-23}$$

奇模情况下的特征阻抗可表示为

$$Z_{\text{c}}^{\text{o}} = \frac{60\pi}{\sqrt{\varepsilon_{\text{eff}}^{\text{o}}}} \cdot \frac{K'(\beta_1) \cdot K'(\beta_{11} k_{11})}{K(\beta_1) \cdot K'(\beta_{11} k_{11}) - K(\beta_{11} k_{11}) \cdot K'(\beta_1)} \tag{9-24}$$

$$K'(\beta_1) = K(\sqrt{1-\beta_1^2}) \tag{9-25}$$

$$K'(\beta_{11} k_{11}) = K(\sqrt{1-(\beta_{11} k_{11})^2}) \tag{9-26}$$

$$\beta_{11} = \sqrt{\frac{1-y^2}{1-k_{11}^2 y^2}} \tag{9-27}$$

$$k_{11} = \frac{d+2s}{d+2s+2w+2g} \tag{9-28}$$

其中，奇模有效介电常数为

$$\varepsilon_{\mathrm{eff}}^{\mathrm{o}} = 1 + \frac{\varepsilon_{\mathrm{r}}-1}{2} \cdot \frac{\dfrac{2K(k_3)}{K'(k_3)} - \dfrac{K(\mu k_{22})}{K'(\mu k_{22})}}{\dfrac{K(\beta_1)}{K'(\beta_1)} - \dfrac{K(\beta_{11}k_{11})}{K'(\beta_{11}k_{11})}} \tag{9-29}$$

$$\mu = \sqrt{\frac{1-r^2}{1-k_{22}^2 r^2}} \tag{9-30}$$

$$k_{22} = \frac{1}{p} \tag{9-31}$$

使用 Mathematica 计算软件来实现式 (9-12)~ 式 (9-31) 的计算，经计算发现，未经特别设计的耦合共面波导在奇偶模激励下具有不同的特征阻抗，这将导致版图设计难度增加。耦合共面波导的横向截面尺寸为 g=253μm，w=70μm，s=40μm，d=90μm，砷化镓衬底厚 100μm，耦合共面波导的有效介电常数和特征阻抗计算结果见表 9-1。

表 9-1 给定尺寸下 ACPS 的耦合共面波导模型的偶模、奇模有效介电常数和特征阻抗

	偶模	奇模
有效介电常数	5.64	7.45
特征阻抗/Ω	97.3	83.2

耦合共面波导结构的版图面积占据了超过整体结构的 50%，因此通过分析耦合共面波导的损耗，就能够准确地分析功率合成器结构的插入损耗。耦合共面波导的损耗分为：介质损耗和导体损耗。耦合共面波导属于填充介质非各向同性的传输线，其介质损耗除了与微波波长、介质损耗角正切和有效介电常数相关外，还与填充系数有关。介质损耗可表示如下 [8]：

$$\alpha_{\mathrm{d}}^{x} = \frac{\pi\varepsilon_{\mathrm{r}}}{\lambda_0\sqrt{\varepsilon_{\mathrm{eff}}^{x}}} q^x \tan\delta \tag{9-32}$$

其中，λ_0 是自由空间中光的波长，ε_{r} 为衬底介质的相对介电常数，$\tan\delta$ 是介质的损耗角正切，$\varepsilon_{\mathrm{eff}}^{x}$ 是有效介电常数，x 为 e 或 o，分别代表偶模或奇模情况。有效介电常数可表示为

$$\varepsilon_{\mathrm{eff}}^{x} = 1 + q^x(\varepsilon_{\mathrm{r}}-1) \tag{9-33}$$

q^x 是耦合共面波导偶模和奇模下的填充系数。偶模和奇模下的填充系数分别可表示为

$$q^{\mathrm{e}} = \frac{1}{2} \cdot \frac{K(\psi k_3)}{K'(\psi k_3)} \cdot \frac{K'(\beta_1 k_1)}{K(\beta_1 k_1)} \tag{9-34}$$

$$q^{\mathrm{o}}=\frac{1}{2}\cdot\frac{K'(\beta_1)\cdot K'(\beta_{11}k_{11})}{K'(k_3)\cdot K'(\mu k_{22})}\cdot\frac{2K(k_3)\cdot K'(\mu k_{22})-K(\mu k_{22})\cdot K'(k_3)}{K(\beta_1)\cdot K'(\beta_{11}k_{11})-K(\beta_{11}k_{11})K'(\beta_1)} \tag{9-35}$$

在 10GHz 信号输入和 25℃环境温度下，砷化镓衬底的损耗角正切为 $\tan\delta=0.006$。结合式 (9-32) 和式 (9-33)，可以求出耦合共面波导的介质损耗 ($\alpha_{\mathrm{d}}^{\mathrm{o}}$，$\alpha_{\mathrm{d}}^{\mathrm{e}}$)。

耦合共面波导的奇偶模导体损耗也可以通过保角变换求出 [9]

$$\begin{aligned}\alpha_{\mathrm{c}}^{\mathrm{e}}=&\frac{R_{\mathrm{s}}\sqrt{\varepsilon_{\mathrm{eff}}^{\mathrm{e}}}(1-k_{\mathrm{ac}}^2)}{480\pi K(\beta_{\mathrm{o}})K'(\beta_{\mathrm{o}})}\left\{\frac{1}{a}\cdot\frac{1}{(1-k_{ab}^2)(1-k_{ac}^2)}\cdot\left[\ln\left(\frac{8\pi a}{t}\cdot\frac{1-k_{ab}}{1+k_{ab}}\cdot\frac{1+k_{ac}}{1-k_{ac}}\right)+\pi\right]\right.\\&+\frac{1}{b}\cdot\frac{1}{(1-k_{ab}^2)(1-k_{bc}^2)}\cdot\left[\ln\left(\frac{8\pi b}{t}\cdot\frac{1-k_{ab}}{1+k_{ab}}\cdot\frac{1-k_{bc}}{1+k_{bc}}\right)+\pi\right]\\&\left.+\frac{1}{c}\cdot\frac{k_{bc}^2}{(1-k_{ac}^2)(1-k_{bc}^2)}\cdot\left[\ln\left(\frac{8\pi c}{t}\cdot\frac{1+k_{ac}}{1-k_{ac}}\cdot\frac{1-k_{bc}}{1+k_{bc}}\right)+\pi\right]\right\}\end{aligned} \tag{9-36}$$

$$\begin{aligned}\alpha_{\mathrm{c}}^{\mathrm{o}}=&\frac{R_{\mathrm{s}}\sqrt{\varepsilon_{\mathrm{eff}}^{\mathrm{o}}}(1-k_{\mathrm{ac}}^2)}{480\pi K(\beta_{\mathrm{e}})K'(\beta_{\mathrm{e}})}\left\{\frac{1}{a}\cdot\frac{k_{ab}^2}{(1-k_{ab}^2)(1-k_{ac}^2)}\cdot\left[\ln\left(\frac{8\pi a}{t}\cdot\frac{1-k_{ab}}{1+k_{ab}}\cdot\frac{1+k_{ac}}{1-k_{ac}}\right)+\pi\right]\right.\\&+\frac{1}{b}\cdot\frac{1}{(1-k_{ab}^2)(1-k_{bc}^2)}\cdot\left[\ln\left(\frac{8\pi b}{t}\cdot\frac{1-k_{ab}}{1+k_{ab}}\cdot\frac{1-k_{bc}}{1+k_{bc}}\right)+\pi\right]\\&\left.+\frac{1}{c}\cdot\frac{1}{(1-k_{ac}^2)(1-k_{bc}^2)}\cdot\left[\ln\left(\frac{8\pi c}{t}\cdot\frac{1+k_{ac}}{1-k_{ac}}\cdot\frac{1-k_{bc}}{1+k_{bc}}\right)+\pi\right]\right\}\end{aligned} \tag{9-37}$$

从式 (9-35) 和式 (9-36) 可见，耦合共面波导的导体损耗与传输线尺寸、衬底介质材料参数和导体表面电阻相关。其中，R_{s} 可表示为

$$R_{\mathrm{s}}=\frac{1}{\sigma\delta_{\mathrm{s}}} \tag{9-38}$$

趋肤深度 δ_{s} 的表达式为

$$\delta_{\mathrm{s}}=\sqrt{\frac{2}{\omega\mu\sigma}} \tag{9-39}$$

ω 为微波信号角频率，μ 为磁导率，σ 为电导率。

耦合共面波导的总损耗可表示为

$$\alpha^x=\alpha_{\mathrm{c}}^x+\alpha_{\mathrm{d}}^x \tag{9-40}$$

根据设计的耦合共面波导尺寸参数、衬底参数、Au 的磁导率和电导率，传输线损耗与频率之间的关系如表 9-2 所示。

表 9-2　耦合共面波导 X 波段各频点处的损耗值　　(单位：Np/m)

	8GHz	10GHz	12GHz
奇模导体损耗	4.29	4.79	5.25
奇模介质损耗	0.73	0.92	1.10
偶模导体损耗	3.24	3.62	3.97
偶模介质损耗	0.79	0.98	1.18

以上损耗是基于地线宽度为无穷大的情况计算出来的，虽然这一假设与实际情况不完全相符，但以上分析对于下文器件散射参数的研究依然是有价值的。在地线宽度达到一定宽度的情况下，有限宽度和无限宽度的差异将很小。

通过优化两条 ACPS 的尺寸和间距，使得奇模和偶模情况下的特征阻抗一致，可以使得功分器的散射参数得到优化。容性负载使用了金属–氧化物–金属 (MIM) 电容，MIM 电容的版图没有考虑平行板电容的边缘效应，将导致功分器模拟结果与测试结果产生偏差。文献中报道了使用开路短截线代替平行板介质电容的功分器设计，但是开路短截线将占用较大的版图面积，对于电容值比较小的设计不适用。

功分器的散射参数模型对于双端口结构对称式微波相位检测系统的散射参数模型的建立具有重要意义，因此将首先建立功分器的散射参数模型。在上文对耦合共面波导的分析基础上，忽略实际版图中影响微波特性的次要因素，如拐角和不连续性，视耦合共面波导为有耗的。上文已经给出耦合共面波导的特征阻抗、损耗系数等参数，从上文的分析中可以看到，在奇偶模激励下，耦合共面波导具有不同的电气参数。基于功分器具体版图，现在将就这两种激励情况分别讨论散射参数模型，得到其微波特性。

功分器偶模和奇模下的等效电路如图 9-18 所示，图中忽略了影响版图的次要因素 (如 ACPS 与 CPW 之间的拐角)，将影响功分器散射参数的主要因素提取出来。如图 9-18(a) 和 (b) 所示，Z_0 为功分器输入输出端口的特征阻抗 50Ω，补偿电容 C_1、C_2 的大小分别为 0.32pF、0.16pF，隔离电阻 R 的阻值为 $2Z_0$=100Ω。耦合共面波导的长度为 $\lambda/8$(对应于 10GHz)，为 1463μm。根据上文所述，耦合共面波导几何尺寸为 g=253μm，w=70μm，s=40μm，d=90μm，砷化镓衬底厚 100μm，对应的特征阻抗为：偶模 $Z_{\mathrm{c}}^{\mathrm{e}}$ 约为 97Ω，奇模 $Z_{\mathrm{c}}^{\mathrm{o}}$ 约为 83Ω。复传播系数 γ^{χ} 与传输线长度 ℓ 的乘积 φ^{χ} 可表示为

$$\varphi^{\chi}=\gamma^{\chi}\cdot l=\alpha^{x}\cdot l+\mathrm{j}\theta \tag{9-41}$$

α^{x} 为总损耗，θ 为电长度。θ 可表示为频率的线性函数

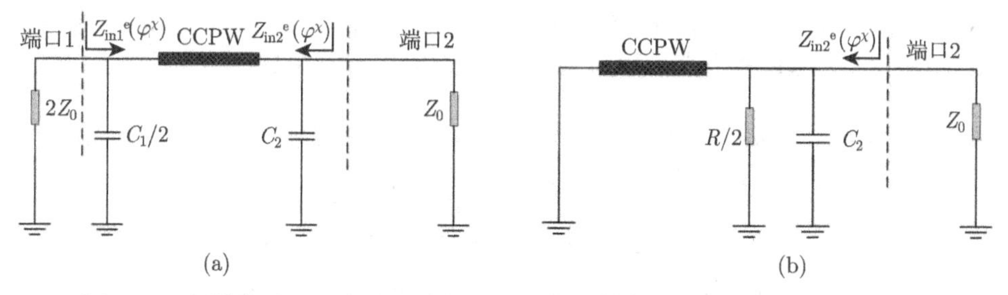

图 9-18 偶模激励下的功分器等效电路 (a)，奇模激励下的功分器等效电路 (b)

$$\theta = \frac{\pi}{4} \cdot \frac{f}{f_0} \tag{9-42}$$

其中，f_0=10GHz。

通过对功分器具体版图等效电路的分析，得到了其 S 参数模型，从而得到了其微波特性最直接的描述。散射参数可表示为

$$[V^-] = [S][V^+] \tag{9-43}$$

其中，V_j^+ 为 n 端口入射波电压振幅，V_i^- 为 n 端口反射波电压振幅。散射矩阵 $[S]$ 可表示为

$$S_{ij} = \left.\frac{V_i^-}{V_j^+}\right|_{V_k^+=0, k\neq j} \tag{9-44}$$

电容补偿式功分器是互易且无耗的，各端口阻抗都为 Z_0=50Ω。由式 (9-44) 可知，研究 S_{ij} 时，必须令除端口 j 外的其他端口无信号输入。功分器散射矩阵应具有 9 个矩阵元，因为它具有结构上的对称性，所以其散射矩阵也为对称的。因此，散射矩阵 $[S]$ 中 S_{11}、S_{12}、S_{22} 和 S_{23} 这 4 个矩阵元是独立的，分别表达了端口一的回波损耗，端口二的回波损耗，端口一到端口二的插入损耗，输出端口二和三之间的隔离度。

偶模情况下，图 9-18(a) 偶模下的 S_{11}、S_{21} 和 S_{22} 可分别表示为

$$S_{11}^{\mathrm{e}} = \Gamma_1^{\mathrm{e}}(\varphi^{\mathrm{e}}) = \frac{Z_{\mathrm{in1}}^{\mathrm{e}}(\varphi^{\mathrm{e}}) - 2Z_0}{Z_{\mathrm{in1}}^{\mathrm{e}}(\varphi^{\mathrm{e}}) + 2Z_0} \tag{9-45}$$

$$S_{21}^{\mathrm{e}} = [1 + \Gamma_1^{\mathrm{e}}(\varphi^{\mathrm{e}})]\frac{V_2^{\mathrm{e}}(\varphi^{\mathrm{e}})}{V_1^{\mathrm{e}}(\varphi^{\mathrm{e}})} \tag{9-46}$$

$$S_{22}^{\mathrm{e}} = \Gamma_2^{\mathrm{e}}(\varphi^{\mathrm{e}}) = \frac{Z_{\mathrm{in2}}^{\mathrm{e}}(\varphi^{\mathrm{e}}) - Z_0}{Z_{\mathrm{in2}}^{\mathrm{e}}(\varphi^{\mathrm{e}}) + Z_0} \tag{9-47}$$

其中，$Z_{\mathrm{in1}}^{\mathrm{e}}$ 和 $Z_{\mathrm{in2}}^{\mathrm{e}}$ 是偶模下从一端口、二端口往里看的阻抗，Z_0=50Ω。式 (9-45)~ 式 (9-47) 建立了散射参数与频率、传输线电长度、补偿电容、传输线阻抗之间的关系。通过将上文推导结果代入式 (9-45)~ 式 (9-47)，可得

$$\begin{aligned} S_{11}^{\mathrm{e}} =& - Z_0^{\mathrm{e}^2}\tanh(\varphi^{\mathrm{e}}) + Z_0 Z_0^{\mathrm{e}}[1 + \mathrm{j}\omega C_2 Z_0^{\mathrm{e}}\tanh(\varphi^{\mathrm{e}})] \\ &+ Z_0^2[4\mathrm{j}\omega C_2 Z_0^{\mathrm{e}} + 2\tanh(\varphi^{\mathrm{e}}) - 2\omega^2 C_2^2 Z_0^{\mathrm{e}2}\tanh(\varphi^{\mathrm{e}})]/ \\ &- Z_0^{\mathrm{e}^2}\tanh(\varphi^{\mathrm{e}}) - 3Z_0 Z_0^{\mathrm{e}}[1 + \mathrm{j}\omega C_2 Z_0^{\mathrm{e}}\tanh(\varphi^{\mathrm{e}})] \\ &+ 2Z_0^2[-2\mathrm{j}\omega C_2 Z_0^{\mathrm{e}} - \tanh(\varphi^{\mathrm{e}}) + \omega^2 C_2^2 Z_0^{\mathrm{e}2}\tanh(\varphi^{\mathrm{e}})] \end{aligned} \tag{9-48}$$

$$S_{21}^{\mathrm{e}} = \frac{Z_0^{\mathrm{e}}}{Z_0} \cdot ([-\mathrm{j}Z_0^{\mathrm{e}}\sinh(\varphi^{\mathrm{e}}) + 2Z_0(\omega C_2 Z_0^{\mathrm{e}}\sinh(\varphi^{\mathrm{e}}) - \mathrm{j}\cosh(\varphi^{\mathrm{e}}))]$$

$$\cdot [-\mathrm{j}Z_0^{\mathrm{e}}\tanh(\varphi^{\mathrm{e}}) + Z_0(\omega C_2 Z_0^{\mathrm{e}}\tanh(\varphi^{\mathrm{e}}) - \mathrm{j})])/$$
$$2Z_0^2[-2\mathrm{j}\omega C_2 Z_0^{\mathrm{e}} - \tanh(\varphi^{\mathrm{e}}) + \omega^2 C_2^2 Z_0^{\mathrm{e}2}\tanh(\varphi^{\mathrm{e}})]$$
$$- 3Z_0 Z_0^{\mathrm{e}}[1 + \mathrm{j}\omega C_2 Z_0^{\mathrm{e}}\tanh(\varphi^{\mathrm{e}})] - Z_0^{\mathrm{e}2}\tanh(\varphi^{\mathrm{e}}) \tag{9-49}$$

$$\begin{aligned} S_{22}^{\mathrm{e}} =& - Z_0^{\mathrm{e}2}\tanh(\varphi^{\mathrm{e}}) - Z_0 Z_0^{\mathrm{e}}[1 + \mathrm{j}\omega C_2 Z_0^{\mathrm{e}}\tanh(\varphi^{\mathrm{e}})] \\ &+ Z_0^2[4\mathrm{j}\omega C_2 Z_0^{\mathrm{e}} + 2\tanh(\varphi^{\mathrm{e}}) - 2\omega^2 C_2^2 Z_0^{\mathrm{e}2}\tanh(\varphi^{\mathrm{e}})]/ \\ &- Z_0^{\mathrm{e}2}\tanh(\varphi^{\mathrm{e}}) - 3Z_0 Z_0^{\mathrm{e}}[1 + \mathrm{j}\omega C_2 Z_0^{\mathrm{e}}\tanh(\varphi^{\mathrm{e}})] \\ &+ 2Z_0^2[-2\mathrm{j}\omega C_2 Z_0^{\mathrm{e}} - \tanh(\varphi^{\mathrm{e}}) + \omega^2 C_2^2 Z_0^{\mathrm{e}2}\tanh(\varphi^{\mathrm{e}})] \end{aligned} \tag{9-50}$$

奇模情况下，图 9-18(b) 中端口二的奇模回波损耗可表示为

$$S_{22}^{\mathrm{o}} = \Gamma_2^{\mathrm{o}}(\varphi^{\mathrm{o}}) = \frac{Z_{\mathrm{in2}}^{\mathrm{o}}(\varphi^{\mathrm{o}}) - Z_0}{Z_{\mathrm{in2}}^{\mathrm{o}}(\varphi^{\mathrm{o}}) + Z_0} \tag{9-51}$$

其中，$Z_{\mathrm{in2}}^{\mathrm{o}}$ 是奇模下从端口二往里看的阻抗。奇模情况下，端口一与地短路，二端口网络可简化为如图 9-18(b) 所示的一端口网络。该网络仅有的散射参量 S_{22} 可表示为

$$S_{22}^{\mathrm{o}} = -\frac{Z_0[\coth(\varphi^{\mathrm{o}}) + \mathrm{j}\omega C_2 Z_0^{\mathrm{o}}]}{2Z_0^{\mathrm{o}} + Z_0[\coth(\varphi^{\mathrm{o}}) + \mathrm{j}\omega C_2 Z_0^{\mathrm{o}}]} \tag{9-52}$$

根据式 (9-32) 和式 (9-33)，频率为参数变量，功分器总的 S 参数矩阵可表示为

$$S_{11}(f) = S_{11}^{\mathrm{e}}(f) \tag{9-53}$$

$$S_{12}(f) = S_{21}(f) = S_{13}(f) = S_{31}(f) = \frac{S_{12}^{\mathrm{e}}(f)}{\sqrt{2}} \tag{9-54}$$

$$S_{22}(f) = S_{33}(f) = \frac{S_{22}^{\mathrm{e}}(f) + S_{22}^{\mathrm{o}}(f)}{2} \tag{9-55}$$

以上奇偶模分析方法无法推导出隔离度 S_{23}，可以通过下式导出

$$S_{23}(f) = \frac{S_{22}^{\mathrm{e}}(f) - S_{22}^{\mathrm{o}}(f)}{2} \tag{9-56}$$

X 波段特定频率点处，带电容负载的功分器 S 参数矩阵复矩阵元如表 9-3 所示。

在功分器子网分析的基础上，考虑单端口微波相位系统级联网络，这里将功率合成器 S 参数矩阵作如下调整：

$$S^P = \begin{pmatrix} S_{22}^P & S_{23}^P & S_{21}^P \\ S_{32}^P & S_{33}^P & S_{31}^P \\ S_{12}^P & S_{13}^P & S_{11}^P \end{pmatrix} \tag{9-57}$$

表 9-3　在 8GHz、9GHz、10GHz、11GHz 和 12GHz 处，S_{11}、S_{21}、S_{22} 和 S_{32} 的复参量

	8GHz	9GHz	10GHz	11GHz	12GHz
S_{11}	−0.16589 −0.01919i	−0.11063 +0.00425i	−0.05113 +0.04829i	0.00406 +0.11740i	0.04305 +0.21142i
S_{21}	0.23245 +0.60792i	0.12600 +0.63927i	0.00969 +0.64926i	−0.11099 +0.63198i	−0.22635 +0.58368i
S_{22}	−0.13262 +0.15612i	−0.12829 +0.13438i	−0.10571 +0.11528i	−0.06565 +0.10732i	−0.01350 +0.11893i
S_{32}	0.08599 +0.02270i	0.08780 −0.01840i	0.10791 −0.05765i	0.14569 −0.08660i	0.19586 −0.09682i

而对于 MEMS 热电式微波功率传感器，其微波网络可等效为一个由电阻 R、电感 L 和电容 C 构成的子网络。其反射损耗可表示为

$$S_{11}^T = \frac{R + \mathrm{j}\omega L - Z_0(1 + \mathrm{j}\omega RC - \omega^2 LC)}{R + \mathrm{j}\omega L + Z_0(1 + \mathrm{j}\omega RC - \omega^2 LC)} \tag{9-58}$$

相位检测器的 S 参数矩阵可以表示为

$$\begin{pmatrix} S_{22} & S_{23} \\ S_{32} & S_{33} \end{pmatrix} = \begin{pmatrix} S_{22}^P & S_{23}^P \\ S_{32}^P & S_{33}^P \end{pmatrix} + \begin{pmatrix} S_{21}^P \\ S_{31}^P \end{pmatrix} \frac{S_{11}^T}{1 - S_{11}^T S_{11}^P} \begin{pmatrix} S_{12}^P & S_{13}^P \end{pmatrix} \tag{9-59}$$

展开矩阵表达式 (9-58) 可得

$$S_{22} = S_{22}^P + \frac{S_{11}^T}{1 - S_{11}^T S_{11}^P} S_{21}^P S_{12}^P \tag{9-60}$$

$$S_{23} = S_{23}^P + \frac{S_{11}^T}{1 - S_{11}^T S_{11}^P} S_{21}^P S_{13}^P \tag{9-61}$$

$$S_{32} = S_{32}^P + \frac{S_{11}^T}{1 - S_{11}^T S_{11}^P} S_{31}^P S_{12}^P = S_{23} \tag{9-62}$$

$$S_{33} = S_{33}^P + \frac{S_{11}^T}{1 - S_{11}^T S_{11}^P} S_{31}^P S_{13}^P = S_{22} \tag{9-63}$$

可以看出，相位检测器的两个输入端口 S 参数对称，这与实际相符。根据上述推导公式的计算，相位检测器 S 参数曲线如图 9-19 所示。

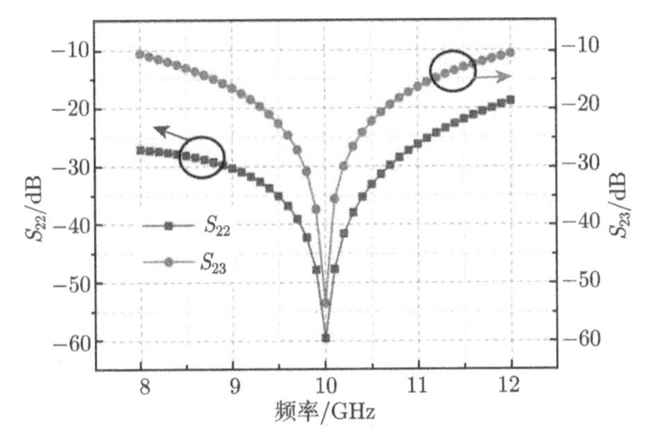

图 9-19 相位检测器 S 参数

9.3 双端口对称式 MEMS 微波相位检测器

由于 9.2 节中的单端口微波相位检测器的输出热电势在 $-180°\sim+180°$ 的范围内对称，因此单端口结构无法区分相位的超前和滞后；为了解决这一问题，华迪和廖小平等提出了双端口 MEMS 微波相位检测器 [10]，双端口 MEMS 微波相位检测器在待测信号与参考信号之间引入了额外的超前和滞后的相移，通过测量两个输出端口的微波功率，并利用合成信号与输入信号所满足的余弦关系式，就能在 $-180°\sim+180°$ 范围内确定相位差。本节首先介绍双端口检测器的模拟和设计；并在此基础上对双端口检测器的测试和原理进行详细的分析与讨论；最后建立双端口相位检测器系统级 S 参数模型。

9.3.1 双端口对称式 MEMS 微波相位检测器的模拟和设计

图 9-20 中，参考信号由上方功分器输入，待测信号由下方功分器输入；设这两个信号的电压幅值分别为 $U_{\rm r}$ 和 $U_{\rm s}$，则参考信号和待测信号的瞬时电压可分别表示为

$$u_{\rm r}=U_{\rm r}{\rm e}^{{\rm j}\omega t} \tag{9-64}$$

$$u_{\rm s}=U_{\rm s}{\rm e}^{{\rm j}(\omega t+\varphi)} \tag{9-65}$$

其中，ω 为输入信号的角频率，φ 为输入信号的相位差。参考信号和待测信号经过功分器被分成两路功率相等的信号。根据微波信号的矢量合成原理，左右两路输出信号电压有效值 $U_{\rm CL}$ 和 $U_{\rm CR}$ 分别可表示为

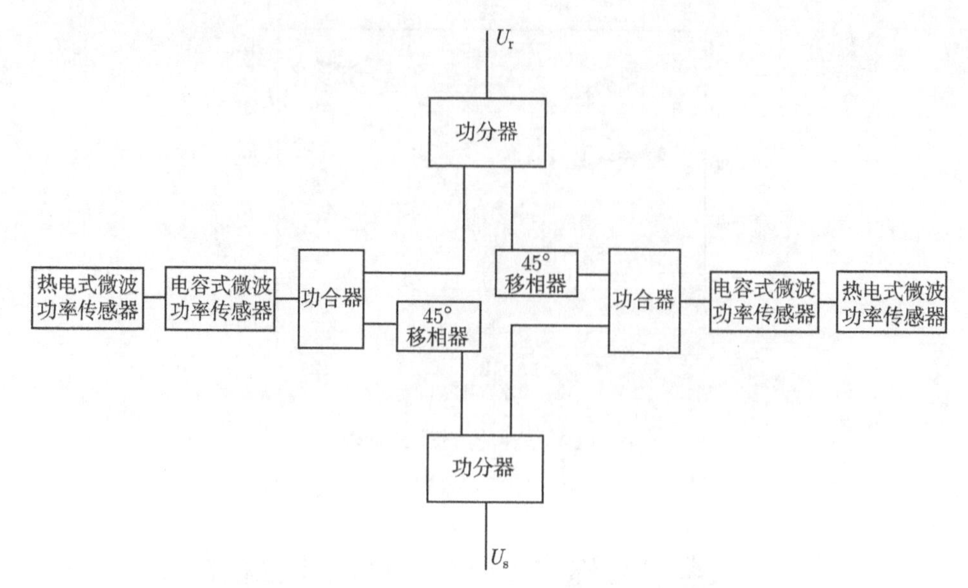

图 9-20　MEMS 双端口对称式微波相位检测器

$$U_{\mathrm{CL}}^2=\left(\frac{1}{2\sqrt{2}}U_{\mathrm{r}}\right)^2+\left(\frac{1}{2\sqrt{2}}U_{\mathrm{s}}\right)^2+\frac{1}{4}U_{\mathrm{r}}U_{\mathrm{s}}\cos\left(\varphi-45^\circ\right) \tag{9-66}$$

$$U_{\mathrm{CR}}^2=\left(\frac{1}{2\sqrt{2}}U_{\mathrm{r}}\right)^2+\left(\frac{1}{2\sqrt{2}}U_{\mathrm{s}}\right)^2+\frac{1}{4}U_{\mathrm{r}}U_{\mathrm{s}}\cos\left(\varphi+45^\circ\right) \tag{9-67}$$

为了简化，这里假设参考信号和待测信号具有相同的输入功率，并令 $U_{\mathrm{r}}=U_{\mathrm{s}}=U$，则两个端口的输出电压可表示为

$$U_{\mathrm{CL}}^2=\frac{1}{4}U^2\left(1+\cos\left(\varphi-45^\circ\right)\right) \tag{9-68}$$

$$U_{\mathrm{CR}}^2=\frac{1}{4}U^2\left(1+\cos\left(\varphi+45^\circ\right)\right) \tag{9-69}$$

在不考虑相位检测器的两个输入端口的插入损耗下，两个端口输出信号的功率可表示为

$$P_{\mathrm{CL}}=\frac{1}{4Z_0}U^2\left(1+\cos\left(\varphi-45^\circ\right)\right) \tag{9-70}$$

$$P_{\mathrm{CR}}=\frac{1}{4Z_0}U^2\left(1+\cos\left(\varphi+45^\circ\right)\right) \tag{9-71}$$

若以输入功率为自变量，则输出功率可表示为

$$P_{\mathrm{CL}}=\frac{1}{2}P_{\mathrm{in}}\left(1+\cos\left(\varphi-45^\circ\right)\right) \tag{9-72}$$

$$P_{\mathrm{CR}}=\frac{1}{2}P_{\mathrm{in}}\left(1+\cos\left(\varphi+45^\circ\right)\right) \tag{9-73}$$

如图 9-20 所示，双端口对称式微波相位检测器由功率分配器/功率合成器、45° 移相器、MEMS 微波功率传感器构成。功率分配器/功率合成器采用了共面波导和 ACPS 的传输线结构，并使用电容负载补偿技术实现了微型化；为了简化设计，使用电长度为 45° @ 10GHz 的两段共面波导传输线来代替 45° 移相器。在本节双端口对称式相位检测器的设计方案中，MEMS 微波功率传感器包括了电容式功率传感器和热电式功率传感器；图 9-21 所示为双端口结构的示意图。

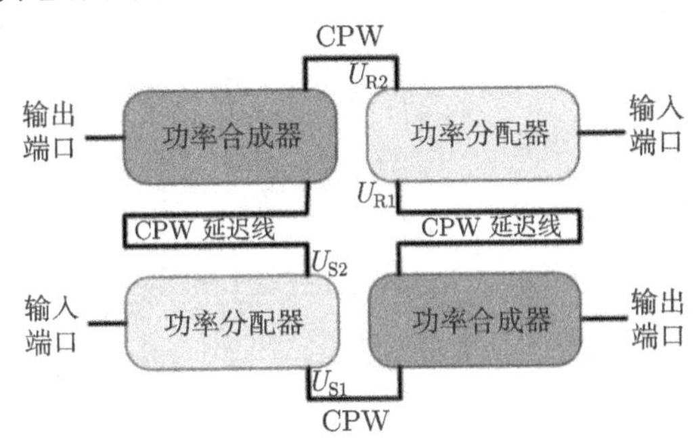

图 9-21 双端口结构的示意图

表 9-4 为双端口结构相关尺寸参数，图 9-22 是对应尺寸下的双端口结构 HFSS 模拟图，图 9-23 是双端口结构的 HFSS 模拟结果。

表 9-4 双端口结构相关尺寸参数

GaAs 衬底厚度/μm	100
共面波导尺寸 (G/S/G)/μm	58/100/58
ACPS 尺寸 ($W_1/S/W_2$)/μm	253/70/40
MIM 电容 C_1 大小/μm^2	20×25
MIM 电容 C_2 大小/μm^2	10×25
45° 共面波导尺寸 (G/S/G)/μm	58/100/58
45° 共面波导长度/μm	1452
空气桥长度/μm	216
空气桥宽度/μm	45
空气桥与中心信号线间隙高度/μm	1.6

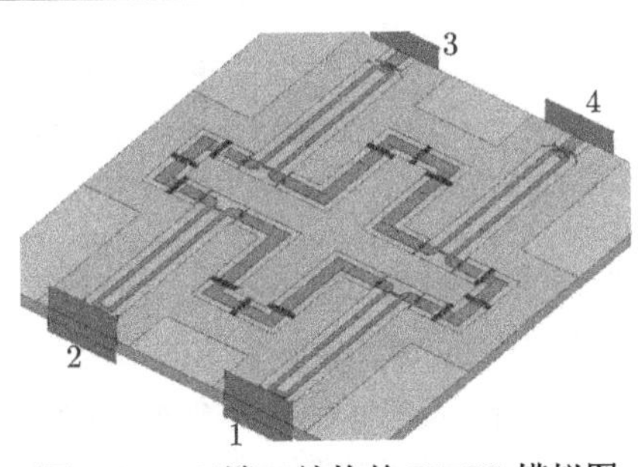

图 9-22 双端口结构的 HFSS 模拟图

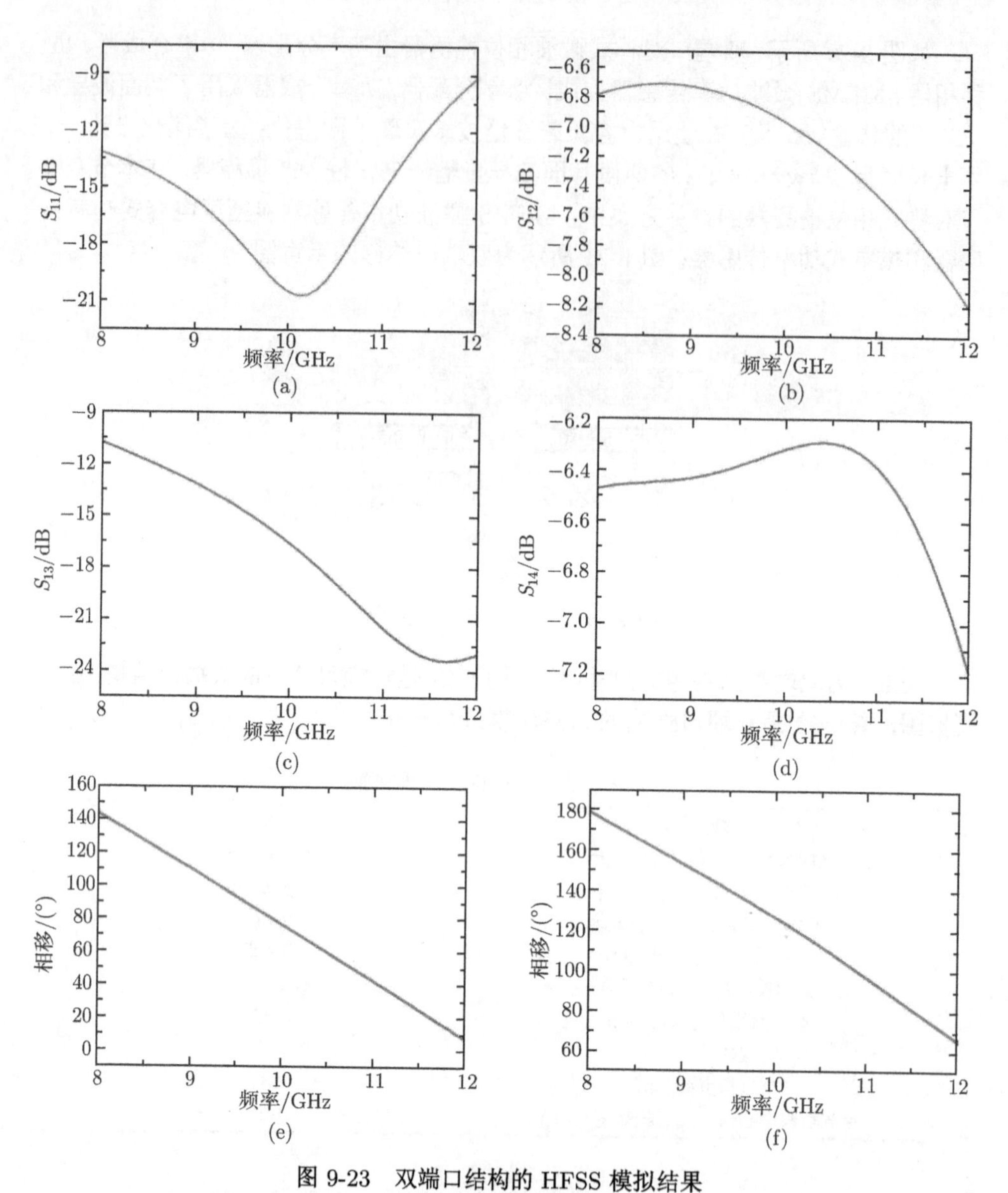

图 9-23　双端口结构的 HFSS 模拟结果

(a)S_{11} 幅值; (b)S_{12} 幅值; (c)S_{13} 幅值; (d)S_{14} 幅值; (e)S_{13} 相位; (f)S_{14} 相位

在本节的设计中，采用共面波导来实现信号的 45° 移相；而共面波导的相移量与频率有关，即不同频率下的相移量是不同的，这导致了两个输出端口间的相位差与频率相关。图 9-24 为双端口结构的两个输出端口的相位差和频率之间的关系，从图中可以看出两个端口之间的相位差不是一个固定的值，而是基本与频率呈线性关系。在以后的研究中，可以通过设计固定相移量的移相器来解决这一问题。由

图 9-23 可以看出，输入端口的插入损耗 S_{12} 和 S_{14} 相差约为 0.5dB，它们的差异会导致 2、4 端口输出的功率不能精确地反映输入信号的相位差异。改善双端口结构的对称性，可以使实际测试的结果和理想计算结果更加接近。

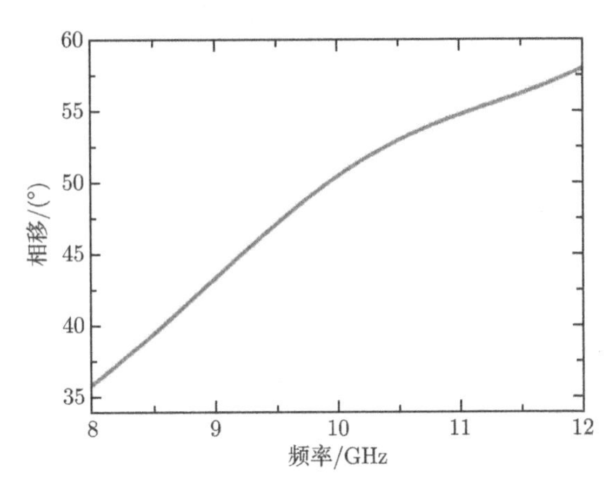

图 9-24 双端口结构两个端口相移量之差

前文在相位检测器的模拟过程中没有考虑共面波导的介质损耗；而当其双端口结构完全对称时，共面波导的介质损耗将不会对相位检测结果有影响。

双端口对称式微波相位检测器的整体模拟结构如图 9-25 所示，这里采用了绕弯的共面波导结构来实现电容式功率传感器和双端口结构的互联。图 9-26 所示为双端口相位检测器整体结构的 S 参数结果，S_{11} 基本小于 -10dB，S_{12} 小于 8.5dB，S_{13} 小于 -10dB，S_{14} 小于 -7.4dB。与图 9-23 相比，模拟结果并没有出现太大的偏差，这主要是因为电容式功率传感器是宽带的器件，其在设计良好的情况下，不会对整体结构微波性能产生显著影响。

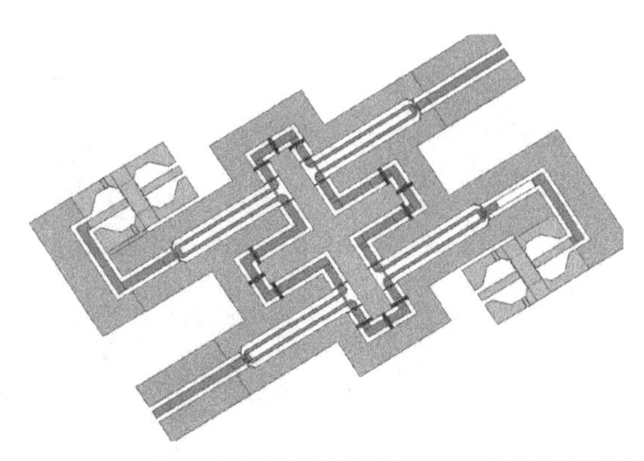

图 9-25 双端口对称式微波相位检测器的整体模拟结构

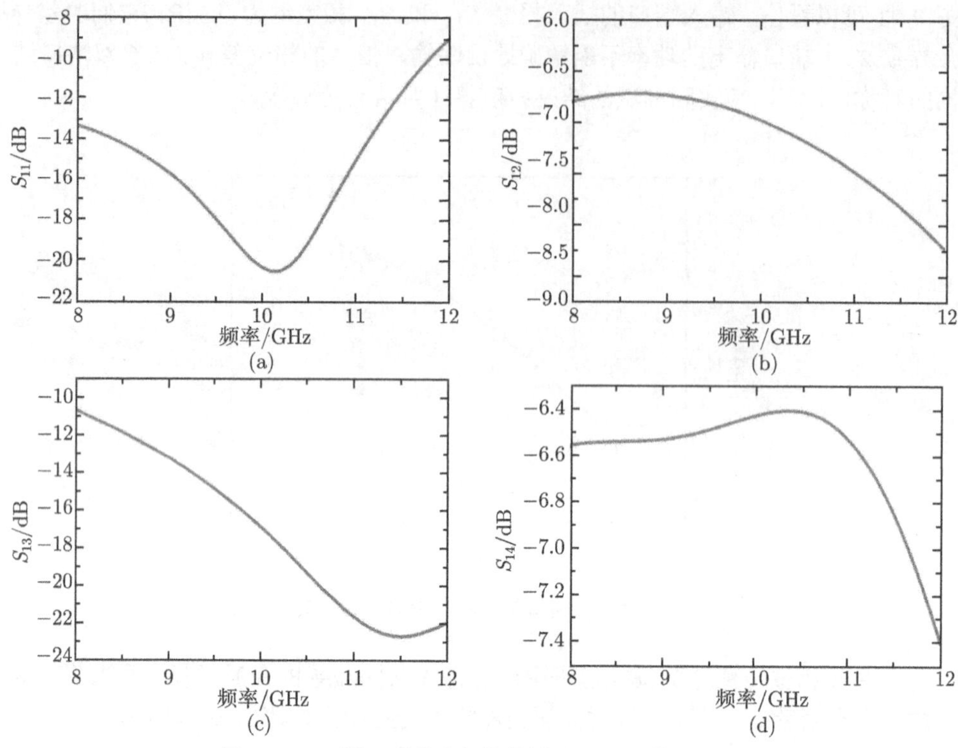

图 9-26　双端口对称式相位检测器 HFSS 模拟结果

(a)S_{11}; (b)S_{12}; (c)S_{13}; (d)S_{14}

9.3.2　双端口对称式 MEMS 微波相位检测器的性能测试

采用 GaAs MMIC 兼容的工艺对 X 波段的双端口对称式微波相位检测器进行制备，其 SEM 图如图 9-27 所示。图 9-27(a)~(d) 分别是工作在 X 波段的双端口对称式微波相位检测器正面完整结构、电容式微波功率传感器结构、微波功率传感器的固支梁结构和背面刻蚀结构的 SEM 图。

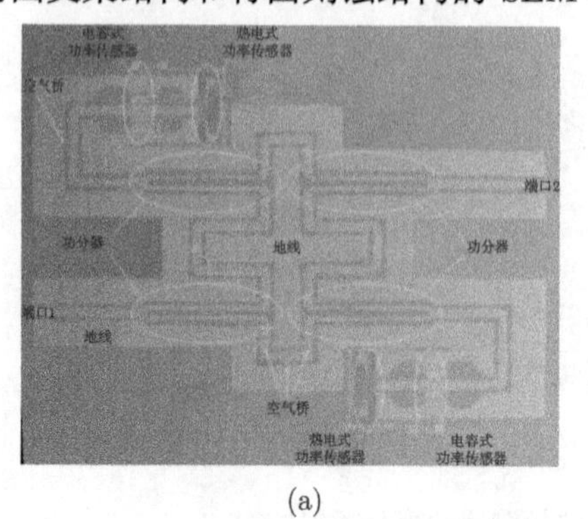

(a)

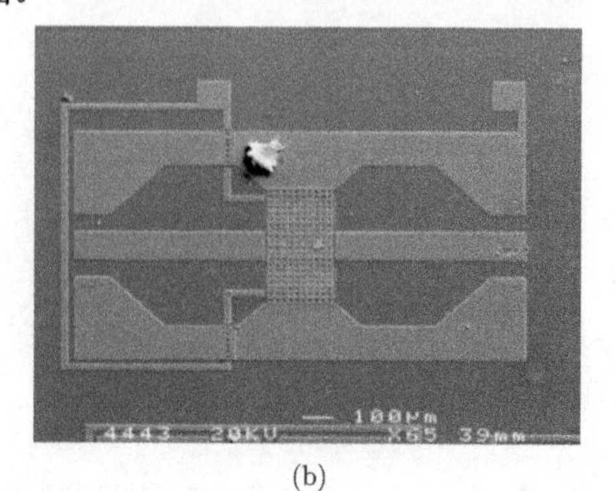

(b)

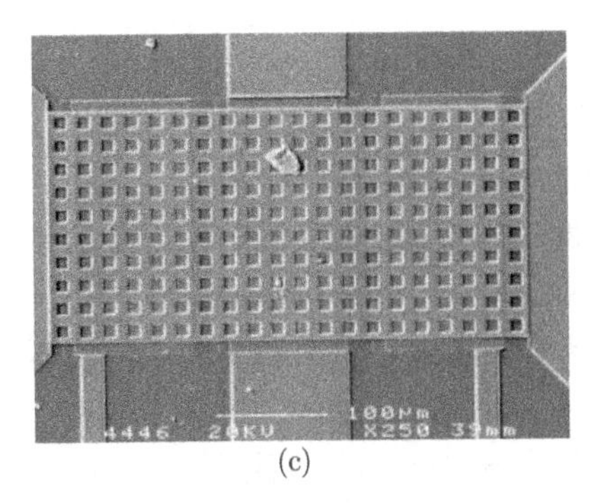

(c)

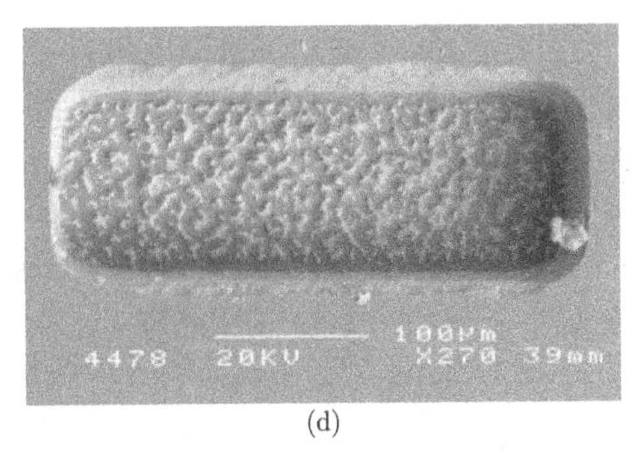

(d)

图 9-27 双端口对称式微波相位检测器的 SEM 图

(a) 正面结构; (b) 电容式功率传感器; (c)MEMS 固支梁结构; (d) 背面刻蚀结构

在完成双端口对称式微波相位检测器制备后，闫浩、廖小平和华迪对双端口对称式微波相位检测器完成了测试 [11,12]，主要包括对 MEMS 微波功率传感器、双端口结构 S 参数和中心频点 10GHz 处相位的测试；其中 S 参数用来表征构成微波相位检测器的各部分的微波特性和互联端口之间的阻抗匹配；中心频点 10GHz 处相位测试反映了微波相位检测器的输出信号与相位差之间的关系。

图 9-28 所示为测试系统：参考信号和测试信号由微波信号发生器、微波功率放大器、功率分配器、模拟可调式移相器产生。其中，模拟可调式移相器由一个可调旋钮控制，其相移精度可以达到 9° @ 10GHz 每圈；同时，为了克服实际测试中的信号衰减，应用微波功率放大器放大输入功率，利用功率计校准功率大小；热电式微波功率传感器的输出电压由数字万用表读出；电容式微波功率传感器的电容变化由数字电容转换器读出。

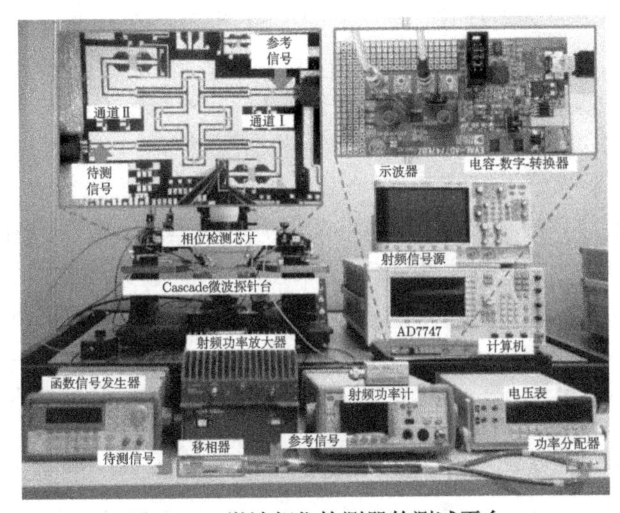

图 9-28 微波相位检测器的测试平台

S 参数的测试使用了 Agilent HP8719ES 网络分析仪和 Cascade Microtech 1200 微波探针台，并使用全二端口校准技术对网络分析仪进行校准。图 9-29 是工作在 X 波段的双端口微波相位检测器的 S 参数测试结果：输入端口回波损耗 S_{11} 小于 -10dB，输入端口之间的隔离度 S_{21} 小于 -13dB。S_{11} 在 8GHz 和 12GHz 分别为 -13dB 和 -10.5dB，隔离度 S_{21} 在 8GHz 和 12GHz 分别为 -13.8dB 和 -18.3dB，回波损耗小于 -15dB。测试结果表明：由多个部分级联组成的微波相位检测器结构复杂，其各器件之间的端口最优的匹配情况很难做到精确匹配，级联后的系统级微波参数情况不是很理想。另一方面，由于版图的不完全对称，可以看到图 9-29 中的 S_{11} 和 S_{21} 也不是完全对称的。

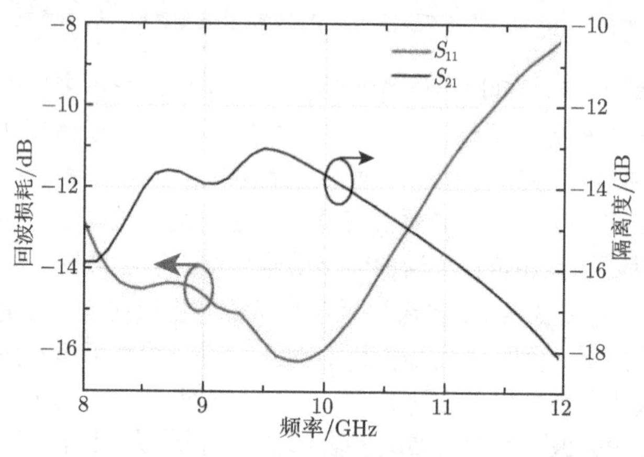

图 9-29　X 波段双端口对称式微波相位检测器的 S 参数

图 9-30 为在 20dBm 输入功率下的双端口微波相位检测器的测试输出电压随相位差的变化曲线及理论计算曲线；而图 9-31 为在 24dBm 输入功率下的电容变化随相位差的变化曲线和理论计算曲线。两组测试曲线表明：尽管有较小的偏差，总体上相位的测试结果与理论计算符合得较好，实验结果表明 MEMS 电容式微波功率传感器可以弥补热电式微波功率传感器在检测高功率信号上的不足，并且使得微波相位检测器实现了高功率信号相位差的检测。

考虑到双端口微波相位检测器的实际应用，这里进一步对微波相位检测器的灵敏度与响应时间分别进行了测试与研究。图 9-32 所示为微波相位检测器的灵敏度随输入功率的变化曲线，插图为 125~2000mW 输入功率下的输出电压与相位差变化曲线；测试曲线的 $-90°$ ~$0°$ 间为线性区间，通过拟合可以得到对应的相位灵敏度：当输入功率从 125mW 增加到 2000mW 时，其对应的灵敏度从 6.65μV/° 变化到 23.9μV/°。测试结果表明随着输入功率的增大，相位灵敏度从线性过渡到非线性，其原因主要是由于两种传感器级联的结果：当输入功率增大，更多的微波信号被电容式微波功率传感器转换为 MEMS 膜的机械位移和电磁能，从而传输到下一级的微波功率减少，导致灵敏度性能退化；此外，电容式微波功率传感器的级联提高了相位检测器的功率承受能力，相位检测器的最大可测试功率被提高到 2000mW。

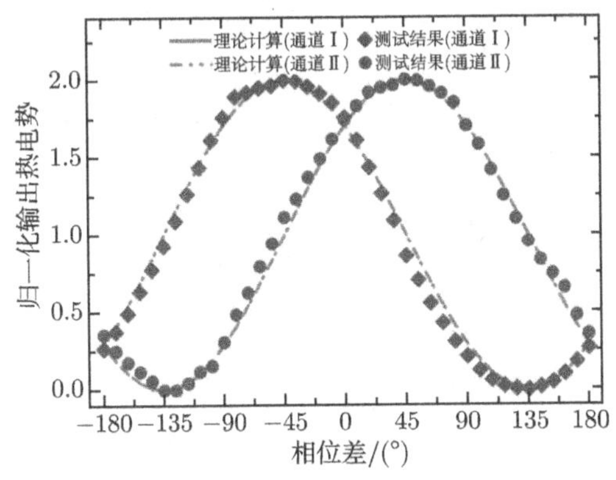

图 9-30 测试热电压输出随相位差的变化结果与理论计算结果

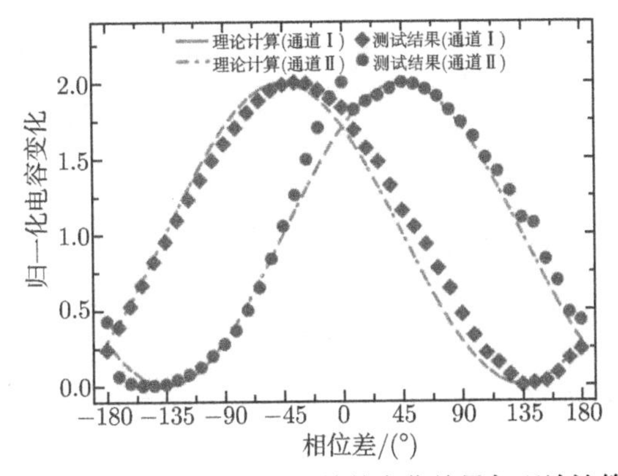

图 9-31 测试电容变化随相位差的变化结果与理论计算结果

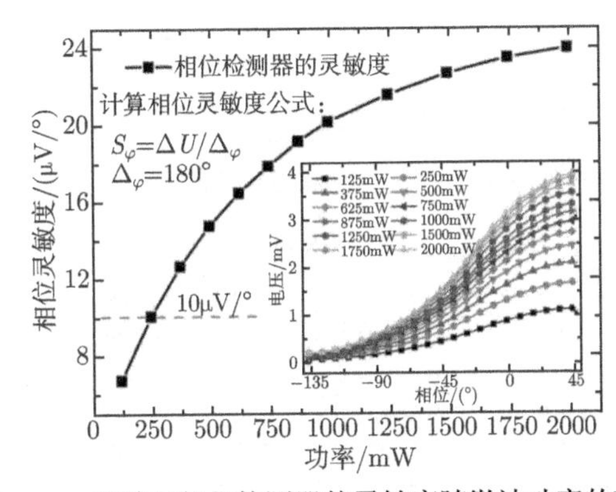

图 9-32 双端口相位检测器的灵敏度随微波功率的变化

微波相位检测器响应时间测试系统包括：示波器、函数信号发生器、探针台。应用函数信号发生器调节一个 200mW @ 10GHz 的直流方波信号，通过示波器读出相位检测的输出电压波形。微波相位检测器的响应时间测试如图 9-33 所示，上升时间被定义为输出电压的最大值的 10%变到 90%时对应的时间变化，下降时间被定义为最大值的 90%变到 10%时对应的时间变化，而相位检测器的响应时间等于上升时间与下降时间的平均值。表 9-5 显示了不同输入功率下的，微波相位检测的响应时间大小。测试结果表明，相位检测器的响应时间受输入功率影响不大，总体上双端口微波相位检测的响应时间小于 1ms。

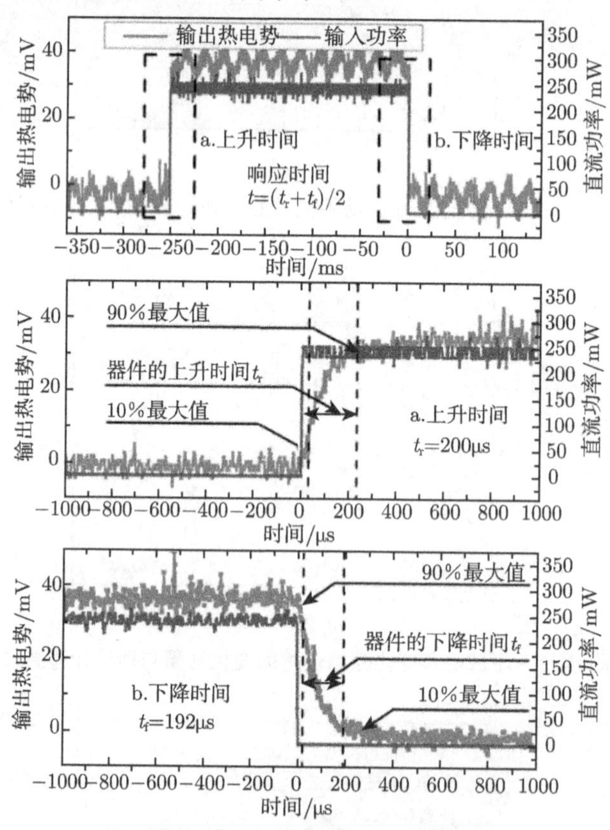

图 9-33　相位检测器对功率的响应输出

表 9-5　不同功率对应的响应时间

功率/mW	响应时间/ms	功率/mW	响应时间/ms	功率/mW	响应时间/ms	功率/mW	响应时间/ms
50	—	300	0.5374	550	0.3853	800	0.5030
100	0.3505	350	0.5603	600	0.3645	850	0.6354
150	0.4168	400	0.4893	650	0.4335	900	0.6565
200	0.3554	450	0.5120	700	0.6236	950	0.6809
250	0.4448	500	0.4862	750	0.6650	1000	0.7063

9.3.3 双端口对称式 MEMS 微波相位检测器的系统级 S 参数模型

本节主要研究了微波检测器的系统级 S 参数模型：首先对微波相位检测器的微波散射参数模型进行了简介，双端口结构是双端口相位检测器的信号处理部分，基于 9.2.3 节功分器的散射参数的研究，通过对子网络的分析，逐级级联构成了双端口结构，并得到了其散射参数模型；其次，考虑到实际加工中存在的不对称性，讨论了两个端口的相移量为非设计的 45° 情况下散射参数的影响。最后，分析了在输入信号具有相同的归一化功率的情况下，输入信号之间的相位差、相移偏差与输出功率的关系。

如果把双端口对称式微波相位检测器的双端口结构看作是一个微波网络，该网络是由多个不同层次的子网络组成 [12]，如图 9-34(a)~(d) 所示，各子网络自底向上逐级级联构成了双端口对称式微波相位检测器的双端口结构。

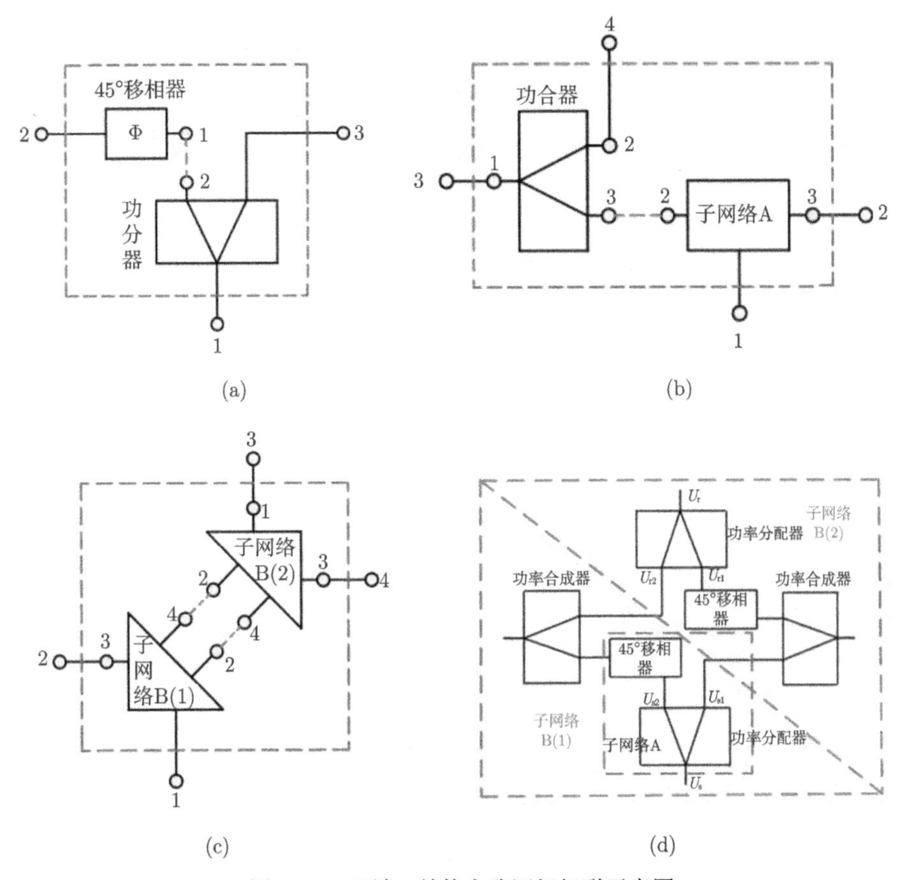

图 9-34 双端口结构电路逐级级联示意图

(a) 子网络 A; (b) 子网络 B; (c) 两个子网络 B 级联; (d) 双端口结构示意图

图 9-34(d) 所示的系统是由以下三个层次的子网络级联而成的。①子网络 A：功分器与 45° 移相器级联；②子网络 B：子网络 A 与功合器 (即功分器) 级联；③双端口结构：两个相同的子网络 B 级联。在图 9-34 结构示意图中，功合器与功分器之间、功分器与移相器之间是直接级联的，而在实际的版图中应用大量的共面波导起连接作用。另外，在双端口对称式微波相位检测器的版图中，端口 2、4 级联了 MEMS 微波功率传感器，即 MEMS 电容式功率传感器和热电式功率传感器；这里为了简化分析，暂不考虑其对双端口结构的影响。双端口结构的移相器是由电长度为 45° @ 10GHz 的共面波导实现的。若认为移相器的特征阻抗为 Z_0=50Ω，则移相器的散射矩阵可以表示为

$$\begin{bmatrix} S_{11} & S_{12} \\ S_{21} & S_{22} \end{bmatrix} = \begin{bmatrix} 0 & \mathrm{e}^{-\gamma l} \\ \mathrm{e}^{-\gamma l} & 0 \end{bmatrix} = \begin{bmatrix} 0 & \mathrm{e}^{-\alpha l-\mathrm{j}\frac{\pi}{4}\cdot\frac{f}{f_0}} \\ \mathrm{e}^{-\alpha l-\mathrm{j}\frac{\pi}{4}\cdot\frac{f}{f_0}} & 0 \end{bmatrix} \tag{9-74}$$

在实际的版图中，移相器是由一段设定长度的共面波导实现的，因此式 (9-74) 中的长度 l 为 $\lambda_0/8$，α 为共面波导单位长度损耗系数，γ 为复传播系数

$$\gamma = \alpha + \mathrm{j}\beta \tag{9-75}$$

其中，传播系数 β 可表示为

$$\beta = \frac{2\pi}{\lambda} \tag{9-76}$$

实际的版图中功合器与功分器之间由共面波导相连，若设这段传输线长度为 l_c，则版图中起移相作用的传输线长度应为 $l_c+\lambda_0/8$。微波相位检测器中 45° 的移相是由上述两段传输线的长度之差来实现的。在系统级模型中，起连接作用的传输线散射参数由式 (9-74) 中的 l 替换为 l_c，而起移相作用的传输线散射参数则是由式 (9-74) 中的 l 替换为 $l_c+\lambda_0/8$。

设功分器散射矩阵为 S_p，移相器散射矩阵为 S_Φ，由它们组成的子网络 A 的散射矩阵为 S_A。如图 9-34(a) 所示，功分器的端口 2 与移相器的端口 1 相连，将功分器与移相器的散射矩阵分块，S_p 和 S_Φ 可表示为

$$S_p = \left[\begin{array}{cc|c} S_{p11} & S_{p13} & S_{p12} \\ S_{p31} & S_{p33} & S_{p32} \\ \hline S_{p21} & S_{p23} & S_{p22} \end{array}\right] = \begin{bmatrix} \hat{S}_{11p} & \hat{S}_{12p} \\ \hat{S}_{21p} & \hat{S}_{22p} \end{bmatrix} \tag{9-77}$$

$$S_\Phi = \left[\begin{array}{c|c} S_{\Phi 11} & S_{\Phi 12} \\ \hline S_{\Phi 21} & S_{\Phi 22} \end{array}\right] = \begin{bmatrix} \hat{S}_{11\Phi} & \hat{S}_{12\Phi} \\ \hat{S}_{21\Phi} & \hat{S}_{22\Phi} \end{bmatrix} \tag{9-78}$$

式 (9-77) 和式 (9-78) 中的元素是分块矩阵，子网络 A 的散射矩阵中各分块矩阵元可表示为

$$\hat{S}_{11A} = \hat{S}_{11p} + \hat{S}_{12p} \cdot (1 - \hat{S}_{11\Phi}\hat{S}_{22p})^{-1} \cdot \hat{S}_{11\Phi}\hat{S}_{21p} \tag{9-79}$$

$$\hat{S}_{12A} = \hat{S}_{12p} \cdot (1 - \hat{S}_{11\Phi}\hat{S}_{22p})^{-1} \cdot \hat{S}_{12\Phi} \tag{9-80}$$

$$\hat{S}_{21A} = \hat{S}_{21\Phi} \cdot (1 - \hat{S}_{22p}\hat{S}_{11\Phi})^{-1} \cdot \hat{S}_{21p} \tag{9-81}$$

$$\hat{S}_{22A} = \hat{S}_{22\Phi} + \hat{S}_{21\Phi} \cdot (1 - \hat{S}_{22p}\hat{S}_{11\Phi})^{-1} \cdot \hat{S}_{22p}\hat{S}_{12\Phi} \tag{9-82}$$

其中，式 (9-79) 是一个 2 阶方阵，式 (9-80) 是一个 2×1 矩阵，式 (9-81) 和式 (9-82) 中的分块矩阵只包含一个散射参数。

这里需要说明的是功合器与上文中讨论的功分器是同一器件，唯一的区别是：信号的输入输出端口不同。设功合器散射矩阵为 S'_p，子网络 A 的散射矩阵为 S_A，按照图 9-34(b) 所示连接方法，S_A 和 S'_p 可表示为

$$S_A = \left[\begin{array}{cc:c} S_{A11} & S_{A13} & S_{A12} \\ S_{A31} & S_{A33} & S_{A32} \\ \hdashline S_{A21} & S_{A23} & S_{A22} \end{array}\right] = \begin{bmatrix} \hat{S}_{11A} & \hat{S}_{12A} \\ \hat{S}_{21A} & \hat{S}_{22A} \end{bmatrix} \tag{9-83}$$

$$S'_p = \left[\begin{array}{c:cc} S_{p33} & S_{p31} & S_{p32} \\ \hdashline S_{p13} & S_{p11} & S_{p12} \\ S_{p23} & S_{p21} & S_{p22} \end{array}\right] = \begin{bmatrix} \hat{S}_{11p} & \hat{S}_{12p} \\ \hat{S}_{21p} & \hat{S}_{22p} \end{bmatrix} \tag{9-84}$$

同理可得子网络 B 的散射矩阵中各分块矩阵元的表达式

$$\hat{S}_{11B} = \hat{S}_{11A} + \hat{S}_{12A} \cdot (1 - \hat{S}'_{11p}\hat{S}_{22A})^{-1} \cdot \hat{S}'_{11p}\hat{S}_{21A} \tag{9-85}$$

$$\hat{S}_{12B} = \hat{S}_{12A} \cdot (1 - \hat{S}'_{11p}\hat{S}_{22A})^{-1} \cdot \hat{S}'_{12p} \tag{9-86}$$

$$\hat{S}_{21B} = \hat{S}'_{21p} \cdot (1 - \hat{S}_{22A}\hat{S}'_{11p})^{-1} \cdot \hat{S}_{21A} \tag{9-87}$$

$$\hat{S}_{22B} = \hat{S}'_{22p} + \hat{S}'_{21p} \cdot (1 - \hat{S}_{22A}\hat{S}'_{11p})^{-1} \cdot \hat{S}_{22A}\hat{S}'_{12p} \tag{9-88}$$

两个完全相同的子网络 B 按照图 9-34(c) 的方式级联，构成双端口结构。两个子网络 B(1)、B(2) 的散阵矩阵可用分块矩阵元表示为

$$S_B^{(1)} = \left[\begin{array}{cc:cc} S_{B11} & S_{B13} & S_{B12} & S_{B14} \\ S_{B31} & S_{B33} & S_{B32} & S_{B34} \\ \hdashline S_{B21} & S_{B23} & S_{B22} & S_{B24} \\ S_{B41} & S_{B43} & S_{B42} & S_{B44} \end{array}\right] = \begin{bmatrix} \hat{S}_{11B}^{(1)} & \hat{S}_{12B}^{(1)} \\ \hat{S}_{21B}^{(1)} & \hat{S}_{22B}^{(1)} \end{bmatrix} \tag{9-89}$$

$$S_B^{(2)} = \left[\begin{array}{cc:cc} S_{B44} & S_{B42} & S_{B41} & S_{B43} \\ S_{B24} & S_{B22} & S_{B21} & S_{B23} \\ \hdashline S_{B14} & S_{B12} & S_{B11} & S_{B13} \\ S_{B34} & S_{B32} & S_{B31} & S_{B33} \end{array}\right] = \begin{bmatrix} \hat{S}_{11B}^{(2)} & \hat{S}_{12B}^{(2)} \\ \hat{S}_{21B}^{(2)} & \hat{S}_{22B}^{(2)} \end{bmatrix} \tag{9-90}$$

最终得到双端口结构的散射矩阵 S

$$S = \left[\begin{array}{cc:cc} S_{11} & S_{12} & S_{13} & S_{14} \\ S_{21} & S_{22} & S_{23} & S_{24} \\ \hdashline S_{31} & S_{32} & S_{33} & S_{34} \\ S_{41} & S_{42} & S_{43} & S_{44} \end{array}\right] = \begin{bmatrix} \hat{S}_{11} & \hat{S}_{12} \\ \hat{S}_{21} & \hat{S}_{22} \end{bmatrix} \tag{9-91}$$

起移相作用和连接作用的共面波导的损耗系数由下文给出。共面波导的损耗系数基于报道的计算方法可表示为 [14]

$$\alpha = pf^q \tag{9-92}$$

$$p = \sqrt{\frac{\varepsilon_{\mathrm{r}} + 1}{2}} \left[\frac{45.152}{(SW)^{0.41}\mathrm{e}^{2.127\sqrt{t}}}\right] \tag{9-93}$$

$$q = 0.183(t + 0.464) - 0.095k_t^{2.484}(t - 2.595) \tag{9-94}$$

$$k_t = \frac{S + \Delta t}{S + 2W - \Delta t} \tag{9-95}$$

$$\Delta t = \frac{1.25t}{\pi}\left[1 + \ln\frac{4\pi S}{t}\right] \tag{9-96}$$

其中，W，S，t 分别为共面波导地线与信号线之间的间距、信号线导体宽度、金属层厚度；f 为信号频率 (单位为 GHz)；ε_{r} 为砷化镓衬底的相对介电常数 (一般取 12.9)；式 (9-92) 的损耗系数单位为 dB/cm。

该损耗系数的使用条件为

$$0.5 < t < 3\mu\mathrm{m} \tag{9-97}$$

$$0.2 < \frac{S}{S + 2W} < 0.7 \tag{9-98}$$

$$0 < f < 40\mathrm{GHz} \tag{9-99}$$

本书共面波导的横向几何尺寸 $W/S/W$ 为 58/100/58μm，传播信号的频段为 X 波段，由工艺决定的金属层厚度为 2.3μm，所以该损耗系数是适用于本书的共面波导分析的。

根据式 (9-93)~(9-99) 可得，p=0.1354，q=0.5111。利用上文中带电容负载的功分器散射参数模型、移相器散射参数模型和系统级模拟的方法，可得到系统信号处理部分 (双端口结构) 的模拟散射参数，如图 9-35 所示。

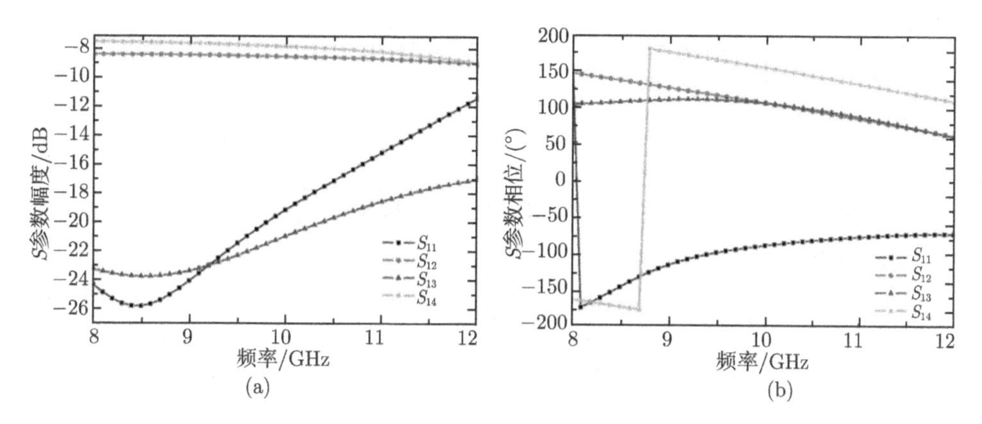

图 9-35 微波信号相位检测系统的双端口结构散射参数

(a)S_{11}、S_{12}、S_{13}、S_{14} 的幅值; (b)S_{11}、S_{12}、S_{13}、S_{14} 的相位

图 9-35 中，S_{11} 是端口 1 的回波损耗，S_{11} 的数据 (−25.8~−11.33dB) 说明端口 1 阻抗匹配得比较好；S_{13} 反映了参考信号输入端和待测信号输入端的隔离度，S_{13} 的数据 (−24.3~−16.9dB) 说明端口 1、3 间有较高的隔离；S_{13} 和 S_{14} 是两个主要信号通路的插入损耗，基本在 −8dB 左右，而理想情况应为 −6dB；同时 S_{13} 和 S_{14} 是不相等的，说明双端口结构不是理想对称的。

由微波传输理论，图 9-36 中的等效电路的导纳矩阵 A 参量为

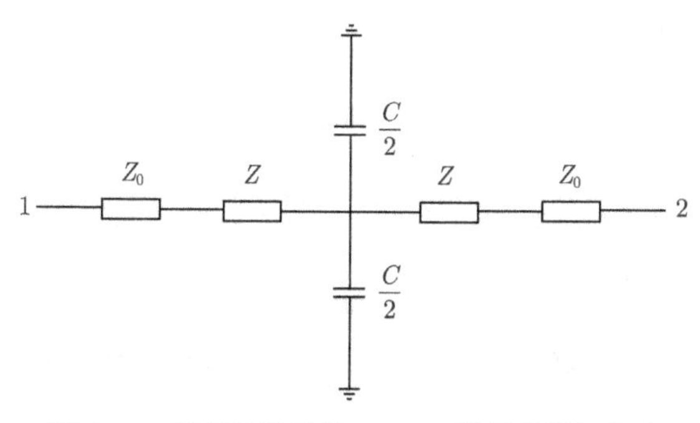

图 9-36 进行补偿后的 MEMS 膜桥的等效电路

$$[A]=\begin{bmatrix} a_{11} & a_{12} \\ a_{21} & a_{22} \end{bmatrix}=\begin{bmatrix} \cos(\beta l') & \mathrm{j}\dfrac{Z}{Z_0}\sin(\beta l') \\ \mathrm{j}\dfrac{Z_0}{Z}\sin(\beta l') & \cos(\beta l') \end{bmatrix}\begin{bmatrix} 1 & 0 \\ \mathrm{j}\omega C Z_0 & 1 \end{bmatrix}$$

$$\begin{bmatrix} 1 & 0 \\ \mathrm{j}\omega CZ_0 & 1 \end{bmatrix} \begin{bmatrix} \cos(\beta l') & \mathrm{j}\dfrac{Z}{Z_0}\sin(\beta l') \\ \mathrm{j}\dfrac{Z_0}{Z}\sin(\beta l') & \cos(\beta l') \end{bmatrix} \tag{9-100}$$

由参量矩阵之间的变换关系，可得此微波等效电路的 S 参量为

$$[S] = \frac{1}{a_{11}+a_{12}+a_{21}+a_{22}} \times \begin{bmatrix} a_{11}+a_{12}-a_{21}-a_{22} & 2\,|a| \\ 2 & -a_{11}+a_{12}-a_{21}+a_{22} \end{bmatrix} \tag{9-101}$$

由以上矩阵计算，可得电容式微波功率传感器的回波损耗 S_{11} 和插入损耗 S_{21} 的表达式分别为

$$S_{11} = -\frac{\omega CZZ_0^2\cos^2(\beta l') + \sin(\beta l')\left[(Z_0^2-Z^2)\cos(\beta l') + \omega CZ^3\sin(\beta l')\right]}{[Z_0\cos(\beta l') + \mathrm{j}Z\sin(\beta l')]\,[Z(\omega CZ_0-\mathrm{j})\cos(\beta l') + (Z_0+\mathrm{j}\omega CZ^2)\sin(\beta l')]} \tag{9-102}$$

$$S_{21} = \frac{\mathrm{j}ZZ_0}{[Z_0\cos(\beta l') + \mathrm{j}Z\sin(\beta l')]\,[Z(\omega CZ_0-\mathrm{j})\cos(\beta l') + (Z_0+\mathrm{j}\omega CZ^2)\sin(\beta l')]} \tag{9-103}$$

其中，β=2π/λ 是传播常数，$l' = l_1 + b/2$ 是等效的不均匀区长度。因该网络是互易的，S_{22} 与 S_{11} 相等。利用第 2 章的功分器散射参数模型、移相器散射参数模型和系统模拟的方法，编写 MATLAB 程序得到系统信号处理部分版图 (图 9-34 中的四端口微波网络系统) 的模拟散射参数，如图 9-37 所示。

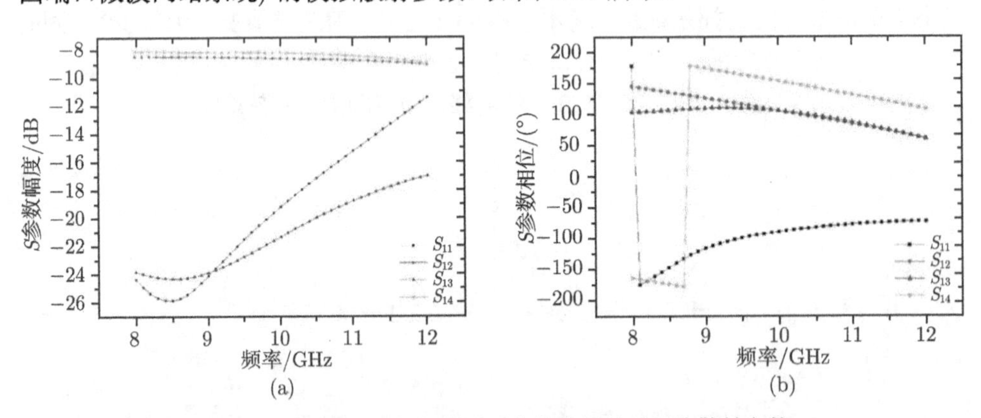

图 9-37　微波信号相位检测系统的信号处理部分散射参数

从图 9-37 可以看到系统信号处理部分的微波性能，结合图 9-36，S_{11} 是端口 1 的反射系数，图 9-37(a) 的数据 (−25.8∼−11.33dB) 显示了该端口匹配得比较好；S_{13} 反映了参考信号输入端和待测信号输入端的隔离度。图 9-37(a) 的数据 (−24.3 ∼−16.9dB) 说明端口 1、3 间有较高的隔离；S_{13} 和 S_{14} 是两个主要信号通路的插入损耗，基本在 −8dB 左右，而理想情况为 −6dB。

9.4 小 结

本章首先介绍了单端口 MEMS 微波相位检测器的工作原理，对其结构进行了模拟和设计，并对单端口微波相位检测器进行性能测试，建立了单端口微波相位检测器的系统级 S 参数模型；在单端口微波相位检测器的研究基础上，本章介绍了双端口对称式 MEMS 微波相位检测器的工作原理，对其结构进行了模拟和设计，并对制备的双端口对称式微波相位检测器进行性能测试，建立了双端口对称式微波相位检测器的系统级 S 参数模型。本章提出的基于 MEMS 功率传感技术的单片微波相位集成检测系统的结构方案具有很好的对称性，不必考虑功率分配/合成器引入的相移，很好地解决了由于功率分配/合成器引入的相移所导致测量精度不高的问题；同时将可测相位的范围扩展全周期，区分了信号的超前或滞后关系，系统中通过 MEMS 固支梁电容式和热电式两种微波功率传感器级联结构测量微波功率，不仅扩展了动态范围，而且提高了检测器的灵敏度和抗烧毁水平。

参 考 文 献

[1] Ohm G, Alberty M. Microwave phase detectors for PSK demodulators. IEEE Transactions on Microwave Theory and Techniques, 1981, 29(7): 724-731

[2] Gilbert B. A precise four-quadrant multiplier with subnanosecond response. IEEE Solid-State Circuits, 1968, 3(4): 365-373

[3] Tuovinen J, Lehto A, Räisänen A. Phase measurements of millimeter wave antennas at 105-190GHz with a novel differential phase method. IEEE Proceedings H (Microwaves, Antennas and Propagation), 1991, 138(2): 114-120

[4] Hua D, Liao X, Jiao Y. A MEMS phase detector at X-band based on MMIC technology. IEEE Sensors Conference, Christchurch, 2009: 506-508

[5] Hua D, Liao X, Jiao Y. X-band microwave phase detector manufactured using GaAs micromachining technologies. Journal of Micromechanics and Microengineering, 2011, 21(3): 035019

[6] Han J Z, Liao X. A MEMS microwave phase detector with broadband performance operable at X-band. Microwave and Optical Technology Letters, 2016, 58(4): 806-809

[7] Han J Z, Liao X. A compact broadband microwave phase detector based on MEMS technology. IEEE Sensors Journal, 2016, 16(10): 3480-3481

[8] Hanna V F, Thebault D. Analyse des coupleurs directives coplanaires. Annales des Telecomn., 1984, 39(7-8): 299-306

[9] Rosloniec S. Three-port hybrid power dividers terminated in complex frequency-dependent impedances. IEEE Transactions on Microwave Theory and Techniques, 1996, 44(8):

1490-1493

[10] Hua D, Liao X, Huang J. A GaAs MMIC-based dual channel microwave phase detector at X-band. IEEE Sensors Conference, Taipei, 2012: 1-4

[11] Yan H, Liao X P, Hua D. The phase sensitivity and response time of an X-Band dual channel microwave phase detector. IEEE Sensors Conference, Korea, 2015

[12] Yan H, Liao X P, Hua D. An X-band dual channel microwave phase detector based on GaAs MMIC technology. IEEE Sensors Journal, 2016, 16(17): 6515-6516

[13] 陈慧开. 宽带匹配网络的理论与设计. 北京: 人民邮电出版社, 1982

[14] Heinrich W. Quasi-TEM description of MMIC coplanar lines including conductor-loss effects. IEEE Trans. Microwave Theory Tech., 1993, 41(5): 45-52

第 10 章　MEMS 微波频率检测器

10.1　引　　言

频率是微波信号三个重要的参数 (功率、频率和相位) 之一，微波频率测量技术在军事、航天、航空以及通信等领域都有着非常广泛的应用。2009 年 Jianping Yao 等提出了一种基于光控制器的微波频率测量方法 [1]，该系统主要组成部分包括连续波光源、Mach-Zehnder 调制器、补偿光滤波对和两个光功率计；2013 年 Jia-Fu Tsai 等提出了一种基于可重构整流天线方法的微波频率计 [2]，该传感器主要由一个可重构整流天线、整流电路、微处理器以及液晶显示屏组成。本章主要进行基于 MEMS 微波功率传感技术的微波频率检测器的研究，包括一分二式 MEMS 微波频率检测器、一分三式 MEMS 微波频率检测器以及在线式微波频率检测器。

10.2　一分二式 MEMS 微波频率检测器

10.2.1　一分二式 MEMS 微波频率检测器的模拟和设计

如图 10-1 所示，张俊、廖小平和焦永昌提出了一分二式 MEMS 微波频率检测器 [3]，主要由以下五部分组成：一分二功分器、移相器、二合一功合器 (结构与一分二功分器相同)、MEMS 电容式微波功率传感器和 MEMS 热电式微波功率传感器。其原理可描述如下：待测频率的微波信号首先经过一分二功分器被分成幅度和相位完全相同的两个支路信号，其中，支路一的信号经过移相器，产生一个与频率成正比的相移量，之后，与支路二中的信号通过二合一功合器矢量合成。如图 10-2 所示，根据矢量合成原理，合成信号的功率与相移量具有余弦关系。因此，通过检测合成信号的功率可以反推出相移量的大小，从而计算出待测微波信号的频率 [3,4]。

本设计的新颖之处在于采用了两个级联的微波功率传感器对合成信号的功率进行检测：MEMS 热电式微波功率传感器和 MEMS 电容式微波功率传感器。该级联的功率传感器具有以下两个优点：

(1) 扩展了频率检测器功率测量的动态范围：热电式传感器检测低功率信号，电容式传感器检测高功率信号；

(2) 保护了 MEMS 热电式微波功率传感器，提高其抗烧毁水平。

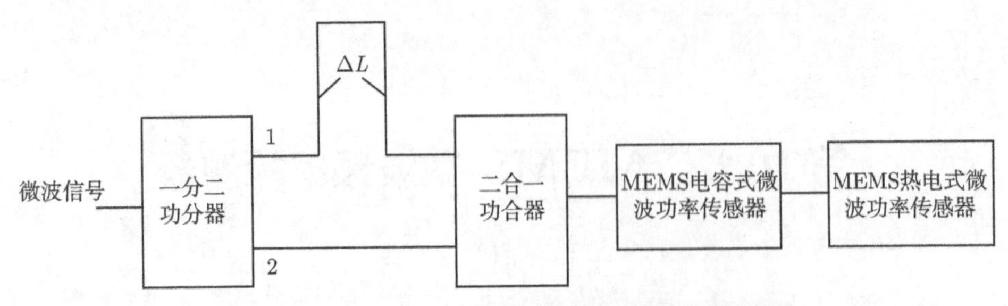

图 10-1 一分二式 MEMS 微波频率检测器的示意图

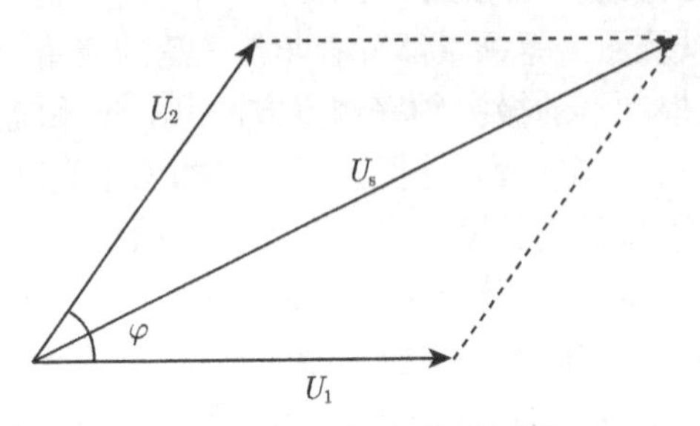

图 10-2 矢量合成原理图

图 10-1 中的移相器实际上是一段额外长度的 CPW 传输线。因此，移相器产生的相移量与该段 CPW 传输线的长度有关，可表示为

$$\frac{2\pi}{\lambda}=\frac{\varphi}{\Delta L} \tag{10-1}$$

其中，λ 是电磁波的波长；φ 是相移量；ΔL 是额外 CPW 传输线的长度，在本设计中，它的值为中心频率 10GHz 时所对应电磁波波长的四分之一。当然，波长 λ 是微波信号频率的函数，

$$\lambda=\frac{v}{f}=\frac{c}{\sqrt{\varepsilon_{\mathrm{er}}}f} \tag{10-2}$$

其中，f 是微波信号的频率；v 是电磁波的波速；c 是光速；$\varepsilon_{\mathrm{er}}$ 是 CPW 传输线的有效介电常数，在本设计中，$\varepsilon_{\mathrm{er}}$ 的值约为 5.927；ΔL 的值为 3.079mm。基于式 (10-1) 和 (10-2)，可以看出，相移量是微波频率的函数

$$\varphi=\frac{2\pi\Delta L\sqrt{\varepsilon_{\mathrm{er}}}f}{c} \tag{10-3}$$

当待测的微波信号经过一分二功分器时，两个支路信号的均方根电压 U_1 和 U_2 可表示为

$$U_1=U_2=\frac{1}{\sqrt{2}}U_{\mathrm{in}} \tag{10-4}$$

其中，U_{in} 是待测微波信号的均方根电压。当支路一中的信号经过额外的传输线并产生一个相移量之后，与支路二中的信号进行矢量合成，如图 10-2 所示，合成信

号的均方根电压 U_{s} 可以表示为

$$U_{\mathrm{s}}=\sqrt{\left(\frac{1}{\sqrt{2}}U_1\right)^2+\left(\frac{1}{\sqrt{2}}U_2\right)^2+U_1U_2\cos\varphi}=\sqrt{\frac{1}{2}U_{\mathrm{in}}^2(1+\cos\varphi)} \tag{10-5}$$

因此，合成信号的功率 P_{s} 可以表示为相移量 φ 的函数

$$P_{\mathrm{s}}=\frac{U_{\mathrm{s}}^2}{Z_0}=\frac{U_{\mathrm{in}}^2}{2Z_0}(1+\cos\varphi) \tag{10-6}$$

其中，Z_0 是传输线的特征阻抗。基于式 (10-3) 和式 (10-6)，合成信号的功率与待测信号的频率关系可表示为

$$P_{\mathrm{s}}=\frac{U_{\mathrm{in}}^2}{2Z_0}\left(1+\cos\frac{2\pi\Delta L\sqrt{\varepsilon_{\mathrm{er}}}f}{c}\right) \tag{10-7}$$

对于待测的微波信号，它的功率 P_{in} 可以表示为

$$P_{\mathrm{in}}=\frac{U_{\mathrm{in}}^2}{Z_0} \tag{10-8}$$

将式 (10-8) 代入式 (10-7)，可以得到

$$P_{\mathrm{s}}=\frac{P_{\mathrm{in}}}{2}\left(1+\cos\frac{2\pi\Delta L\sqrt{\varepsilon_{\mathrm{er}}}f}{c}\right) \tag{10-9}$$

因此，可以看出，通过对合成信号功率的测量可以实现对待测微波信号频率的检测。

式 (10-9) 给出了微波频率检测的理论推导，但所有的推导都是理想的，并没有包括传输线的损耗。在本设计中，采用 CPW 传输线和 ACPS 传输线传输微波信号，图 10-3 给出了利用 HFSS 软件模拟的传输线插入损耗，可以看出，在 8~12GHz 的频段上，1000μm 长的 CPW 传输线的损耗小于 0.1dB，而 ACPS 传输线的损耗小于 0.2dB。图 10-4 给出了一分二功分器微波性能的模拟结果，在中心频率 10GHz 处，回波损耗达到 −27dB，在 8~12GHz 的范围内，回波损耗值均小于 −17dB，插入损耗值约为 3.36dB。

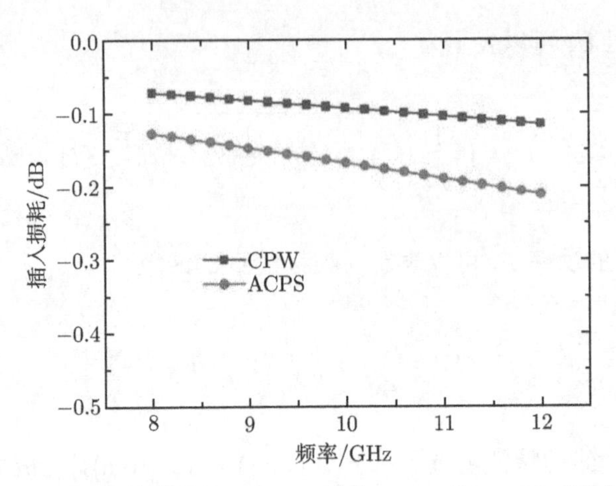

图 10-3 利用 HFSS 软件模拟的 1000μm 长的 CPW 和 ACPS 传输线的插入损耗

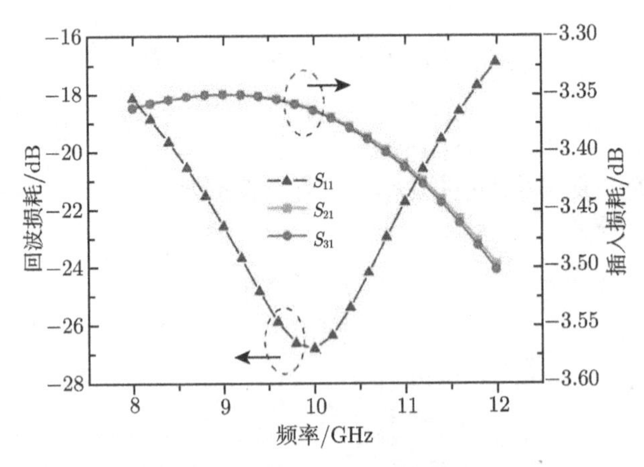

图 10-4 一分二功分器微波性能的模拟结果

利用 Taylor 级数展开式 (10-9)，P_{s} 可以表示为

$$P_{\mathrm{s}}=\frac{P_{\mathrm{in}}}{2}\left[1+\left(\frac{\pi}{2}-\frac{2\pi\Delta L\sqrt{\varepsilon_{\mathrm{er}}}f}{c}\right)-\frac{1}{3!}\left(\frac{\pi}{2}-\frac{2\pi\Delta L\sqrt{\varepsilon_{\mathrm{er}}}f}{c}\right)^{3}\right.$$
$$\left.+\frac{1}{5!}\left(\frac{\pi}{2}-\frac{2\pi\Delta L\sqrt{\varepsilon_{\mathrm{er}}}f}{c}\right)^{5}-\frac{1}{7!}\left(\frac{\pi}{2}-\frac{2\pi\Delta L\sqrt{\varepsilon_{\mathrm{er}}}f}{c}\right)^{7}+\cdots\right] \quad (10\text{-}10)$$

在 8~12GHz 的范围内，可略去高次项，因此，P_{s} 可以简化为

$$P_{\mathrm{s}}=\frac{P_{\mathrm{in}}}{2}\left(1+\frac{\pi}{2}-\frac{2\pi\Delta L\sqrt{\varepsilon_{\mathrm{er}}}f}{c}\right) \quad (10\text{-}11)$$

基于式 (10-9) 和 (10-11)，理想的归一化功率和 Taylor 级数展开结果可以分别

表示为

$$P_{\text{ideal}} = 1 + \cos\frac{2\pi\Delta L\sqrt{\varepsilon_{\text{er}}}f}{c} \tag{10-12}$$

$$P_{\text{Taylor}} = 1 + \frac{\pi}{2} - \frac{2\pi\Delta L\sqrt{\varepsilon_{\text{er}}}f}{c} \tag{10-13}$$

基于式 (10-12) 和 (10-13)，图 10-5 画出了理想的归一化功率和 Taylor 级数展开结果与频率的函数关系。可以看出，当待测频率由 8GHz 增加到 12GHz 时，理想的归一化功率由 1.3 减小到 0.7，此时，Taylor 级数展开结果与理想结果的绝对误差约为 5.14×10^{-3}。由于误差很小，在 8~12GHz 的范围内，可以近似认为理想的归一化功率是近似线性减小。

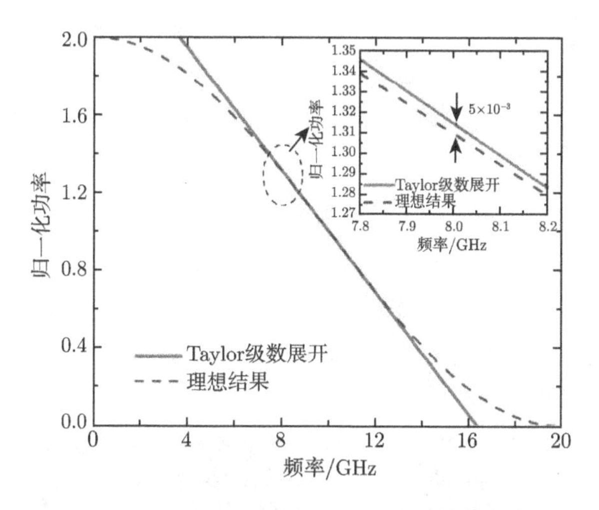

图 10-5 归一化电压与微波频率的模拟结果

对于低功率的合成信号，采用 MEMS 热电式微波功率传感器检测合成信号的功率。其原理在本书的第 3 章中已详细描述，基于 Seebeck 效应，输出的直流热电势 V_{out} 可以表示为

$$V_{\text{out}} = KP_{\text{s}} \tag{10-14}$$

其中，K 是 MEMS 热电式微波功率传感器的灵敏度，它的单位是 mV/mW。基于式 (10-11) 和 (10-14)，输出的热电势可以表示成待测信号频率的函数

$$V_{\text{out}} = \frac{KP_{\text{in}}}{2}\left(1 + \frac{\pi}{2} - \frac{2\pi\Delta L\sqrt{\varepsilon_{\text{er}}}f}{c}\right) \tag{10-15}$$

可以看出，随着微波频率的增大，输出热电势近似线性地减小。

对于高功率的合成信号，采用 MEMS 电容式微波功率传感器检测合成信号的功率。其原理在本书的第 5 章中已详细描述，测试电极与 MEMS 梁之间的电容可

以表示为

$$C=\frac{\varepsilon_0 A}{g_0+g_1/\varepsilon_{\mathrm{r}}}\left[1+\frac{\varepsilon_0 wl}{2k\left(g_0+g_1/\varepsilon_{\mathrm{r}}\right)^3}Z_0P_{\mathrm{s}}\right] \tag{10-16}$$

其中，k 是 MEMS 梁的弹性系数，g_0 是梁与 CPW 信号线之间的空气间隙，g_1 是信号线上方介质层的厚度，ε_0 是空气的介电常数，ε_{r} 是介质层的相对介电常数，A 是测试电极的面积，w 是信号线宽度，l 是梁的宽度，Z_0 是传输线的阻抗，P_{s} 是待测信号的功率。

将式 (10-11) 代入上式，可以得到电容与微波信号频率的关系表达式

$$C=\frac{\varepsilon_0 A}{g_0+g_1/\varepsilon_{\mathrm{r}}}\left[1+\frac{\varepsilon_0 wlZ_0P_{\mathrm{in}}}{4k\left(g_0+g_1/\varepsilon_{\mathrm{r}}\right)^3}\left(1+\frac{\pi}{2}-\frac{2\pi\Delta L\sqrt{\varepsilon_{\mathrm{er}}}f}{c}\right)\right] \tag{10-17}$$

由式 (10-17) 可知，通过测量测试电极与 MEMS 梁之间的电容变化就可以检测出待测微波信号的频率。

10.2.2　一分二式 MEMS 微波频率检测器的性能测试

华迪、廖小平、张俊和焦永昌利用与 GaAs MMIC 兼容的工艺进行了一分二式 MEMS 微波频率检测器的制备 [4]，CPW 传输线的特征阻抗为 50Ω，尺寸为 58μm/100μm/58μm，负载电阻和隔离电阻的阻值均为 100Ω。图 10-6 给出了制备后的频率检测器的显微照片。

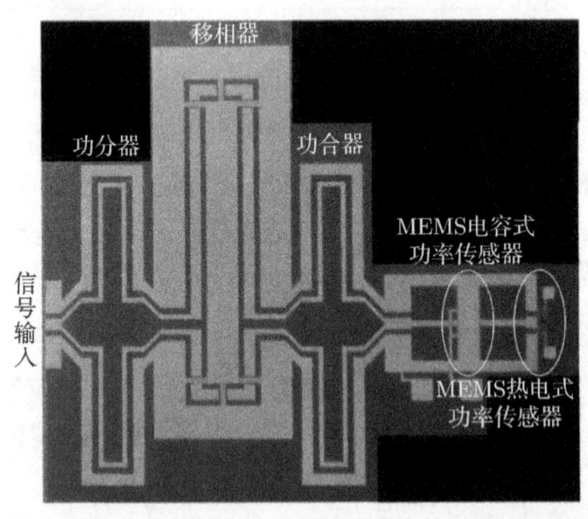

图 10-6　一分二式 MEMS 微波频率检测器的显微照片

易真翔和廖小平进一步对一分二式 MEMS 微波频率检测器进行了测试和性能分析 [5]，主要包括三个方面：微波性能测试、低功率信号的频率测试和高功率信号的频率测试。

如图 10-7 所示，回波损耗的中心频率由设计时的 10GHz 偏移至 10.9GHz，回波损耗值为 −17dB，在 8GHz 和 12GHz 处，回波损耗较大，约为 −5dB，这是因为偏离中心频率时，功分器和功合器的回波损耗出现了退化。

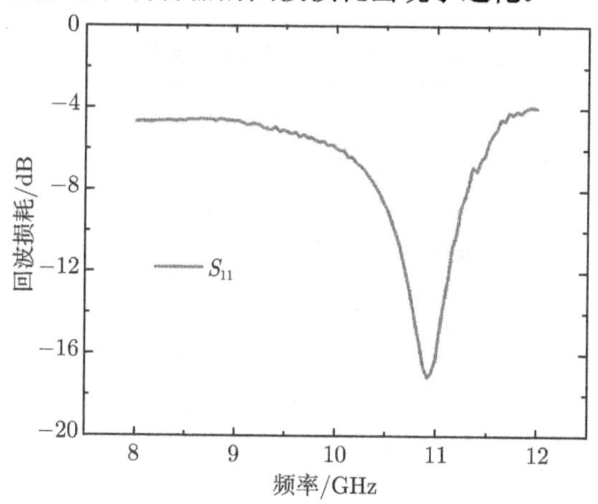

图 10-7 一分二式 MEMS 微波频率检测器的微波性能测试结果

对于低功率的微波信号，利用 MEMS 热电式微波功率传感器测量合成信号的功率。图 10-8 给出了不同输入功率 (10dBm，15dBm 和 20dBm) 下，输出电压与信号频率之间的关系，可以看出，随着频率的增大，输出电压逐渐减小，变化趋势与上述理论分析基本一致。

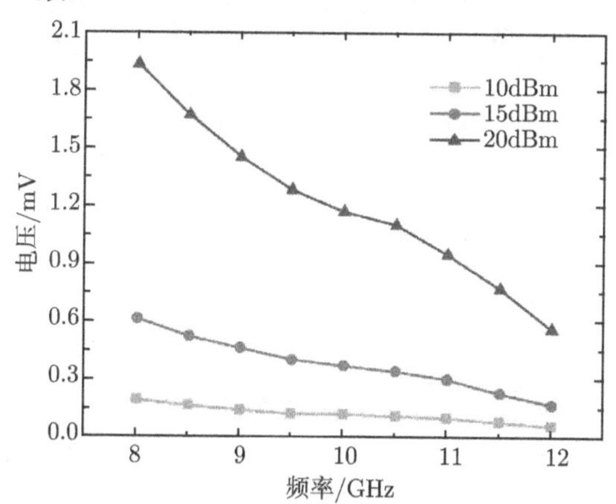

图 10-8 低功率时，一分二式 MEMS 微波频率检测器的热电势测试结果

基于式 (10-15)，式 (10-18) 给出了一分二式 MEMS 微波频率检测器的灵敏度

$$S=\frac{KP_{\text{in}}\pi\Delta L\sqrt{\varepsilon_{\text{er}}}}{c} \tag{10-18}$$

从式 (10-18) 可以看出，频率检测器的灵敏度与信号的功率成正比。如表 10-1 所

示，当入射信号的功率分别为 10mW，32mW 和 100mW(10dBm，15dBm 和 20dBm) 时，频率检测器的灵敏度分别为 0.033μV/MHz，0.110μV/MHz 和 0.343μV/MHz。因此，为了增加频率检测的灵敏度，可以适当增加待测信号的功率。

表 10-1　不同功率时，一分二式 MEMS 微波频率检测器的灵敏度

功率/mW	10	32	100
灵敏度/(μV/MHz)	0.033	0.110	0.343

对于高功率的微波信号，MEMS 电容式微波频率检测器检测合成功率的信号。如图 10-9 所示，高功率信号的频率测试包括 Cascade Microtech 1200 探针台、Agilent E8257D PSG 逻辑信号源、Analog Devices AD7747 开发板和电脑。图 10-10 记录了输入功率为 24dBm 时，微波信号从 8GHz 增加到 12GHz，电容变化的结果。可以看出，随着微波频率的增加，电容从 4.27pF 近似直线减小到 4.23pF，测试的灵敏度约为 0.013fF/MHz。

图 10-9　高功率时，一分二式 MEMS 微波频率检测器的电容测试照片

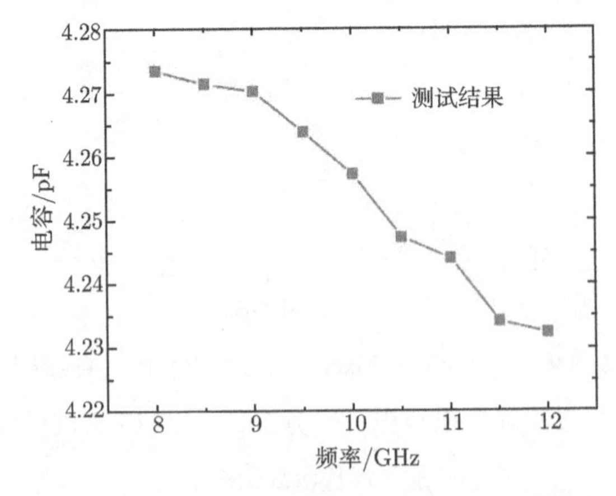

图 10-10　一分二式 MEMS 微波频率检测器的电容测试结果

10.2.3 一分二式 MEMS 微波频率检测器的系统级 S 参数模型

如图 10-11 所示，将一分二式 MEMS 微波频率检测器分成三个子网络：子网络 A(一分二功分器)、子网络 B(移相器和传输线) 和子网络 C(二合一功合器)。如图 10-12 所示，它的系统级 S 参数模型求解过程分为两步：① 求解由子网络 A 与子网络 B 组成的子网络 D 的 S 参数模型；② 求解由子网络 D 和子网络 C 组成的一分二频率检测器的系统级 S 参数模型。

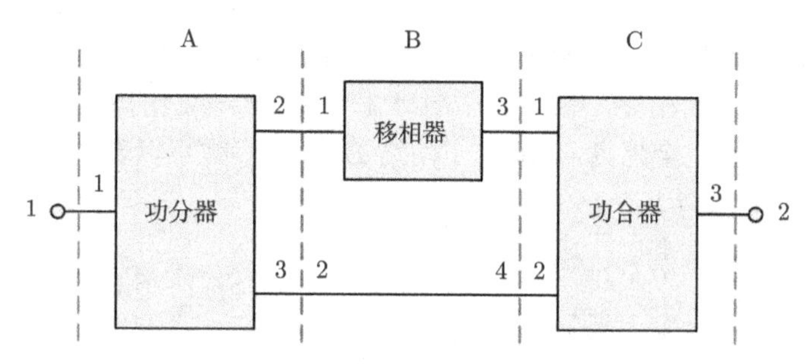

图 10-11 一分二式微波频率检测器的网络划分示意图

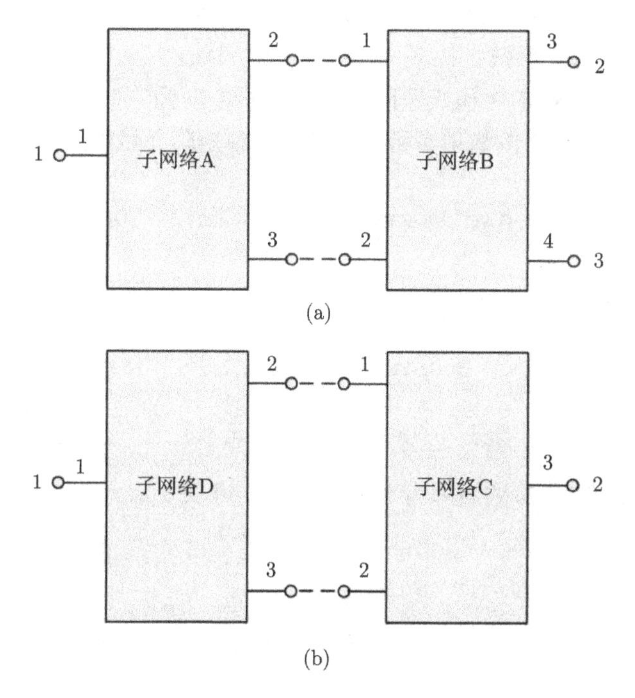

图 10-12 子网络 D 由子网络 A 和子网络 B 组成 (a)；
一分二式微波频率检测器由子网络D 和子网络 C 组成 (b)

首先，将子网络 A 的 S 参数矩阵进行分块

$$S_A = \left[\begin{array}{c|cc} S_{A11} & S_{A12} & S_{A13} \\ \hline S_{A21} & S_{A22} & S_{A23} \\ S_{A31} & S_{A32} & S_{A33} \end{array}\right] = \begin{bmatrix} \tilde{S}_{A11} & \tilde{S}_{A12} \\ \tilde{S}_{A21} & \tilde{S}_{A22} \end{bmatrix} \tag{10-19}$$

其中，$\tilde{S}_{A11}$ 为 1×1 的矩阵，$\tilde{S}_{A12}$ 为 1×2 的矩阵，$\tilde{S}_{A21}$ 为 2×1 的矩阵，$\tilde{S}_{A22}$ 为 2×2 的矩阵。

如图 10-12(a) 所示，子网络 B 为四端口网络，其中，端口 1 和端口 3 分别为移相器的输入端和输出端，端口 2 和端口 4 分别为传输线的输入端和输出端，传输线和移相器之间完全隔离，因此，子网络 B 的 S 参数可以表示为

$$S_B = \left[\begin{array}{cc|cc} 0 & 0 & \mathrm{e}^{-\gamma\Delta l} & 0 \\ 0 & 0 & 0 & 1 \\ \hline \mathrm{e}^{-\gamma\Delta l} & 0 & 0 & 0 \\ 0 & 1 & 0 & 0 \end{array}\right] = \begin{bmatrix} \tilde{S}_{B11} & \tilde{S}_{B12} \\ \tilde{S}_{B21} & \tilde{S}_{B22} \end{bmatrix} \tag{10-20}$$

其中，Δl 为移相器中额外传输线的长度，γ 是传输线的传播系数，$\tilde{S}_{B11}$、$\tilde{S}_{B12}$、$\tilde{S}_{B21}$ 和 $\tilde{S}_{B22}$ 均为 2×2 的矩阵。

子网络 A 和子网络 B 构成子网络 D，子网络 D 为三端口器件，因此，根据微波网络理论，子网络 D 的散射参数矩阵 S_D 中各矩阵元可表示为 [6]

$$\tilde{S}_{11D} = \tilde{S}_{A11} + \tilde{S}_{A12} \cdot (1 - \tilde{S}_{B11}\tilde{S}_{A22})^{-1} \cdot \tilde{S}_{B11}\tilde{S}_{A21} \tag{10-21a}$$

$$\tilde{S}_{12D} = \tilde{S}_{A12} \cdot (1 - \tilde{S}_{B11}\tilde{S}_{A22})^{-1} \cdot \tilde{S}_{B12} \tag{10-21b}$$

$$\tilde{S}_{21D} = \tilde{S}_{B21} \cdot (1 - \tilde{S}_{B22}\tilde{S}_{B11})^{-1} \cdot \tilde{S}_{B21} \tag{10-21c}$$

$$\tilde{S}_{22D} = \tilde{S}_{B22} + \tilde{S}_{B21} \cdot (1 - \tilde{S}_{A22}\tilde{S}_{B11})^{-1} \cdot \tilde{S}_{A22}\tilde{S}_{B12} \tag{10-21d}$$

因此，子网络 D 的 S 参数矩阵为 3×3 的矩阵，可以表示为

$$S_D = \begin{bmatrix} \tilde{S}_{11D} & \tilde{S}_{12D} \\ \tilde{S}_{21D} & \tilde{S}_{22D} \end{bmatrix} = \begin{bmatrix} S_{D11} & S_{D12} & S_{D13} \\ S_{D21} & S_{D22} & S_{D23} \\ S_{D31} & S_{D32} & S_{D33} \end{bmatrix} \tag{10-22}$$

其中，$\tilde{S}_{11D}$ 为 1×1 的矩阵，$\tilde{S}_{12D}$ 为 1×2 的矩阵，$\tilde{S}_{21D}$ 为 2×1 的矩阵，$\tilde{S}_{22D}$ 为 2×2 的矩阵。

之后，对子网络 D 的 S 参数矩阵进行分块，可以得到

$$S_D = \left[\begin{array}{c|cc} S_{D11} & S_{D12} & S_{D13} \\ \hline S_{D21} & S_{D22} & S_{D23} \\ S_{D31} & S_{D32} & S_{D33} \end{array}\right] = \begin{bmatrix} \tilde{S}_{D11} & \tilde{S}_{D12} \\ \tilde{S}_{D21} & \tilde{S}_{D22} \end{bmatrix} \tag{10-23}$$

二合一功合器的 S 参数和一分二功分器的 S 参数一样，只是此时，端口 2 和端口 3 为输入端口，端口 1 为输出端口，因此，子网络 C 的 S 参数矩阵可表示为

$$S_C = \begin{bmatrix} S_{C11} & S_{C12} & S_{C13} \\ S_{C21} & S_{C22} & S_{C23} \\ S_{C31} & S_{C32} & S_{C33} \end{bmatrix} = \left[\begin{array}{cc|c} S_{A22} & S_{A23} & S_{A21} \\ S_{A32} & S_{A33} & S_{A31} \\ \hline S_{A12} & S_{A13} & S_{A11} \end{array}\right] = \begin{bmatrix} \tilde{S}_{C11} & \tilde{S}_{C12} \\ \tilde{S}_{C21} & \tilde{S}_{C22} \end{bmatrix} \tag{10-24}$$

其中，$\tilde{S}_{C11}$ 为 2×2 的矩阵，$\tilde{S}_{C12}$ 为 2×1 的矩阵，$\tilde{S}_{C21}$ 为 1×2 的矩阵，$\tilde{S}_{C22}$ 为 1×1 的矩阵。

通过微波网络理论，一分二式微波频率检测器的 S 参数矩阵可表示为

$$S = \begin{bmatrix} \tilde{S}_{11} & \tilde{S}_{12} \\ \tilde{S}_{21} & \tilde{S}_{22} \end{bmatrix} = \begin{bmatrix} S_{11} & S_{12} \\ S_{21} & S_{22} \end{bmatrix} \tag{10-25}$$

其中，各矩阵元可分别表示为 [6]

$$\tilde{S}_{11} = \tilde{S}_{D11} + \tilde{S}_{D12} \cdot (1 - \tilde{S}_{C11}\tilde{S}_{D22})^{-1} \cdot \tilde{S}_{C11}\tilde{S}_{D21} \tag{10-26a}$$

$$\tilde{S}_{12} = \tilde{S}_{D12} \cdot (1 - \tilde{S}_{C11}\tilde{S}_{D22})^{-1} \cdot \tilde{S}_{C12} \tag{10-26b}$$

$$\tilde{S}_{21} = \tilde{S}_{C21} \cdot (1 - \tilde{S}_{D22}\tilde{S}_{C11})^{-1} \cdot \tilde{S}_{D21} \tag{10-26c}$$

$$\tilde{S}_{22} = \tilde{S}_{C22} + \tilde{S}_{C21} \cdot (1 - \tilde{S}_{D22}\tilde{S}_{C11})^{-1} \cdot \tilde{S}_{D22}\tilde{S}_{C12} \tag{10-26d}$$

其中，$\tilde{S}_{11}$、$\tilde{S}_{12}$、$\tilde{S}_{21}$ 和 $\tilde{S}_{22}$ 均为 1×1 的矩阵。

下面分别讨论移相器的相移量、一分二功分器中的 ACPS 传输线的阻抗值以及长度三个因素对一分二式微波频率检测器的 S 参数的影响。

如图 10-13 所示，当相移量由 10GHz 时的 80° 变化到 100° 时，一分二式 MEMS 微波频率检测器的回波损耗大小基本保持不变，这是因为回波损耗主要由一分二功分器决定，而当相移量变化时，功分器的微波性能保持不变，因此，频率检测器的回波损耗基本不受影响。可是，如图 10-14 所示，一分二式微波频率检测器端口 1 和端口 2 之间的插入损耗却随着相移量的增大而减小，这是因为根据矢量原理，相移量越大两个支路信号的夹角就越大，其合成信号的功率就越小。

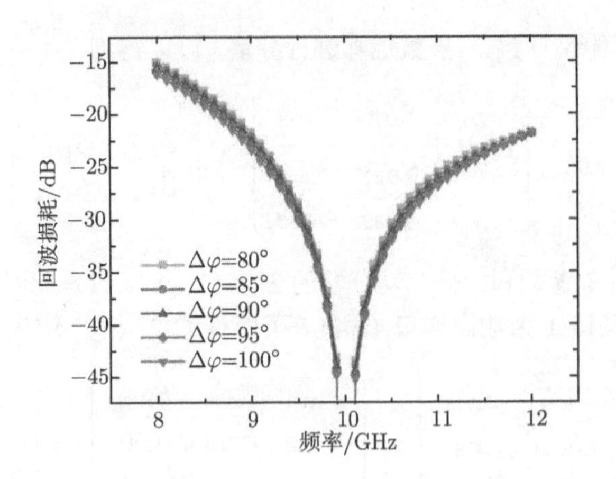

图 10-13　相移量不同时，一分二式频率检测器的回波损耗

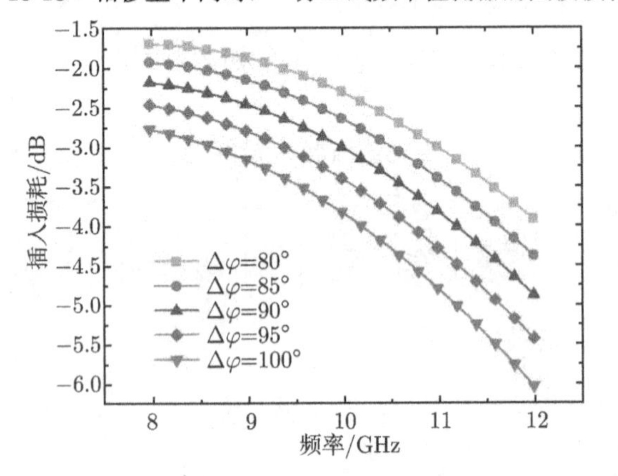

图 10-14　相移量不同时，一分二式频率检测器的插入损耗

如图 10-15 所示，当功分器中 ACPS 传输线的阻抗分别为 70.7Ω、72Ω 和 74Ω 时，一分二式频率检测器的回波损耗逐渐变大，这是由功分器中各端口与 ACPS 传输线之间的阻抗不匹配造成的，同时，端口 1 和端口 2 之间的插入损耗也随着 ACPS 传输线的阻抗变大而减小，如图 10-16 所示。

根据前面的分析，ACPS 传输线的长度会对一分二功分器的 S 参数产生影响，进而也会影响一分二式频率检测器的微波性能。图 10-17 给出了 ACPS 传输线长度分别为 $0.9l_0$、l_0 和 $1.1l_0$ 时，频率检测器的回波损耗大小，可以看出，和功分器所表现出的性能一样，当 ACPS 传输线的长度减小时，中心频率上移，当 ACPS 传输线的长度增大时，中心频率下移。图 10-18 给出了 ACPS 传输线不同长度时，频率检测器插入损耗的计算结果，可以看出，当 ACPS 传输线的长度比理想长度短时，一分二频率检测器的插入损耗变化范围较小，反之，当 ACPS 传输线的长度大于理想长度时，一分二频率检测器的插入损耗变化范围较大。

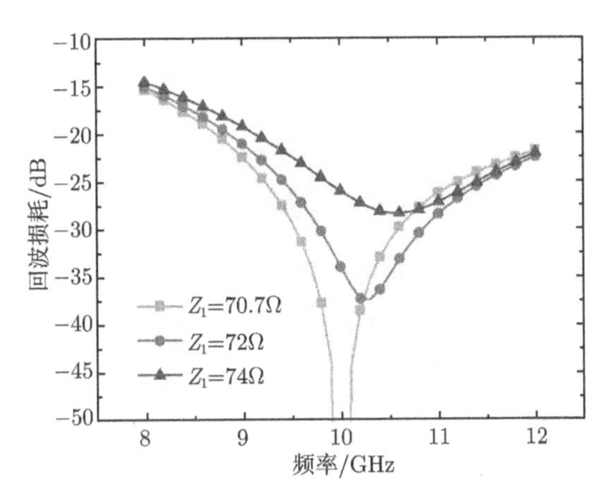

图 10-15　一分二功分器中 ACPS 传输线阻抗不同时，一分二式频率检测器的回波损耗

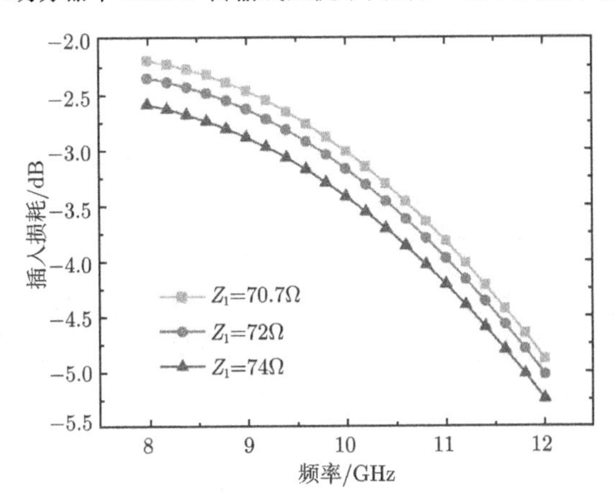

图 10-16　一分二功分器中 ACPS 传输线阻抗不同时，一分二式频率检测器的插入损耗

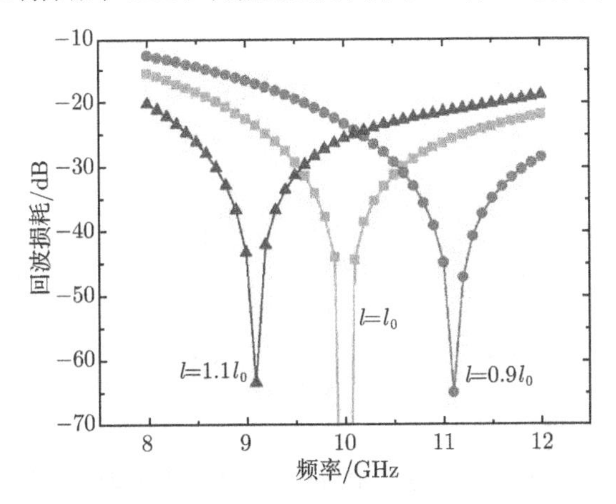

图 10-17　一分二功分器中 ACPS 传输线长度不同时，一分二式频率检测器的回波损耗

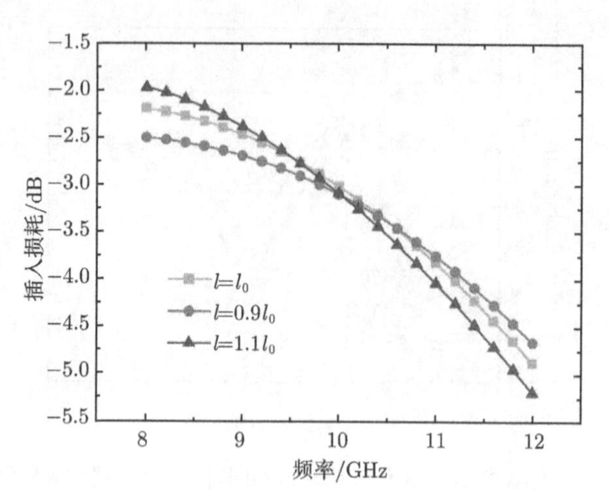

图 10-18　一分二功分器中 ACPS 传输线长度不同时，一分二式频率检测器的插入损耗

10.3　一分三式 MEMS 微波频率检测器

10.3.1　一分三式 MEMS 微波频率检测器的模拟和设计

一分二式 MEMS 微波频率检测器可以进行频率检测的前提是知道待测微波信号的功率，这大大限制了它的适用范围，因此，为了解决这一问题，易真翔和廖小平等提出了一种可以对未知功率的微波信号进行频率检测的一分三式 MEMS 微波频率检测器 [7]。

如图 10-19 所示，在一分二式微波频率检测器的基础上，一分三式 MEMS 微波频率检测器由以下几部分组成：一分三功分器、移相器、二合一功合器、两个 MEMS 电容式微波功率传感器和两个 MEMS 热电式微波功率传感器。其原理可描述为，当待测微波信号经过 CPW 传输线到达一分三功分器时，被分成幅度、相

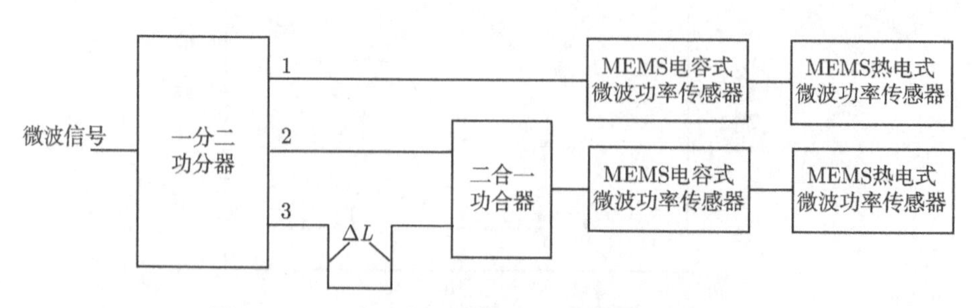

图 10-19　一分三式 MEMS 微波频率检测器示意图

位完全相同的三个支路信号，其中，支路一中的信号作为参考信号，而支路三中的信号经过一个移相器与支路二中的信号由二合一功合器矢量合成，通过 MEMS 微波功率传感器分别测量参考信号与合成信号的功率，根据余弦定理可以直接计算出待测信号的频率。

本设计的新颖之处在于：

(1) 可以对未知功率的微波信号进行频率检测；

(2) 在微波信号达到 MEMS 电容式微波功率传感器之前，支路一和支路二传输长度设计得几乎相等，以达到在进行频率计算时传输线微波功率损耗对检测结果的影响可以较大地抵消的目的。

在本设计中，采用级联的 MEMS 电容式微波功率传感器和 MEMS 热电式微波功率传感器测量微波功率的大小，其中，MEMS 热电式微波功率传感器检测低功率信号，MEMS 电容式微波功率传感器检测高功率信号。

当待测的微波信号经过一分三功分器时被分成幅度和相位完全相同的三个支路信号，它们的均方根电压 U_1、U_2 和 U_3 可表示为

$$U_1 = U_2 = U_3 = \frac{1}{\sqrt{3}} U_{\text{in}} \tag{10-27}$$

其中，U_{in} 是待测微波信号的均方根电压。三个支路信号中，支路一中的信号是参考信号，支路三中的信号经过移相器之后，与支路二中的信号由二合一功合器合成，基于矢量合成原理，可以得到合成信号的均方根电压，

$$U_{\text{s}} = \sqrt{\left(\frac{1}{\sqrt{2}} U_2\right)^2 + \left(\frac{1}{\sqrt{2}} U_3\right)^2 + U_2 U_3 \cos\varphi} \tag{10-28}$$

将式 (10-3) 和 (10-27) 代入上式可得

$$U_{\text{s}} = \sqrt{\frac{1}{3} U_{\text{in}}^2 \left(1 + \cos\frac{2\pi \Delta L \sqrt{\varepsilon_{\text{er}}} f}{c}\right)} \tag{10-29}$$

不难看出，支路二和支路三中信号的合成功率 P_{s} 可以表示为

$$P_{\text{s}} = \frac{1}{3} \frac{U_{\text{in}}^2}{Z_0} \left(1 + \cos\frac{2\pi \Delta L \sqrt{\varepsilon_{\text{er}}} f}{c}\right) \tag{10-30}$$

因此，对于低功率信号，MEMS 热电式微波功率传感器的输出热电势为

$$V_2 = \frac{1}{3} \frac{K U_{\text{in}}^2}{Z_0} \left(1 + \cos\frac{2\pi \Delta L \sqrt{\varepsilon_{\text{er}}} f}{c}\right) \tag{10-31}$$

其中，K 是 MEMS 热电式微波功率传感器的灵敏度，单位是 mV/mW。同理，支路一后面所接的 MEMS 热电式微波功率传感器的输出热电势可以表示为

$$V_1 = \frac{1}{3}\frac{KU_{\text{in}}^2}{Z_0} \tag{10-32}$$

将式 (10-31) 和 (10-32) 左右各自相除，可以得到两个 MEMS 热电式微波功率传感器输出热电势的比值

$$\frac{V_2}{V_1} = 1 + \cos\frac{2\pi\Delta L\sqrt{\varepsilon_{\text{er}}}f}{c} \tag{10-33}$$

从式 (10-33) 不难看出，无需知道微波信号的功率，仅通过两个 MEMS 热电式微波功率传感器输出热电势的比值，就可以计算出待测信号的频率。

对于高功率信号，MEMS 电容式微波功率传感器的电容变化为

$$C_2 = \frac{1}{3}\frac{kU_{\text{in}}^2}{Z_0}\left(1 + \cos\frac{2\pi\Delta L\sqrt{\varepsilon_{\text{er}}}f}{c}\right) \tag{10-34}$$

其中，k 是电容式 MEMS 微波功率传感器的灵敏度，单位是 fF/mW。同理，支路一后面所接的 MEMS 电容式微波功率传感器的电容变化可以表示为

$$C_1 = \frac{1}{3}\frac{kU_{\text{in}}^2}{Z_0} \tag{10-35}$$

将式 (10-34) 和 (10-35) 左右各自相除，可以得到两个 MEMS 电容式微波功率传感器电容变化的比值，表示为

$$\frac{C_2}{C_1} = 1 + \cos\frac{2\pi\Delta L\sqrt{\varepsilon_{\text{er}}}f}{c} \tag{10-36}$$

从式 (10-36) 可以知道，无需知道待测微波信号的功率，仅通过两个 MEMS 电容式微波功率传感器的电容变化的比值，就可以推算出待测信号的频率。

图 10-20 给出了一分三式 MEMS 微波频率检测器的 ADS 电路图，连接一分三功分器输入输出端口的传输线的阻抗为 $50\sqrt{3}$(约为 86.6Ω)，电长度为 90°，输出端口之间的隔离电阻为 100Ω。通过软件仿真，可以得出，微波频率检测器的中心频率在 10GHz 处，回波损耗为 −85dB，在 8GHz 和 12GHz 处时，回波损耗约为 −15dB，如图 10-21 所示。

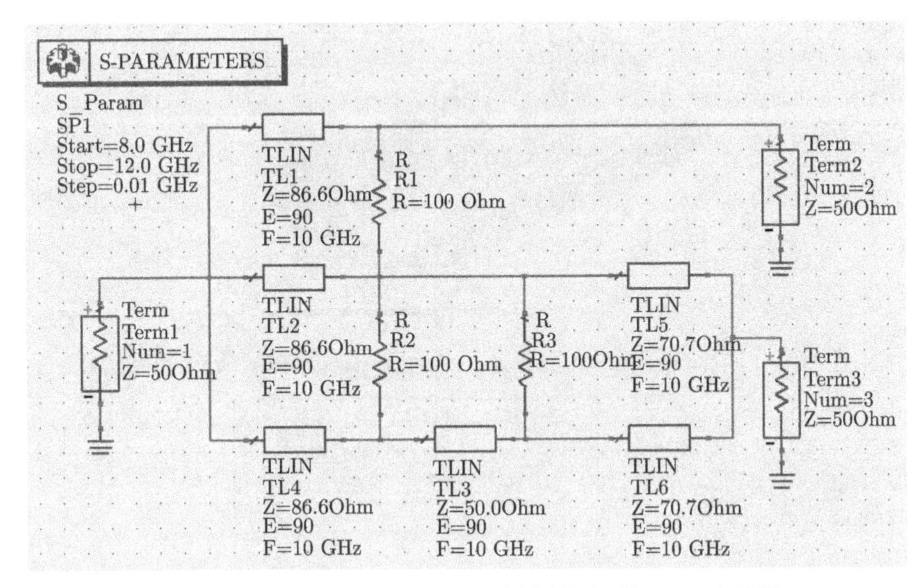

图 10-20 一分三式 MEMS 微波频率检测器的 ADS 电路图

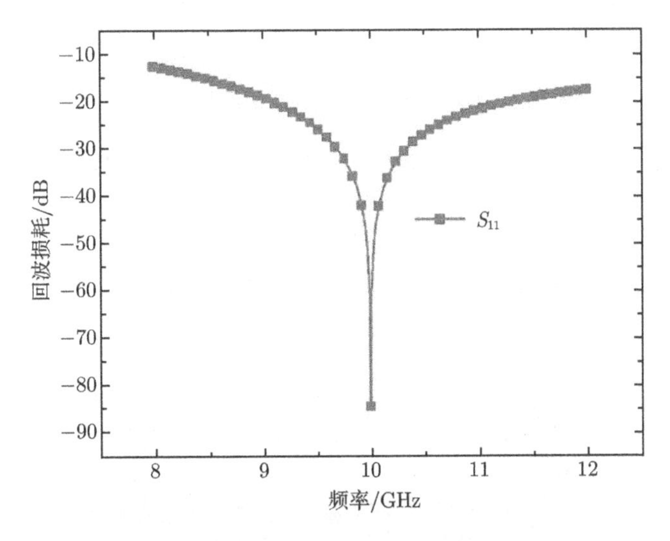

图 10-21 一分三式 MEMS 微波频率检测器回波损耗的 ADS 仿真结果

为了得到一分三式 MEMS 微波频率检测器准确的尺寸参数，利用 HFSS 软件对其进行微波性能模拟，如图 10-22 所示。通过不断调整一分三功分器与二合一功合器的传输线长度和阻抗大小，使得两个中心频率重合在 10GHz，最终得到，微波频率检测器的中心频率在 10GHz 处，回波损耗值约为 −42dB，在 X 波段边缘 8GHz 和 12GHz 处，回波损耗约为 −12dB，如图 10-23 所示。

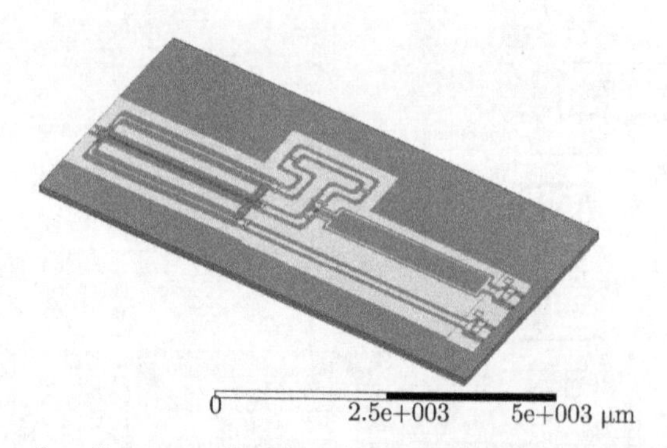

图 10-22　一分三式 MEMS 微波频率检测器在 HFSS 软件中的有限元模型

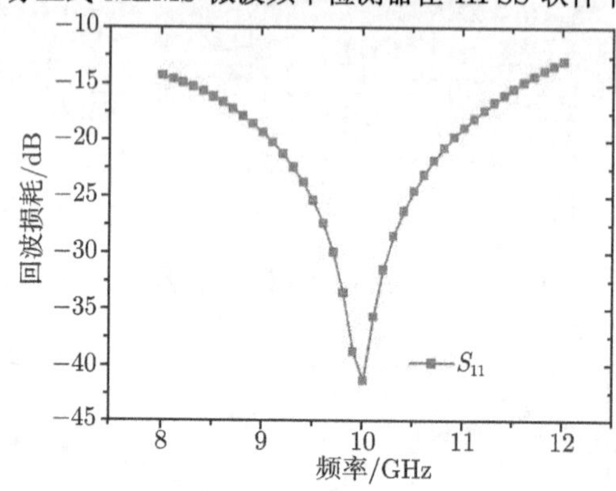

图 10-23　一分三式 MEMS 微波频率检测器回波损耗的模拟结果

10.3.2　一分三式 MEMS 微波频率检测器的性能测试

一分三式 MEMS 微波频率检测器的制备与 GaAs MMIC 工艺完全兼容。图 10-24 分别给出了一分三式 MEMS 微波频率检测器的 SEM 照片和级联的 MEMS

(a)

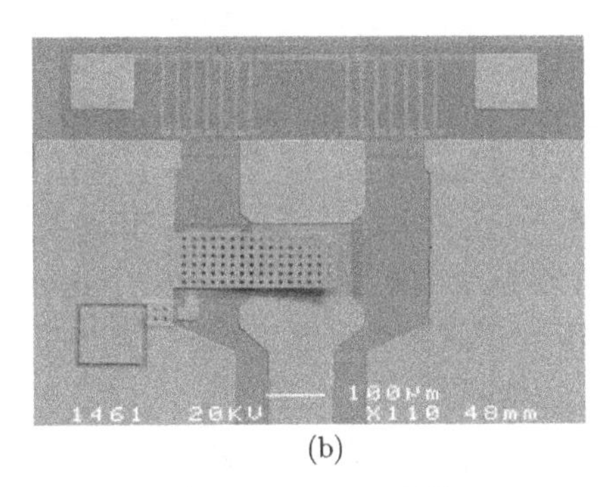

(b)

图 10-24 SEM 照片

(a) 一分三式 MEMS 微波频率检测器；(b) 级联的 MEMS 电容式微波功率传感器和 MEMS 热电式微波功率传感器

电容式微波功率传感器和 MEMS 热电式微波功率传感器的 SEM 照片。由图 10-24(b) 可知，在制备过程中，由于牺牲层与 MEMS 悬臂梁之间的应力作用，导致释放后的两个 MEMS 悬臂梁出现了向上翘曲的现象，这会对后续的电容测试产生一定的影响。

利用矢量网络分析仪对一分三式 MEMS 微波频率监测器的微波性能进行测试，结果如图 10-25 所示，回波损耗在 8.5GHz 和 12GHz 处都出现了最小值，分别为 −18dB 和 −28dB。这主要是因为设计时的一分三功分器和二合一功合器的中心频率都是 10GHz，因此，只有一个最小值。可是，由于模拟和工艺的误差，制备后的一分三功分器和二合一功合器的中心频率分别位于 10GHz 的两侧，从而形成了两个最小值。

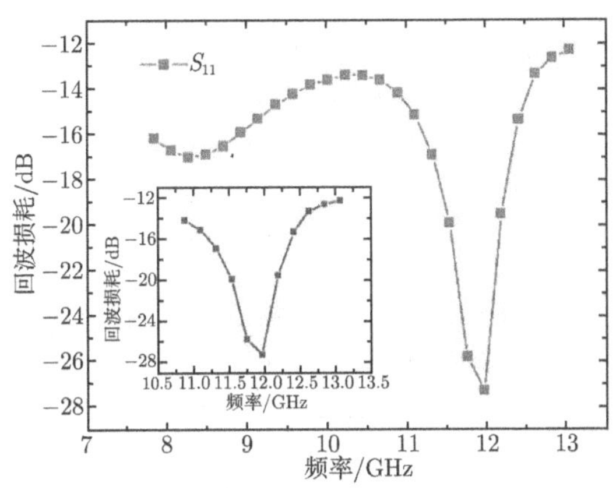

图 10-25 一分三式 MEMS 微波频率检测器回波损耗的测量结果

对于低功率微波信号，一分三式 MEMS 微波频率检测器的频率测试主要包括探针台、逻辑信号源和数字万用表。图 10-26 给出了输入功率为 100mW(20dBm)

时，两个 MEMS 热电式微波功率传感器的输出热电势比值随着微波频率变化的关系。可以看出，在频率由 11GHz 增加到 13GHz 时，输出热电势比由 1.25 减小到 0.7，频率检测的灵敏度约为 0.323GHz^{-1}。

对于高功率微波信号，一分三式 MEMS 微波频率检测器的频率测试主要包括探针台、逻辑信号源和 AD7747 开发板。图 10-27 所示为当输入功率为 400mW (26dBm) 时，两个 MEMS 电容式微波功率传感器的电容变化随着微波信号变化的关系，可以看出，C_2/C_1 的值随着频率的变化从 1.15 减小到 0.80 附近，但其余弦特征表现得没有 V_2/V_1 明显。这主要是因为，两个 MEMS 热电式微波功率传感器的一致性较好，而在制备过程中，两个 MEMS 悬臂梁受到的应力程度不同，导致它们向上翘曲的程度也不一样，从而导致了电容式 MEMS 微波功率传感器的一致性出现了一定的差异。

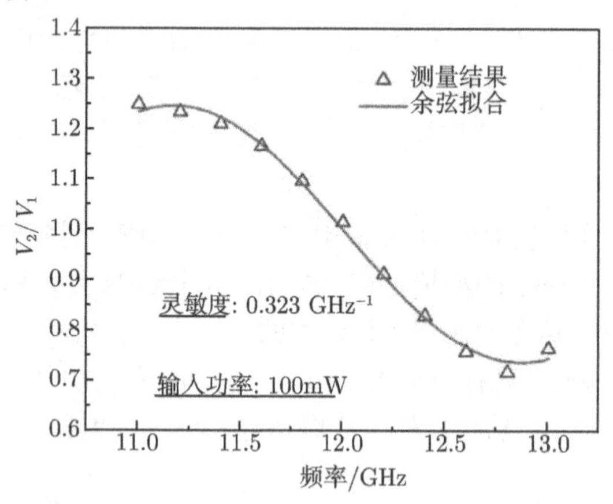

图 10-26 低功率信号时，一分三式 MEMS 微波频率检测器频率响应的测量结果

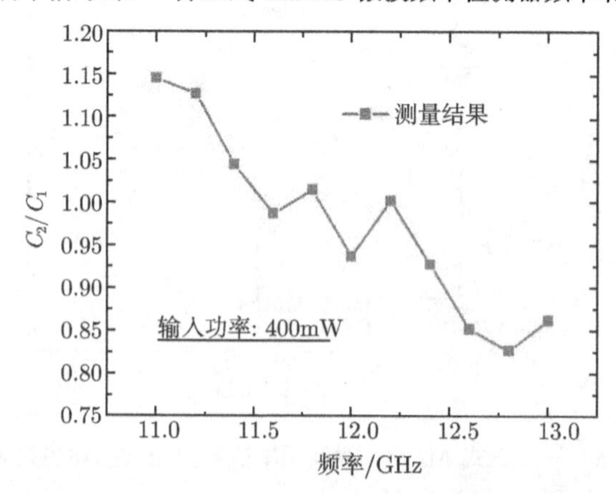

图 10-27 高功率信号时，一分三式 MEMS 微波频率检测器频率响应的测量结果

10.3.3　一分三式 MEMS 微波频率检测器的系统级 S 参数模型

如图 10-28 所示，为了分析其系统级 S 参数模型，将一分三式微波频率检测器分成三个子网络：子网络 A(一分三功分器)、子网络 B(两条传输线和移相器) 和子网络 C(一条传输线和二合一功合器)。如图 10-29 所示，与求解一分二式频率检测器的系统级 S 参数模型一样，求解过程可分为两步：① 求解由子网络 A 与子网络 B 组成的子网络 D 的 S 参数模型；② 求解由子网络 D 和子网络 C 组成的一分三频率检测器的系统级 S 参数模型。

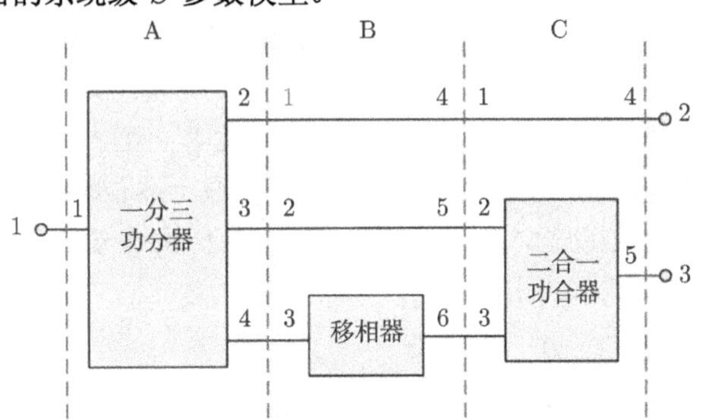

图 10-28　一分三式微波频率检测器的示意图

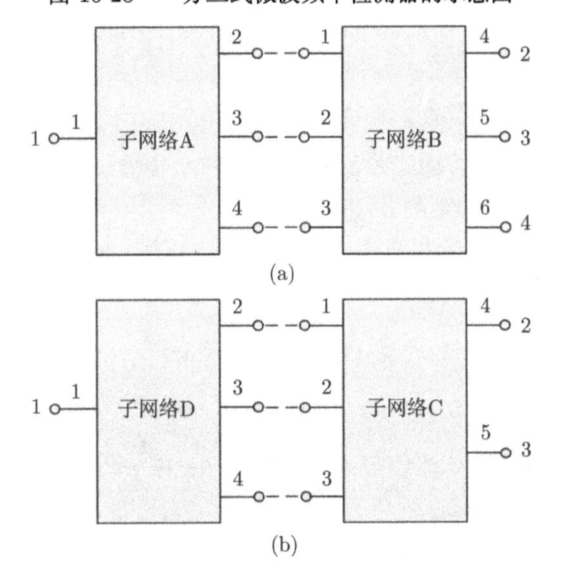

图 10-29　子网络 D 由子网络 A 和子网络 B 组成 (a)；
一分三式微波频率检测器由子网络D 和子网络 C 组成 (b)

首先，由于一分三功分器不是对称结构，无法采用上述的奇偶模分析方法求解其 S 参数，故为了简化难度，忽略频率对其影响，默认它的 S 参数不变，因此，将

子网络 A(一分三功分器) 的 S 参数矩阵进行分块，可以表示为

$$S_A = \left[\begin{array}{c:ccc} 0 & \frac{1}{\sqrt{3}} & \frac{1}{\sqrt{3}} & \frac{1}{\sqrt{3}} \\ \hdashline \frac{1}{\sqrt{3}} & 0 & 0 & 0 \\ \frac{1}{\sqrt{3}} & 0 & 0 & 0 \\ \frac{1}{\sqrt{3}} & 0 & 0 & 0 \end{array}\right] = \begin{bmatrix} \tilde{S}_{A11} & \tilde{S}_{A12} \\ \tilde{S}_{A21} & \tilde{S}_{A22} \end{bmatrix} \tag{10-37}$$

其中，$\tilde{S}_{A11}$ 为 1×1 的零矩阵，$\tilde{S}_{A12}$ 为 1×3 的矩阵，$\tilde{S}_{A21}$ 为 3×1 的矩阵，$\tilde{S}_{A22}$ 为 3×3 的零矩阵。

如图 10-29 所示，子网络 B 为四端口网络，其中，端口 1 和端口 2 分别是两段 CPW 传输线的输入端，端口 4 和端口 5 分别是上述传输线的输出端，端口 3 和端口 6 分别是移相器的输入端和输出端，由于各传输线与移相器之间互相隔离，因此，子网络 B 的 S 参数可以表示为

$$S_B = \left[\begin{array}{ccc:ccc} 0 & 0 & 0 & 1 & 0 & 0 \\ 0 & 0 & 0 & 0 & 1 & 0 \\ 0 & 0 & 0 & 0 & 0 & \mathrm{e}^{-\gamma\Delta l} \\ \hdashline 1 & 0 & 0 & 0 & 0 & 0 \\ 0 & 1 & 0 & 0 & 0 & 0 \\ 0 & 0 & \mathrm{e}^{-\gamma\Delta l} & 0 & 0 & 0 \end{array}\right] = \begin{bmatrix} \tilde{S}_{B11} & \tilde{S}_{B12} \\ \tilde{S}_{B21} & \tilde{S}_{B22} \end{bmatrix} \tag{10-38}$$

其中，Δl 为移相器中额外传输线的长度，γ 是 CPW 传输线的传播系数，$\tilde{S}_{B11}$、$\tilde{S}_{B12}$、$\tilde{S}_{B21}$ 和 $\tilde{S}_{B22}$ 均为 3×3 的矩阵。

根据微波网络理论，子网络 D 的散射参数矩阵为 S_D，它是 4×4 的矩阵，其中，各矩阵元可表示为 [6]

$$\tilde{S}_{11D} = \tilde{S}_{A11} + \tilde{S}_{A12} \cdot (1 - \tilde{S}_{B11}\tilde{S}_{A22})^{-1} \cdot \tilde{S}_{B11}\tilde{S}_{A21} \tag{10-39a}$$

$$\tilde{S}_{12D} = \tilde{S}_{A12} \cdot (1 - \tilde{S}_{B11}\tilde{S}_{A22})^{-1} \cdot \tilde{S}_{B12} \tag{10-39b}$$

$$\tilde{S}_{21D} = \tilde{S}_{B21} \cdot (1 - \tilde{S}_{B22}\tilde{S}_{B11})^{-1} \cdot \tilde{S}_{B21} \tag{10-39c}$$

$$\tilde{S}_{22D} = \tilde{S}_{B22} + \tilde{S}_{B21} \cdot (1 - \tilde{S}_{A22}\tilde{S}_{B11})^{-1} \cdot \tilde{S}_{A22}\tilde{S}_{B12} \tag{10-39d}$$

因此，子网络 D 的 S 参数矩阵可以表示为

$$S_D = \begin{bmatrix} \tilde{S}_{11D} & \tilde{S}_{12D} \\ \tilde{S}_{21D} & \tilde{S}_{22D} \end{bmatrix} = \begin{bmatrix} S_{D11} & S_{D12} & S_{D13} & S_{D14} \\ S_{D21} & S_{D22} & S_{D23} & S_{D24} \\ S_{D31} & S_{D32} & S_{D33} & S_{D34} \\ S_{D41} & S_{D42} & S_{D43} & S_{D44} \end{bmatrix} \tag{10-40}$$

其中，$\tilde{S}_{11D}$ 为 1×1 的矩阵，$\tilde{S}_{12D}$ 为 1×3 的矩阵，$\tilde{S}_{21D}$ 为 3×1 的矩阵，$\tilde{S}_{22D}$ 为 3×3 的矩阵。

之后，对子网络 D 的 S 参数矩阵进行分块，可以得到

$$S_D = \left[\begin{array}{c|ccc} S_{D11} & S_{D12} & S_{D13} & S_{D14} \\ \hline S_{D21} & S_{D22} & S_{D23} & S_{D24} \\ S_{D31} & S_{D32} & S_{D33} & S_{D34} \\ S_{D41} & S_{D42} & S_{D43} & S_{D44} \end{array}\right] = \begin{bmatrix} \tilde{S}_{D11} & \tilde{S}_{D12} \\ \tilde{S}_{D21} & \tilde{S}_{D22} \end{bmatrix} \tag{10-41}$$

如图 10-29 所示，子网络 C 由一段 CPW 传输线和一个二合一功合器组成，其中，端口 1 和端口 4 分别为传输线的输入端口和输出端口，端口 2 和端口 3 分别为功合器的输入端口，端口 5 为功合器的输出端口，由于传输线和功合器完全隔离，因此，子网络 C 的 S 参数矩阵可表示为

$$S_C = \left[\begin{array}{ccc|cc} 0 & 0 & 0 & 1 & 0 \\ 0 & S_{p22} & S_{p23} & 0 & S_{p21} \\ 0 & S_{p32} & S_{p33} & 0 & S_{p31} \\ 1 & 0 & 0 & 0 & 0 \\ \hline 0 & S_{p12} & S_{p13} & 0 & S_{p11} \end{array}\right] = \begin{bmatrix} \tilde{S}_{C11} & \tilde{S}_{C12} \\ \tilde{S}_{C21} & \tilde{S}_{C22} \end{bmatrix} \tag{10-42}$$

其中，S_{p11}、S_{p12}、S_{p13}、S_{p21}、S_{p22}、S_{p23}、S_{p31}、S_{p32} 和 S_{p33} 为一分二功分器的 S 参数，$\tilde{S}_{C11}$ 为 3×3 的矩阵，$\tilde{S}_{C12}$ 为 3×2 的矩阵，$\tilde{S}_{C21}$ 为 2×3 的矩阵，$\tilde{S}_{C22}$ 为 2×2 的矩阵。

通过微波网络理论，一分三式微波频率检测器的散射参数矩阵可表示为

$$S = \begin{bmatrix} \tilde{S}_{11} & \tilde{S}_{12} \\ \tilde{S}_{21} & \tilde{S}_{22} \end{bmatrix} = \begin{bmatrix} S_{11} & S_{12} & S_{13} \\ S_{21} & S_{22} & S_{23} \\ S_{31} & S_{32} & S_{33} \end{bmatrix} \tag{10-43}$$

各矩阵元可分别表示为 [6]

$$\tilde{S}_{11} = \tilde{S}_{D11} + \tilde{S}_{D12} \cdot (1 - \tilde{S}_{C11}\tilde{S}_{D22})^{-1} \cdot \tilde{S}_{C11}\tilde{S}_{D21} \tag{10-44a}$$

$$\tilde{S}_{12} = \tilde{S}_{D12} \cdot (1 - \tilde{S}_{C11}\tilde{S}_{D22})^{-1} \cdot \tilde{S}_{C12} \tag{10-44b}$$

$$\tilde{S}_{21} = \tilde{S}_{C21} \cdot (1 - \tilde{S}_{D22}\tilde{S}_{C11})^{-1} \cdot \tilde{S}_{D21} \tag{10-44c}$$

$$\tilde{S}_{22} = \tilde{S}_{C22} + \tilde{S}_{C21} \cdot (1 - \tilde{S}_{D22}\tilde{S}_{C11})^{-1} \cdot \tilde{S}_{D22}\tilde{S}_{C12} \tag{10-44d}$$

其中，$\tilde{S}_{11}$ 为 1×1 的矩阵，$\tilde{S}_{12}$ 为 1×2 的矩阵，$\tilde{S}_{21}$ 为 2×1 的矩阵，$\tilde{S}_{22}$ 为 2×2 的矩阵。

下面分别从移相器的相移量、一分二功分器中 ACPS 传输线的阻抗值及其长度三个方面分析一分三式微波频率检测器的 S 参数的变化情况。

如图 10-30 所示，当移相器的相移量由 10GHz 时的 80° 逐渐增加到 100° 时，一分三式微波频率检测器的回波损耗大小基本保持不变，其原因与一分二式频率检测器中的分析一样。当相移量变化时，一分三式微波频率检测器端口 1 和端口 2 之间的插入损耗 S_{31} 随着相移量的增大而减小，这是因为相移量的增加引起两支路信号的夹角变大，基于矢量合成原理，从而导致其合成信号的功率减小，如图 10-31 所示。此外，由于一分三功分器的 S 参数采用简化形式，因此端口 1 和端口 2 之间的插入损耗 S_{21} 保持不变。

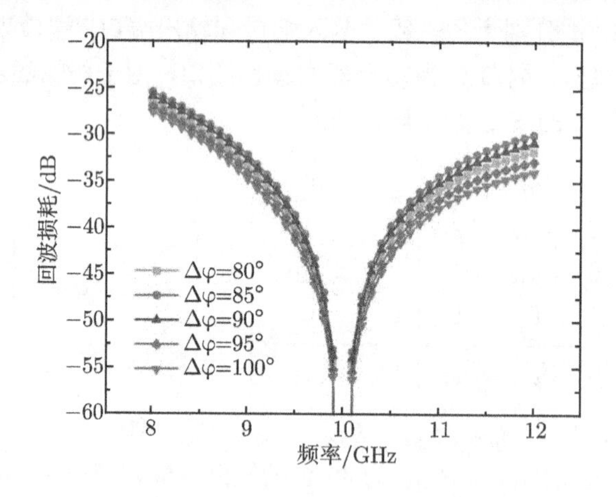

图 10-30　相移量不同时，一分三式频率检测器的回波损耗

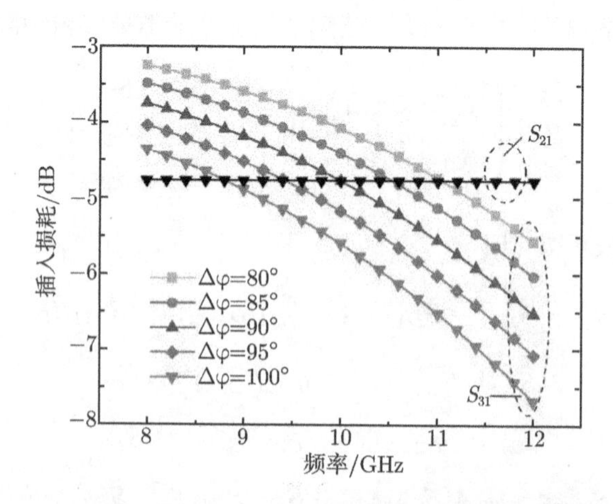

图 10-31　相移量不同时，一分三式频率检测器的插入损耗

图 10-32 给出了功分器中 ACPS 传输线的阻抗分别为 70.7Ω,、72Ω 和 74Ω 时，

一分三式频率检测器的回波损耗，可以看出，一分三式频率检测器的回波损耗随着功分器中 ACPS 传输线的阻抗增大而增大，这与一分二式频率检测器的趋势是一致的。同时，端口 1 和端口 3 之间的插入损耗也随着 ACPS 传输线的阻抗变大而减小，如图 10-33 所示。

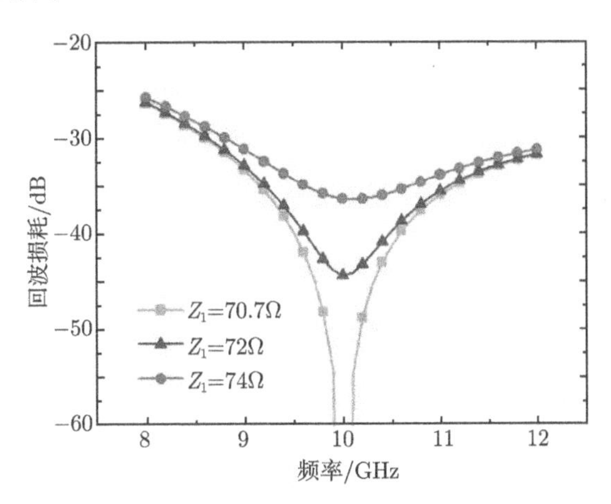

图 10-32 一分二功分器中 ACPS 传输线阻抗不同时，一分三式频率检测器的回波损耗

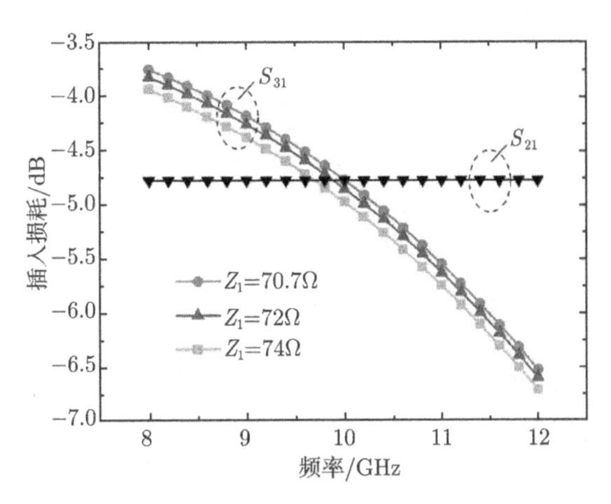

图 10-33 一分二功分器中 ACPS 传输线阻抗不同时，一分三式频率检测器的插入损耗

根据前面的分析，ACPS 传输线的长度会对一分二式频率检测器的微波性能产生影响，同样，也会对一分三式频率检测器的微波性能产生影响。图 10-34 给出了 ACPS 传输线长度分别为 $0.9l_0$、l_0 和 $1.1l_0$ 时，频率检测器的回波损耗大小，可以看出，和一分二式频率检测器所表现出的一样，当 ACPS 传输线的长度减小时，中心频率上移，当 ACPS 传输线的长度增大时，中心频率下移。图 10-35 给出了 ACPS 传输线的长度不同时，一分三式频率检测器插入损耗的变化情况，当 ACPS

传输线的长度比理想长度短时，一分三式频率检测器的插入损耗变化范围较小，反之，当 ACPS 传输线的长度大于理想长度时，一分三式频率检测器的插入损耗变化范围较大。

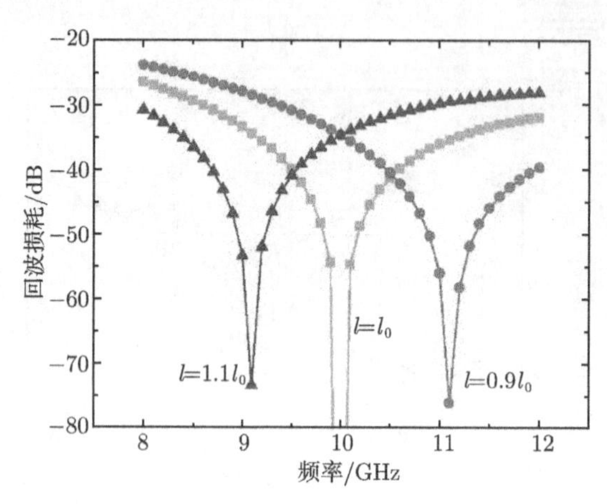

图 10-34 一分二功分器中 ACPS 传输线长度不同时，一分三式频率检测器的回波损耗

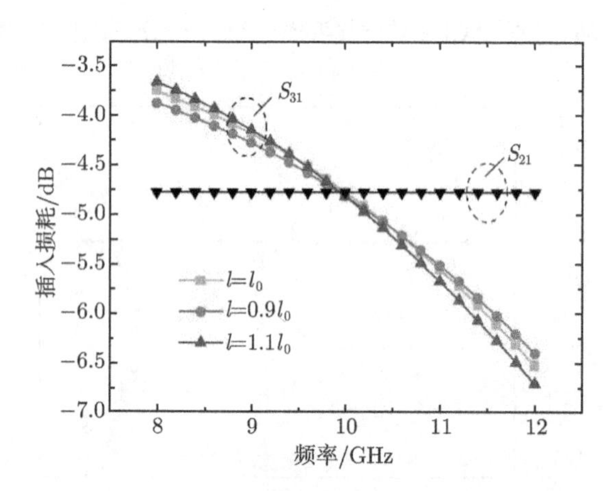

图 10-35 一分二功分器中 ACPS 传输线长度不同时，一分三式频率检测器的插入损耗

10.4 MEMS 在线式微波频率检测器

10.4.1 MEMS 在线式微波频率检测器的模拟和设计

基于第 9 章在线电容耦合式微波功率检测器的研究，易真翔和廖小平等提出了一种 MEMS 在线式微波频率检测器 [8,9]。其原理主要基于 MEMS 电容式耦合器，当在 CPW 传输线的上方设计一个 MEMS 固支梁时，梁与信号线之间构成的

电容可以耦合出一部分微波信号，通过对耦合信号的功率测量可以反推出待测微波信号的频率。

图 10-36 给出了 MEMS 电容式耦合器的示意图，集总等效电路模型如图 10-37 所示，通过微波理论，可以计算得到它的 S 参数

$$S_{11} = -\frac{Z_0}{2Z_0 - \mathrm{j}(2/\omega C)} \tag{10-45}$$

$$S_{21} = \frac{Z_0 - \mathrm{j}(2/\omega C)}{2Z_0 - \mathrm{j}(2/\omega C)} \tag{10-46}$$

$$S_{31} = S_{41} = \frac{Z_0}{2Z_0 - \mathrm{j}(2/\omega C)} \tag{10-47}$$

因此，由端口 1 传输到端口 2、端口 3 和端口 4 的微波功率可以表示为

$$P_2 = \frac{Z_0^2\omega^2C^2 + 4}{4Z_0^2\omega^2C^2 + 4}P_{\mathrm{in}} \tag{10-48}$$

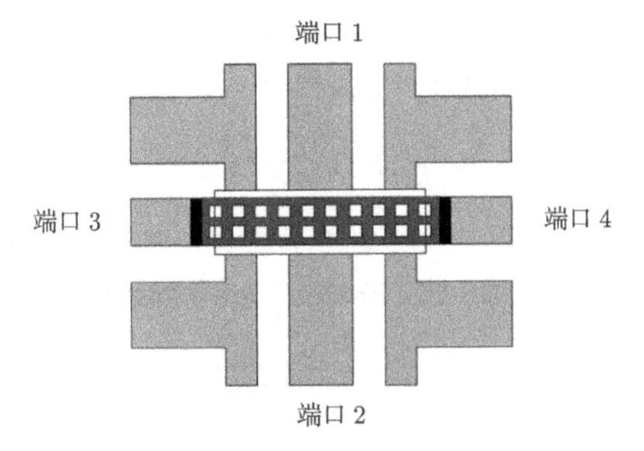

图 10-36 MEMS 电容式耦合器的示意图

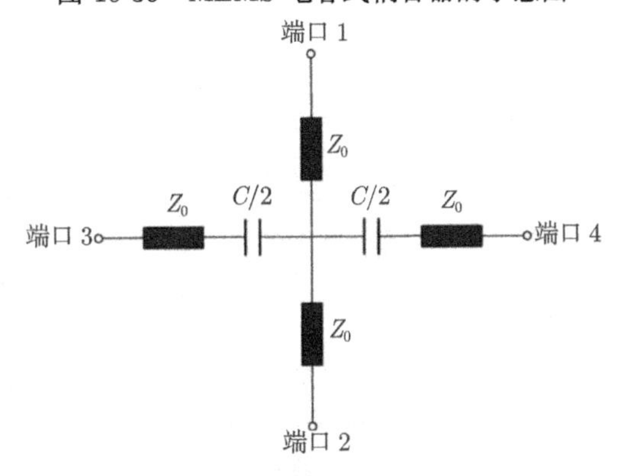

图 10-37 MEMS 电容式耦合器的集总等效模型

$$P_3 = P_4 = \frac{Z_0^2\omega^2C^2}{4Z_0^2\omega^2C^2+4}P_{\text{in}} \tag{10-49}$$

在本设计中，利用 MEMS 热电式微波功率传感器测量耦合的功率大小，输出的热电势可以表示为

$$V = KP_{\text{coupled}} \tag{10-50}$$

其中，V 是 MEMS 在线式微波频率检测器的输出热电势，K 是功率传感器的灵敏度，P_{coupled} 是 MEMS 梁耦合的功率大小。因此，基于式 (10-49)，输出热电势 V 可以表示为

$$V = k(P_3+P_4) = \frac{Z_0^2\omega^2C^2}{2Z_0^2\omega^2C^2+2}KP_{\text{in}} \tag{10-51}$$

将 ω=2πf 代入上式，热电势 V 可以表示为频率 f 的函数

$$V = \frac{2\pi^2Z_0^2C^2f^2}{4\pi^2Z_0^2C^2f^2+1}KP_{\text{in}} \tag{10-52}$$

一般情况下，MEMS 梁引入的额外电容小于 0.1pF，所以，$4\pi^2Z_0^2C^2f^2$ 在 8~12GHz 的范围内远小于 1。因此，式 (10-52) 可以简化为

$$V \approx 2\pi^2Z_0^2C^2f^2KP_{\text{in}} \tag{10-53}$$

从式 (10-53) 可知，通过测量 MEMS 热电式微波功率传感器的输出热电势就可以对待测微波频率进行检测。基于式 (10-53)，归一化的热电势可以表示为

$$V_{\text{nor}} = 2\pi^2Z_0^2C^2f^2 \tag{10-54}$$

图 10-38 给出了不同电容时，归一化的热电势随着微波频率变化的关系。

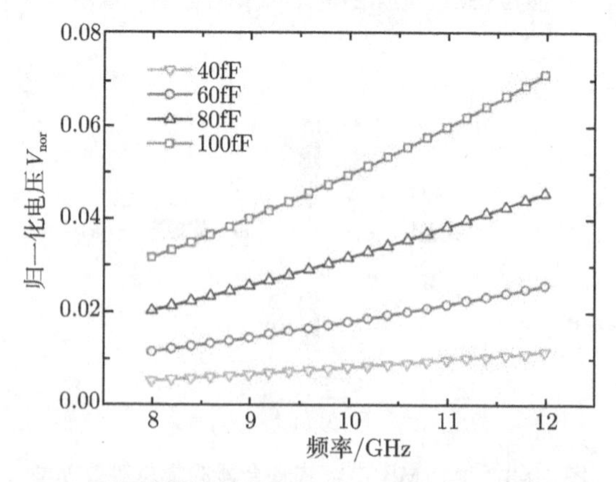

图 10-38　不同的额外电容时，归一化热电势与频率的关系

10.4.2 MEMS 在线式微波频率检测器的性能测试

MEMS 在线式微波频率检测器制备后的 SEM 照片如图 10-39 所示，微波性能测试结果如图 10-40 所示，当频率从 8GHz 增加到 12GHz 时，回波损耗从 −19dB 增加到 −14dB，插入损耗从 0.5dB 增加到约 1.2dB。

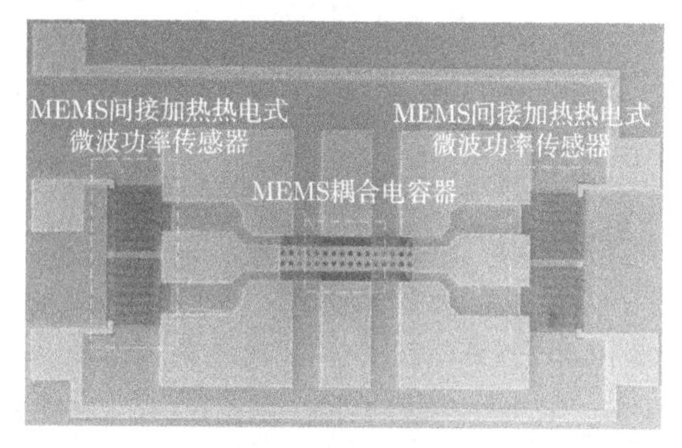

图 10-39 MEMS 在线式微波频率检测器的 SEM 照片

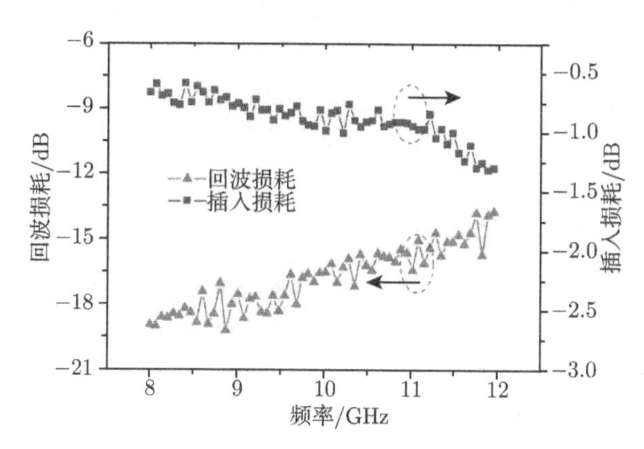

图 10-40 在线式微波频率检测器微波性能的测试结果

频率测试结果如图 10-41 所示，当输入功率为 10mW(10dBm)，频率从 8GHz 增加到 12GHz 时，输出热电势从 0.21mV 增加到 0.35mV，灵敏度约为 0.035mV/GHz。可是，测试结果与计算结果仍然存在误差，尤其是当频率变高的时候，这主要是由 MEMS 热电式微波功率传感器灵敏度降低引起的。图 10-41 中的插图给出了 MEMS 在线式微波频率检测器的线性度测试。

基于上述的工作，易真翔和廖小平等提出了一种工作在 1~10GHz 的集成的微波功率和频率检测器 [10,11]，该集成检测器的 SEM 照片如图 10-42 所示。图 10-43 给出了微波性能的测试，在 1~10GHz 的频段上，该集成检测器的回波损耗小于 −21dB。

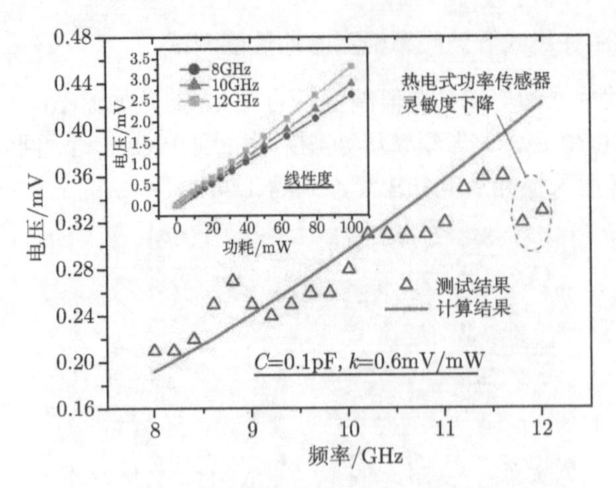

图 10-41　在线式微波频率检测器的频率测试结果

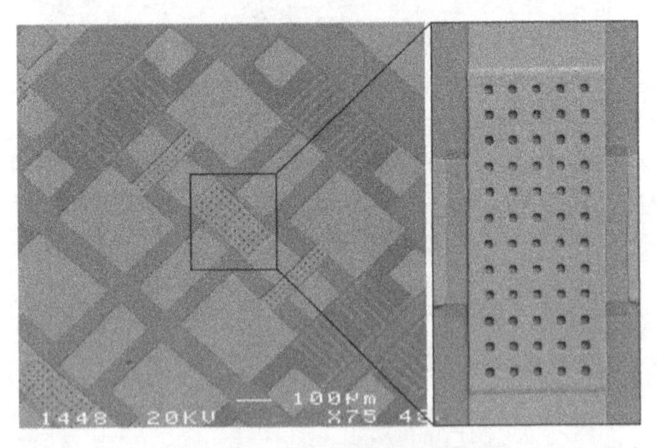

图 10-42　集成的微波功率和频率检测器的 SEM 照片

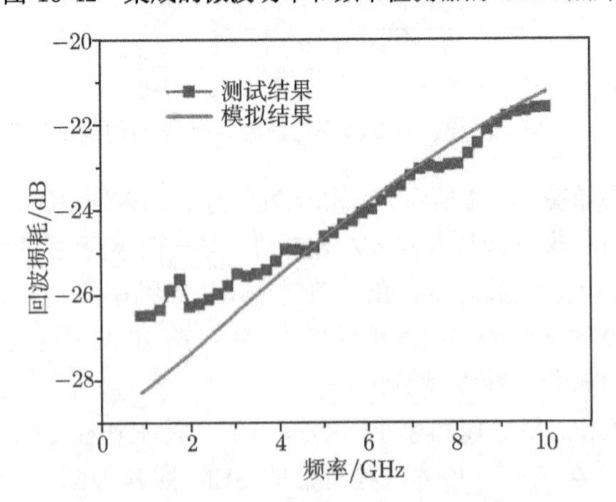

图 10-43　集成的微波功率和频率检测器的回波损耗

图 10-44 给出了该集成检测器的功率测试结果，当微波功率从 1mW 增加到 60mW 时，输出的电压线性增加，灵敏度约为 0.116mV/mW @ 1GHz 和 0.110mV/mW @ 10GHz。如图 10-45 所示，当微波功率固定为 60mW，频率从 1GHz 增加到 10GHz 时，输出电压从 3.6mV 增加至 3.9mV，灵敏度约为 0.035mV/GHz。测试结果与计算结果仍然存在一些误差，这主要是因为等效电路中忽略了电感的影响。

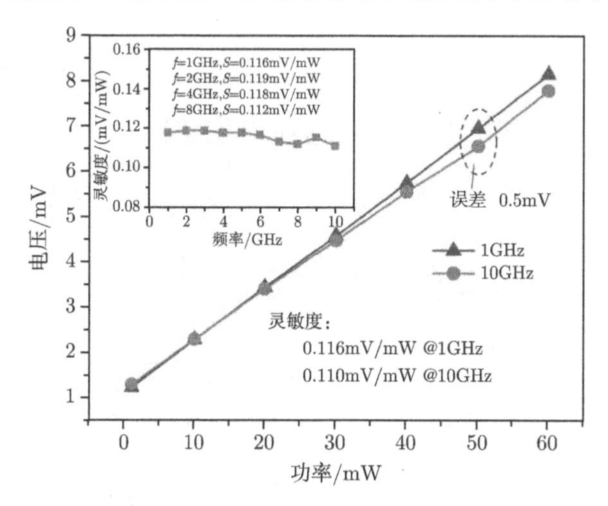

图 10-44 集成检测器的功率测试结果

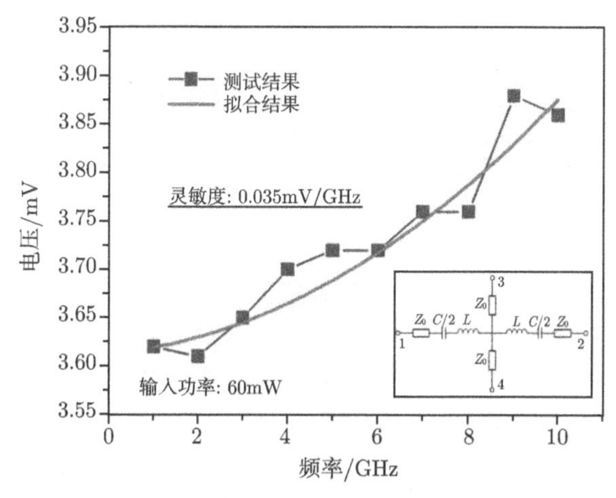

图 10-45 集成检测器的频率测试结果

10.4.3 MEMS 在线式微波频率检测器的改进结构

基于上节的 MEMS 在线式微波频率检测器，严嘉彬、廖小平和易真翔提出了一种 MEMS 在线式微波频率检测器改进结构 [12]。该结构采用 MIM 电容替代梁结构，提高了频率检测器工作的稳定性和可靠性，以及减小了工艺加工的难度。改进结构的 SEM 照片如图 10-46 所示，微波性能测试结果如图 10-47 所示，当频率从 8GHz 增加到 12GHz 时，回波损耗从 −18dB 增加到 −15dB。频率测试结果如图 10-48 所示，可以看出不同功率的归一化输出电压基本一致，输出电压随着频率的增大而增大，归一化灵敏度大约在 1.43 mV/(W·GHz)。

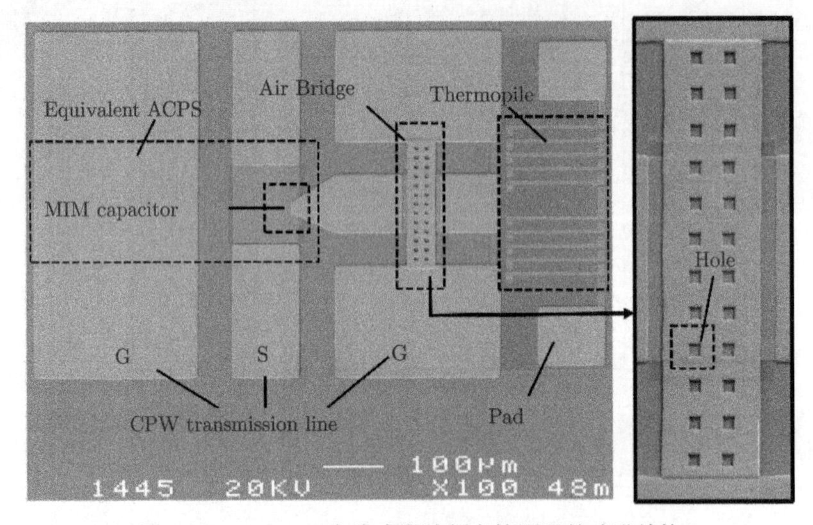

图 10-46　MEMS 在线式微波频率检测器的改进结构

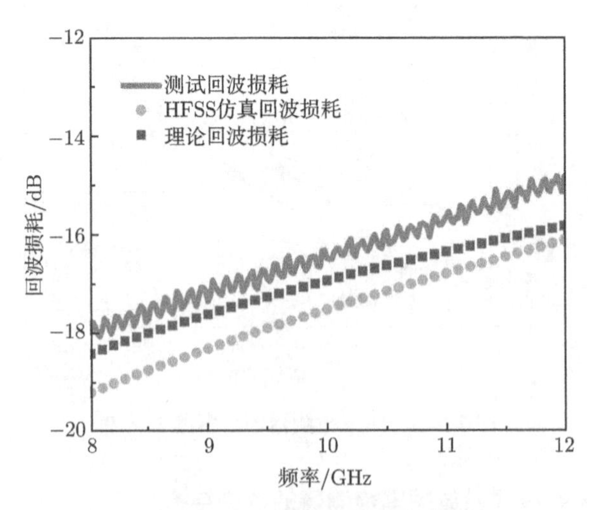

图 10-47　改进结构的回波损耗

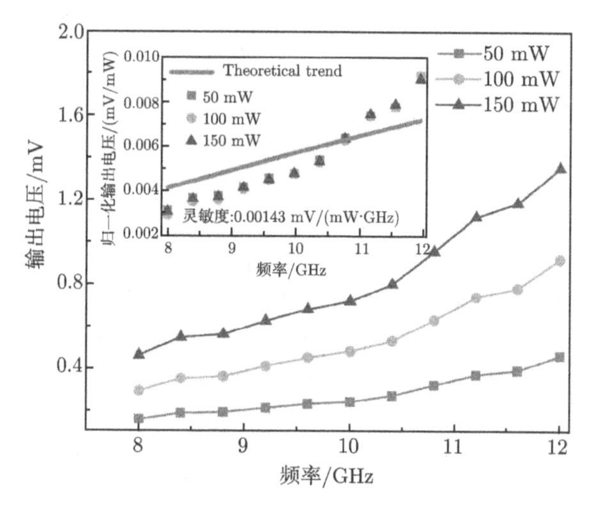

图 10-48 改进结构的频率测试结果

10.5 小 结

本章首先介绍了一分二式 MEMS 微波频率检测器的工作原理，利用 HFSS 软件对其结构进行了模拟和设计，并对制备的一分二式 MEMS 微波频率检测器进行性能测试，建立了一分二式 MEMS 微波频率检测器的系统级 S 参数模型；在一分二式 MEMS 微波频率检测器的研究基础上，本章介绍了一分三式 MEMS 微波频率检测器的工作原理，利用 HFSS 软件对其结构进行了模拟和设计，并对制备的一分三式 MEMS 微波频率检测器进行性能测试，建立了一分三式 MEMS 微波频率检测器的系统级 S 参数模型。本章所提出的基于 MEMS 功率传感器的一分三式 MEMS 微波频率检测器的结构中集成了一分三功分器，实现了对功率未知的微波信号频率进行检测，同时，由于可以将第二、三条支路传输长度设计成几乎相等，在进行频率计算时，传输线微波功率损耗对检测结果的影响可以得到降低，改善了检测精度，很好地解决了目前国内外现有的微波频率检测系统所共同面临检测精度不够高的困境；系统中通过 MEMS 悬臂梁电容式和 MEMS 热电式两种微波功率传感器级联结构测量微波功率，不仅扩展了动态范围，而且提高了灵敏度和抗烧毁水平。之后，基于在线电容耦合式微波功率检测器，本章介绍了一种 MEMS 在线式微波频率检测器，实现了频率测量对正在传输的微波信号几乎不产生影响；并在此基础上，制备了工作于 1~10GHz 频段上的微波集成检测器，实现了对微波功率和频率的同时测量。

参 考 文 献

[1] Zou X H, Chi H, Yao J P. Microwave frequency measurement based on optical power monitoring using a complementary optical filter pair. IEEE Transaction on Microwave Theory and Techniques, 2009, 57(2): 505-511

[2] Tsai J F, Row J S. Design of frequency sensor based on reconfigurable rectenna. Microwave and Optical Technology Letters, 2014, 56(8): 1739-1742

[3] Zhang J, Liao X P, Jiao Y C. Microwave frequency detector based on MEMS technology//Proceeding of 9th International Conference on Solid-State and Integrated-Circuit Technology. Beijing, China: IEEE, 2008: 2520-2523

[4] Hua D, Liao X P, Zhang J, et al. MEMS frequency detector at X-band based on MMIC technology//Proceedings of the 15th International Conference on Solid-State Sensors, Actuators and Microsystems (TRANSDUCERS 2009). Denver, CO, United States: IEEE, 2009: 1405-1408

[5] Yi Z X, Liao X P. An 8-12 GHz microwave frequency detector based on MEMS power sensors. Journal of Micromechanics and Microengineering, 2012, 22(3): 035005

[6] 陈慧开. 宽带匹配网络的理论与设计. 北京：人民邮电出版社, 1982

[7] Yi Z X, Liao X P, Zhang Z Q. Design of the microwave frequency sensor for power-unknown signal based on MEMS technology//Proceeding of 29th IEEE International Conference on Micro Electro Mechanical Systems (MEMS 2016), Shanghai, China: IEEE, 2016: 647-650

[8] Yi Z X, Liao X P. A novel In-line type frequency detector based on MEMS technology and GaAs MMIC process. Journal of Micromechanics and Microengineering, 2014, 24(3): 035005

[9] Yi Z X, Liao X P, Wu H. A novel in-line type frequency detector based on MEMS membrane for X-band application//Proceeding of IEEE Sensors 2013, Baltimore, USA: IEEE, 2013: 49-53

[10] Yi Z X, Liao X P, Zhang Z Q. An Integrated microwave power and frequency sensor based on GaAs MMIC process and MEMS technology//Proceedings of IEEE Sensors 2014, Valencia, Spain: IEEE, 2014: 408-411

[11] Yi Z X, Liao X P, Yan H, Yan J B. An integrated microwave power and frequency sensor for 1-10GHz application. IEEE Sensors Journal, 2015, (15): 5465-5471

[12] Yan J B, Liao X P, Yi Z X. A novel in-line frequency sensor based on coupling capacitance for X-band application. Journal of Micromechanics and Microengineering, 2016, 26(5): 055002

第 11 章　MEMS 封装

11.1　引　　言

本专著所研究的 MEMS 间接加热热电式微波功率传感器、MEMS 在线电容耦合式微波功率检测器、MEMS 微波相位检测器和 MEMS 微波频率检测器具有体积小、无直流功耗等优点，可是，如果没有一种合适的封装体，将无法应用。因此，为了解决这些问题，本章介绍了一种经济的 COB(chip on board) 金属封装，并对封装后的器件及系统进行了测试。

11.2　MEMS 微波功率传感器的封装研究

11.2.1　MEMS 间接加热热电式微波功率传感器的封装与测试

王德波和廖小平对 MEMS 间接加热热电式微波功率传感器的封装结构进行了研究 [1]，图 11-1 是传感器芯片结构及其封装示意图，封装后的传感器照片如图 11-2 所示。首先对 MEMS 微波功率传感器封装前后的回波损耗进行了测试，结果如图 11-3 所示，封装前 MEMS 微波功率传感器的回波损耗大约为 -25dB，封装后回波损耗恶化，但是在 8~12GHz 的范围内仍然小于 -10dB，测试结果表明封装前器件的匹配特性要好于封装后的匹配特性。原因是由于封装前芯片背面是无地结构，封装后芯片背面贴在金属管壳上变成了有地结构；另外，封装采用了金线键合技术，封装后引入了额外的寄生电感和寄生电容，造成了器件匹配性能的恶化。

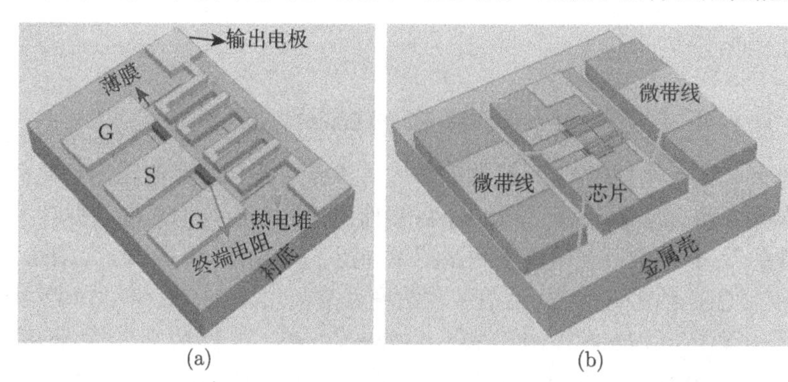

图 11-1　MEMS 间接加热热电式微波功率传感器及其封装示意图
(a) 功率传感器结构图；(b) 封装示意图

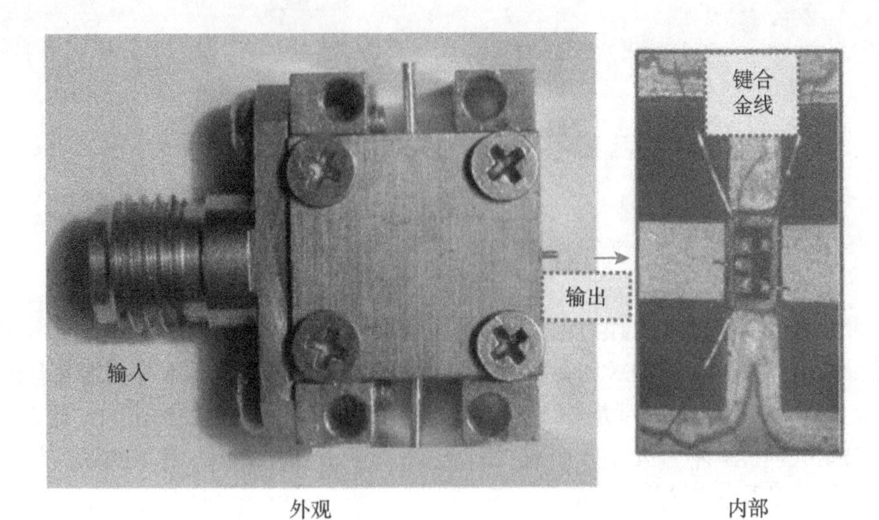

图 11-2　MEMS 间接加热热电式微波功率传感器的封装照片

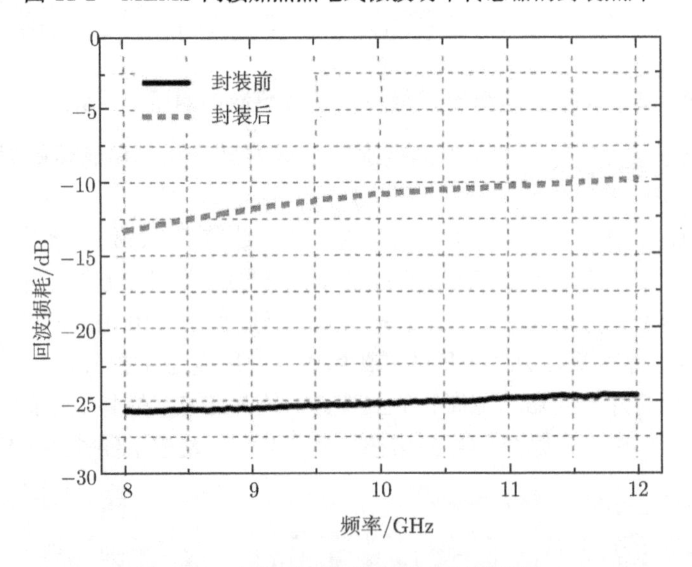

图 11-3　封装前后回波损耗的测试结果

此外，本节还对 MEMS 间接加热热电式微波功率传感器的输出热电势进行了测试，结果如图 11-4 所示，可以看出，封装前后输出电压与输入的微波功率都有很好的线性关系。封装前后灵敏度的测试结果如图 11-5 所示，在 8GHz、9GHz、10GHz、11GHz 和 12GHz 的频率点，封装前的灵敏度分别为 0.195mV/mW、0.192mV/mW、0.187mV/mW、 0.162mV/mW 和 0.155mV/mW。 封装后的灵敏度分别为 0.204mV/mW、0.185mV/mW、0.167mV/mW、0.166mV/mW 和 0.165mV/mW，其中只有在 10GHz 时，封装前后的灵敏度相差较大，差别为 0.02mV/mW。

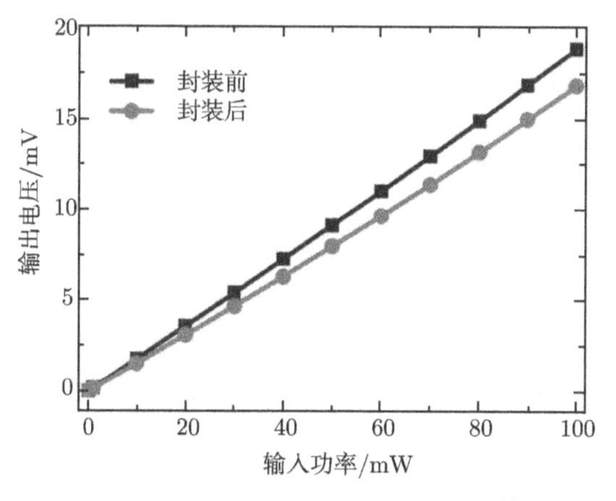

图 11-4 封装前后输出电压的测试结果

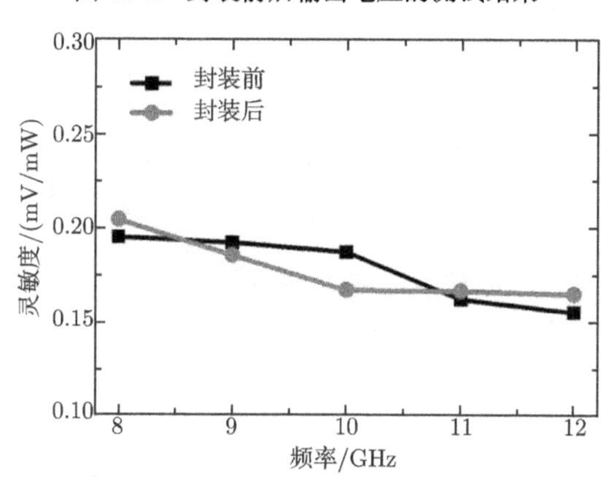

图 11-5 封装前后灵敏度的测试结果

11.2.2 频率补偿型 MEMS 间接加热热电式微波功率传感器封装与测试

王德波、廖小平和刘彤对频率补偿型 MEMS 间接加热热电式微波功率传感器的封装进行了研究 [2]；进一步，易真翔、廖小平和吴昊对温湿度环境的可靠性进行了研究 [3]，图 11-6 给出了该传感器的示意图，图 11-7 给出了功率传感器的尺寸和剖面图。基于 Seebeck 效应，输出的直流热电势可以表示为

$$V = N \times (\alpha_1 - \alpha_2) \times (T_1 - T_0) \tag{11-1}$$

其中，N 是热电偶的数目，α_1 是 n^+ GaAs 的 Seebeck 系数，α_2 是 Au 的 Seebeck 系数，T_1 是热电偶的热结温度，T_0 是热电偶的冷结温度。

基于 MEMS 间接加热热电式微波功率传感器的模型，热电偶的热结和冷结之间的温度差可近似表示为

$$\Delta T = T_1 - T_0 = \frac{P_{\text{in}}}{2\lambda_{\text{e}} pW d'_{\text{e}}} \cdot \frac{\sinh(pl)}{\cosh(p(l+l_0))} \tag{11-2}$$

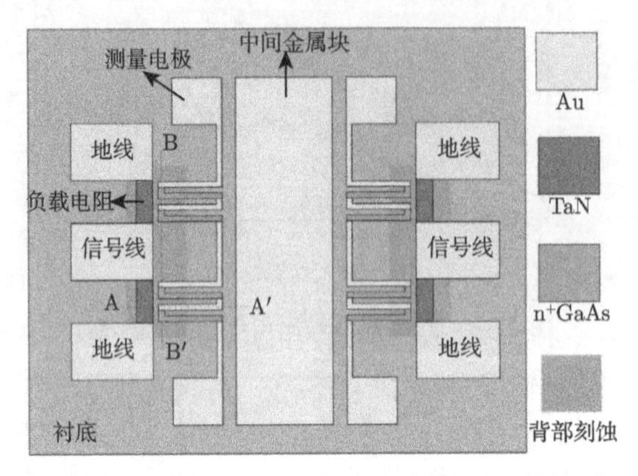

图 11-6　频率补偿型 MEMS 间接加热热电式微波功率传感器的示意图

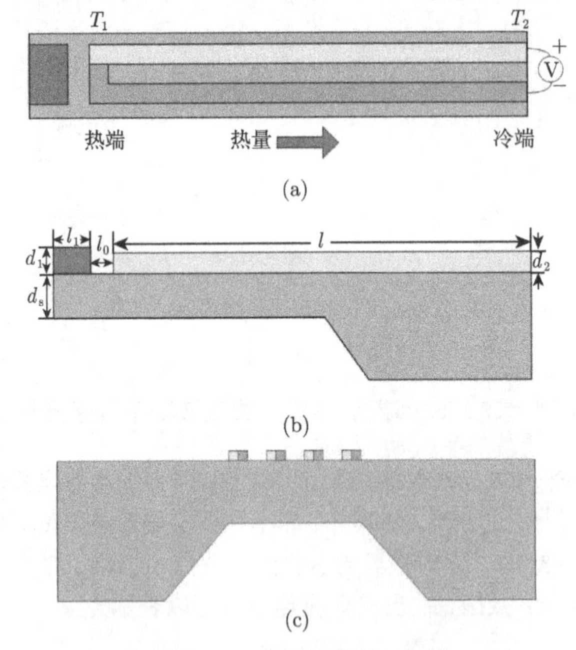

图 11-7　功率传感器示意图

(a) 俯视图；(b)AA′ 剖面图；(c)BB′ 剖面图

其中，P_{in} 是输入功率，W 是热流的有效宽度，l 是热电偶的长度，l_0 是负载电阻与热电偶之间的间距。在式 (11-2) 中，$p = (H/(\lambda_{\text{e}} \cdot d_{\text{e}}))^{0.5}$，$d_{\text{e}}$ 是热电堆的等效厚度，H 是总的热损耗系数。d'_{e} 是负载电阻的等效厚度，λ_{e} 是等效热导率，它们可

以表示为

$$d'_{\mathrm{e}} = d_1 + d_{\mathrm{s}} \tag{11-3}$$

$$\lambda_{\mathrm{e}} = \frac{\lambda_{\mathrm{s}} d_{\mathrm{s}} + \lambda_2 \dfrac{d_2}{2}}{d_{\mathrm{s}} + \dfrac{d_2}{2}} \tag{11-4}$$

其中，d_1 是负载电阻的厚度；d_{s} 是衬底厚度；$\lambda_2=(\lambda_{\mathrm{n}}+\lambda_{\mathrm{p}})/2$ 是热电偶的平均热导率，λ_{n} 和 λ_{p} 分别是 n^+ GaAs 和 Au 的热导率；λ_{s} 是衬底的热导率；d_2 是热电偶的厚度。因此，将式 (11-2) 代入到式 (11-1)，输出热电势可以表示为待测功率的函数

$$V = N \times (\alpha_1 - \alpha_2) \times \frac{P_{\mathrm{in}}}{2\lambda_{\mathrm{e}} p W d'_{\mathrm{e}}} \cdot \frac{\sinh(pl)}{\cosh(p(l+l_0))} \tag{11-5}$$

但是，在不同的环境中，衬底的热导率和热电偶的 Seebeck 系数都常常随着温度变化，从而影响频率补偿型 MEMS 间接加热热电式微波功率传感器的输出热电势。

首先，衬底热导率随着环境温度变化，影响热电偶热结和冷结之间的温差，从而影响功率传感器的输出热电势。GaAs 衬底的热导率近似与环境温度成反比例函数关系 [4]，

$$\lambda_{\mathrm{s}} \approx \frac{13800}{T} \tag{11-6}$$

其中，T 是环境温度。图 11-8 画出了计算的衬底热导率随着温度变化的曲线，可以看出，$T = 273\mathrm{K}$ 时，衬底的热导率约为 50W/(m·K)，当 T=363K 时，衬底的热导率减小到 39 W/(m·K)。从式 (11-4) 和 (11-5) 可以看出，衬底热导率的减小将会影响热电偶热结和冷结之间的温度差。图 11-9 给出了热电偶热结与冷结之间的温差随环境温度的变化关系，当环境温度每变化 10K 时，热结和冷结之间的温度差将减小 0.4K，因此十个热电偶的热结和冷结之间的总温差将减小 4K。

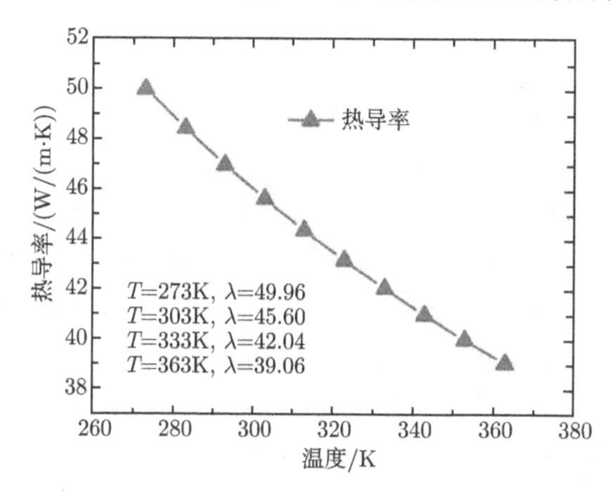

图 11-8 计算的 GaAs 衬底热导率与环境温度的关系

其次，热电偶中金属热偶臂和半导体热偶臂的 Seebeck 系数也随着环境温度变化，从而影响功率传感器的输出热电势。热电偶由金属热偶臂 Au 和半导体热偶臂 n$^+$ GaAs 组成，它们的 Seebeck 系数可以分别表示为 [4]

$$\alpha_1 = -\frac{k_0}{q}\left(2 - \ln\frac{n}{N_c}\right) \tag{11-7}$$

$$\alpha_2 = -\frac{\pi^2 k_0^2 T}{qE_F} \tag{11-8}$$

其中，α_1 和 α_2 分别是 n$^+$ GaAs 和 Au 的 Seebeck 系数，k_0 是 Boltzmann 常数，q 是电子电荷，n 是 n$^+$ GaAs 的掺杂浓度，N_c 是半导体导带的有效状态密度，E_F 是 Au 的费米能级。式 (11-7) 中，N_c 受温度影响进而改变 n$^+$ GaAs 的 Seebeck 系数。

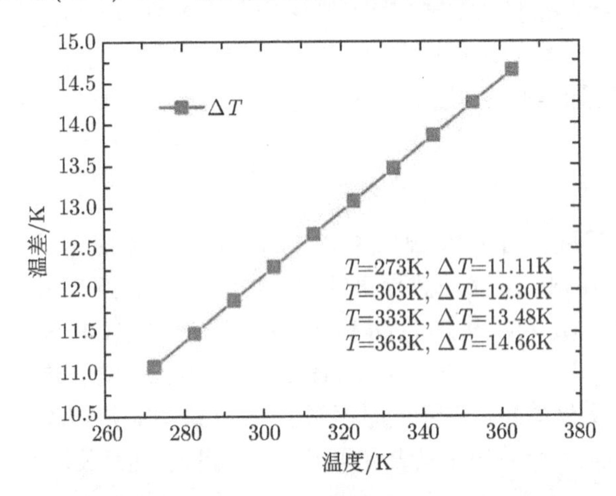

图 11-9　计算的热电偶热结与冷结之间的温差与环境温度的关系

图 11-10 给出了计算的热电偶的 Seebeck 系数随环境温度的变化关系。当温度由 273K 变化到 363K 时，n$^+$ GaAs 的 Seebeck 系数从 287μV/K 增加到 325μV/K，而 Au 的 Seebeck 系数变化小于 1μV/K。可以看出，n$^+$ GaAs 的 Seebeck 系数随着温度的变化对热电式微波功率传感器输出热电势的影响要比金重要得多。

另外，传输线上的损耗也会对频率补偿型 MEMS 间接加热热电式微波功率传感器的输出热电势产生影响。在封装的微波功率传感器中，CPW 传输线和微带传输线的总长度约为 1.6cm，图 11-11 给出了 X 波段不同频率下的损耗系数。可以看出，在 X 波段上，传输线的损耗系数分别为 0.866 @ 8GHz，0.851 @ 10GHz 和 0.837 @ 12GHz。

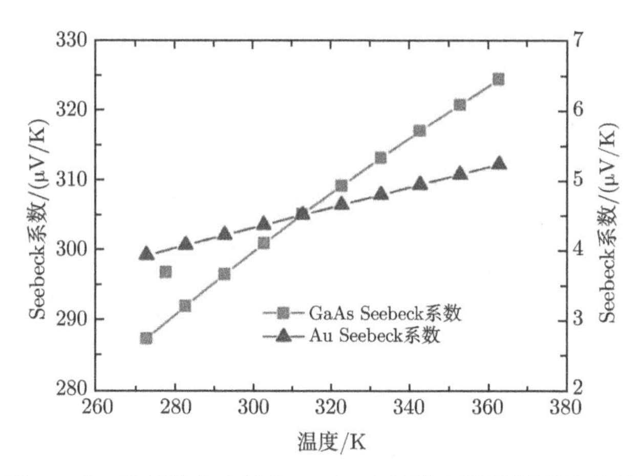

图 11-10 计算的热电偶的 Seebeck 系数与环境温度的关系

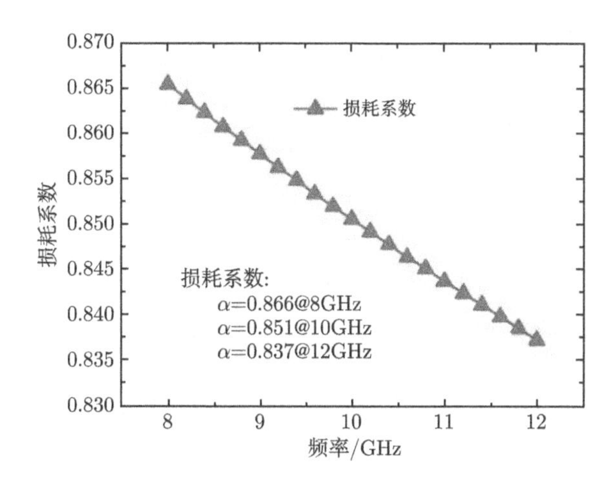

图 11-11 计算的损耗系数随着频率的变化关系

综上所述，基于式 (11-5)~(11-8)，频率补偿型 MEMS 间接加热热电式微波功率传感器的输出热电势可以表示为

$$V = N \cdot \left[\frac{k_0}{q}\left(2 - \ln\frac{n}{N_{\rm c}}\right) - \frac{\pi^2 k_0^2 T}{qE_{\rm F}}\right] \cdot \frac{\alpha P_{\rm in}}{2\lambda_{\rm e} pWd'_{\rm e}} \cdot \frac{\sinh(pl)}{\cosh(p(l+l_0))} \tag{11-9}$$

在输入功率分别为 50mW 和 100mW 的情况下，计算的热电势随着环境温度变化的曲线如图 11-12 所示。可以看出，在 50mW 的功率下，当环境温度从 273K 增加到 363K 时，输出的热电势从 27mV 近似线性增加到 40mV，温度的斜率约为 0.15mV/K。图 11-13 给出了不同温度下，计算的热电势随着输入功率变化的关系。可以看出，输出热电势随着温度线性增加，且环境温度为 273K，303K，333K 和 363K 时，频率补偿型 MEMS 间接加热热电式微波功率传感器的灵敏度分别为

0.54mV/mW，0.62mV/mW，0.71mV/mW 和 0.80mV/mW。

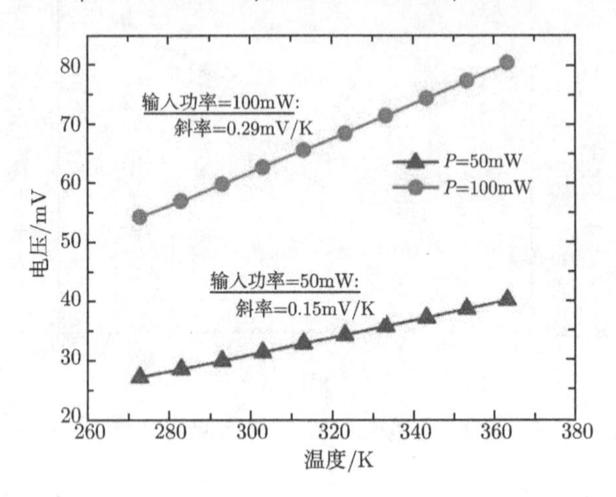

图 11-12　计算的输出热电势与环境温度的关系

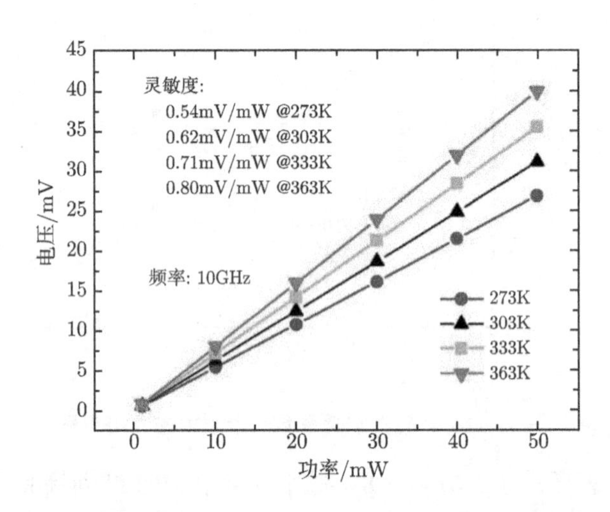

图 11-13　不同环境温度下，计算的输出热电势与输入功率的关系

为了能够实现功率传感器的温度实验，对芯片进行了封装。图 11-14 给出了频率补偿型 MEMS 间接加热热电式微波功率传感器的封装后的照片。

本节对频率补偿型 MEMS 间接加热热电式微波功率传感器封装前后的微波性能进行了测试，结果如图 11-15 所示。封装前，在 8~12GHz 的频段上，传感器的回波损耗约为 −27dB；封装后，在 10GHz 处，回波损耗约为 −20dB，而在 8GHz 和 12GHz 处，回波损耗较大，约为 −12dB。可以看出，封装后的微波性能下降，这主要是由 CPW 传输线、微带线以及 SMA 接口之间的阻抗不匹配导致的。

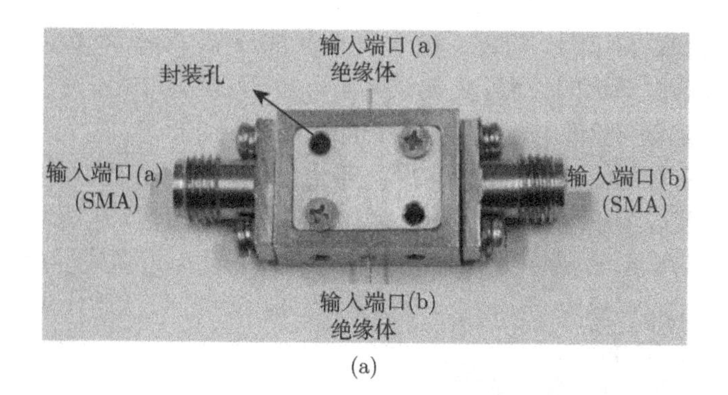

(a)

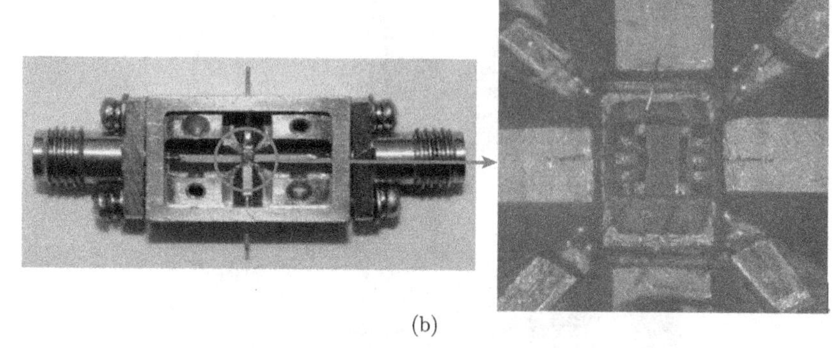

(b)

图 11-14 频率补偿型 MEMS 间接加热热电式微波功率传感器的封装结构

(a) 外部结构图；(b) 内部结构图

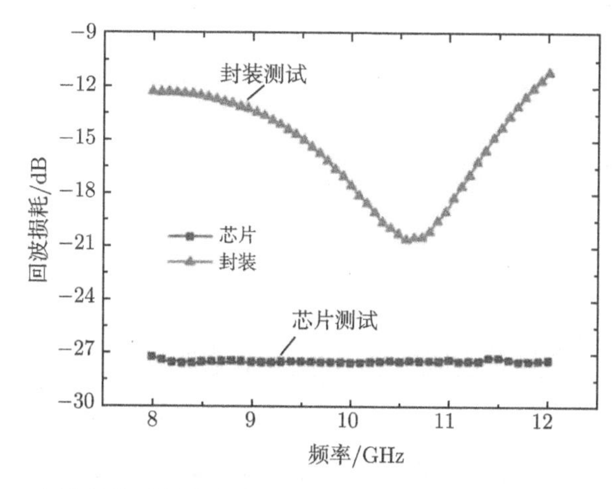

图 11-15 频率补偿型的热电式功率传感器封装前后的微波性能测试结果

如图 11-16 所示，频率补偿型 MEMS 间接加热热电式微波功率传感器的温度测试设备主要包括：Agilent E8257D PSG 逻辑信号源、温湿度箱、FLUKE 45 数字万用表和连接线。图 11-17 给出了输入功率为 50mW，频率为 10GHz 时，输出热电势随着环境温度变化的关系。由测试结果可知，温度为 273K 时的输出热电势为 27mV，温度增加到 363K 时输出热电势也随之增加到 39mV，斜率约为 0.15mV/K。输出热电势随着环境温度近似线性增加，与上述理论计算相比，测试结果略大，原因主要是在封装过程中，压焊线的引入增加了热电偶的阻值，从而增大了输出热电势。如图 11-18 所示，功率传感器输出热电势随输入功率近似线性增加，测量的灵敏度分别为 0.55mV/mW @ 273K，0.64mV/mW @ 303K，0.72mV/mW @ 333K 和 0.79mV/mW @ 363K。

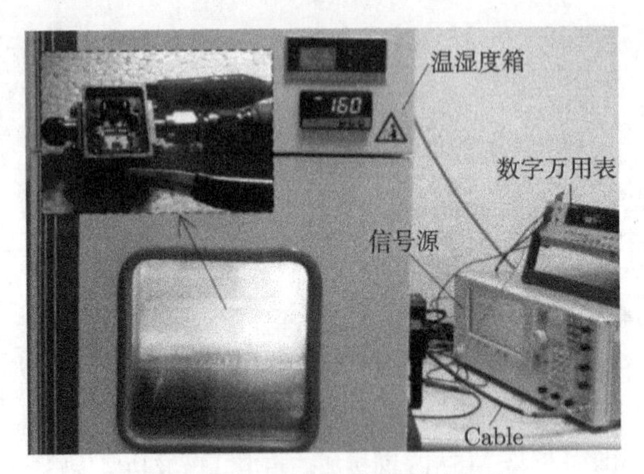

图 11-16　温湿度效应测试照片

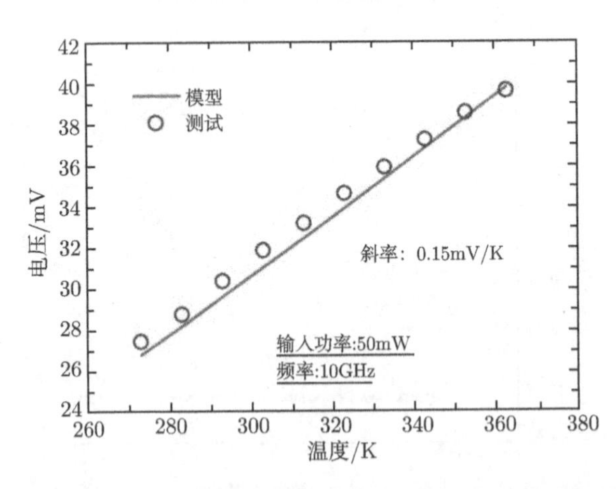

图 11-17　10GHz 时，频率补偿型功率传感器输出热电势的温度特性

图 11-19 给出了 8GHz 和 12GHz 时，50mW 的输入功率下，频率补偿型 MEMS 间接加热热电式微波功率传感器的热电势随着环境温度变化的关系。从图中可知，输出热电势比 10GHz 时的输出热电势要小一点，这主要是由于 8GHz

和 12GHz 时传感器的回波损耗比较大；同时，8GHz 时的热电势输出要比 12GHz 时大一点，这是因为频率越高，传输线损耗和负载电阻的寄生损耗越大。图 11-19 中的两张插图分别给出了 8GHz 和 12GHz 时，输出热电势与输入功率的关系曲线。8GHz 时微波功率传感器的灵敏度约为 0.53mV/mW @ 273K，0.61mV/mW @ 303K，0.69mV/mW @ 333K和0.76mV/mW @ 363K，12GHz 时微波功率传感器的灵敏度约为0.52mV/mW @ 273K，0.61mV/mW @ 303K，0.68mV/mW @ 333K 和 0.75mV/mW @ 363K。

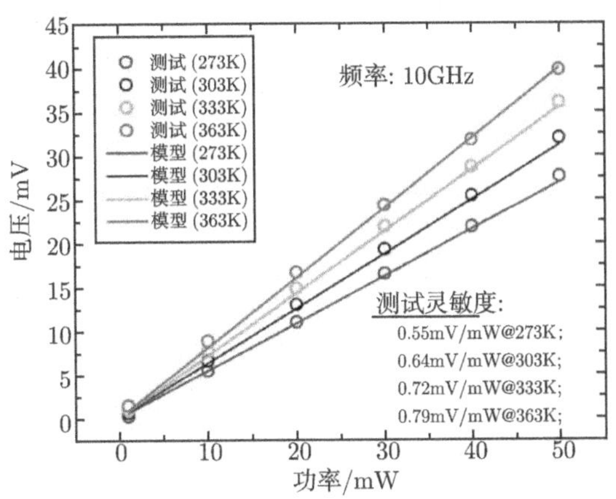

图 11-18 10GHz 时不同环境温度下，频率补偿型功率传感器输出热电势随输入功率的变化

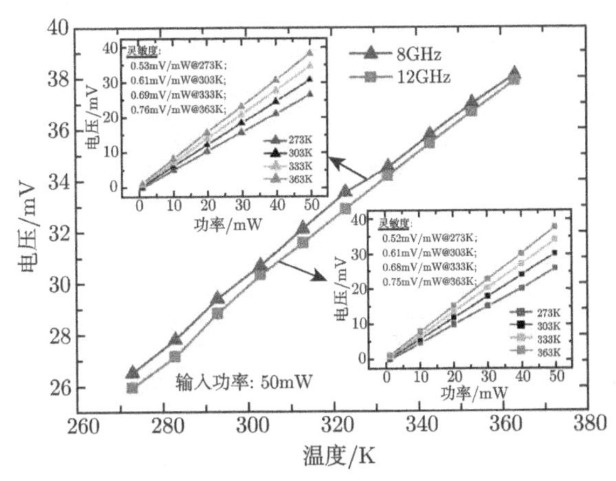

图 11-19 8GHz 和 12GHz 时，频率补偿型功率传感器输出热电势的温度特性

上述实验已表明频率补偿型 MEMS 间接加热热电式微波功率传感器的输出热电势随着环境温度的升高而增加，在不同的环境中，传感器的灵敏度将会受到影响，性能下降。因此，本节对该功率传感器进行校准并将输出热电势校准至室温水平 (293K)。图 11-20 给出了输入功率为 50mW，8GHz、10GHz 和 12GHz 时，测

量的补偿功率与环境温度的变化关系，可以看出，当环境温度低于室温时，增加输入功率以增大输出热电势；反之，当环境温度高于室温时，降低输入功率以减小输出热电势。如图 11-20 中的插图所示，校准后的输出热电势约为 29.4mV @ 8GHz，30.4mV @ 10GHz 和 28.8mV @ 12GHz，可以看出，功率传感器的输出热电势在 273~363K 的温度范围内趋于平稳，不再随着环境温度变化而改变。

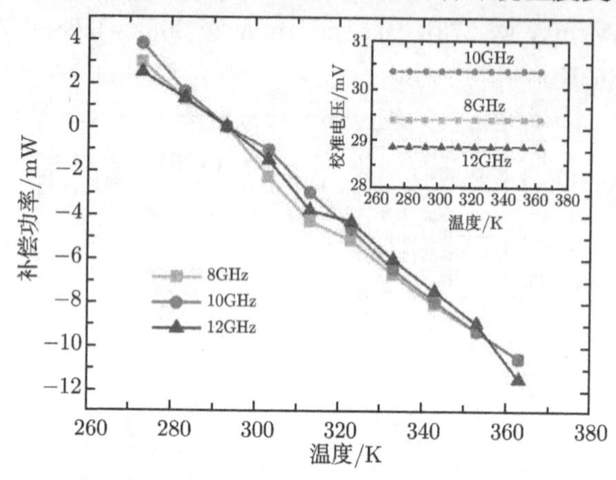

图 11-20　频率补偿型功率传感器的补偿热电势随环境温度的变化

除了温度实验，本节还对频率补偿型 MEMS 间接加热热电式微波功率传感器的湿度效应进行研究，测试结果如图 11-21 所示。不难看出，在相对湿度 20%~80% 的范围内，输出热电势基本保持不变，这主要是因为负载电阻、GaAs 衬底以及热电偶对湿度不是非常敏感。

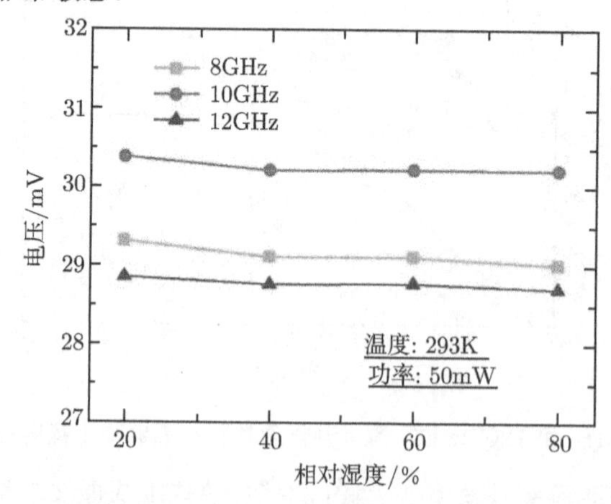

图 11-21　频率补偿型功率传感器输出热电势的湿度特性

11.3 MEMS 在线电容耦合式微波功率检测器的封装研究

张志强和廖小平研究了封装之后的 MEMS 在线电容耦合式微波功率检测器 [5]，其照片如图 11-22 所示。图 11-23 为被封装后的微波功率检测器和微带线之间以及微带线和 SMA 接头之间键合接触的放大视图。

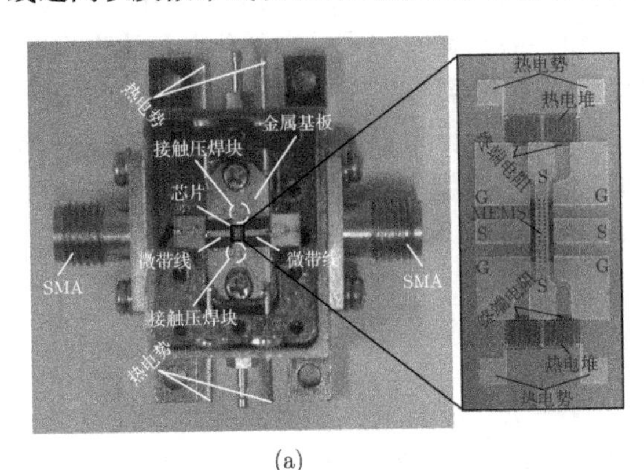

(a)

(b)

图 11-22 在封装之后，MEMS 在线电容耦合式微波功率检测器的照片
(a) 检测器固定在金属基板上；(b) 检测器固定在微带线衬底上

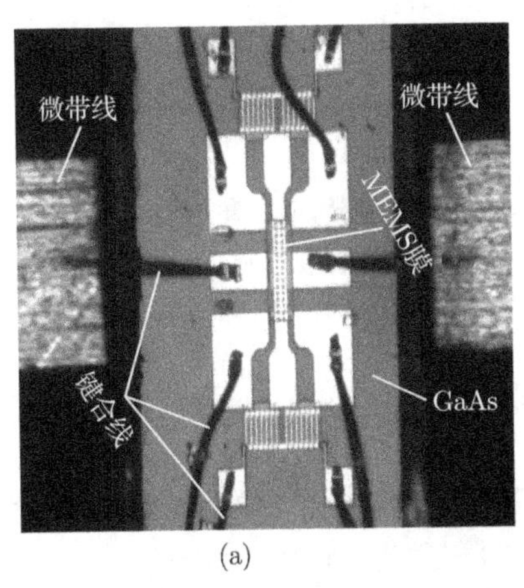

(a)

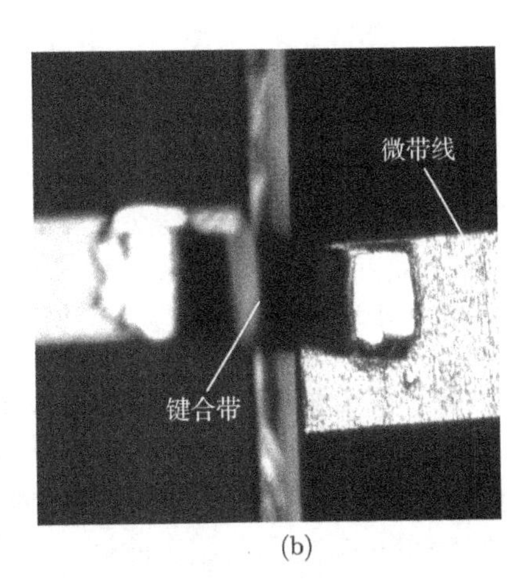

(b)

图 11-23 封装后的微波功率检测器
(a) 其和微带线之间以及 (b) 微带线和 SMA 接头之间键合接触的放大视图

1. 微波性能的测试

在封装之后，MEMS 在线电容耦合式微波功率检测器的微波性能采用网络分析仪测试，图 11-24 为采用两种封装方法封装后微波功率检测器的 S 参数测试结

果。在图 11-24(a) 中，当封装的检测器分别固定在金属基板上和微带线衬底上时，测量的反射损耗在 9 GHz 时分别为 −19 dB 和 −25 dB，在 8~10 GHz 范围内均小于 −12 dB，这表明两种封装方法均具有较低的反射损耗和好的阻抗匹配；在图 11-24(b) 中，通过比较测量的插入损耗发现，微波功率检测器固定在基板上比固定在微带线上的平均插入损耗改善了 0.4 dB，在 8~10 GHz 范围内均小于 1.3 dB，这表明被封装的检测器固定在金属基板上比固定在微带线衬底上呈现出较好的微波性能。由封装的模拟分析可知，两种封装方法具有相同的电磁分布和端口阻抗，所以其原因很可能是与在微带线衬底上的检测器相比，在金属基板上的检测器与水平微带线之间具有更短的键合线，键合线产生了射频损耗 (主要由趋肤效应引起的) 以及寄生效应 (如电感)。一般而言，键合线越长，射频损耗和寄生电感越大，在该封装设计中，键合线的长度主要取决于被划片处来的检测器面积，以及键合线的高度和曲率。

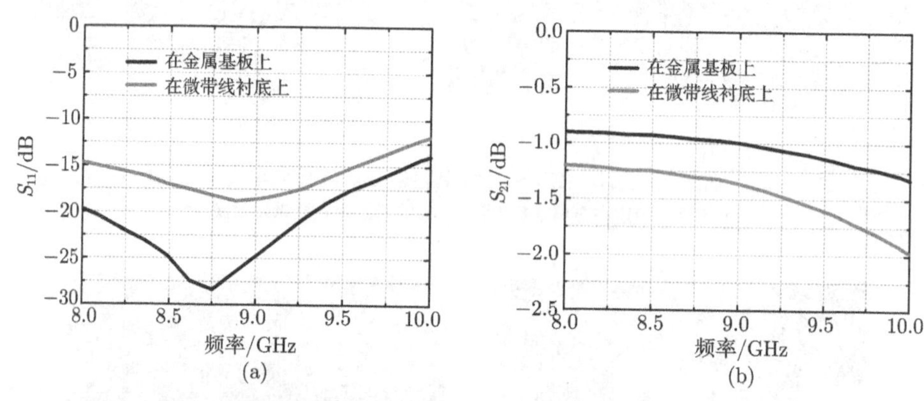

图 11-24　采用两种封装方法封装后微波功率检测器的 S 参数测试结果

(a) 当检测器分别固定在金属基板和微带线衬底上时，测量的 S_{11} 的比较；
(b) 当检测器分别固定在金属基板和微带线衬底上时，测量的 S_{21} 的比较

为了进一步验证固定在金属基板上封装方案的有效性，本节比较了 MEMS 在线电容耦合式微波功率检测器在封装前后的微波性能。图 11-25 为封装前后 MEMS 在线电容耦合式微波功率检测器的 S 参数测试结果。与封装之前相比，封装后测量的反射损耗在 9 GHz 从封装之前的 −16 dB 降低到最小值 −25 dB，在 8~10 GHz 范围内小于 −13.5 dB；与封装之前相比，封装后测量的插入损耗在 9 GHz 时增大了 0.6 dB，在 8~10 GHz 范围内小于 1.3 dB。封装前后 S 参数的比较表明，MEMS 在线电容耦合式微波功率检测器固定在金属基板上的封装方案实现了好的互连阻抗匹配。封装后，测量的反射损耗偏离设计值，其可能是由于金键合线的寄生电感、MEMS 膜高度的降低以及在检测器背面额外的导电胶层引起的。封装后，测量的插入损耗偏高，其可能是由于 MEMS 膜高度的降低以及包括过渡微带线、SMA

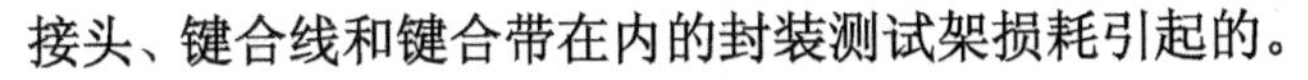
接头、键合线和键合带在内的封装测试架损耗引起的。

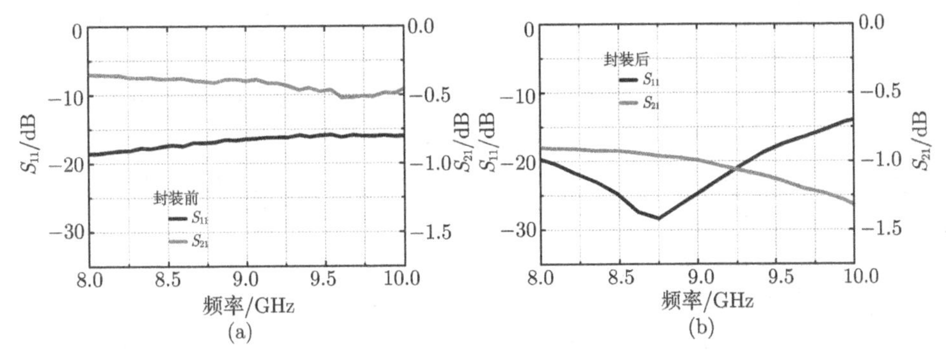

图 11-25 封装前后 MEMS 在线电容耦合式微波功率检测器的 S 参数测试结果

(a) 在封装之前，测量的反射损耗 S_{11} 和插入损耗 S_{21}；

(b) 在封装之后，测量的反射损耗 S_{11} 和插入损耗 S_{21}

2. 灵敏度的测试

在封装之后，MEMS 在线电容耦合式微波功率检测器的灵敏度采用 Agilent E8257D PSG 模拟信号发生器、Fluke 8808A 数字万用表和一个 50 Ω 的负载电阻测试。信号发生器用于产生微波信号；数字万用表记录输出热电势的大小；负载电阻连接到该被封装检测器的微波输出端，用于吸收在功率测量时输出的微波信号。所有输出热电势的测试均在室温环境下进行。

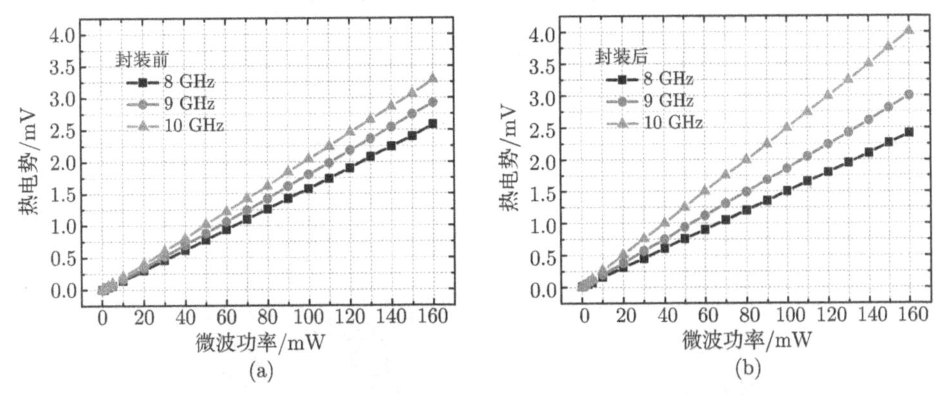

图 11-26 在 8 GHz、9 GHz 和 10 GHz 时，封装前后 MEMS 在线电容耦合式微波功率检测器的输出热电势随微波功率变化的测试结果

(a) 封装之前；(b) 封装之后

图 11-26 为封装前后 MEMS 在线电容耦合式微波功率检测器的输出热电势随微波功率变化的测试结果，在封装前后，在 8 GHz、9 GHz 和 10 GHz 时输出热电

势和输入微波功率之间具有好的线性度。当输入频率为 9 GHz 时，在封装之前该检测器的灵敏度大于 17.9 μV/mW，而在封装之后其灵敏度大于 18.7 μV/mW。该检测器在封装前后的灵敏度差别是由释放技术和装备过程造成的 MEMS 高度降低引起的，表明在封装之后有更多的微波功率被 MEMS 膜耦合出来而用于测量，导致灵敏度的增大。在封装之后，该检测器的分辨率为 0.5 mW 的量级，在封装之后热电堆的电阻值被测量为 345 kΩ，可得封装后 MEMS 在线电容耦合式微波功率检测器在 9 GHz 时的信噪比约为 2.5×10^5 W^{-1}。

3. 响应时间的测试

本节提出了一种测试方法来估算封装后 MEMS 在线电容耦合式微波功率检测器的响应时间，传统测试响应时间的设备是数字示波器，然而示波器由于自身的底噪而不适合用于测试功率检测器中较小的输出热电势。对于 Tektronix DPO4032 数字示波器，它具有大于 10 mV 的噪声电压，因此，在封装之后，MEMS 在线电容耦合式微波功率检测器的响应时间采用 Agilent E8257D PSG 模拟信号发生器、Keithley 半导体参数系统和一个 50 Ω 的负载电阻测试。信号发生器用于产生一个阶跃的微波信号，其时间间隔为 200 ms；利用半导体参数系统的 I-V 模块连续记录输出热电势的大小，其采样时间间隔为 5.99 ms。图 11-27 为测试响应时间的装置照片。在这里，上升 (下降) 时间是指输出热电势从 10%(90%) 变到最终稳定值 90%(10%) 的时间。

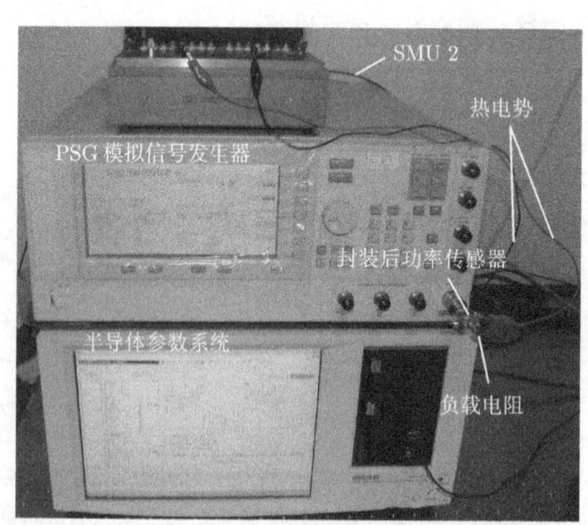

图 11-27 测试响应时间的装置照片

图 11-28 为封装后 MEMS 在线电容耦合式微波功率检测器的响应时间测试结果，对于一个 9 GHz 和 1~100mW 的阶跃微波信号，测量的上升和下降响应时间

分别小于 10ms。它表明封装后 MEMS 在线电容耦合式微波功率检测器具有短的响应时间，可测量一些时变信号，如包络频率高达 100 Hz 的脉冲波形等。

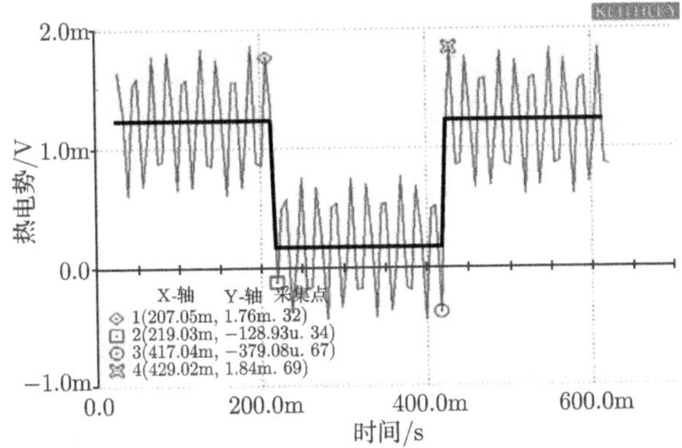

图 11-28 封装后 MEMS 在线电容耦合式微波功率检测器的响应时间测试结果

4. 机械谐振频率的测试

MEMS 在线电容耦合式微波功率检测器的 MEMS 膜的机械谐振频率采用 Polytech 激光多普勒测振仪 (LDA) 测试。LDA 的微系统分析仪为 MSV-400-M2。

MEMS 在线电容耦合式微波功率检测器芯片粘结到压电陶瓷 (PZT) 薄片上。当施加一个 3V 电压时，PZT 薄片开始振动，从而引起 MEMS 膜的机械振动；接着，一个激光点分别照射在 MEMS 膜中间位置和在 MEMS 膜附近的衬底上，并分别记录在振动速度模式下的频谱。最后，MEMS 膜的机械谐振频率通过 MEMS 膜中间点的频谱除以衬底的频谱而得到的频率函数中萃取出来。图 11-29 为 MEMS

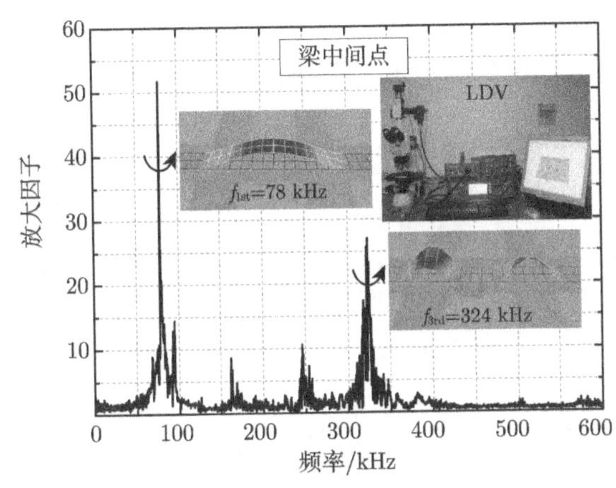

图 11-29 MEMS 膜的机械谐振频率和振动模态测试结果

膜的机械谐振频率和振动模态测试结果，对于长度为 270μm 的 MEMS 膜，其一阶和三阶机械谐振频率 (f_{1st} 和 f_{3rd}) 分别为 78kHz 和 324kHz。该过程反复进行了几次，其结果相同。

5. 相位噪声的测试

图 11-30 为测试相位噪声的装置示意图，MEMS 在线电容耦合式微波功率检测器的相位噪声采用 Agilent E8257D PSG 模拟信号发生器和 Agilent E4447A PSA 频谱分析仪测试。信号发生器用于产生微波信号；频谱分析仪用于测量和检测经检测器输出的微波信号，其分辨率带宽设置为 10 kHz，在整个测试过程均采用了等长的同轴电缆。图 11-31 为对于一个输入功率和频率分别为 20dBm(100mW) 和 9GHz 的微波信号，在封装前后 MEMS 在线电容耦合式微波功率检测器的输出频谱。在封装前后，测量的输出频率均为 9.000012GHz，其输出功率分别为 15.268dBm 和 14.510dBm，表明封装后的输出功率在峰值频率处减小了 0.758dBm；然而封装后的微波功率检测器几乎没有引入额外的低频噪声，其低频噪声上的变频决定了相位噪声。

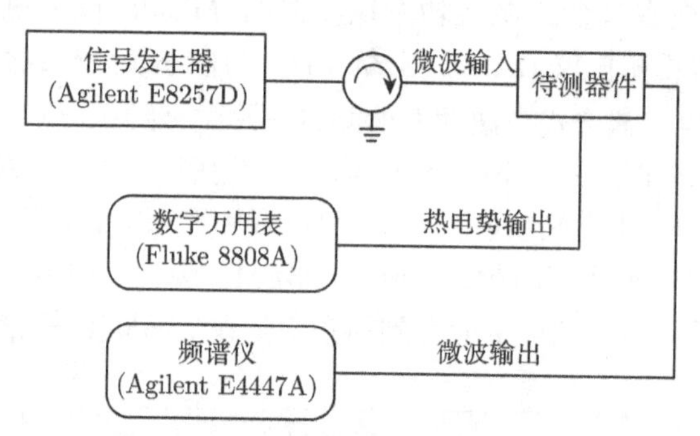

图 11-30　测试相位噪声的装置示意图

相位噪声通常定义为在偏移输入信号频率 Δf 时对于测量带宽为 1 Hz 的噪声功率与输入信号功率之比的分贝数，利用测量的频谱计算相位噪声的表达式为

$$\begin{aligned} L_{\mathrm{ph}}(\Delta f) &= 10\lg\left(\frac{P_{\mathrm{n}}/\mathrm{ResBW}}{P_{\mathrm{so}}}\right) \\ &= (P_{\mathrm{n}})_{\mathrm{dBm}} - (P_{\mathrm{so}})_{\mathrm{dBm}} - 10\lg(\mathrm{ResBW}) \end{aligned} \tag{11-10}$$

式中，L_{ph} 为相位噪声，其单位为 dBc/Hz；$\Delta f = |f_{\mathrm{n}} - f_{\mathrm{so}}|$ 为在信号频率 f_{n} 和噪声频率 f_{so} 之间的频率间隔；P_{n} 和 P_{so} 分别为在频谱仪中的信号功率和噪声功率；ResBW 为分辨率的带宽。

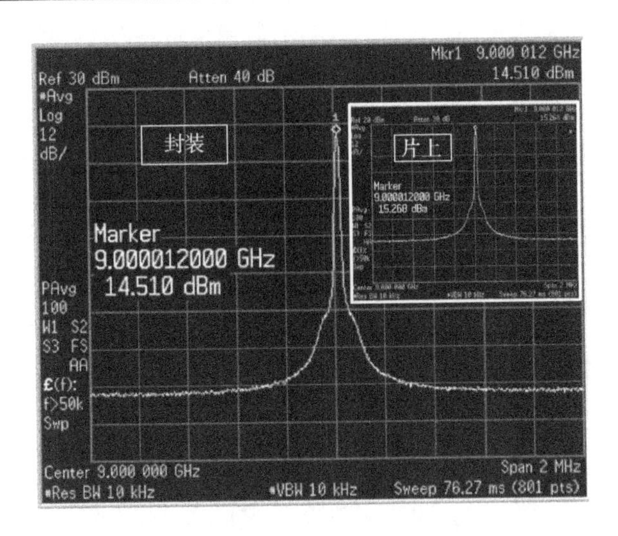

图 11-31　一个输入微波信号的功率和频率分别为 20dBm 和 9GHz 时，在封装前后 MEMS 在线电容耦合式微波功率检测器的输出频谱

图 11-32 为当频率间隔 Δf 分别为 100kHz，500kHz 和 1MHz 时，测量的输出信号功率 $P_{\rm so}$ 和在信号功率和噪声功率之间的功率比 $P_{\rm n}-P_{\rm so}$ 随输入微波频率和功率的变化关系。为了显示测试本身引入的相位噪声，本节给出了所需同轴电缆直接连接到频谱仪的测试结果。在图 11-32(a) 中，输入微波功率设置为 20dBm；而在图 11-32(b) 中，输入微波频率设置为 9GHz。通过分别观察在图 11-32(a) 和 (b) 中的顶部框图发现，当频率间隔 Δf 分别为 100kHz，500kHz 和 1MHz 时，输出信号功率 $P_{\rm so}$ 均按照线上 (测试装置)、片上和封装后检测器的顺序依次减小，这与在封装前后微波功率检测器引起的微波损耗具有很好的一致性。可是，在图 11-32 中，当频率间隔 Δf 分别为 100kHz，500kHz 和 1MHz 时，这三个测试对象的功率比 $P_{\rm n}-P_{\rm so}$ 却没有严格的顺序；并且，在一定的频率间隔 Δf 时，对于相同的输入微波功率和频率，这三个测试对象的功率比差异较小。图 11-33 为对于一个输入微波信号的频率和功率分别为 9GHz 和 100mW 时，线上、片上和封装后微波功率检测器的单边带相位噪声的对数坐标图。在这些测试对象之间的相位噪声具有较小的差别。这意味着相位噪声主要来自于测试仪器和电缆。尽管在图 11-32 中三个测试对象的输出功率依次减小，但与线上相比，在封装前后 MEMS 微波功率检测器没有产生明显的相位噪声。对于线上、片上和封装后的检测器，在 Δf =500 kHz 时它们的相位噪声分别为 −123.4dBc/Hz，−122.8dBc/Hz 和 −122.2dBc/Hz；当频率间隔大于 MEMS 膜的机械谐振频率时 ($\Delta f > f_{\rm 1st}$)，其相位噪声以约 −20 dB/倍频程的斜率下降。

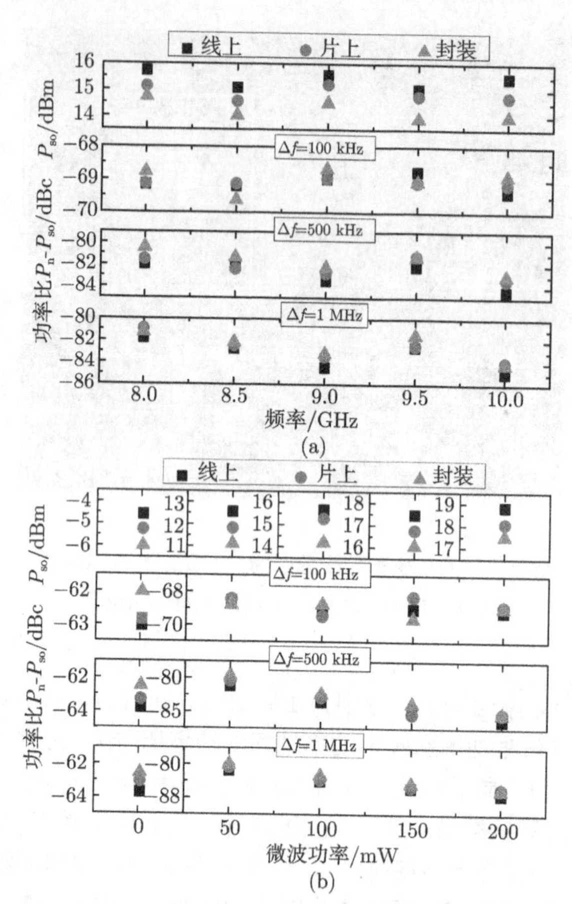

图 11-32　当频率间隔 Δf 分别为 100kHz，500kHz 和 1MHz 时，测量的输出信号功率 P_{so} 和在信号功率和噪声功率之间的功率比 P_n-P_{so} 随输入微波频率 (a) 和功率 (b) 的变化关系

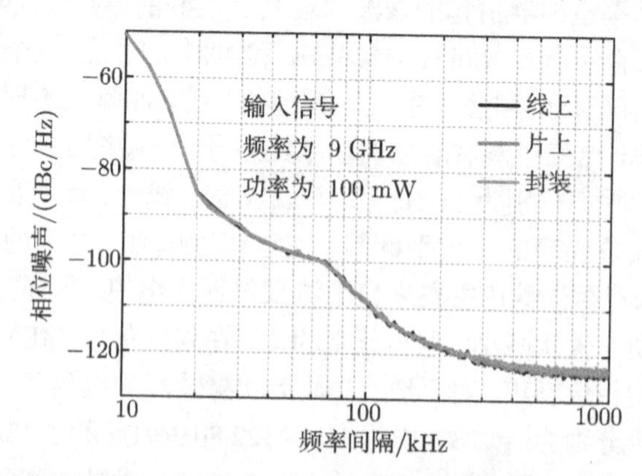

图 11-33　一个输入微波信号的频率和功率分别为 9GHz 和 100mW 时，线上、片上和封装后 MEMS 微波功率检测器的单边带相位噪声的对数坐标图

对于 MEMS 在线电容耦合式微波功率检测器，其灵敏度主要由 MEMS 膜的耦合电容决定。为了获得恒定的耦合功率和降低由微波信号产生的静电力对 MEMS 高度的影响，MEMS 膜通过降低其长度和增大其厚度，以达到较大的弹性系数。根据在 MEMS 器件中相位噪声的理论分析可知，其相位噪声与弹性系数的平方成反比关系。因此，MEMS 在线电容耦合式微波功率检测器产生的相位噪声可以忽略不计。

6. 温湿度可靠性的测试

图 11-34 为封装后 MEMS 在线电容耦合式微波功率检测器的温湿度可靠性实验的测试照片，在封装之后，其温湿度可靠性采用 OMEGA 205 温湿度箱、Agilent E8257D PSG 模拟信号发生器、Fluke 8808A 数字万用表和一个 50 Ω 的负载电阻测试。信号发生器用于产生微波信号；数字万用表用于记录在封装后检测器中输出热电势的大小；负载电阻连接到封装后检测器的微波输出端，用于吸收在功率测量时输出的微波信号。为了表明环境温度和湿度对微波功率检测器的灵敏度和线性度的影响，将封装后检测器放入温湿度箱中。由于输出热电势是小的直流电信号，所以在直流输出和万用表间的连接采用屏蔽盒保护以避免干扰。一根 1.5 米长的同轴电缆作为信号发生器和在温湿度箱中封装后检测器的连接线。

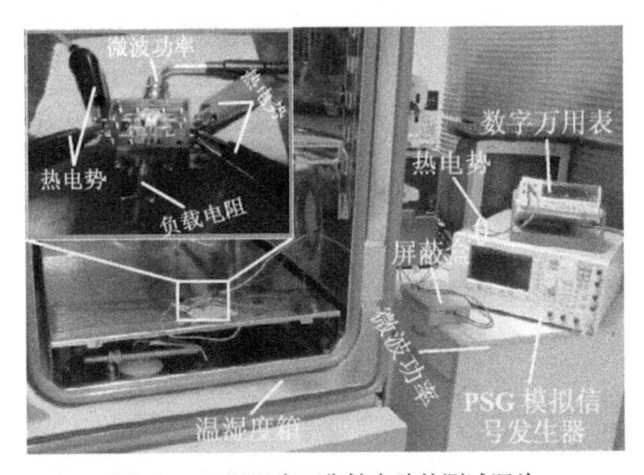

图 11-34 温湿度可靠性实验的测试照片

图 11-35 为当环境温度分别为 5℃、25℃、50 ℃和 75 ℃而相对湿度均为 50% 时，测量的输出热电势随输入微波功率的关系。图 11-36 为当环境相对湿度分别为 25%、50%、75% 和 95% 而温度均为 25 ℃时，测量的输出热电势随输入微波功率的变化关系。对于不同的温湿度条件，该检测器在 8 GHz、9 GHz 和 10 GHz 时分别测量了从 1 mW 到 200 mW 的微波功率，该结果表明输入微波功率和输出热电

势之间均具有好的线性度。测量的热电势随温度的增大而显著增大 (图 11-35)，但随相对湿度的增大而缓慢增大 (图 11-36)。当环境温度和相对湿度分别为 25 ℃和 50% 时，在相同的输入微波功率和频率下，图 11-35(b) 所示测量的输出热电势低于图 11-36(b) 所示测量的热电势，这是因为在温湿度箱和信号发生器之间长的同轴电缆引起了微波损耗，从而降低了传输到封装后检测器中的微波功率。为了表明功率处理的重复性，将封装后微波功率检测器在温湿度箱外暴露一天后进行了第二次测试。通过观察图 11-35 和图 11-36 发现，在两次测试中测量的输出热电势没有明显的波动，从而表明了封装后在线电容耦合式 MEMS 检测器具有好的重复性。

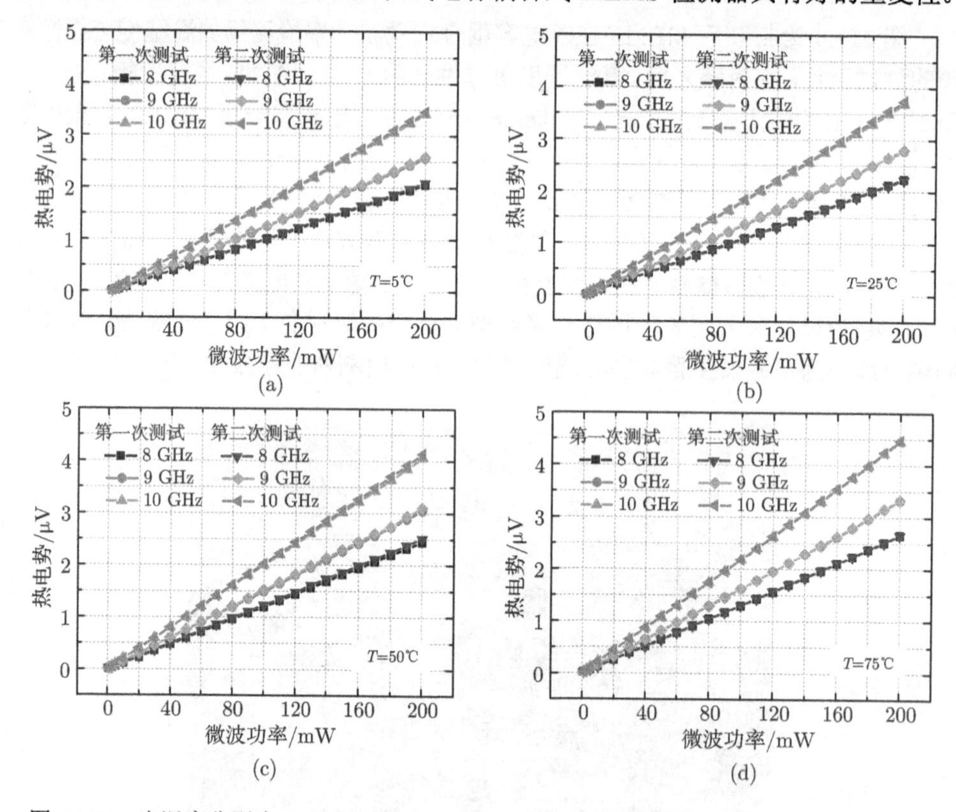

图 11-35 当温度分别为 5℃、25℃、50 ℃和 75 ℃而相对湿度均为 50% 时，测量的输出热电势随输入微波功率的变化关系

图 11-37 为在输入微波频率为 8GHz、8.5GHz、9GHz、9.5GHz 和 10GHz 时，测量的平均灵敏度与不同温度和相对湿度的关系，该灵敏度是指在输入微波功率从 1mW 到 200mW 时测量的输出热电势与相应微波功率之比的平均值。测量的平均灵敏度随温度的增大而显著增大 (图 11-37(a))，但随相对湿度的增大却变化较小 (图 11-37(b))，并且它们都具有小的测量误差。如图 11-37(a) 所示，当相

对湿度为 50% 时，在 8GHz、8.5GHz、9GHz、9.5GHz 和 10GHz 的频率下，温度从 5℃增大到 75℃时，对封装后微波功率检测器的灵敏度引起的变化分别为 3.63μV/mW(37.1%)、3.43μV/mW(33.3%)、4.16μV/mW(33.9%)、4.60μV/mW(32.9%) 和 5.46μV/mW(33.2%)。如图 11-37(b) 所示，当温度为 25℃时，在 8GHz、8.5GHz、9GHz、9.5GHz 和 10GHz 的频率下，相对湿度从 25% 增大到 95% 时，封装后微波功率检测器的灵敏度引起的变化分别为 0.56μV/mW(5.0%)、0.50μV/mW(4.4%)、0.82μV/mW(6.1%)、1.37 μV/mW(8.9%) 和 1.42μV/mW(7.9%)。实验表明该 MEMS 微波功率检测器的灵敏度受温度影响较大而受相对湿度影响较小，这主要是由于温度和相对湿度的变化对功率检测器中热电堆和 MEMS 膜的影响造成的。因而，当其应用到微波接收机前端电路时，需要考虑外界温湿度环境的影响。该温湿度可靠性的实验研究有助于分析由环境影响引起的灵敏度的误差，并有助于指导今后基于微波-电-热转换原理的 MEMS 在线电容式微波功率检测器的气密性封装。

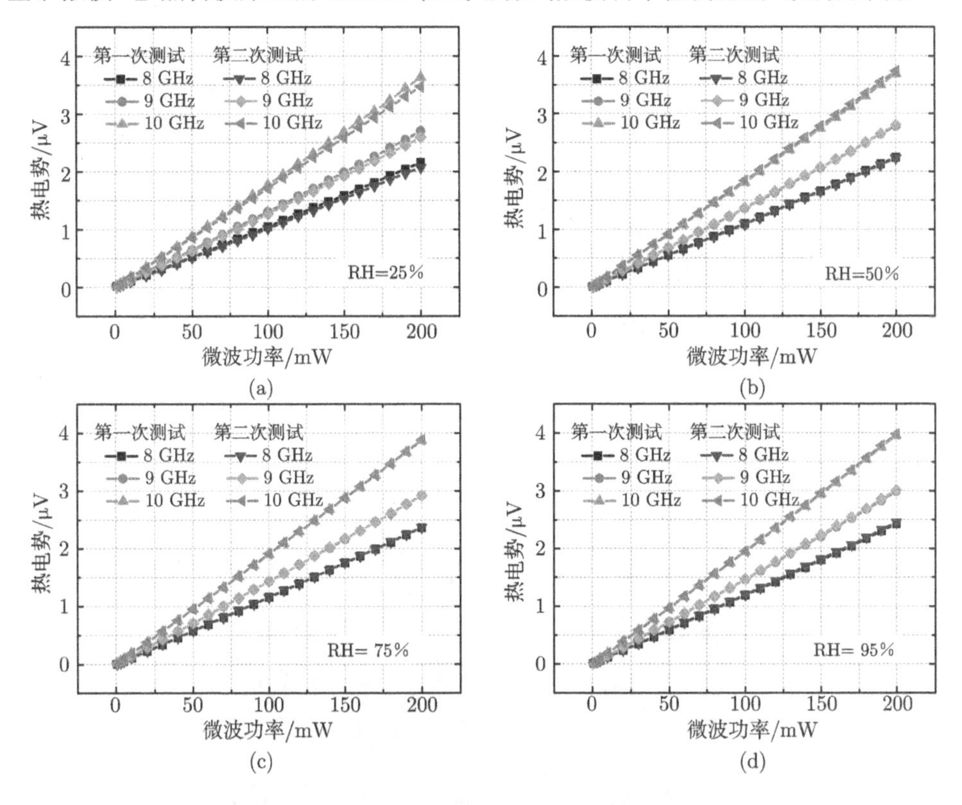

图 11-36 当相对湿度分别为 25%、50%、75% 和 95% 而温度均为 25 ℃时，测量的输出热电势随输入微波功率的变化关系

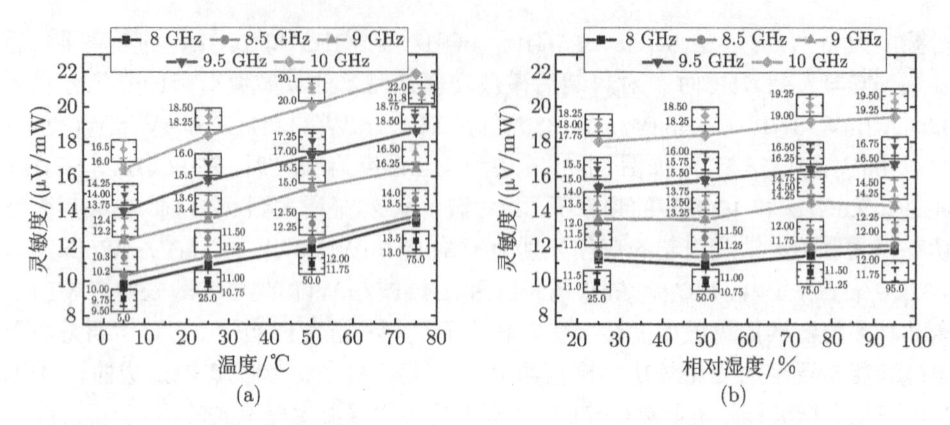

图 11-37　在输入微波频率为 8GHz、8.5GHz、9GHz、9.5GHz 和 10GHz 时，测量的平均灵敏度与不同温度和相对湿度的关系

(a) 当相对湿度为 50%，平均灵敏度与温度的关系；(b) 当温度为 25 ℃，平均灵敏度与相对湿度的关系

11.4　MEMS 微波相位检测器的封装研究

单端口 MEMS 微波相位检测器的封装结构如图 11-38 所示，图 11-39(a) 是封装后的单端口微波相位检测器模拟图，图中包括极板 (地)、微带线、导电胶、单端口相位检测器和金块的键合线；图 11-39(b) 为单独的单端口相位检测器芯片模拟图。图 11-40 是封装前后 MEMS 微波相位检测器的模拟结果，封装前，在 8~12 GHz 的频段上，端口 1 的回波损耗均小于 −14dB，封装后的回波损耗在 9 GHz 之后发生了劣化，在 12GHz 处达到了 −9dB。封装后，端口 2 和端口 3 之间的隔离度比封装前增加了约 10dB。

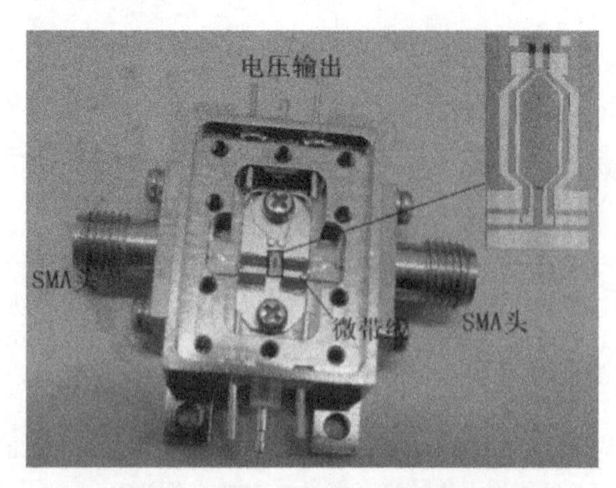

图 11-38　单端口微波相位检测器封装体

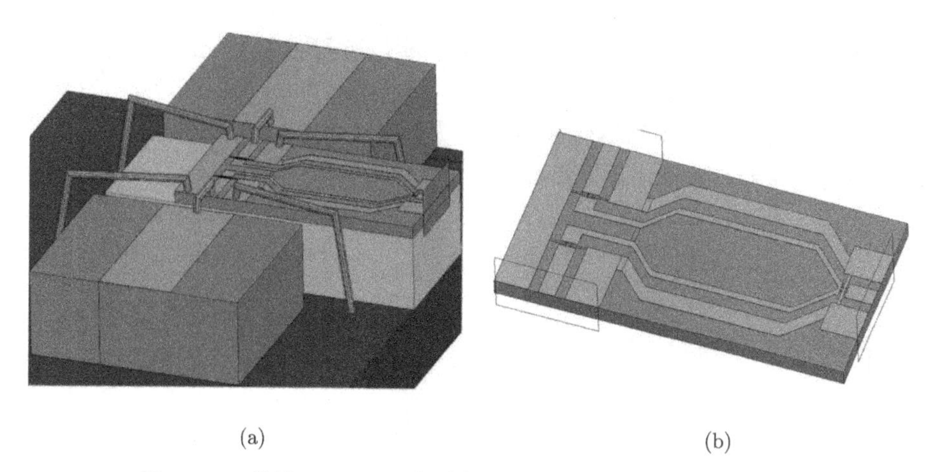

(a) (b)

图 11-39 单端口 MEMS 微波相位检测器封装结构模拟图 (a)，单端口微波相位检测器芯片结构模拟图 (b)

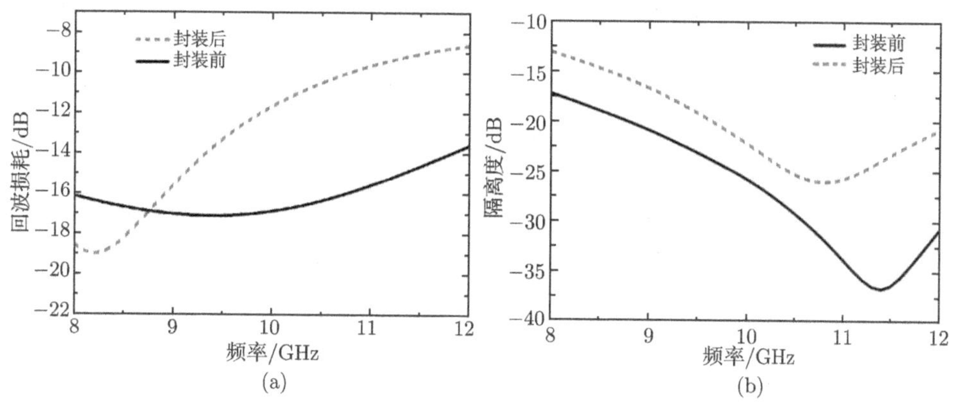

(a) (b)

图 11-40 封装前后的模拟结果

(a) 输入端口回波损耗；(b) 隔离度

单端口微波相位检测器封装前后的 S 参数测试结果如图 11-41 所示，在 8~12GHz 频段上，封装前相位检测器的回波损耗小于 −13dB，封装后回波损耗恶化，但是仍然小于 −10dB，测试结果表明封装前器件的匹配特性要好于封装后的匹配特性，原因是封装后芯片背面带有地线，这导致了共面波导和 ACPS 传输线的原理发生变化；另一方面，封装采用了金线键合技术，因此封装后引入了额外的寄生电感和寄生电容，造成了器件微波性能的恶化。

图 11-42 是 X 波段中心频率为 10GHz 时，微波相位检测的测试结果，其中 $\Delta\theta$ 为 9°，可以看出，封装前后热电势的输出大小略微有些变化，线性区域的灵敏度基本没有变化。封装后的相位检测器热电势输出不是很稳定，在输入功率比较低的时

候，输出电压跳变更加剧烈。因此，封装后的相位检测器在 14 dBm 以下，输入功率的相位测试没有进行。从图 11-42 可以看出，封装后回波损耗变差了，有部分输入信号被反射回去，被功合器合成的信号功率和被热电式功率传感器吸收的信号功率减小了，从而导致输出热电势变小。

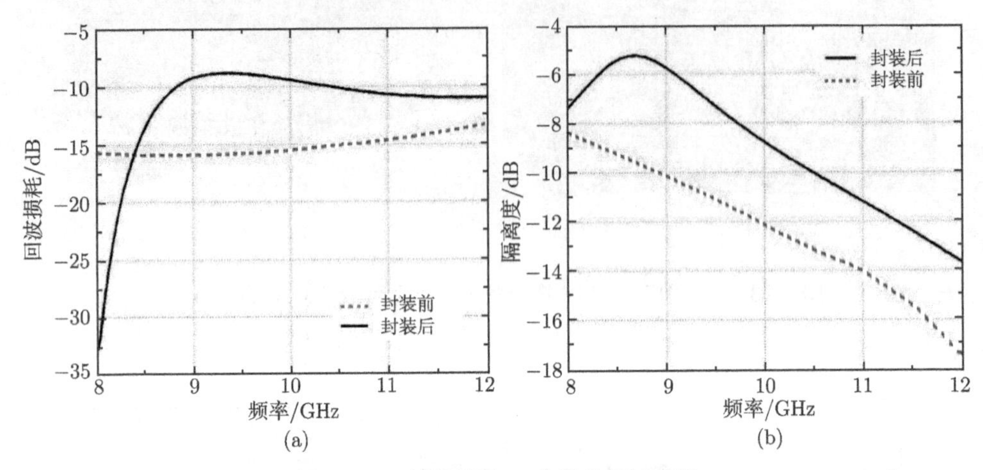

图 11-41　封装结构 S 参数的测试结果

(a) 回波损耗 S_{11}；(b) 隔离度 S_{23}

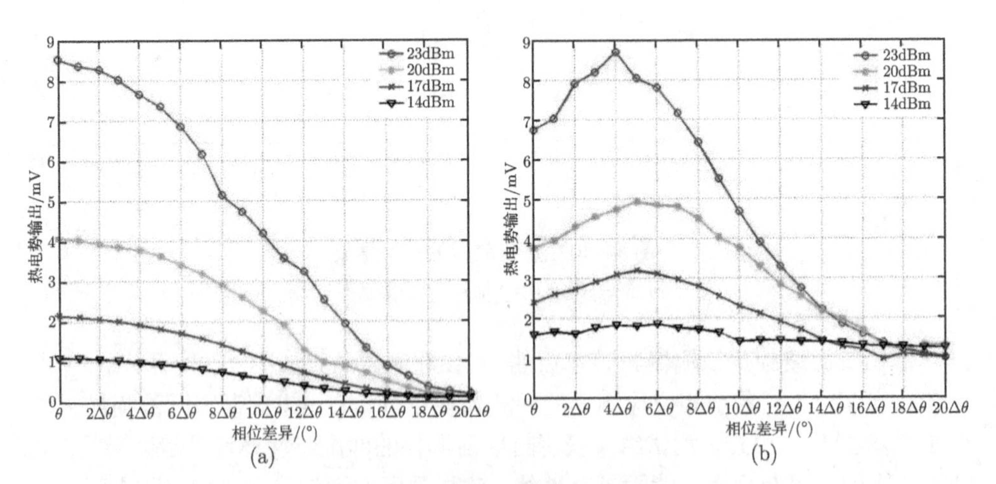

图 11-42　单端口微波相位检测器

(a) 封装前相位测试；(b) 封装后相位测试

封装后的测试结果相对于封装前产生了约 36° 的相移，造成相移的可能原因是：连接芯片和输入端口的波导长度产生了差异，包括键合线、微带线和 SMA 接头。连接微波相位检测器芯片和微带线的键合线长度较短，只有数十微米的间距，因而其长度差异可以被忽略。若认为两个输入端口的标准 SMA 接头是完全相同的，造成相移的最主要原因就是微带线的长度不一致。通过使用精确的微带线制备工艺，使得两个输入端口起连接作用的微带线具有相同的长度，可以消除封装前后热电势输出的偏移。

11.5 MEMS 微波频率检测器的封装研究

如图 11-43 所示，易真翔和廖小平研究了一分二式 MEMS 微波频率检测器的封装结构 [6]。利用矢量网络分析仪对其进行测试，结果如图 11-44 所示，可以看出，封装后的微波性能退化，主要是因为 SMA 接口、微带线和 CPW 传输线之间的阻抗失配造成的。

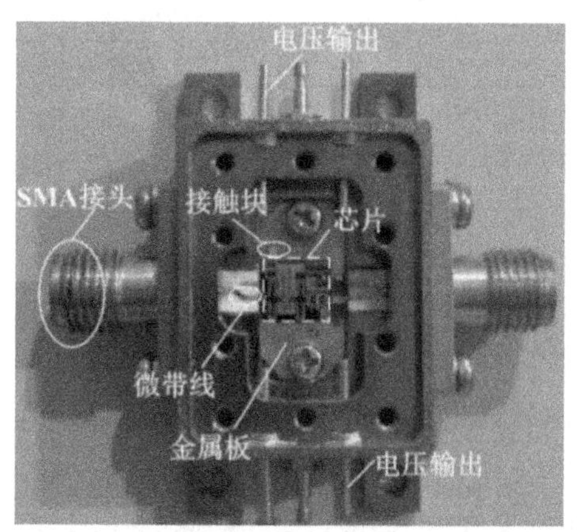

图 11-43 一分二式 MEMS 微波频率检测器的封装照片

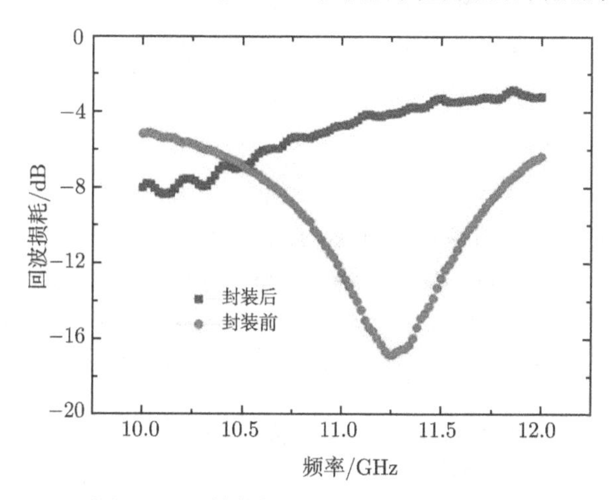

图 11-44 封装前后微波性能的测量结果

图 11-45 给出了封装后输出低功率信号的测试结果，当信号功率分别为 10dBm，15dBm 和 20dBm 时，测试的灵敏度分别为 0.031μV/MHz，0.104μV/MHz 和 0.317μV/MHz，小于封装前的结果，主要是由封装后的频率检测器回波损耗变大造成的。

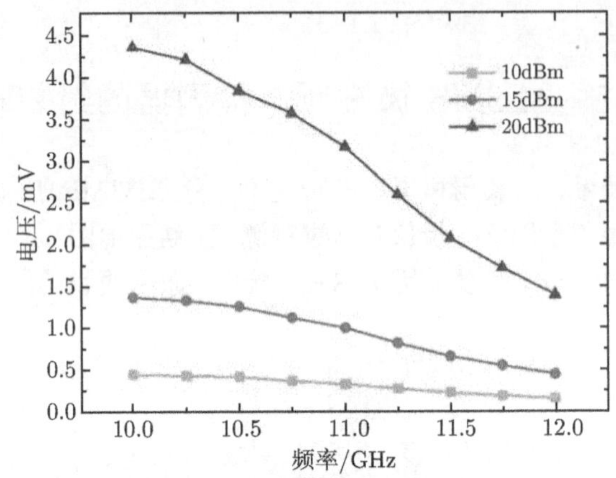

图 11-45　封装后的 MEMS 微波频率检测器的输出热电势

11.6　小　　结

本章对 MEMS 微波功率传感器，包括 MEMS 间接加热热电式微波功率传感器、频率补偿型 MEMS 间接加热热电式微波功率传感器和 MEMS 在线电容耦合式微波功率检测器；并进行了封装与性能的测试；并进一步对 MEMS 微波相位检测器和 MEMS 微波频率检测器进行了封装与性能测试。为了嵌入到微波通讯系统而进行的 MEMS 微波器件和检测器的封装研究，为微电子机械微波通讯信号检测集成系统在微波通讯系统中的应用奠定了基础。

参 考 文 献

[1] Wang D B, Liao X P. Package solution of indirectly-heated type thermoelectric power sensors for RF application. Electronics Letters, 2012, 48(2):102-103

[2] Wang D B, Liao X P, Liu T. A thermoelectric power sensor and its package based on MEMS technology. IEEE Journal of Microelectromechanical Systems, 2012, 21(1): 121-131

[3] Yi Z X, Liao X P, Wu H. Analysis and experiment of temperature effect on the thermoelectric power sensor. Sensors and Actuators A: Physical, 2015, 224, 99-105

[4] 刘恩科, 朱秉升, 罗晋生, 等. 半导体物理学. 北京: 国防工业出版社, 2010

[5] Zhang Z Q, Liao X P. Packaging-test-fixture for in-line coupling RF MEMS power sensors. IEEE Journal of Microelectromechanical Systems, 2011, 20(6): 1231-1233
[6] Yi Z X, Liao X P. Packaging test-fixture research for 10-12GHz frequency detector based on thermoelectric microwave power sensor. Electronics Letters, 2012, 48(2): 103-110

第12章 总结和展望

12.1 总 结

通过十来年的科研历练，东南大学 MEMS 教育部重点实验室 RF MEMS 课题组应用 RF MEMS 技术和 GaAs MMIC 兼容工艺，研究了新一代微波通讯信号检测集成系统的设计理论和实现方法，以满足日益增长的雷达等微波通讯中微波信号检测的需求。在微波通讯信号检测集成系统研究方面，课题组从集成的 MEMS 微波功率检测器到集成的 MEMS 相位检测器，再到集成的 MEMS 频率检测器，研究工作不仅紧密衔接，而且其中集成的 MEMS 相位检测器和集成的 MEMS 频率检测器研究，都是基于 MEMS 微波功率传感器技术，其设计理论和实现方法的研究工作相辅相成。

在前面各章节中，基于共性的设计理论和实现方法，对 MEMS 器件和 MEMS 集成的微波通讯信号检测集成系统进行了模拟、设计、实验和系统级 S 参数模型的研究。本书已经完成了微电子机械微波通讯信号检测集成系统的设计理论和实现方法研究，所研究的 MEMS 集成的微波通讯信号检测集成系统的创新性表现如下：

(1) 集成的 MEMS 在线式微波功率检测器的结构是通过间接加热热电式功率传感器测量微波功率耦合器所耦合出的微波功率，很好地解决了传统的在线式微波功率检测器所面临的高灵敏度和高微波性能之间的矛盾；同时，MEMS 在线式微波功率检测器的结构具有微波功率检测和不检测两种状态，在不检测时避免了不必要的功率消耗；采用类似于 MEMS 微波电容式开关的微波功率耦合器，其插入损耗极低，对整个工作系统影响很小。

(2) 基于 MEMS 微波功率传感器技术集成的 MEMS 微波相位检测器的结构具有很好的对称性，不必考虑功率分配/合成器引入的相移，很好地解决了传统的微波相位检测器所共同面临的由于功率分配/合成器引入的相移所导致测量精度不高的问题，同时将可测相位的范围扩展为 $-180° \sim 180°$，区分了信号的超前或滞后关系。系统中通过 MEMS 固支梁电容式和热电式两种微波功率传感器级联结构测量微波功率，当微波功率较小，小到电容式微波功率传感器不足以感应时，由热电式微波功率传感器进行功率检测；而当微波功率较大时，同时可由两种传感器分别对功率进行检测；当功率大到足以烧毁热电式微波功率传感器时，处在热电式功率传感器前端的电容式功率传感器的 MEMS 膜将下拉得更多，电容增大，将耦合而分流更多的功率，从而保护了后续的热电式功率传感器不会被烧毁，因此，不仅扩展了动态范围，而且很好地解决了传统的微波相位检测器所共同面临的高灵敏度和高抗烧毁水平之间的矛盾。

(3) 基于 MEMS 微波功率传感器技术集成的 MEMS 微波频率检测器的结构中集成了一分三功分器，实现了对功率未知的微波信号频率进行检测；同时，由于可以将第二、三条支路传输长度设计成几乎相等，在最终进行频率计算时，各支路微波功率损耗对检测精度的影响可以相互抵消，改善了检测精度，很好地解决了目前国内外传统的微波频率检测系统所面临检测精度不够高的难题。系统中通过 MEMS 悬臂梁电容式和热电式两种微波功率传感器级联结构测量微波功率，同样地，不仅扩展了动态范围，而且很好地解决了传统的微波频率检测系统所共同面临的高灵敏度和高抗烧毁水平之间的矛盾。

12.2 展　望

MEMS 学科是由相互交叉和相互渗透的多学科集成而形成的，MEMS 研究领域的内容包罗万象，同样充满更多的挑战，也会给研究带来更好的机遇。作为应用方向之一，下面展望一下 RF MEMS 传感技术在物联网绿色通讯方面的应用基础研究。

物联网被称为第三次信息技术浪潮，作为战略性新兴产业在政府的高度重视下迅速推进，已被写进了国家政府工作报告，同时，应该清楚地认识到我国物联网产业还处于发展阶段，核心技术有待攻克。

物联网绿色通讯是指节能减排，减少环境污染、资源浪费以及对人体和环境危害的新一代物联网通讯理念，是解决当前能源不断消耗和需求不断增长之间矛盾的关键。

因此，一方面，在作为重中之重的物联网基站技术中，构成基站的射频收发组件是其中最为关键的部件；另一方面，需要特别考虑到在农村等野外环境和无电能环境，如何满足射频收发组件电池不易更换和不能更换等特殊环境中物联网的需求。

本书第 1 章所提出的微电子机械微波通讯信号检测集成系统在通讯系统中的应用方向与我国物联网基站装备的发展方向一致，可认为，本书所提出的微电子机械微波通讯信号检测集成系统的设计理论和实现方法，对解决处于发展初级阶段的我国物联网通讯的许多核心技术问题提供了思考方向。

通过最近对国内射频通讯整机研制单位的深入调研可知，目前，物联网射频收发组件存在急需解决的问题是自供电问题，基于 MEMS 技术的传感器具有以下特点：微型化、低功耗、低成本和低重量。可以认为，利用低功耗微传感器完全能够实现物联网射频收发组件的自供电，达到绿色通讯的目标。

基于本书所重点研究的热电式功率传感器的结构，可以实现对射频收发组件的自供电。将射频收发组件所耗散的热能转换为电能，同时，作为一种有效的补充，把稳定的光能进行同时收集和转换为电能，这种基于热电–光电集成微传感器的能量收集，能为射频收发组件本身提供自供电；同时，由无源器件所构成的集成微传感器结构在提供自供电工作过程中，没有直流功耗，完全满足了物联网通讯所提出的低功耗要求。

我们分别基于硅基和砷化镓基 MEMS 技术提出了这种适用于物联网射频收发组件自供电低功耗热电–光电集成微传感器，并已获中华人民共和国国家发明专利授权 [1,2]，具有自主知识产权，其创新性理念不仅填补了国内在这一新兴研究领域的空白，而且能满足我国迅速发展的物联网对射频收发组件迫切的绿色通信要求和特殊环境的需求。

在这里，非常感谢国家自然科学基金委资助本人负责的第四个国家自然科学基金面上项目“自供电低功耗热电–光电集成微传感器在物联网射频收发组件中的应用基础研究”(批准号：61674031，起止时间：2017 年 1 月 ～2020 年 12 月)。

参 考 文 献

[1] 廖小平，闫浩. 自供电射频收发组件中硅基热电–光电集成微传感器. 中国发明专利，ZL201410097924.9，2016-6-29

[2] 廖小平，闫浩. 自供电射频收发组件中砷化镓基热电–光电微传感器. 中国发明专利，ZL201410098094.0，2016-6-29

《半导体科学与技术丛书》已出版书目

(按出版时间排序)

书名	作者	出版时间
1. 窄禁带半导体物理学	褚君浩	2005 年 4 月
2. 微系统封装技术概论	金玉丰 等	2006 年 3 月
3. 半导体异质结物理	虞丽生	2006 年 5 月
4. 高速 CMOS 数据转换器	杨银堂 等	2006 年 9 月
5. 光电子器件微波封装和测试	祝宁华	2007 年 7 月
6. 半导体科学与技术	何杰，夏建白	2007 年 9 月
7. 半导体的检测与分析（第二版）	许振嘉	2007 年 8 月
8. 微纳米 MOS 器件可靠性与失效机理	郝跃，刘红侠	2008 年 4 月
9. 半导体自旋电子学	夏建白, 葛惟昆, 常凯	2008 年 10 月
10. 金属有机化合物气相外延基础及应用	陆大成，段树坤	2009 年 5 月
11. 共振隧穿器件及其应用	郭维廉	2009 年 6 月
12. 太阳能电池基础与应用	朱美芳，熊绍珍 等	2009 年 10 月
13. 半导体材料测试与分析	杨德仁 等	2010 年 4 月
14. 半导体中的自旋物理学	M. I. 迪阿科诺夫 主编 (M. I. Dyakanov) 姬扬 译	2010 年 7 月
15. 有机电子学	黄维，密保秀，高志强	2011 年 1 月
16. 硅光子学	余金中	2011 年 3 月
17. 超高频激光器与线性光纤系统	〔美〕刘锦贤 著 谢世钟 等译	2011 年 5 月
18. 光纤光学前沿	祝宁华，闫连山，刘建国	2011 年 10 月
19. 光电子器件微波封装和测试(第二版)	祝宁华	2011 年 12 月
20. 半导体太赫兹源、探测器与应用	曹俊诚	2012 年 2 月
21. 半导体光放大器及其应用	黄德修，张新亮，黄黎蓉	2012 年 3 月
22. 低维量子器件物理	彭英才，赵新为，傅广生	2012 年 4 月
23. 半导体物理学	黄昆，谢希德	2012 年 6 月
24. 氮化物宽禁带半导体材料与电子器件	郝跃，张金风，张进成	2013 年 1 月
25. 纳米生物医学光电子学前沿	祝宁华 等	2013 年 3 月
26. 半导体光谱分析与拟合计算	陆卫，傅英	2014 年 3 月

27. 太阳电池基础与应用（第二版）（上册）	朱美芳，熊绍珍	2014 年 3 月
28. 太阳电池基础与应用（第二版）（下册）	朱美芳，熊绍珍	2014 年 3 月
29. 透明氧化物半导体	马洪磊，马瑾	2014 年 10 月
30. 新型纤维状电子材料与器件	彭慧胜	2016 年 1 月
31. 半导体光谱测试方法与技术	张永刚，顾溢，马英杰	2016 年 1 月
32. Ⅲ族氮化物发光二极管技术及其应用	李晋闽，王军喜，刘喆	2016 年 3 月
33. 集成电路制造工艺技术体系	严利人，周卫	2016 年 9 月
34. 胶体半导体量子点	张宇，于伟泳	2016 年 9 月
35. 微电子机械微波通讯信号检测集成系统	**廖小平　张志强等**	**2016 年 11 月**